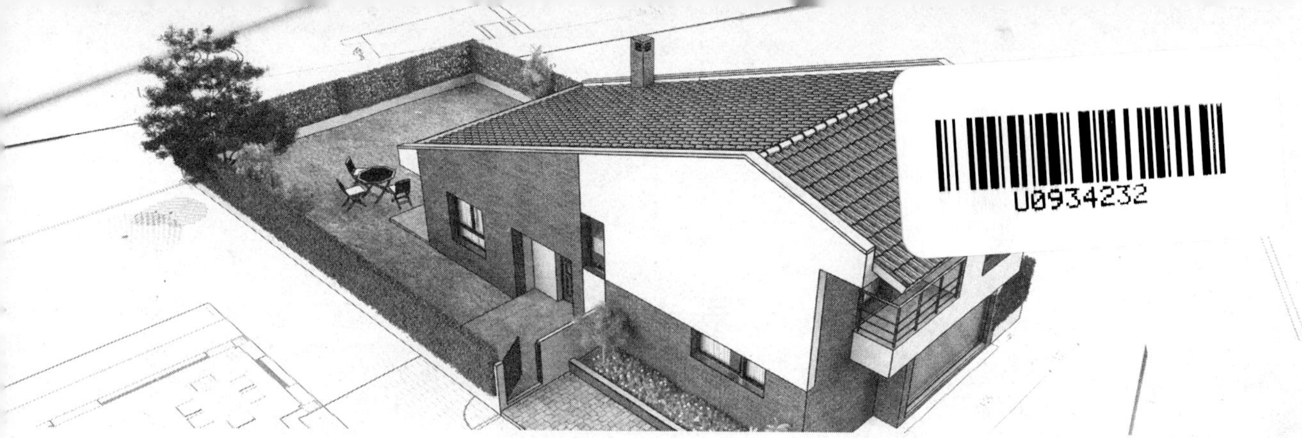

福建省高职高专土建大类十二五规划教材

建筑工程计量与计价

主　编 ◎ 李伙穆

副主编 ◎ 简　红　林张纪

参　编 ◎ 杨春香　詹述琦

王　兰　蔡　昱

主　审 ◎ 林瑾瑾

厦门大学出版社 XIAMEN UNIVERSITY PRESS | 国家一级出版社 全国百佳图书出版单位

图书在版编目(CIP)数据
建筑工程计量与计价 / 李伙穆主编. —厦门 ：厦门大学出版社，2012.1(2016.1 重印)
福建省高职高专土建大类“十二五”规划教材
ISBN 978-7-5615-4192-0

Ⅰ.①建… Ⅱ.①李… Ⅲ.①建筑工程-计量-高等职业教育-教材②建筑造价-高等职业教育-教材 Ⅳ.①TU723.3

中国版本图书馆 CIP 数据核字(2011)第 282337 号

出 版 人 蒋东明
总 策 划 宋文艳
责任编辑 眭 蔚
封面设计 洋墨设计工作室/宋洋
美术编辑 一木木
责任印制 许克华

出版发行 厦门大学出版社
社 址 厦门市软件园二期望海路 39 号
邮政编码 361008
总 编 办 0592-2182177 0592-2181253(传真)
营销中心 0592-2184458 0592-2181365
网 址 http://www.xmupress.com
邮 箱 xmupress@126.com
印 刷 三明市华光印务有限公司印刷

开本 787mm×1092mm 1/16
印张 24.25
字数 584 千字
印数 3 001～6 000 册
版次 2012 年 1 月第 1 版
印次 2016 年 1 月第 2 次印刷
定价 39.00 元

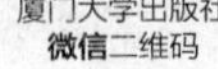

内容提要

本书系统地介绍了建筑工程工程量清单计价的编制方法。主要内容包括建筑工程计量与计价综述、建筑工程计价依据、建筑工程计量、工程量清单编制、工程量清单计价编制、工程造价管理软件的应用。章后附有思考题供读者练习提高及对重点内容的理解和掌握，并附有投标报价编制实例，供读者揣摩。

本书适合建筑类职业院校学生学习工程计量与计价的知识结构，也适合建筑工程造价从业人员自学参考。

内容提要

福建省高等职业教育土建大类十二五规划教材

编审委员会

编审委员会办公室

前 言

建筑工程造价编制人员担负着提高建设工程造价管理水平，维护国家和社会公共利益，即对工程造价进行合理确定和有效控制，不断提高整个行业的建设工程造价管理水平的重任。合格的造价管理人员应该掌握工程技术知识、工程经济知识、工程管理知识、经济合同及法律法规知识。“工程技术”与“施工组织管理”是基础，没有这个基础，一切无从谈起。“工程经济”是目的，造价管理工作的成败直接与效益紧密相连，而工程经济就是研究在技术合理的条件下如何使利益最大化。

工程造价管理体制改革的目标是要逐步建立在政府宏观调控下由市场形成价格的造价管理新体制。这就意味着要改变过去计划经济体制下的“定额”计价模式，形成一种由企业自主报价的工程量清单计价方式。执行招投标竞价，工程价格竞争显得越来越激烈。这就要求企业与编制人员的自身综合素质和业务水平须进一步提高，才能适应建筑市场激烈的竞争，保证企业发展与生存的需要。

本书编写依据《建设工程工程量清单计价规范》(GB50500-2008)和中国建设工程造价管理协会组织编写的《建设项目投资组成及其他费用规定》，以面向21世纪高等院校的教学内容和课程体系改革为依托，按照培养高职教育应用型高端技术人才的要求，在教材编写中充分体现一个“新”字；结合工程招投标实例详细阐述了招标文件工程量清单的编制及投标报价工程量清单的编制，突出实用性的特点，适用于职业院校学生学习工程计量与计价的知识结构，既适用于教学也适用于自学。

本书所介绍的内容基本包括了工程清单计价体系的主要内涵，共分6章，由黎明职业大学副教授、高级工程师李伙穆任主编，漳州职业技术学院简红副教授、福建水利电力职业技术学院林张纪高级工程师任副主编。其中第1章由黎明职业大学副教授、高级工程师李伙穆，及王兰老师编著，第3章由漳州职业技术学院简红副教授编著，第5章由福建水利电力职业技术学院林张纪高级工程师编著，第2、6章由黎明职业大学杨春香老师编著，第4章由福建水利电力职业技术学院詹述琦老师编著，由李伙穆副教授和厦门城市职业技术学院蔡昱工程师汇稿整理、校核。由福建省工程咨询总公司泉州工程咨询分公司林瑾瑾高级工程师主审。

由于作者水平有限，加之时间仓促，书中难免有缺点和不当之处，敬请专家、同仁和广大读者批评指正。

编 者

2012年1月

前言

目 录

第1章 建筑工程计量与计价综述 …… 1
1.1 基本建设与工程造价价格形成的关系 …… 1
1.1.1 基本建设及其分类 …… 1
1.1.2 建设项目的分解及价格的形成 …… 2
1.1.3 工程概预算与基本建设的关系 …… 3
1.2 建设工程概预算分类及其作用 …… 5
1.2.1 按工程建设阶段分类 …… 5
1.2.2 按工程对象分类 …… 6
1.2.3 按工程承包合同的结算方式分类 …… 7
1.3 施工图预算与工程量清单计价的区别 …… 8
1.3.1 定额计价模式的缺陷 …… 9
1.3.2 清单计价模式的突破点与优点 …… 9
1.3.3 清单计价与定额计价的区别 …… 10
1.4 建设工程概预算费用的组成及影响因素 …… 10
1.4.1 我国现行工程造价(建设项目投资)的构成 …… 10
1.4.2 施工项目计划成本的组成内容 …… 19
1.4.3 影响工程概预算费用的因素 …… 19
思考题 …… 21
第2章 建筑工程计价依据 …… 22
2.1 概述 …… 22
2.1.1 定额的概念及作用 …… 22
2.1.2 定额的分类及制定办法 …… 24
2.2 施工定额 …… 29
2.2.1 施工定额概念和作用 …… 29
2.2.2 施工过程研究 …… 30
2.2.3 施工定额的编制原则和内容 …… 38
2.3 预算定额与工程消耗量定额 …… 45
2.3.1 预算定额 …… 45
2.3.2 工程消耗量定额 …… 54
2.3.3 预算定额与工程消耗量定额的区别 …… 55
2.4 费用定额 …… 55
2.4.1 概述 …… 55

2.4.2 费用定额的内容(以建筑工程为例)…… 56
2.5 施工企业定额的编制…… 58
2.5.1 施工企业定额的意义和作用…… 58
2.5.2 施工企业定额的编制依据和原则…… 59
2.5.3 施工企业定额体系的构成…… 60
2.5.4 施工企业定额的编制要点…… 60
2.6 《建设工程工程量清单计价规范》…… 61
2.6.1 《建设工程工程量清单计价规范》编制的指导思想、原则、内容简介及特点…… 62
2.6.2 工程量清单计价的内容、作用与特点 …… 64
思考题 …… 67
第3章 建筑工程计量 …… 68
3.1 概述…… 68
3.1.1 工程量计算依据和要求…… 68
3.1.2 工程量计算顺序…… 69
3.1.3 工程量计算方法和步骤…… 70
3.1.4 运用统筹法计算工程量…… 70
3.1.5 《福建省建筑工程消耗量定额》(FJYD-101-2005)总说明 …… 71
3.2 建筑面积计算…… 73
3.2.1 概述…… 73
3.2.2 相关知识…… 76
3.2.3 建筑面积计算规则…… 87
3.3 土石方工程计量…… 89
3.3.1 准备知识…… 89
3.3.2 《福建省建筑工程消耗量定额》(FJYD-101-2005) …… 92
3.3.3 清单工程量计算…… 98
3.4 桩与地基处理工程…… 99
3.4.1 相关知识…… 99
3.4.2 《福建省建筑工程消耗量定额》(FJYD-101-2005) …… 100
3.4.3 清单工程量计算规则 …… 104
3.5 砌筑工程 …… 105
3.5.1 相关知识 …… 105
3.5.2 《福建省建筑工程消耗量定额》(FJYD-101-2005) …… 115
3.5.3 清单工程量计算规则 …… 121
3.6 混凝土与钢筋混凝土工程 …… 122
3.6.1 相关知识 …… 122
3.6.2 《福建省建筑工程消耗量定额》(FJYD-101-2005) …… 137
3.6.3 清单工程量计算规则 …… 140
3.7 钢筋工程 …… 142

3.7.1 相关知识 …… 142
3.7.2 《福建省建筑工程消耗量定额》(FJYD-101-2005) …… 149
3.7.3 清单工程量计算规则 …… 150
3.8 屋面及防水工程 …… 151
3.8.1 相关知识 …… 151
3.8.2 《福建省建筑工程消耗量定额》(FJYD-101-2005) …… 165
3.8.3 清单工程量计算规则 …… 167
3.9 装饰装修工程 …… 168
3.9.1 相关知识 …… 168
3.9.2 《福建省建筑装饰装修工程消耗量定额》(FJYD-201-2005) …… 180
3.9.3 清单工程量计算规则 …… 199
3.10 技术措施项目 …… 202
3.10.1 相关知识 …… 202
3.10.2 《福建省建筑工程消耗量定额》(FJYD-101-2005) …… 206
思考题 …… 215
第 4 章 工程量清单编制 …… 217
4.1 工程量清单的概念 …… 217
4.2 工程量清单编制依据 …… 217
4.2.1 建设工程工程量计价规范 …… 217
4.2.2 工程招标文件 …… 217
4.2.3 施工图 …… 218
4.3 工程量清单编制原则 …… 218
4.3.1 编制工程量清单应遵循客观、公正、科学、合理的原则 …… 218
4.3.2 工程量清单编制四个统一、三个自主、两个分离 …… 218
4.3.3 认真细致逐项计算工程量,保证实物量的准确性 …… 219
4.3.4 认真进行全面复核,确保清单内容符合实际科学合理 …… 219
4.4 工程量清单编制内容 …… 219
4.4.1 编制工程量清单 …… 219
4.4.2 分部分项工程量清单 …… 220
4.4.3 措施项目清单 …… 222
4.4.4 其他项目清单 …… 224
4.4.5 规费项目清单的编制 …… 225
4.4.6 税金项目清单的编制 …… 225
4.5 工程量清单格式 …… 226
思考题 …… 235
第 5 章 工程量清单计价 …… 237
5.1 工程量清单计价的方法 …… 237
5.1.1 工程量清单计价的基本过程 …… 237
5.1.2 工程量清单计价的一般程序 …… 238

5.1.3 工程量清单计价的方法 …… 239
5.2 招标控制价与投标价 …… 245
5.2.1 招标控制价的概念 …… 245
5.2.2 招标控制价的计价依据 …… 246
5.2.3 招标控制价的编制内容 …… 246
5.2.4 编制招标控制价应注意的问题 …… 247
5.2.5 招标控制价的编制程序 …… 248
5.2.6 投标报价的概念 …… 248
5.2.7 投标价的编制原则 …… 248
5.2.8 投标价编制依据 …… 249
5.2.9 投标价的编制内容 …… 249
5.3 工程合同价款的约定与价款支付 …… 252
5.3.1 工程合同类型的选择 …… 252
5.3.2 工程合同价款的约定 …… 252
5.3.3 工程款的主要结算方式 …… 254
5.3.4 工程预付款的支付与抵扣 …… 254
5.3.5 工程计量与进度款支付 …… 255
5.4 索赔与现场签证 …… 257
5.4.1 索赔的方法 …… 257
5.4.2 现场签证的方法 …… 259
5.5 工程价款调整与竣工结算 …… 260
5.5.1 工程价款调整的规定 …… 260
5.5.2 工程变更价款的确定方法 …… 261
5.5.3 工程价款中的价差调整方法 …… 263
5.5.4 竣工结算的概念 …… 265
5.5.5 竣工结算的程序 …… 266
5.5.6 竣工结算的依据 …… 266
5.5.7 竣工结算的编制 …… 267
5.5.8 竣工结算的审查 …… 268
5.6 工程计价争议处理 …… 269
5.6.1 计价依据争议的处理 …… 269
5.6.2 质量争议的处理 …… 269
5.6.3 争议的解决办法 …… 269
5.6.4 竣工结算争议的处理流程 …… 270
5.7 投标报价编制实例 …… 271
5.7.1 建筑及结构设计说明 …… 271
5.7.2 ××职业技术学院团委办公楼土建施工图 …… 271
5.7.3 ××职业技术学院团委办公楼投标报价书 …… 286
思考题 …… 318

第 6 章 工程造价软件应用 …… 319
6.1 国内工程造价软件发展概况 …… 319
6.2 工程造价软件的应用 …… 320
6.2.1 概述 …… 320
6.2.2 资源 …… 321
6.2.3 软件简介 …… 323
6.2.4 快速入门 …… 326
6.2.5 工程编制 …… 330
思考题 …… 373

参考文献 …… 374

第 1 章　建筑工程计量与计价综述

1.1　基本建设与工程造价价格形成的关系

1.1.1　基本建设及其分类

基本建设是国民经济各部门为建立和形成固定资产的一种综合性经济活动。所谓固定资产包括生产性和非生产性两类,生产性固定资产是指工农业生产用的厂房和机器设备等,非生产性固定资产是指各类生活福利设施和行政管理设施。综合性的经济活动包括:建设项目的投资决策、建设布局、技术决策、环保、工艺流程的确定和设备选型、生产准备、试生产,以及对工程建设项目的规划、勘察、设计和施工的监督等活动。

基本建设的主要作用:不断为国民经济建设与可持续发展提供新的生产能力或工程效益;改善部门经济结构、产业结构和地区生产力的合理布局;用先进的科学技术改造旧有的国民经济,增强国防实力,提高社会生产技术水平;满足人民群众不断增长的物质文化生活需要。

基本建设投资活动的最终结果,是完成某项基本建设项目(或称建设项目,或称按《公司法》构成的基本建设单位)。项目建设是以市场需求为前提的社会化大生产,工程规模大,内容丰富,技术复杂多变,涉及面广,投资额巨大,内外关系错综复杂,是一个庞大的系统工程,要求项目组织系统内能够有机地协调配合。在我国社会主义市场经济条件下,与我国宏观经济发展密切相关的基本建设活动,必须既要严格遵循国家规定的建设方针、政策、法规和基本建设程序,又要纳入社会主义市场经济轨道,使其符合市场经济发展的客观经济规律,适应变化的有效的市场需求。

基本建设项目分类如下:

(1)按建设性质可分为新建、扩建、改建、迁建和恢复等建设项目。

(2)按建设规模可分为大型、中型和小型建设项目。

(3)按建设阶段可分为筹建与准备项目、监理与设计项目、建筑施工与安装项目、竣工验收项目、试运行和建成投产项目。

(4)按建设项目的资金来源和投资渠道可分为国家投资、银行贷款筹资、私人资本、引进外资和长期资金市场筹资等建设项目。

(5)按隶属关系可分为国家部门投资项目、地方部门投资项目和企业自筹投资建设项目等。

在上述按建设性质的分类中,所谓新建项目是指全新建设的项目,或对原有项目重新进行总体设计，并使其新增固定资产价值超过原有固定资产价值三倍以上的建设项目。所谓扩建项目是指原有企业或事业单位，为了扩大原有主要产品的生产能力（或效益），或增加新产品生产能力而建设新的主要车间或其他工程项目。改建项目是指原有企业为了提高生产效益，改进产品质量或调整产品结构，对原有设备或工程进行改造的项目。有的企业为了平衡生产能力，需增建一些附属、辅助车间或非生产性工程，也可列为改建项目。迁建项目是指原有企业、事业单位，由于某些原因报经上级批准或其他原因（如城市乡镇规划变更，或市场因素需要，或企业兼并、土地转让等）决定进行搬迁建设，不论规模是维持原状还是扩大建设，均称迁建项目。恢复项目是指企业、事业单位因受自然灾害、战争等特殊原因，使原有固定资产已全部或部分报废，需按原来规模重新建设，或在恢复中同时进行扩建的项目，也仍称作恢复项目。

1.1.2 建设项目的分解及价格的形成

基本建设是由一个个基本建设项目组成的，而基本建设项目又是由若干个部分组成的。按基本建设项目组成部分的内容不同，从大到小，从粗到细，将它可划分为建设项目、单项工程、单位工程、分部工程、分项工程。

1. 建设项目

建设项目一般是指有一个设计任务书，能按经过优化的设计图纸进行施工，建设和营运中有按《公司法》构建的独立法人即项目法人负责制组织机构（或私营企业），经济上实行独立核算，并且由一个或一个以上的单项工程组成的新增固定资产投资项目的统称，如一个工厂、一个矿山、一条铁路、一所医院、一所学校、一个房地产小区等。

建设项目的工程造价（或称工程总造价）一般是由编制工程估算、设计总概算（又称设计预算）或修正概算（或修正设计预算）来确定的。

2. 单项工程

单项工程（或称工程项目）是指能够独立设计、独立施工，建成后能够独立发挥生产能力或工程效益的工程项目，即由多个类似或性质相近的单位工程（如生产车间，或办公楼，或教学楼，或食堂，或宿舍楼等）组成的工程项目，它是建设项目的组成部分，即建设项目的子系统，其单项工程产品造价可由编制单项工程综合概（预）算来确定。若建设项目只包含一个单项工程，此单项工程可称建设项目。

3. 单位工程

单位工程是可以独立设计，也可以独立施工，但不能形成生产能力或工程效益的工程项目。单位工程是单项工程的组成部分，是它的子系统，即建设项目的子子（孙）系统，如具有生产能力的一个车间（或所谓单项工程）由土建工程、设备安装工程等多个单位工程组成。人们常说的建筑工程，包括一般土建工程、工业管道工程、电器照明工程、卫生工程、庭院工程等单位工程。设备安装工程也可包括机械设备安装工程、给水排水安装工程、通风设备安装工程、电器设备安装工程和电梯安装等单位工程。单位工程是编制单项工程综合概（预）算、设计总概算的依据。单位工程造价一般可由编制施工图预算（或单位工程设计概算）或工程量清单计价确定。

4. 分部工程

分部工程是单位工程的组成部分。它是按照建筑物或构筑物的结构部位或主要的工种工程划分的工程分项，如土(石)方工程、基础工程、砌筑工程、主体工程、钢筋混凝土工程、楼地面工程、屋面工程等。分部分项工程费用是单位工程造价的组成部分，也是按分部分项工程承发包合同价格的基本依据。

5. 分项工程

按照传统的施工图预算定额方法划分，所谓分项工程是分部工程的细分，是建设项目最基本的组成单元，是最简单的施工过程，也是工程预算分项中最基本的分项单元。一般是按照选用的施工方法、所使用的材料、结构构件规格等不同因素划分的施工分项。例如，在按定额分部工程划分砖石工程中，可划分为砖基础、内墙、外墙、柱、空斗墙、空心砖墙、地面勾缝和钢筋砖过梁等分项工程。又如按结构部位划分的分部工程如砖基础工程，可细分为挖土方(即挖基坑或挖基槽)、做垫层、砌砖基础、防潮层、回填土等分项工程。分项工程是概预算分项中最小的分项，都能用最简单的施工过程去完成，每个分项工程都能用一定的计量单位计算(如基础或墙的计量单位为 10 m^3，现浇构件钢筋的计量单位为 t，水磨石地面的计量单位为 100 m^2 等)并能计算出一定量分项工程所需耗用的人工、材料和机械台班的数量。注意，如果按照工程量清单计价方式所称的清单分项工程项目(或清单项目)，则不同于上述概念。清单中的分项则是一个综合性概念，多属分部分项或专业工种工程分项，它可以包括上述分项工程中的两个或两个以上的分项工程。例如一个砖基础清单分项，按《计价规范》规定的工作内容应包括铺设垫层、砌砖、防潮层铺设三个分项工程。因此，分项工程与工程量清单中的分项是完全不同的两个概念，不能混淆。

1.1.3　工程概预算与基本建设的关系

从实质上讲，工程概预算是建设工程项目计划价格(或工程项目预算造价)的广义概念，广义上建设工程造价与工程概预算具有类同的含义。简单地区别建设项目总投资至少应包括项目建成后试生产或投产中基本的生产投入费用，如启动生产的流动资金及其利息等；建设项目工程造价(或设计总概算)只包括完成一个建设项目的总投资，即从项目准备到建设实施阶段完成项目建设的总投资。工程概预算以建设项目为前提，是围绕建设项目分层次的工程价格构成体系，是由建设项目总概(预)算(建设项目总造价或修正概算)、单项工程综合概(预)算即单项工程造价、单位工程施工图预算(或单位工程工程量清单计价预算价)或单位工程造价、工程量清单分项综合单价等构成的计划价格体系。设计总概算(或称建设预算)是基本建设项目(包括技术改造)计划文件的重要组成部分，也是国家对基本建设实行科学管理和监督，有效控制投资，提高投资综合效益的重要手段之一。

建设项目是一种特殊的产品，各建设阶段投资费用计算的依据不同，使得各建设阶段投资费用的精度存在差别。建筑工程概预算与建设各阶段的对应关系如图 1-1 所示。

1. 投资估算

投资估算是指在项目建议书和可行性研究阶段，根据现有的资料，通过一定的计算方法，预先测算拟建项目的投资额。随着可行性研究的深度不同，投资估算分为几个阶段。投

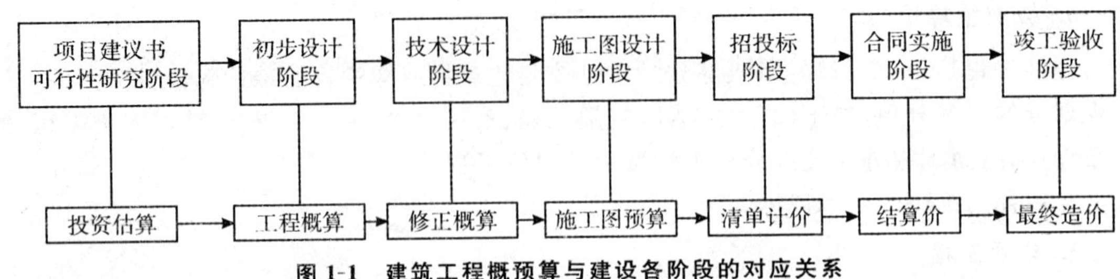

图 1-1　建筑工程概预算与建设各阶段的对应关系

资估算是决策、筹资和控制造价的主要依据。

2. 工程概算(也称项目概算)

工程概算是指在初步设计阶段,根据初步设计文件资料、概算定额(或概算指标)、各项费用定额(或取费标准)和人工、机械设备、材料预算价格等资料,预先计算和确定的建筑工程从筹建至竣工交付使用所需全部费用。工程概算精度比投资估算精度高,它受投资估算的控制。

3. 修正概算

修正概算是指在采用三阶段设计的技术设计阶段,根据技术设计的要求,对工程概算进行修正调整后,确定的建筑工程全部投资费用。它比工程概算精确。

4. 施工图预算

施工图预算是指在施工图设计阶段,根据施工图纸、预算消耗定额、费用定额(或取费标准)和人工、材料、机械台班预算价格等资料,预先计算和确定的建筑工程投资费用。它比概算更准确,但受概算控制。

5. 工程量清单计价

工程量清单计价是指在工程承发包或招投标阶段,根据施工图纸、计价规范、预算消耗定额、费用定额(或取费标准)和人工、材料、机械台班预算价格、施工方案与工程现场环境等资料,按计价规范要求编制的建筑工程投资费用。工程量清单计价也是单位工程预算的一种,它是市场经济条件下的产物,也产生于施工图设计阶段,就其概预算特性来讲,仍属于建筑安装工程预算的范畴。

6. 招标控制价

招标人根据国家或省级、行业建设主管部门颁发的有关计价依据和办法,按设计施工计算的,对招标工程限定的最高工程造价。

7. 投标价

报价是指投标人投标时报出的工程造价。它决定着投标单位的成败和将来实施工程的盈亏。

8. 合同价

合同价是发、承包双方在施工合同中约定的工程造价。它又分为固定合同价、可调合同价、成本加酬金合同价。合同价属于市场价格的性质,它是承、发包双方根据市场行情共同协议和认可的成交价格,但它并不是实际工程造价。

9. 竣工结算价

结算价是指发、承包双方依据国家有关法律、法规和标准规定，按照合同约定确定的最终工程造价。结算价是结算工程的实际价格。

10. 竣工决算价

实际造价（也称竣工结算）是指竣工决算阶段，通过为竣工项目编制竣工决算，最终确定的实际工程造价。

图 1-1 说明了基本建设程序、概（预）算编制与管理的总体过程，以及工程概预算与基本建设程序不可分割的关系。工程概预算的编制和管理，是一切建设项目管理的重要内容之一，是实施工程造价管理，有效地节约建设投资，提高投资效益的最直接的重要手段和方法。在过去的一些项目建设中，常常出现投资高、质量差、经济效益低的问题，在"三算"对比中的反映是概算高于估算，预算高于概算，结算（或决算）高于预算（简称"三超"现象）。应当肯定，出现这种不良结果的影响因素是多方面的，然而，重编制、轻管理，特别是不注重投资决策和动态的管理与控制，是最重要、最基本的错误倾向和问题。

综上所述，工程概预算的编制和管理，是我国基本建设的一项极为重要的工作，同时也是有效地进行投资控制，不断提高投资经济效益的重要手段和方法。

1.2　建设工程概预算分类及其作用

1.2.1　按工程建设阶段分类

1. 设计总概算

设计总概算是在初步设计或扩大的初步设计阶段，由设计单位以投资估算为目标，预先计算建设项目由筹建至竣工验收、交付使用的全部建设费用的技术经济文件。它是根据初步设计图纸、概算定额（或概算指标）、设备预算价格、各项费用定额或取费标准、市场价格信息和建设地点的自然、技术经济条件等资料编制的。

设计总概算是国家确定和控制建设项目总投资，编制基本建设计划的依据，每个建设项目只有在初步设计和概算文件被批准后，才能列入基本建设计划，才能开始进行施工图设计。

2. 修正总概算

当采用三阶段设计时，在技术设计阶段，随着对初步设计内容的深化，对建设规模、结构性质、设备类型等方面可能进行必要的修改和变动，此时，对初步设计总概算也应做相应的调整和变动，即形成修正总概算。一般情况下，修正总概算不能超过原已批准的总概算投资额。

3. 施工图预算

施工图预算与工程量清单计价是不同的两个概念，但都反映工程造价的结果，都属于施工图设计阶段的预算。前者是我国五十多年来最主要的建筑安装工程预算编制方法，是计划经济体制下的产物,编制依据是国家或地方统一规定的法定基础定额与费用定额,有它特定的编制程序、步骤和方法。由于它产生于施工图设计阶段,因而将其称为施工图预算。在人们应用中是一个广义的含义,它既是我国编制单位工程或分部工程预算的一种定式,又可以领会为单位工程包括分部分项工程预算在内的结果。所谓施工图预算是施工图设计工作完成,在施工承包企业响应业主招标活动后或承包合同签订之前,根据招标文件要求和施工图、施工组织设计(或施工方案)、统一预算定额及其相应取费标准、市场价格及现场考察情况等,计算和确定的单位工程全部建设费用即单位工程造价的技术经济文件。

4. 工程量清单计价

工程量清单计价也是单位工程预算的一种,应当说它是市场经济条件下的产物,也产生于施工图设计阶段。就其概预算特性来说,仍属建筑安装工程预算范畴。但是计价程序、步骤、过程、方法及内容的表现形式与施工图预算完全不同,它是国际工程承包市场中一种通用的计价模式和方法。

工程量清单计价与施工图预算都是反映和确定建筑安装工程预算造价的技术经济文件,是签订建筑安装工程施工合同,实行工程预算包干,银行拨付工程款,进行竣工结算和竣工决算以及合同管理与索赔的重要依据。

5. 竣工结算

竣工结算是指一个建设项目或单项工程、单位工程全部竣工,由施工企业以施工图预算书(或承包合同预算、工程承包合同价)为依据,根据施工现场记录、设计变更通知书、现场变更签证、定额预算单价和有关取费标准等资料,在原订合同预算的基础上包括风险与索赔等依据编制的,并经承发包双方办理的最终工程结算的技术经济文件,经过建设单位与有关部门验收,经过审计由监理工程师签署后,即发、承包双方交换建筑产品的结算价。竣工结算是工程结算中最终的一次性结算。除此之外,工程结算还应包括中间结算,即定期结算(如季结算、月结算)、工程施工阶段按形象进度结算。其作用是使施工企业获得收入,补偿消耗,是进行分项核算的依据。

6. 竣工决算(或竣工成本决算,或竣工财务决算)

竣工决算可分为施工企业内部单位工程竣工决算和建设单位的竣工决算。施工单位的单位工程成本决算,是以工程结算为依据编制的从施工准备到竣工验收后的全部施工费用的技术经济文件,用于分析该工程施工最终的实际效益,故而也称竣工财务决算。建设单位的竣工决算,是由建设单位(业主)以竣工结算的依据编制的从决算项目筹建到竣工验收、交付使用全过程中实际支付的全部建设费用的技术经济文件。它的作用主要是反映基本建设实际投资额及其投资效果,是作为核定新增定固定资产和流动资金价值的依据,故此也称竣工财务决算。它是国家或主管部门验收小组验收与交付使用的重要财务成本依据。

1.2.2 按工程对象分类

1. 单位工程概预算

单位工程概预算是以单位工程为编制对象而编制的工程建设费用的技术经济文件,可能是单位工程设计概预算,也有可能是单位工程施工图预算(或工程施工造价)。

2. 工程建设其他费用概预算

工程建设其他费用是以建设项目为对象，根据有关规定应在建设投资中支付的，除建筑安装工程费、设备购置费、工具及生产家具购置费和预备费以外的一些费用，如土地、青苗等补偿费，安置补助费，建设单位管理费，生产职工培训费等。工程建设其他费用概预算是根据设计文件和国家、地方主管部门规定的取费标准进行编制的，以独立的费用项目列入单项工程综合概预算或建设项目总概算中。

3. 单项工程综合概预算

单项工程综合概预算是确定单项工程建设费用的综合性经济文件。它由该建设项目与其单项工程相关的各单位工程概预算汇编而成。当建设项目只有一个单项工程时，就可不必编制设计总概算，其工程建设其他费用概预算和预备费则列入单项工程综合概预算中，以反映该项工程建设的全部费用。

4. 建设项目总概预算

建设项目总概算或称设计总概算，它是以概算定额或概算指标为依据编制的。所谓建设项目总预算是以预算定额为依据，以施工图预算为基础，按照单位工程预算、单项工程预算和建设项目预算路径逐步归纳并加上其他费用之总和。现在推行工程量清单计价方式，同样可按上述预算路径，以单位工程清单计价预算为基础，完成《计价规范》规定格式中所称"工程项目总造价"即建设项目总预算的编制。

1.2.3　按工程承包合同的结算方式分类

我国建设部令第107号《建筑工程施工发包与承包计价管理办法》第十二条规定工程承包价格可以采用以下方式：

(1)固定总价。合同总价或者单价在合同约定的风险范围内不可调整。

(2)可调总价。合同总价或者单价在合同实施期内，根据合同约定的办法可以调整。

(3)成本加酬金。

按照国际上通用的承包合同规定的不同工程结算方式，工程概预算可分为五类：

1. 固定总价合同概预算

固定总价合同概预算，是指以投资估算、设计图纸和工程说明书为依据计算和确定的工程总造价。此类合同也是按工程总造价一次包死的承包合同(即固定合同)。其工程概预算是编制的设计总概算或单项工程综合概算。工程总造价的精确程度取决于设计图纸和工程说明书的精细程度。如果图纸和说明书粗略，将使总概算总价难于精确，承发包双方可能承担较大的风险。

2. 计量定价合同概预算

计量定价合同概预算又可称为工程量清单计价合同。它是以合同规定的工程量清单和清单分项综合单价为基础，计算和确定合同约定工程的工程造价。此种概预算编制的关键在于正确地确定每个分项工程的综合单价。这种定价方式风险较小，是国际工程施工承包中较为普遍的方式，也是我国即将普遍推行的合同计价方式。

3. 单价合同概预算

所谓单价合同，是根据所拟定工程项目或单位工程产品的标准计价单位，如以房地产住宅项目的每平方米产品的综合单价为计价依据，进行招标投标时所签订的计价合同。这种方式在国际工程招标中可以多种方式发包定价：其一，可以将工程设计和施工同时发包，承包商在没有施工图纸的情况下报价，显然这种计价方式要求承包商具有丰富的经验；其二，可由招标单位提出合同报价单价，再由中标单位认可，或经双方协调修订后作正式报价单价；其三，综合单价固定不变，也可商定允许在实物工程量完成时，随工资和材料价格指数的变化进行合理的调整，调整办法必须在承包合同中明文规定。后两种方式在我国较稳定的房地产商与工程承包商之间，在房屋结构简单、户型变化不大的房地产项目中曾较多采用。

4. 成本加酬金合同概预算

成本加酬金合同概预算，是指按合同规定的直接成本（人工、材料和机械台班费等），加上双方商定的总管理费用和利润金额来确定的预算总造价。这种合同承包方式，同样适用于没有提出施工图纸的情况下，或在遭受到毁灭性灾害或战争破坏后，亟待修复的工程项目中。此种概预算计价合同方式还可细分为成本加固定百分数、成本加固定酬金、成本加浮动酬金和目标成本加奖罚酬金四种方式。

5. 统包合同概预算

统包合同概预算，是按照合同规定从项目可行性研究开始，直到交付使用和维修服务全过程的工程总造价。采用统包合同确定单价的一般步骤为：

（1）建设单位请投标单位进行拟建项目的可行性研究，投标单位在提出可行性研究报告时，同时提出完成初步设计和工程量清单（包括概算）所需的时间和费用。

（2）建设单位委托中标单位做初步设计，同时着手组织现场施工的准备工作。

（3）建设单位委托做施工图设计，承包商同时着手组织施工。

这种统包合同承包方式，每进行一个程序都要签订合同，并规定出应付中标单位的报酬金额，由于设计逐步深入，其统包合同的概算和预算也是逐步完成的，因此，一般只能采用阶段性的成本加酬金的结算方式。

1.3 施工图预算与工程量清单计价的区别

传统的施工图预算是以设计图纸和定额为依据（习惯称为定额计价）、以标底为中心的“定额加费用计价办法”的模式和招标方式，包含明显的计划经济痕迹，其最大的弊端是严重遏制了竞争的全面性，投标竞争往往蜕变为预算人员水平竞争的较量，而由于传统造价管理模式下的定额项目和水平总是和市场相脱节，远远不能真实地反映出建筑产品的市场价和企业真正的竞争水平，还容易诱导投标单位采取不正当手段去探听标底，并阻碍了招投标市场的规范化运作。施工图预算表现形式是定额。工程量清单计价是以设计图纸、计价规范为依据，标底清单计价模式是工程量清单乘以综合单价。前者是直接费汇总然后取费，后者是按分部分项工程费、技术措施费与其他项目措施费之和再取费。

1.3.1　定额计价模式的缺陷

在定额计价模式下，政府是制定工程造价的主体。它限定不同级别的施工企业在记取造价时必须执行同一种标准的“定额直接费”或“定额人工费”，业主只能处于从属地位，不能自主定价，只能按照政府的“取费标准”进行计算。其所产生的弊端有：

(1)反映不出建设先后顺序、主从关系和资金使用的时间、空间的秩序，只是单纯从会计的角度规定我国工程造价的构成，体现不出工程造价管理的清晰思路，实施起来容易混淆。

(2)不能体现出建筑产品优质优价的原则。业主总是希望工程质量好价格低，然而建造高质量的工程比建造普通合理的工程投入要大。虽然政府最近做了调整，允许双方在自愿的原则下收取优良工程补偿费，但是如果一方不同意，所投入的费用就不能收回。因此，这种方法操作起来不好掌握，容易造成工程质量不优业主不满意，创优质工程施工企业投入必须加大，两者之间的矛盾显而易见。

(3)不利于招标工作的展开。现行的工程造价计算复杂，耗时费工，不但要套用“定额直接费”，还要计算材料价差及套用定额收取管理费等。同时从理论上讲，一样的图纸套用一样的定额，按一样的信息价计算，所得的结果应该是一样的。但是由于操作人员理解不同，水平有差异，往往得出的结果有很大差异，使得招标工作考察的并不是企业的综合能力，而是考核预算员的理解能力和运气，谁做的工程预算跟标底“碰”上了，谁中标的可能性就大，明显不公平、不合理。

1.3.2　清单计价模式的突破点与优点

1. 清单计价模式的突破点

就计价模式包涵的内容上讲，清单计价在以下几个方面有所突破。

(1)工程量清单报价均采用综合单价形式，综合单价中包含了工程直接费、工程间接费、利润和应上缴的各种税费等，有别于以往定额计价那样先计算定额直接费，再计算材料费、独立费，最后再取费得到总造价。相比之下，工程量清单报价显得简单明了，更适合工程的招投标。

(2)采用工程量清单报价，投标人注重工程单价的分析确定及施工组织设计的编写，可避免各投标人因预算人员水平、素质的差异而造成同一份施工图纸计算出的工程量相差甚远的弊端。

(3)工程量清单报价要求投标人根据市场行情和自身实力报价，适用于推行最低价中标的办法。

(4)工程量清单报价具有合同化的法定性。中标的投标单价一经合同确认，竣工结算不能改变。

2. 清单计价模式的优点

主要优点：

(1)实行建设工程工程量清单计价充分体现了公开、公平、公正的竞争原则。

(2)简单明了,避免了各投标单位统计工程量的重复劳动以及因此带来的差异。

(3)变现行以预算定额为基础的静态计价模式为将各种因素考虑在全费用单价内的动态计价模式。

(4)采用工程量清单报价体现了“量、价分离原则”,有利于实现风险的合理分担,明确承发包双方的责任。

(5)采用工程量清单报价模式,发包人只需编制工程量清单,不需要编制标底,淡化了标底的作用,从程序上规范了招标运作和建筑市场秩序。

1.3.3 清单计价与定额计价的区别

清单计价与定额计价存在一定的区别。定额计价模式将建安工程造价划分为直接费、间接费、利润和税金组成;工程量清单计价价款则分为分部分项工程费、措施项目费、其他项目费、规费和税金。

定额计价无论是直接费中的人、材、机的消耗量,还是各种费用标准都是国家法定的。而清单计价无论是人、材、机的消耗量和除了规费及税金以外的费用标准都是施工企业自主确定的。

就价格形成的指导思想而言,传统报价模式采用的是指令性计价的模式,是以定额子目构成直接费,并以其为基础,得出其他费用,组成建安工程造价。而工程量清单计价模式采用的是市场计价的模式,在计价依据上实行“量价分离”。

就建筑产品形成过程中所起作用而言,传统的计价方式所涉及的范围相比较小,所起的作用有限,所融入的深度不够,而工程量清单计价方式是体现动态、市场化、企业综合实力竞争的一种计价模式,用途广泛。

使用工程量清单计价法确定工程造价可以克服预算单价法的缺点,避免一个工程 1 年完工,却要决算 3 年的怪事情。因为两种方法在对待调整的工程量的单价方面所采取的处理形式不同,故对工程的最后结算也不同。工程量清单计价法可以避免工程结算的拖延,使工程顺利结算,克服施工时马马虎虎,决算时是一笔糊涂账的通病。工程量清单报价法因为单价已定,剩下的就是在整个施工过程中不断核对工程量。即使有增加项目,也是以补充综合单价的形式出现,这样工程一竣工,整个结算价也就出来了,真正做到工完账清,增加了企业的竞争能力。

1.4 建设工程概预算费用的组成及影响因素

1.4.1 我国现行工程造价(建设项目投资)的构成

我国现行工程造价(建设项目投资)的构成如表 1-1 所示。

表 1-1　建设项目投资构成表

<table>
<tr><th>投资构成</th><th colspan="3">费　用　项　目</th></tr>
<tr><td rowspan="22">固定资产投资</td><td>建筑安装工程费用</td><td colspan="2">直接工程费
间接费
计划利润
税金</td></tr>
<tr><td rowspan="3">设备工器具费用</td><td rowspan="2">设备购置费
（包括备品备件）</td><td>设备原价</td></tr>
<tr><td>设备运杂费</td></tr>
<tr><td colspan="2">工器具及生产家具购置费</td></tr>
<tr><td rowspan="18">工程建设其他费用</td><td colspan="2">土地使用费</td></tr>
<tr><td rowspan="10">与项目建设有关的费用</td><td>建设单位管理费</td></tr>
<tr><td>勘察设计费</td></tr>
<tr><td>研究试验费</td></tr>
<tr><td>建设单位临时设施费</td></tr>
<tr><td>工程监理费</td></tr>
<tr><td>工程保险费</td></tr>
<tr><td>供电贴费</td></tr>
<tr><td>施工机械迁移费</td></tr>
<tr><td>引进技术和进口设备其他费用</td></tr>
<tr><td>工程承包费</td></tr>
<tr><td rowspan="3">与未来企业生产
经营有关的费用</td><td>联合试运转费</td></tr>
<tr><td>生产准备费</td></tr>
<tr><td>办公和生活家具购置费</td></tr>
<tr><td rowspan="2">预备费</td><td>基本预备费</td></tr>
<tr><td>涨价预备费</td></tr>
<tr><td colspan="2">建设期贷款利息</td></tr>
<tr><td colspan="2">固定资产投资方向调节税</td></tr>
<tr><td>流动资产投资</td><td colspan="3">流动资金（含经营项目铺底流动资金）</td></tr>
</table>

1. 建筑安装工程费用

建筑安装工程费用包括建筑工程费和安装工程费两部分。

建筑工程费用指建设项目设计范围内的建设场地平整、土石方工程费，各类房屋建筑及附属于室内的供水、供热、卫生、电气、燃气、通风空调、弱电、电梯等设备及管线工程费，各类设备基础、地沟、水池、冷却塔、烟囱烟道、水塔、栈桥、管架、挡土墙、围墙、厂区道路、绿化等工程费，及铁路专用线、厂外道路、码头等工程费。

安装工程费用指主要生产、辅助生产、公用等单项工程中需要安装的工艺、电气、自动控制、运输、供热、制冷等设备及装置安装工程费，各种工艺、管道安装及衬里、防腐、保温等工程费，及供电、通信、自控等管线电缆的安装工程费。

我国现行建筑安装工程费用构成见表1-2。

表1-2 我国现行建筑安装工程费构成

费用项目			参考计算方法
直接费	直接工程费	人工费	$\sum$（人工工日概预算造价定额×日工资单价×实物工程量）
		材料费	$\sum$（材料概预算造价定额×材料造价价格×实物工程量）
		施工机械使用费	$\sum$（机械概预算造价定额×机械台班造价单价×实物工程量）
	措施费	环境保护、文明施工、安全施工、临时设施、夜间施工、二次搬运、大型机械设备进出场及安拆、混凝土、钢筋混凝土模板及支架、脚手架、已完工程设备保护、施工排水降水	
间接费	规费		工程排污费、工程定额测定费、社会保障费（养老保险费、失业保险费、医疗保险费）、住房公积金、危险作业意外伤害保险
	企业管理费		管理人员工资、办公费、差旅交通费、固定资产使用费、劳动保护费、工会经费、职工教育经费、财产保险费、财务费、税金、其他
利润			土建工程：（直接工程费＋间接费）×利润率 安装工程：人工费×取费率
税金			（直接工程费＋间接费＋利润）×税率

(1)直接费

直接费由直接工程费和措施费组成。

1)直接工程费

在施工过程中耗用的构成工程实体的各项费用，包括人工费、材料费、施工机械使用费。

①人工费

人工费是指直接从事建筑安装工程施工的生产工人开支的各项费用，内容包括基本工资、工资性补贴、生产工人辅助工资、职工福利费及劳动保护费。

人工费的开支范围包括直接从事施工的生产工人，施工现场水平运输、垂直运输的工人，附属生产的工人和辅助生产的工人，但不包括材料采购和保管以及材料到达工地之前的运输装卸的工人、驾驶施工机械和运输工具的工人及现场管理费开支的人员。

基本工资：是指发放给生产工人的基本工资。

工资性补贴：是指按规定标准发放的物价补贴，煤、燃气补贴，交通补贴，住房补贴，流动施工津贴等。

生产工人辅助工资：是指生产工人年有效施工天数以外非作业天数的工资，包括职工学习、培训期间的工资，调动工作、探亲、休假期间的工资，因气候影响的停工工资，女工哺乳时间的工资，病假在6个月以内的工资及产、婚、丧假期的工资。

职工福利费：是指按规定标准计提的职工福利费。

生产工人劳动保护费:是指按规定标准发放的劳动保护用品的购置费及修理费,徒工服装补贴,防暑降温费,在有碍身体健康环境中施工的保健费用等。

检验试验费:是指对建筑材料、构件和建筑安装物进行一般鉴定、检查所发生的费用,包括自设试验室进行试验所耗用的材料和化学药品等费用,不包括新结构、新材料的试验费和建设单位对具有出厂合格证明的材料进行检验,对构件做破坏性试验及其他特殊要求检验试验的费用。

②材料费。

③施工机械使用费

是指施工机械作业所发生的机械使用费以及机械安拆费和场外运费。施工机械台班单价应由下列 7 项费用组成:

折旧费:指施工机械在规定的使用年限内,陆续收回原值及购置资金的时间价值。

大修理费:指施工机械按规定的大修理间隔台班进行必要的大修理,以恢复其正常功能所需的费用。

经常修理费:指施工机械除大修理以外的各级保养和临时故障排除所需的费用,包括为保障机械正常运转所需替换设备与随机配备工具附具的摊销和维护费用,机械运转中日常保养所需润滑与擦拭的材料费用及机械停滞期间的维护和保养费用等。

安拆费及场外运费:安拆费指施工机械在现场进行安装与拆卸所需的人工、材料、机械和试运转费用以及机械辅助设施的折旧、搭设、拆除等费用;场外运费指施工机械整体或分体自停放地点运至施工现场或由一施工地点运至另一施工地点的运输、装卸、辅助材料及架线等费用。

人工费:指机上司机(司炉)和其他操作人员的工作日人工费及上述人员在施工机械规定的年工作台班以外的人工费。

燃料动力费:指施工机械在运转作业中所消耗的固体燃料(煤、木柴)、液体燃料(汽油、柴油)及水、电等。

养路费及车船使用税:指施工机械按照国家规定和有关部门规定应缴纳的养路费、车船使用税、保险费及年检费等。

2)措施费

是指为完成工程项目施工,发生于该工程施工前和施工过程中非工程实体项目的费用。

内容包括:

①环境保护费:是指施工现场为达到环保部门要求所需要的各项费用。

②文明施工费:是指施工现场文明施工所需要的各项费用。

③安全施工费:是指施工现场安全施工所需要的各项费用。

④临时设施费:是指施工企业为进行建筑工程施工必须搭设的生活和生产用的临时建筑物、构筑物和其他临时设施费用等。

临时设施包括:临时宿舍、文化福利及公用事业房屋与构筑物,仓库、办公室、加工厂以及规定范围内道路、水、电、管线等临时设施和小型临时设施。

临时设施费用包括:临时设施的搭设、维修、拆除费或摊销费。

⑤夜间施工费:是指因夜间施工所发生的夜班补助费、夜间施工降效、夜间施工照明设备摊销及照明用电等费用。

⑥二次搬运费:是指因施工场地狭小等特殊情况而发生的二次搬运费用。

⑦大型机械设备进出场及安拆费:是指机械整体或分体自停放场地运至施工现场或由一个施工地点运至另一个施工地点,所发生的机械进出场运输及转移费用及机械在施工现场进行安装、拆卸所需的人工费、材料费、机械费、试运转费和安装所需的辅助设施的费用。

⑧混凝土、钢筋混凝土模板及支架费:是指混凝土施工过程中需要的各种钢模板、木模板、支架等的支、拆、运输费用及模板、支架的摊销(或租赁)费用。

⑨脚手架费,是指施工需要的各种脚手架搭、拆,运输费用及脚手架的摊销(或租赁)费用。

⑩已完工程及设备保护费:是指竣工验收前,对已完工程及设备进行保护所需费用。

⑪施工排水、降水费:是指为确保工程在正常条件下施工,采取各种抽水、降水措施所发生的各种费用。

(2)间接费

间接费由规费、企业管理费组成。

1)规费

是指政府和有关权力部门规定必须缴纳的费用(简称规费)。包括:

①工程排污费:是指施工现场按规定缴纳的工程排污费。

②工程定额测定费:是指按规定支付工程造价(定额)管理部门的定额测定费。

③社会保障费。包括:

养老保险费:是指企业按规定标准为职工缴纳的基本养老保险费。

失业保险费:是指企业按照国家规定标准为职工缴纳的失业保险费。

医疗保险费:是指企业按照规定标准为职工缴纳的基本医疗保险费。

④住房公积金:是指企业按规定标准为职工缴纳的住房公积金。

⑤危险作业意外伤害保险:是指按照建筑法规定,企业为从事危险作业的建筑安装施工人员支付的意外伤害保险费。

2)企业管理费

是指建筑安装企业组织施工生产和经营管理所需费用。内容包括:

①管理人员工资:是指管理人员的基本工资、工资性补贴、职工福利费、劳动保护费等。

②办公费:是指企业管理办公用的文具、纸张、账表、印刷、邮电、书报、会议、水电、烧水和集体取暖(包括现场临时宿舍取暖)用煤等费用。

③差旅交通费:是指职工因公出差、调动工作的差旅费、住勤补助费,市内交通费和误餐补助费,职工探亲路费,劳动力招募费,职工离退休、退职一次性路费,工伤人员就医路费,工地转移费以及管理部门使用的交通工具的油料、燃料、养路费及牌照费。

④固定资产使用费:是指管理和试验部门及附属生产单位使用的属于固定资产的房屋、设备仪器等的折旧、大修、维修或租赁费。

⑤工具用具使用费:是指管理使用的不属于固定资产的生产工具、器具、家具、交通工具和检验、试验、测绘、消防用具等的购置、维修和摊销费。

⑥劳动保险费:是指由企业支付离退休职工的易地安家补助费、职工退职金,6 个月以上的病假人员工资、职工死亡丧葬补助费、抚恤费、按规定支付给离休干部的各项经费。

⑦工会经费:是指企业按职工工资总额计提的工会经费。

⑧职工教育经费：是指企业为职工学习先进技术和提高文化水平，按职工工资总额计提的费用。

⑨财产保险费：是指施工管理用财产、车辆保险。

⑩财务费：是指企业为筹集资金而发生的各种费用。

⑪税金：是指企业按规定缴纳的房产税、车船使用税、土地使用税、印花税等。

⑫其他：包括技术转让费、技术开发费、业务招待费、绿化费、广告费、公证费、法律顾问费、审计费、咨询费等。

(3)利润与税金

1)利润

利润是指施工企业完成所承包的工程获得的盈利。

利润依据不同投资来源或不同工程类别，实行差别利润率。

2)税金

按国家规定计入建筑安装工程造价内的营业税、城市建设维护税和教育费附加。

①营业税。税法规定以营业收入额为计税依据计算纳税，税率为 3%。计算公式如下：

$$营业税=计税营业额\times 3\%$$

计税营业额是指从事建筑、安装、修缮、装饰及其他工程作业取得的全部收入，还包括建筑、修缮、装饰工程所用原材料及其他物资和动力的价款。当安装的设备价值作为安装工程产值时，亦包括所安装设备的价款。但建筑安装工程总承包方将工程分包给他人的，其营业额中不包括付给分包方的价款。

②城市维护建设税。用于城市的公用事业和公共设施的维护建设，以营业税额为基础的计税。因纳税人地点不同其税率分别为：纳税人所在地为市区，税率为 7%；纳税人所在地为县城、建制镇，税率为 5%；纳税人所在地不在市区、县城、建制镇，则税率为 1%。计算公式如下：

$$城市维护建设税=营业税额\times 规定税率$$

③教育费附加。建筑安装企业的教育费附加要与其营业税同时缴纳，以营业税额为基础计取，税率为 3%。

将上述三种税率汇总并进行综合税率计算后得：

纳税人所在地在市区者综合税率为 3.413%；

纳税人所在地在县镇者综合税率为 3.348%；

纳税人所在地在农村者综合税率为 3.22%。

2. 设备及工、器具费用

设备及工、器具购置费用是由设备购置费和工具、器具及生产家具购置费组成的。在生产性工程建设中，设备及工、器具购置费用占工程造价比重的增大，意味着生产技术的进步和资本有机构成的提高。

(1)设备购置费的构成

设备购置费是指为建设项目购置或自制的达到固定资产标准的各种国产或进口设备、工具、器具的购置费用，它由设备原价和设备运杂费组成。

$$设备购置费=设备原价+设备运杂费$$

设备原价是指国产设备或进口设备的原价。国产设备原价一般指的是设备制造厂的交货价，及出厂价或订货合同价，它一般根据生产厂家或供应商的询价、报价、合同价确定，或采用一定的方法计算确定。国产设备原价分为国产标准设备原价和国产非标准设备原价。

设备运杂费是指除设备原价之外的关于设备采购、运输、途中包装及仓库保管等方面支出费用的总和。

(2)工具、器具及生产家具购置费

工具、器具及生产家具购置费是指新建或扩建项目初步设计规定的，保证初期正常生产必须购置的没有达到固定资产标准的设备、仪器、工卡模具、器具、生产家具和备品备件等的购置费用。一般以设备购置费为计算基数，按照相应费率计算。

工具、器具及生产家具购置费＝设备购置费×定额费率

3. 工程建设其他费用

工程建设其他费用是指从工程筹建起到工程竣工验收交付使用止的整个建设期间，除建筑安装工程费用和设备及工、器具购置费用以外的，为保证工程建设顺利完成和交付使用后能够正常发挥效用而发生的各项费用。工程建设其他费用，按其内容大体可分为三类：土地使用费、与工程建设有关的其他费用、与未来企业生产经营有关的其他费用。

(1)土地使用费

建设单位为获得建设用地要取得土地使用权，为此而支付的费用就是土地使用费。土地使用费有两种形式，一是通过划拨方式取得土地使用权而支付的土地征用及拆迁补偿费；二是通过土地使用权出让方取得土地使用权而支付的土地使用权出让金。

(2)与工程建设有关的其他费用

与工程建设有关的其他费用主要包括建设单位管理费、勘察设计费、研究试验费、建设单位临时设施费、工程监理费、工程保险费、供电贴费、施工机构迁移费、引进技术和进口设备其他费用、工程承包费等。

1)建设单位管理费

建设单位管理费是指建设单位为了进行建设项目的筹建、建设、试运转、竣工验收和项目后评估等全过程管理所需的各项管理费用。

2)勘察设计费

勘察设计费是指委托有关咨询单位进行可行性研究、项目评估决策及设计文件等工作按规定支付的前期工作费用，或委托勘察、设计单位进行勘察、设计工作按规定支付的勘察设计费用，或在规定的范围内由建设单位自行完成有关的可行性研究或勘察设计工作所需的有关费用。

勘察设计费一般按照国家计委颁发的有关勘察设计的收费标准和有关规定进行计算，随着勘察设计招投标活动的逐步推行，这项费用也应结合建筑市场的具体情况进行确定。

3)研究试验费

研究试验费是指为建设项目提供和验证设计参数、数据、资料等进行必要试验所需的费用以及设计规定在施工中必须进行试验和验证所需的费用，主要包括自行或委托其他部门研究试验所需的人工费、材料费、试验设备及仪器使用费等。该项费用一般根据设计单位针对本建设项目需要所提出的研究试验内容和要求进行计算。

4)建设单位临时设施费

建设单位临时设施费是指建设单位在项目建设期间所需的有关临时设施的搭设、维修、

摊销或租赁费用。建设单位临时设施主要包括临时宿舍、文化福利和公用事业房屋、构筑物、仓库、办公室、加工厂、道路、水电等。该项费用，新建工程项目一般按照建筑安装工程费用的 1%计算；改扩建工程项目一般可按小于建筑安装工程费用的 0.6%计算。

5)工程监理费

工程监理费是指建设单位委托监理单位对工程实施监理工作所需的各项费用。广泛推行建设工程监理制是我国工程建设领域管理体制的重大改革，主要有以下两种计费方法：

按照监理工程概算或预算的 0.03%～2.50%计算；

按照监理人员的年度平均人数乘以 3～5 万元/(人·年)计算。

6)工程保险费

工程保险费是指建设项目在建设期间根据工程需要实施工程保险所需的费用。一般包括以各种建筑工程及其在施工过程中的物料、机器设备为保险标的的建筑工程一切险，以安装工程中的各种物料、机器设备为保险标的的安装工程一切险，以及机器损坏保险等所支出的保险费用。该项费用一般根据不同的工程类别，按照其建筑安装工程费用乘以相应的建筑安装工程保险费率进行计算。

7)供电贴费

供电贴费是建设单位申请用电或增加用电容量时，按照国家规定应向供电部门交纳，由供电部门统一规划并负责建设的 110 kV 以下各级电压外部供电工程的建设、扩充、改建等费用的总称。

8)施工机构迁移费

施工机构迁移费是指施工机构根据建设任务的需要，经建设项目主管部门批准成建制的由原驻地迁移到另一地区的一次性搬迁费用，一般适用于大中型的水利、电力、铁路和公路等需要大量人力、物力进行施工，施工时间较长、专业性较强的工程项目。该项费用包括职工及随同家属的差旅费，调迁期间的工资和施工机械、设备、工具、用具、周转性材料等的搬运费，但不包括以下费用：

①应由施工单位自行负担的，在规定范围内调动施工力量以及内部平衡施工力量所发生的迁移费用；

②由于违反基建程序，盲目调迁施工队伍所发生的迁移费用；

③因中标而引起的施工机构迁移所发生的迁移费用。

该项费用一般按照建筑安装费用的 0.5%～1%进行计算。

9)引进技术和进口设备其他费用

引进技术和进口设备其他费用是指本建设项目因引进技术和进口设备而发生的相关费用，主要包括以下费用：

①出国人员费用。指为引进技术和进口设备派出人员在国外培训和进行设计联系，以及材料、设备检验等的差旅费、服装费、生活费等，一般按照设计规定的出国培训和工作的人数、时间、派往的国家，按财政部和外交部规定的临时出国人员费用开支标准进行计算。

②国外工程技术人员来华费用。指为引进国外技术和安装进口设备等聘用国外工程技术人员进行技术指导工作所发生的技术服务费、工资、生活补贴、差旅费、住宿费、招待费等，一般按照签订合同所规定的人数、期限和有关标准进行计算。

③技术引进费。指引进国外先进技术而支付的专利费、专有技术费、国外设计及技术资

料费等，一般按照合同规定的价格进行计算。

④担保费，指国内金融机构为买方出具保函的担保费，一般按照有关金融机构规定的担保费率进行计算。

⑤分期或延期付款利息。指利用出口信贷引进技术或进口设备采取分期或延期付款的办法所支付的利息。

⑥进口设备检验鉴定费。指进口设备按规定必须交纳的商品检验部门的进口设备检验鉴定费，一般按照进口设备货价的百分比计算。

10)工程承包费

工程承包费是指具有工程总承包条件的公司对建设项目从开始到竣工投产全过程进行总承包所需要的管理费用，一般包括组织勘察设计、设备材料采购、非标设备设计制造与销售、施工招标、发包、工程预决算、项目管理、施工质量监督、隐蔽工程检查、工程验收和竣工投产等工作所发生的各项管理费用。该项费用一般按照国家主管部门或各地政府部门规定的工程承包费的取费标准，按照投资估算的百分比进行计算。不实行工程承包的项目不能计算本项费用。

(3)与未来企业生产经营有关的其他费用

该项费用主要包括联合试运转费、生产准备费、办公和生活家具购置费等。

1)联合试运转费

联合试运转费是指新建或扩建工程项目竣工验收前，按照设计规定应进行有关无负荷和负荷联合试运转所发生的费用支出大于费用收入的差额部分费用。费用支出一般包括试运转所需的原料、燃料及动力费用，机械使用费用，低值易耗品及其他物品的购置费用，施工单位参加联合试运转人员的工资等，但不包括应由设备安装工程费开支的单台设备调试费和试车费用。费用收入一般包括联合试运转所生产合格产品的销售收入和其他收入等。该项费用一般可按照不同性质的项目需要试运转车间工艺设备购置费的百分比进行计算。

2)生产准备费

生产准备费是指新建或扩建工程项目在竣工验收前为保证竣工交付使用而进行必要的生产准备所发生的有关费用。

3)办公和生活家具购置费

办公和生活家具购置费是指为保证新建或扩建工程项目初期正常生产、使用和管理必须购置的办公和生活家具、用具的费用。其范围包括办公室、会议室、资料室、食堂、宿舍、招待所和幼儿园等家具和用具购置费。该项费用一般按照设计定员人数乘以相应的综合指标进行估算。注意：改、扩建工程项目所需的办公和生活家具购置费应低于新建项目。

(4)预备费

预备费包括基本预备费和价差预备费两部分费用。

1)基本预备费

基本预备费是指在初步设计及概算内难以预料的工程费用，主要包括：

①在批准的初步设计范围内，技术设计、施工图设计及施工过程中所增加的工程费用；设计变更、局部地基处理等增加的费用。

②一般自然灾害造成的损失和预防自然灾害所采取的措施费用，实行工程保险的工程项目费用应适当降低。

③竣工验收时为鉴定工程质量，对隐蔽工程进行必要的挖掘和修复费用。

基本预备费一般用建筑安装工程费用、设备及工器具购置费和工程建设其他费用三者之和乘以基本预备费率进行计算。基本预备费率一般按照国家有关部门的规定执行。

2)涨价预备费

涨价预备费也称为价差预备费，是指建设项目在建设期内由于价格等变化引起工程造价变化的预留费用。其费用内容包括人工、设备、材料和施工机械的价差费，建筑安装工程费，工程建设其他费用调整及利率、汇率调整等增加的费用。

(5)建设期贷款利息

建设期贷款利息指建设项目以负债形式筹集资金在建设期应支付的利息，包括向国内银行和其他非银行金融机构贷款、出口信贷、外国政府贷款、国际商业银行贷款以及在境内外发行的债券等在建设期内应偿还的借款利息。按照我国计算工程总造价的规定，在建设期支付的贷款利息也构成工程总造价的一部分。

建设期贷款利息一般按下式计算：

建设期每年应计利息＝(年初借款累计＋1/2当年借款额)×年利率

4. 经营项目铺底流动资金

经营项目铺底流动资金指经营性建设项目为保证生产和经营正常进行，按规定应列入建设项目总资金的铺底流动资金。它的估算对于项目规模不大且同类资料齐全的可采用分项估算法，其中包括劳动工资、原材料、燃料动力等部分；对于大项目及设计深度浅的可采用指标估算法。如一般加工工业项目多采用产值(或销售收入)进行估算，一些采掘工业项目常采用经营成本(或总成本)资金率进行估算，有些项目如火电厂按固定资产价值资金率进行估算。

1.4.2　施工项目计划成本的组成内容

施工项目的计划成本传统称法为施工预算。它是建筑企业以施工图、施工图预算、施工组织设计(包括施工作业设计)、现场施工条件和本企业资源消耗水平、施工企业定额编制的企业与项目之间的目标成本，其费用构成如表1-1中以施工企业消耗定额为基础计算的直接和间接费之总和。

1.4.3　影响工程概预算费用的因素

影响工程概预算费用或建设项目投资的因素很多，主要因素有政策法规性因素、地区性与市场性因素、设计因素、施工因素和编制人员素质五个方面。

1. 政策法规性因素

国家和地方政府主管部门对于基本建设项目的报批、审查、基本建设程序，及其投资费用的构成、计取，从土地的购置直到工程建设完成后的竣工验收、交付使用和竣工决算等各项建设工作的开展，都有严格而明确的规定，具有强制的政策法规性。基本建设和建筑产品价格的确定属国家、企业和事业单位新增固定资产投资的经济范畴，在我国社会主义市场经济条件下，既有较强的计划性，又必须服从市场经济的价值规律，是计划性与市场性相结合条件下的投资经济活动。建设项目的确立，既要受到国家、地方、行业市场经济发展的制约和国家产业结构、产业政策、投资方向、金融政策和技术经济政策的宏观调控，又要受到国家宏观经济影响下的科学技术发展、市场需求关系、市场规则和劳动力、设备、原材料等生产资料变化因素及社会与市场经济环境的制约。

2. 地区性与市场性因素

建筑产品存在于不同的地域空间，其产品价格必然受到所在地区时间、空间、自然条件和社会与市场软硬环境的影响。建筑产品的价值是人工、材料、机具、资金和技术投入的结果。不同的区域和市场条件，对上述投入条件和工程造价的形成都会带来直接的影响，如当地技术协作、物资供应、交通运输、市场价格和现场施工等建设条件，以及当地企业的定额水平，都将会反映到概预算价格之中。此外，由于地物、地貌、地质与水文地质条件的不同，也会给概预算费用带来较大的影响，即使同一设计图纸的建筑物或构筑物，也至少会在现场处理和基础工程费用上产生较大幅度的差异。

3. 设计因素

设计图纸是编制概预算的基本依据之一，也是在建设项目决策之后的实施过程中影响建设投资的最大关键性因素，影响投资的差额巨大。特别是初步设计阶段，如对地理位置、占地面积、建设标准、建设规模、工艺设备选型、环境保护的影响和要求，以及建筑结构选型和装饰标准等的确定、设计是否经济合理，对概预算都会带来很大的影响。一项优秀的设计可以节约大量投资。

4. 施工因素

就我国目前所采用的概预算编制方法而言，在节约投资方面施工因素虽然没有设计的影响那样突出，但是在今后市场定价的机制下，运用市场竞争机制选择承包商对工程承发包价会发生重大影响。而承包商编制的施工组织设计（或施工方案）和施工技术、环保、安全措施等，也同施工图纸一样，是编制工程概预算的重要依据之一。它不仅对概预算的编制有较大的影响，而且通过加强施工阶段的工程造价管理（或投资控制），对控制施工成本，保证建设项目预定目标的实现等，有着重要的现实意义。因此，工程建设的总体部署，加强科学施工、生产管理，采用先进的施工技术，合理运用新的施工工艺，采用新技术、新材料，合理布置施工现场，减少运输总量等，对节约投资有着显著的作用。

5. 编制人员素质因素

工程概预算的编制和管理，是一项十分复杂而细致的工作。特别是我国推行工程量清单制度后，对工程造价编制和管理人员提出了更高的要求。对工作人员的要求是：有强烈的责任感，始终把节约投资、不断提高经济效益放在首位；政策观念强，知识面宽，不但应具有建筑经济学、投资经济学、价格学、市场学等理论知识，而且要有较全面的专业理论与业务知识，如工程识图、建筑构造、建筑施工、建筑设备、建筑材料、建筑技术经济与建筑经济管理等理论知识及相应的实际经验；必须充分熟悉有关概预算编制的政策、法规、制度、定额标准和与其相关的动态信息等。只有如此，才能准确无误地编制好工程概预算，防止“错、漏、冒”等问题出现。

通过对影响因素的分析，说明建筑工程概预算的编制和管理具有与其他工业产品定价不同的特征，如政策法规性、计划与市场统一性、单个产品定价与多层次定价性及动态性等，读者对此必须有充分的认识。

思考题

1.1　固定资产投资程序有哪几个阶段，各阶段包括哪些内容？

1.2　建设项目如何进行分解？

1.3　简述建设项目的投资构成。

1.4　简述我国现行建筑安装费用的构成。

1.5　影响建设工程投资费用的因素有哪些？

1.6　如何理解工程概预算与建设项目各阶段的关系？

1.7　工程量清单计价办法有哪些优点？

1.8　采用施工图预算的直接费由哪些内容组成？

1.9　清单计价与定额计价的区别是什么？

1.10　建筑工程概预算是如何分类的？

第2章　建筑工程计价依据

2.1　概述

工程建设是物质资料的生产活动，一个工程项目的建成，无论是新建、改建、扩建，还是恢复工程，都要消耗大量的人力、物力和资金。在建设工程产品和工程建设生产消费之间存在着客观的、必然的联系。如住宅产品与钢筋、混凝土之间的数量关系等，主要取决于生产力的发展水平；钢筋是手工绑扎还是机械焊接，混凝土是人工浇捣还是机械浇捣等，其生产消耗的质与量都是不同的。一般情况下，生产力发展水平越高，生产消费的性质就越复杂，生产产品的数量就越多，而花在单位产品上的人力和物力耗费则会呈现出一种下降的趋势。要准确计算产品的价格，必须掌握生产和生产消费之间的这种客观规律。工程建设是一项比一般产品生产更复杂的活动，其价格的计算首先要求必须具备能够反映工程建设与生产消费之间客观规律的基础资料，这种基础资料表现为工程计价的基本依据。

工程计价的依据是指用于计算工程造价的基础资料的总称，它反映了一定时期的社会生产水平，是建设管理科学化的产物，也是进行工程造价科学管理的基础。工程计价的依据主要包括建设工程定额、工程造价指数和工程造价资料等，其中建设工程定额是工程计价的核心依据。

2.1.1　定额的概念及作用

1. 定额的概念

定额是人们根据各种不同的需要，对某一事物规定的数量标准，是一种规定的额度。在现代社会经济生活和社会生活中，定额作为一种管理手段被广泛应用。例如分配领域的工资标准、生产和流通领域的原材料消耗标准、技术方面的设计标准等。定额已成为人们对社会经济进行计划、组织、指挥、协调和控制等一系列管理活动的重要依据。

所谓“定”，就是规定；所谓“额”就是额度或限度。从广义理解，定额就是规定的额度或限度，即标准或尺度。建设工程定额是指在正常的施工条件和合理劳动组织、合理使用材料及机械的条件下，完成单位合格产品必须消耗资源的数量标准，其中的资源主要包括在建设生产过程中所投入的人工、机械、材料和资金等生产要素。建设工程定额反映了工程建设投入与产出的关系，它一般除了规定的数量标准以外，还规定了具体的工作内容、质量标准和安全要求等。

“正常施工条件”是指绝大多数施工企业和施工队、班组在合理组织施工的条件下所处的施工条件。施工条件一般包括工人的技术等级是否与工作等级相符、工具与设备的种类和质量、工程机械化程度、材料实际需要量、劳动的组织形式、工资报酬形式、工作地点的组织和其准备工作是否及时、安全技术措施的执行情况、气候条件、劳动竞赛开展情况等。正常施工条件是界定定额研究对象的前提条件，因为针对不同的自然、社会、经济和技术条件，完成单位建设工程产品的消耗内容和数量是不同的。

正常的施工条件应该符合有关的技术规范，符合正确的施工组织和劳动组织条件，符合已经推广的先进的施工方法、施工技术和操作。它是施工企业和施工队（班组）应该具备也能够具备的施工条件。

“合理劳动组织、合理使用材料和机械”是指应该按照定额规定的劳动组织条件来组织生产（包括人员、设备的配置和质量标准），施工过程中应当遵守国家现行的施工规范、规程和标准等。

“单位合格产品”中的“单位”是指定额子目中所规定的定额计量单位，因定额性质的不同而不同。如预算定额一般以分项工程来划分定额子目，每一子目的计量单位因其性质不同而不同，砖墙、混凝土以“m^3”为单位，钢筋以“t”为单位，门窗多以“m^2”为单位。“合格”是指施工生产所完成的成品或半成品必须符合国家或行业现行的施工验收规范和质量评定标准的要求。“产品”指的是“工程建设产品”，称为工程建设定额的标定对象。不同的工程建设定额有不同的标定对象，所以，它是一个笼统的概念，即工程建设产品是一种假设产品，其含义随不同的定额而改变。它可以指整个工程项目的建设过程，也可以指工程施工中的某个阶段，甚至可以指某个施工作业过程或某个施工工艺环节。

由以上分析可以看出，建设工程定额不仅规定了建设工程投入产出的数量标准，同时还规定了具体的工作内容、质量标准和安全要求。

在理解上述工程建设定额概念时，还必须注意以下几个问题：

(1)工程建设定额属于生产消费定额性质。工程建设是物质资料的生产过程，而物质资料的生产过程必然也是生产的消费过程。一个工程项目的建成，无论是新建、改建、扩建，还是恢复工程，都要消耗大量人力、物力和资金。而工程建设定额所反映的，正是在一定的生产力发展水平条件下，以产品质量标准为前提，完成工程建设中某项产品与各种生产消耗之间的特定数量关系。这种特定数量关系一经定额编制部门（或企业）确定，即成为工程建设中生产消耗的限量标准。这种限量标准是定额编制部门（或企业）对工程建设实施者在生产效率方面的一种要求，也是工程建设管理者（或生产者）用来编制工程计划、考核和评价建设成果的重要指标。

(2)工程建设定额的水平必须与当时的生产力发展水平相适应。人们一般将工程建设定额所反映的资源消耗量的大小称为定额水平。定额水平受一定的生产力发展的制约。一般说来，生产力发展水平高，则生产效率高，生产过程中的消耗就少，定额所规定的资源消耗量应相应地降低，人们将此种状况称为定额水平高；反之，生产力发展水平低，定额所规定的资源消耗量应相应地提高，此种状况称为定额水平低。

(3)工程建设单位定额所规定的资源消耗量，是指完成定额所标定（或限定）的定额对象的合格单位工程建设产品所需消耗资源的限量标准。

(4)工程建设单位定额反映的资源消耗量的内容，包括为完成该工程建设产品任务所需的所有的资源消耗。工程建设是一项物质生产活动，为完成物质生产过程必须形成有效的生产能力，而生产能力的形成必须消耗劳动力、劳动对象和劳动工具，反映在工程建设过程中，即为人工、材料和机械三种资源的消耗。

2. 我国工程建设定额在工程价格形成中的作用

工程建设定额是经济生活中诸多定额中的一类。它的研究对象是工程建设范围内的生产消费规律，研究固定资产再生产过程中的生产消费定额。定额作为科学管理的产物，它既不是计划经济的产物也不是与市场经济相悖的体制改革对象。工程建设定额是一种计价依据，也是投资决策依据，又是价格决策依据，能够从这两方面规范市场主体的经济行为，对完善我国固定资产投资市场和建筑市场都能起到作用。

在市场经济中，信息是其中不可或缺的要素，它的可靠性、完备性和灵敏性是市场成熟和市场效率的标志。工程建设定额就是把处理过的工程造价数据积累转化成的一种工程造价信息，主要是指资源要素消耗量的数据，包括人工、材料、施工机械的消耗量。定额管理是对大量市场信息的加工，也是对大量信息进行市场传递，同时也是市场信息的反馈。

工程造价信息在建筑产品价格形成中具有重要的作用。在充分竞争市场条件下，投标人的行为主要取决于私人信息。目前，在我国在经济转型时期，工程招投标价格仍处于政府指导价和市场形成价格相结合的状态。因此，投标人的报价不仅仅依赖于它的实际生产成本（私人信息），而且与统一的概预算定额（甲乙双方的共同信息）有很大关系。当然，随着市场化水平的增加，私人信息影响加大，共同信息的影响将逐渐减少。

2.1.2　定额的分类及制定办法

1. 工程建设定额的分类及特点

(1)工程建设定额的分类

工程建设定额是一个综合概念，是工程建设中各类定额的总称。为了对工程建设定额能有一个全面的了解，可以按照不同的原则和方法对它进行科学的分类。按不同的分类方法，工程建设定额可以分成不同的类型，不同类型的定额其作用也不尽相同。

1)按定额反映的物质消耗性质分类

按定额反映的物质消耗性质，工程建设定额可分为劳动消耗定额、材料消耗定额及机械台班消耗定额三种形式。

①劳动消耗定额。劳动消耗定额也称“劳动定额”，是指在正常的生产条件下，完成单位合格工程建设产品所需消耗的劳动力的数量标准。劳动定额所反映的是活劳动消耗。按反映活劳动消耗的方式不同，劳动定额有时间定额和产量定额两种形式。时间定额是指为完成单位合格工程建设产品所需消耗生产工人的工作时间标准，以劳动力的工作时间消耗为计量单位来反映；而产量定额是指生产工人在单位时间里必须完成工程建设产品的产量标准，以生产工人在单位时间里所必须完成的工程建设产品的数量来反映。为了便于综合和核算，劳动定额大多采用时间定额的形式。

②机械台班消耗定额。机械台班消耗定额是指在正常的生产条件下，完成单位合格工程建设产品所需消耗的机械的数量标准。按反映机械消耗的方式不同，机械台班消耗定额同样有时间定额和产量定额两种形式。时间定额是指为完成单位合格工程建设产品所需消耗机械的工作时间标准，以机械的工作时间消耗为计量单位来反映；而产量定额是指机械在

单位时间里必须完成工程建设产品的产量标准，以机械在单位时间里所需完成的工程建设产品的数量来反映。由于我国习惯上以一台机械一个工作班(台班)作为机械消耗的计量单位，所以又称为机械台班消耗定额。

③材料消耗定额。材料消耗定额是指在正常的生产条件下，完成单位合格工程建设产品所需材料消耗的数量标准。包括工程建设中使用的原材料、成品、半成品、构配件、燃料以及水、电等动力资源等。

在工程建设领域，任何建设过程都要消耗大量人工、材料和机械。所以我们把劳动定额、材料消耗定额及机械台班消耗定额称为三大基本定额，它们是组成任何使用定额消耗内容的基础。三大基本定额都是计量性定额。

2)按定额编制程序和用途分类。

按照定额的编制程序和用途，可以把工程建设定额分为施工定额、预算定额、概算定额(概算指标)和估算指标等四种。

①施工定额

施工定额是指在正常施工条件下，具有合理劳动组织的建筑安装工人，为完成单位合格工程建设产品所需人工、机械、材料消耗的数量标准。它是根据专业施工的作业对象和工艺、以同一施工过程为对象制定的，也是一种计量性的定额。

施工定额是施工单位内部管理的定额，是生产、作业性质的定额，属于企业定额的性质。施工定额反映了企业的施工水平、装备水平和管理水平，主要用于编制施工作业计划、施工预算、施工组织设计，签发施工任务单和限额领料单，作为考核施工单位劳动生产率水平、管理水平的标尺和确定工程成本、投标报价的依据。施工定额也是编制预算定额的依据。

②预算定额或消耗量定额

预算定额是指在合理的劳动组织和正常的施工条件下，为完成单位合格工程建设产品所需人工、机械、材料消耗的数量标准。它是根据发生在整个施工现场的各项综合操作过程和各项构件的制作过程以分部分项工程为对象制定的。在我国现行的工程造价管理体制下，预算定额是由国家授权部门根据社会平均的生产力发展水平和生产效率水平编制的一种社会标准，属于社会性定额。它主要用于编制工程价格文件、投资计划、成本计划、财务计划，是进行工程结算和竣工决算的依据，是政府工程造价管理部门监督和调控工程造价的手段。预算定额是一种计价性定额，单位工程估价表、综合基价表等都是预算定额的表现形式。从编制程序看，施工定额是预算定额的编制基础，而预算定额则是概算定额(概算指标)的编制基础。

消耗量定额是由建设行政主管部门根据合理的施工组织设计，按照正常施工条件制定的，生产一个规定计量单位工程合格产品所需人工、材料、机械台班的社会平均消耗量标准。

③概算定额(概算指标)

概算定额(概算指标)是指在一般社会平均生产力发展水平及一般社会平均生产效率条件下，为完成单位合格工程建设产品所需人工、机械、材料消耗的数量标准。它一般是在预算定额的基础上或根据历史的工程预、决算资料和价格变动等资料，以工程的扩大结构构件的制作过程甚至整个单位工程施工过程为对象制定的，其定额水平一般为社会平均水平。概算定额项目划分很粗，定额标定对象所包括的工程内容很综合，非常概略。概算定额(概算指标)是计价性的定额，主要用于在初步设计阶段进行设计方案技术经济比较，编制设计概算,是投资主体控制建设项目投资的重要依据。概算定额在工程建设的投资管理中发挥着重要作用。

④估算指标

投资估算指标是比概算定额更为综合、扩大的指标,是以整个房屋或构筑物为标定对象编制的计价性定额。它是在各类实际工程的概预算和决算资料的基础上通过技术分析和统计分析编制而成的,主要用于编制投资估算和设计概算,进行投资项目可行性分析、项目评估和决策,也可进行设计方案的技术经济分析,考核建设成本。

3)按照投资的费用性质分类

按照投资的费用性质,建设工程定额可分为建筑工程定额、安装工程定额、工器具定额以及工程建设其他费用定额等。

①建筑工程定额是建筑工程的施工定额、预算定额、概算定额、概算指标的统称。在我国的固定资产投资中,建筑工程投资占的比例有60%左右,因此,建筑工程定额在整建设工程定额中所处的地位也就非常重要。

②安装工程定额是安装工程的施工定额、预算定额、概算定额、概算指标的统称。在工业性的项目中,机械设备和电气设备安装工程占有重要地位,在非生产性的项目中,随着社会生活和城市设施的日益现代化,设备安装工程量也在不断增加,所以安装工程定额也是整个建设工程定额中的重要组成部分。

③工器具定额是为新建或扩建项目投产运转首次配备的工器具的数量标准。

④工程建设其他费用定额是独立于建筑安装工程、设备和工器具购置之外的其他费用开支的标准,它的发生和整个项目的建设密切相关。其他费用定额按各项独立费用分别制定,如建设单位管理费定额、生产职工培训费定额、办公和生活家具购置费定额。

4)按照管理权限和适用范围分类

按照管理权限和适用范围,建设工程定额可分为全国统一定额、行业统一定额、地区统一定额、企业定额等。

①全国统一定额指由国家建设行政主管部门制定发布,在全国范围内执行的定额,如全国统一建筑工程基础定额、全国统一安装工程预算定额等。

②行业统一定额指由国务院行业行政主管部门制定发布的,一般只在本行业和相同专业性质的范围内使用的定额。这种定额往往是为专业性较强的工业建筑安装工程制定的,如冶金工程定额、水利工程定额、铁路或公路工程定额等。

③地区统一定额指由省、自治区、直辖市建设行政主管部门制定颁布的,只在规定的地区范围内使用的定额。它一般是在考虑各地区不同的气候条件、资源条件和交通运输条件等编制的,如福建省建筑工程预算定额、福建省建筑安装工程费用定额等。

④企业定额指由施工企业根据自身的具体情况制定的,只在企业内部范围内使用的定额。企业定额是企业从事生产经营活动的重要依据,也是企业不断提高生产管理水平和市场竞争能力的重要标志。

5)按照专业分类

按照工程项目的专业类别,工程建设定额可以分为建筑工程定额、安装工程定额、公路工程定额、铁路工程定额、水利工程定额、市政工程定额、园林绿化工程定额等多种专业定额类别。

(2)工程建设定额的特性

我国推行工程量清单计价方法从本质上反映了我国工程造价进入了全面深化改革阶段。定额特性与传统的工程造价制度有着本质的区别,主要反映在市场性与自主性,具体表现在以下几个方面:

1)市场性与自主性

推行工程量清单计价是深化工程造价管理改革,推进建设市场化的重要途径。工程预算定额长期以来是我国承发包计价、定价的主要依据。1992 年为了适应建筑市场改革的要求,针对工程预算定额编制和使用中存在的问题,提出了"控制量、指导价、竞争费"的改革措施,其中对预算定额改革的主要思路和原则是:将工程预算定额中的人、材、机消耗量和相应的单价分离,国家控制量以保证工程质量,价格逐步走向市场化。这一改革措施迈出了对传统定额改革的第一步,在我国实行市场经济的初期,在政府采用"管放结合"的价格机制方面起到了一定的作用。但随着建筑市场化的发展,这种做法难以改变工程预算定额中国家指令性内容较多的状况,难以满足招标投标竞争定价和经评审合理低价中标的要求。因此,推行工程量清单计价这一新的计价方法的指导思想是:顺应市场的要求,引导并规范建设工程招标投标活动健康有序地发展,跳出传统的工程预算定额编制及预算计价方法的模式,探讨适应于招投标需要,编制适应于工程量清单计价方法的新的计价规范是十分必要的,真正实现"政府宏观调控,企业自主报价,部门动态监管"的运行机制,因而对传统认识的定额特性产生了本质的变化,突出了按市场规律搞工程建设,由企业自主报价、市场定价成为定额特性的基本特征。

2)定额的法令性和指导性

企业自主报价不等于放任不管,市场定价也必须遵守相应的法律法规,符合市场的游戏规则、还必须强调政府宏观调控和部门动态管理。政府宏观调控是指各级政府对工程建设招投标活动中的计价行为不是放任不管,而是要规范指导。政府宏观调控的具体手段首先是要制定统一的计价规范,包括统一分部分项工程项目名称、统一项目编码、统一计量单位、统一工程量计算规则,简称"四统一",为新的计价方法提供基础。"四统一"参考了国际通行的做法,由政府统一组织制定发布并在全国范围内实施,这是建立一个全国统一建设市场所必需的前提。其次是政府委托的工程造价管理机构制定供建设市场编制标底和投标报价参考的消耗量定额,作为社会平均水平宏观引导市场,使业主和企业能客观地了解建筑产品社会平均消耗水平,使业主把握自己的投资能力和投资行为,这也是维护建设市场秩序的必要手段和措施。再者,政府主管部门还规定,对全部使用国有资金或国有资金投资的大中型建设工程应按工程量清单计价规范执行。因此,法令性和指导性也是重要的定额特性。

3)定额的科学性与群众性

自主报价、市场定价的原则,说明了"企业定额"或称"施工定额"在今后形成新的定额体系中占有重要地位。各类定额都是在当时的实际生产力水平条件下,是在实际生产中大量测定、综合、分析研究、广泛搜集信息及资料的基础上,运用科学的方法制定的。因此,它不仅具有严密的科学性,而且具有广泛的群众基础。当定额一旦颁布执行,就成为广大职工共同奋斗的目标。总之,定额的制定和执行都离不开职工,也只有得到职工的充分协助,定额才能先进合理,才能被职工接受。

4)定额的可变性与相对稳定性

定额中所规定的各种活劳动与物化劳动消耗量的多少，是由一定时期的社会生产力水平（或包括企业自身条件）所确定的。随着科学技术水平和管理水平的提高，社会生产力的水平也必然提高，有一个由量变到质变的过程，存在一个变动的周期，因此定额的执行也有一个相应的实践过程。当生产条件发生了变化，技术水平有了较大的提高，原有定额已不能适应生产力需要时，授权部门才会根据新的情况对定额进行修订和补充。所以，定额既不是固定不变的，也绝不是朝定夕改，但对企业定额的局部修订或补充是会常常出现的。

2. 定额制定的基本方法

建筑工程定额的制定方法主要有技术测定法、比较类推法、统计分析法和经验估计法。

(1)技术测定法

这是指应用时间研究的方法获得工时消耗数据，进而制定劳动消耗定额的方法。其程序如下：

1)根据观察测时资料来确定被选定的工作过程（施工定额标定对象）中各工序的基本工作时间和辅助工作时间。

2)确定不可避免中断时间、准备与结束的工作时间以及休息时间占工作班延续时间的百分比。

在确定不可避免中断时间时，必须注意区别两种不同的情况。一种是由于班组工人所担负的任务不均衡引起的中断，这种工作中断不应计入施工定额的时间消耗中，而应该通过改善班组人员编制、合理进行劳动分工来克服；另一种情况是由工艺特点所引起的不可避免中断，此项工作的时间消耗可以列入工作过程的时间定额。不可避免中断时间根据测时资料通过整理分析获得。由于手动过程中不可避免中断发生较少，加之不易获得充足的资料，也可以根据经验数据，以占工作日的一定百分比确定此项工时消耗的时间定额。

休息时间是工人恢复体力所必需的时间，应列入工作过程时间定额。休息时间应根据工作班作息制度、经验资料、观察测时资料以及对工作的疲劳程度作全面分析来确定。应考虑尽可能利用不可避免中断时间作为休息时间。

准备与结束工作时间的确定也应根据工作班的作息制度、经验资料、观察测时资料等作全面分析来确定。

3)计算各工序的标准时间（包括基本工作和辅助工作）消耗，并按该工作过程中各工序在工艺及组织上的逻辑关系进行综合，把各工序的标准时间综合成工作过程的标准时间消耗，该标准时间消耗即为该工作过程的定额时间。

(2)比较类推法

借助一个已精确测定好的典型项目的定额，类推出同类型其他相邻项目的定额的方法。例如，已知架设单排脚手架的时间定额，推算架设双排脚手架的时间定额。比较类推的计算公式为：

$$t=P\times t_0$$

式中，t—比较类推同类相邻定额项目的时间定额；

P—各同类相邻项目耗用工时的比例（以典型项目为1）；

t_0—典型项目的时间定额。

比较类推法计算简便而准确，但选择典型定额务必恰当而合理，类推计算结果有的需要作一定调整。这种方法适用于制定规格较多的同类型工作过程的劳动定额。

(3)统计分析法

统计分析法是根据记录统计资料，利用统计学原理，将以往施工中所积累的同类型工程项目的工时耗用量加以科学的分析、统计，并考虑施工技术与组织变化的因素，经分析研究后制定劳动定额的一种方法。

采用统计分析法符合实际，适用面广，但前提是需有准确的原始记录和统计工作基础，并且选择正常的及一般水平的施工单位与班组，同时还要选择部分先进和落后的施工单位与班组进行分析和比较。为了使定额保持平均先进水平，必须采用从统计资料中求平均先进值的方法。

(4)经验估计法

此法适用于制定那些次要的、消耗量小的、品种规格多的工作过程劳动定额，完全是凭借经验。根据分析图纸、现场观察及分解施工工艺、组织条件和操作方法来估计。

采用经验估计法时，必须挑选有丰富经验的、秉公正派的工人和技术人员参加，并且要在充分调查和征求群众意见的基础上确定。在使用中要统计实耗工时，当与所制定的定额比差异幅度较大时，说明所估计的定额不具有合理性，要及时修订。

2.2　施工定额

2.2.1　施工定额概念和作用

1. 施工定额的概念

施工定额是施工企业根据专业施工的作业对象和工艺制定，用于对工程施工管理的定额，是建筑安装工人合理的劳动组织或工人小组在正常施工条件下，为完成单位合格产品所需劳动、机械、材料消耗的数量标准。施工定额分为劳动定额、材料定额、机械定额三种。

2. 施工定额的作用

施工定额是施工企业管理工作的基础，也是工程定额体系中的基础性定额。它在施工企业生产管理和内部经济核算工作中发挥着重要作用。

(1)施工定额是施工单位编制施工组织设计和施工作业计划的依据

施工组织设计的基本任务是根据招标文件和合同协议的规定，确定出经济合理的施工方案，在人力和物力、时间与空间、技术和组织上对拟建工程作出最佳的安排。施工组织设计一般包括的内容有所建工程的资源需要量、施工中实物工程量、使用这些资源的最佳时间安排和施工现场平面规划。确定所建工程的资源需要量，要依据施工定额；施工中实物工程量的计算，要以施工定额的分项和计量单位为依据；甚至排列施工进度计划也要根据施工定额对劳动力和施工机械进行计算。施工作业计划是实现施工计划的具体执行计划，一般包括三部分内容：本月(旬)应完成的施工任务、完成施工计划任务的资源需要量、提高劳动生产率和节约措施计划。编制施工作业计划也要用施工定额提供的数据作依据。

(2)施工定额是组织和指挥施工生产的有效工具

施工单位组织和指挥施工,应按照施工作业计划下达施工任务书和限额领料单。在施工任务单上,既列明班组应完成的施工任务,也记录班组实际完成任务的情况,并且据以进行班组工人的工资结算。施工任务单上的工程计量单位、产量定额和计件单位,均需取自施工的劳动定额,工资结算也要根据劳动定额的完成情况计算。限额领料单是施工队随施工任务单同时签发的领取材料的凭证,根据施工任务和材料定额填写。其中领料的数量是班组为完成规定的工程任务消耗材料的最高限额。

(3)施工定额是计算工人劳动报酬的根据,也是激励工人的条件

这种计算是按照劳动的数量和质量、劳动的成果和效益进行分配的。施工定额是衡量工人劳动数量和质量的标准,是计算工人计件工资的基础,也是计算奖励工资的依据。完成定额好,工资报酬就多;达不到定额,工资报酬就少。

(4)施工定额有利于推广先进技术

施工定额属于作业性定额,作业性定额水平建立在已成熟的先进的施工技术和经验之上。工人要达到和超过定额,就必须掌握和运用这些先进技术,注意改进工具,改进技术操作方法,注意原材料的节约,避免浪费。当施工定额明确要求采用某些较先进的施工工具和施工方法时,贯彻作业性定额就意味着推广先进技术。

(5)施工定额是编制施工预算,加强成本管理和经济核算的基础

施工预算是施工单位用以确定单位工程人工、机械、材料和资金需要量的计划文件,它以施工定额为编制基础,既反映设计图纸的要求,也考虑在现实条件下可能采取的节约人工、材料及降低成本的各项具体措施。严格执行施工定额不仅可以起到控制消耗、降低成本和费用的作用,同时为贯彻经济核算制、加强班组核算和增加盈利创造了良好的条件。由此可见,施工定额在施工单位企业管理的各个环节中都是不可缺少的,施工定额的管理是企业管理的基础性工作,具有不容忽视的作用。

(6)施工定额成为投标报价的基础

随着中国加入WTO,同国际惯例接轨,建立市场竞争,形成工程价格的机制成为工程造价改革的方向,各投标企业要在统一工程计量的基础上根据自身的消耗和技术管理水平展开完全的市场价格的竞争,这就要求企业摆脱一直以来依附国家和地区定额的做法,根据本企业的具体条件和可能挖掘的潜力,根据市场的需求和竞争环境,根据国家有关政策、法律、规范、制度,自己编制定额,自行决定定额水平。同类企业和同一地区的企业之间存在施工定额水平的差距,这样在市场上才能有竞争。

2.2.2 施工过程研究

1. 概念

定额编制的基本理论是对工作进行研究,即对工作进行分析、设计和管理,从而最大限度地节约工作时间,提高工作效率,并实现工作的科学化、标准化和规范化。工作研究主要包括动作研究和时间研究两部分内容。动作研究是对工作过程中作业者的基本操作进行研究(包括观察、记录和分析等工作),消除不合理和无用的动作,寻求更高效、更容易的动作和方法,以达到提高工作效率的目的。时间研究是对特定工作所需消耗的时间进行

分析研究，找出非定额时间及其产生的原因，并采取措施予以消除，其目的也是要提高工作效率。

2. 施工过程分类

对施工过程的研究，首先是对施工过程进行分类，并对施工过程的组成及各组成部分的相互关系进行分析。

按不同的分类标准，施工过程可以分成不同的类型。

(1)按施工的性质不同，可以分为建筑过程和安装过程。

(2)按操作方法不同，可以分为手工操作过程、机械化过程和人机并作过程(半机械化过程)。

(3)按施工过程劳动分工的特点不同，可以分为个人完成的过程、工人班组完成的过程和施工队完成的过程。

(4)按施工过程组织上的复杂程度，可以分为工序、工作过程和综合工作过程。

1)工序

工序是组织上分不开和技术上相同的施工过程。工序的主要特征是:工人编制、工作地点、施工工具和材料均不发生变化。如果其中有一个因素发生了变化，就意味着从一个工序转入了另一个工序。从施工的技术操作和组织的观点看，工序是工艺方面最简单的施工过程。例如，生产工人在工作面上砌筑砖墙这一生产过程，一般可以划分成铺砂浆、砌砖、刮灰缝等工序；现场使用混凝土搅拌机搅拌混凝土，一般可以划分成将材料装入料斗、提升料斗、将材料装入搅拌机鼓筒、开机拌和及料斗返回等工序；钢筋工程一般可以划分成调直、除锈、切断、弯曲、运输和绑扎等工序。

将一个施工过程分解成一系列工序的目的，是为了分析、研究各工序在施工过程中的必要性和合理性，测定每个工序的工时消耗，分析各工序之间的关系及其衔接时间，最后测定工序上的时间消耗标准。一般来说，测定定额只分解到工序为止。

2)工作过程。工作过程是由同一工人或同一工人班组所完成的在技术操作上相互有机联系的工序的总和。其特点是在此过程中生产工人的编制不变、工作地点不变，而材料和工具则可以发生变化。例如，同一组生产工人在工作面上进行铺砂浆、砌砖、刮灰缝等工序的操作，从而完成砌筑砖墙的生产任务。由于铺砂浆、砌砖、刮灰缝等工序是砌筑砖墙这一生产过程不可分割的组成部分，它们在技术操作上相互紧密地联系在一起，所以这些工序共同构成一个工作过程。再如，现场生产工人进行装料入斗、提升料斗、材料入鼓、开机拌和及料斗返回等工序的操作，从而完成使用混凝土搅拌机搅拌混凝土这一生产过程的生产任务。所以，上述这些工序共同构成一个工作过程。从施工组织的角度看，工作过程是组成施工过程的基本单元。

3)综合工作过程。综合工作过程是同时进行的、在施工组织上有机地联系在一起的、最终能获得一种产品的工作过程的总和。其范围可大到整个工程或小到某个构件。例如，混凝土构件现场浇筑的生产过程，是由搅拌、运送、浇捣及养护混凝土等一系列工作过程组成的；钢筋混凝土梁、板等构件的生产过程，是由模板工程、钢筋工程和混凝土工程等一系列工作过程组成的；建筑物土建工程，是由土方工程、钢筋混凝土工程、砌筑工程、装饰工程等一系列工作过程组成的。

3. 时间研究

时间研究是在一定的标准测定条件下，确定人们完成作业活动所需时间总量的一套程序和方法。其过程是:将生产过程中的某一项工作(某一项工作过程)按照生产的工艺要求及顺序分解成一系列基本的操作(一般为工序),由若干名有代表性的操作人员把这项基本工序反复进行若干次,观测分析人员用秒表测出每一个工序所需要的时间。以此为基础,定出该项工序的标准时间。时间研究用于测量完成一项工作所必需的时间,以便建立在一定生产条件下的工人或机械的产量标准。

时间研究的主要任务是确定在既定的标准工作条件下的时间消耗标准,而根据使用上的要求,该时间消耗标准的计量单位一般为“工日”或“台班”。在8 h工作制的条件下,所谓“工日”是指一个工人的工作班延续时间,即一个工人在工作岗位8 h。所谓“台班”是指一台机械的工作班延续时间,即一台机械装备在施工现场并正常工作8 h。为了确定完成工作的时间标准,我们有必要对工人或机械在工作班延续时间内的时间利用情况进行分析。

(1)工人工作时间消耗的分类

工人在工作班延续时间内消耗的工作时间按其消耗的性质分为两大类:必须消耗的时间和损失时间。

1)必须消耗的工作时间

必须消耗的时间是工人在正常施工条件下,为完成一定数量合格产品必须消耗的时间。它是制定定额的主要根据。必须消耗的工作时间包括有效工作时间、不可避免的中断时间和休息时间。

有效工作时间是从生产效果来看与产品生产直接有关的时间消耗,包括基本工作时间、辅助工作时间、准备与结束工作时间的消耗。

基本工作时间是工人完成基本工作所消耗的时间,是完成一定产品的施工工艺过程所消耗的时间。基本工作时间包括的内容依工作性质而不相同。例如,砖瓦工的基本工作时间包括砌砖拉线时间、铲灰浆时间、砌砖时间、校验时间;抹灰工的基本工作时间包括准备工作时间、润湿表面时间、抹灰时间、抹平抹光时间。工人操纵机械的时间也属基本工作时间。基本工作时间的长短和工作量大小成正比。

辅助工作时间是为保证基本工作能顺利完成所做的辅助性工作所消耗的时间。在辅助工作时间里,不能使产品的形状大小、性质或位置发生变化。例如,施工过程中工具的校正和小修,机械的调整、搭设小型脚手架等所消耗的工作时间等。辅助工作时间的结束,往往是基本工作时间的开始。辅助工作一般是手工操作。但在半机械化的情况下,辅助工作是在机械运转过程中进行的,这时不应再计辅助工作时间的消耗。辅助工作时间的长短与工作量大小有关。

准备与结束工作时间是执行任务前或任务完成后所消耗的工作时间。例如,工作地点、劳动工具和劳动对象的准备工作时间;工作结束后的整理工作时间等。准备和结束工作时间的长短与所担负的工作量大小无关,但往往和工作内容有关。所以,这项时间消耗又分为班内的准备与结束工作时间和任务的准备与结束工作时间。班内的准备与结束工作时间包括:工人每天从工地仓库领取工具、检查机械、准备和清理工作地点的时间;准备安装设备的时间;机器开动前的观察和试车的时间;交接班时间等。任务的准备与结束工作时间与每个工作日交替无关,但与具体任务有关。例如,接受施工任务书,研究施工详图,接受技术交底,领取完成该任务所需的工具和设备,以及验收交工等工作所消耗的时间。

不可避免的中断时间是由于施工工艺特点引起的工作中断所消耗的时间。例如，汽车司机在等待汽车装、卸货时消耗的时间；安装工等待起重机吊预制构件的时间。与施工过程工艺特点有关的工作中断时间应作为必须消耗的时间，但应尽量缩短此项时间消耗。与工艺特点无关的工作中断时间是由于劳动组织不合理引起的，属于损失时间。

休息时间是工人在施工过程中为恢复体力所必需的短暂休息和生理需要的时间消耗。这种时间是为了保证工人精力充沛地进行工作，应作为必须消耗的时间。休息时间的长短和劳动条件有关。劳动繁重紧张、劳动条件差(高温)，休息时间需要长一些。

2)损失时间

损失时间是与产品生产无关，但与施工组织和技术上的缺点有关，与工人或机械在施工过程的个人过失或某些偶然因素有关的时间消耗。损失时间一般不能作为正常的时间消耗因素，在制定定额时一般不加以考虑。损失时间包括多余和偶然工作、停工、违背劳动纪律所引起的时间损失。

多余和偶然工作的时间损失包括多余工作引起的时间损失和偶然工作引起的时间损失两种情况。多余工作是工人进行了任务以外的而又不能增加产品数量的工作。如对质量不合格的墙体返工重砌，对已磨光的水磨石进行多余的磨光等。多余工作的时间损失一般都是由于工程技术人员和工人的差错而引起的修补废品和多余加工造成的，不是必须消耗的时间。

偶然工作是工人在任务外进行的工作，但能够获得一定产品的工作。如抹灰工不得不补上偶然遗留的墙洞等。从偶然工作的性质看，不应考虑它是必须消耗的时间，但由于偶然工作能获得一定产品，拟定定额时可适当考虑。

停工时间是工作班内停止工作造成的时间损失。停工时间按其性质可分为施工本身造成的停工时间和非施工本身造成的停工时间两种。

施工本身造成的停工时间，是由于施工组织不善、材料供应不及时、工作面准备工作做得不好、工作地点组织不良等情况引起的停工时间。

非施工本身造成的停工时间，是由于气候条件以及水源、电源中断引起的停工时间。

施工本身造成的停工时间在拟定定额时不应计算，非施工本身造成的停工时间应给予合理的考虑。

违反劳动纪律造成的工作时间损失，是指工人在工作班内的迟到早退、擅自离开工作岗位、工作时间内聊天或办私事等造成的时间损失。由于个别工人违反劳动纪律而影响其他工人无法工作的时间损失也包括在内。此项时间损失不应允许存在，定额中不能考虑。

(2)机械工作时间消耗的分类

在机械化施工过程中，对工作时间消耗的分析和研究除了要对工人工作时间的消耗进行分类研究之外，还需要分类研究机械工作时间的消耗。机械工作时间的消耗也分为必须消耗的时间和损失时间。

1)机械必须消耗的工作时间

机械必须消耗的工作时间包括有效工作、不可避免的无负荷工作和不可避免的中断三项时间消耗。

有效工作时间包括正常负荷下、有根据地降低负荷下和低负荷下工作的工时消耗。

正常负荷下的工作时间，是机械在与机械说明书规定的计算负荷相符的情况下进行工作的时间。

有根据地降低负荷下的工作时间，是在个别情况下机械由于技术上的原因在低于其计算负荷下工作的时间。例如，汽车运输重量轻而体积大的货物时，不能充分利用汽车的载重吨位；起重机吊装轻型结构时，不能充分利用其起重能力，因而低于其计算负荷。

低负荷下的工作时间，是由于工人或技术人员的过错所造成的施工机械在降低负荷的情况下工作的时间。例如，工人装车的砂石数量不足、工人装入碎石机轧料口中的石块数量不够引起的汽车和碎石机在降低负荷的情况下工作所延续的时间。此项工作时间不能完全作为必须消耗的时间。

不可避免的无负荷工作时间，是由施工过程的特点和机械结构的特点造成的机械无负荷工作时间。例如，载重汽车在工作班时间的单程“放空车”、筑路机在工作区末端调头。

不可避免的中断工作时间，是与工艺过程的特点、机械的使用和保养、工人休息有关的不可避免的中断时间。

与工艺过程的特点有关的不可避免中断工作时间有循环的和定期的两种。循环的不可避免中断在机械工作的每一个循环中重复一次，如汽车装货和卸货时的停车；定期的不可避免中断经过一定时间重复一次，如把灰浆泵由一个工作地点转移到另一工作地点时的工作中断。

与机械有关的不可避免中断工作时间，是由于工人进行准备与结束工作或辅助工作时，机械停止工作而引起的中断工作时间。它是与机械的使用与保养有关的不可避免中断时间。

工人休息时间。要注意的是，应尽量利用与工艺过程有关和与机械有关的不可避免中断时间进行休息，以充分利用工作时间。

2）损失的工作时间

在损失的工作时间中，包括多余工作、停工和违反劳动纪律所消耗的工作时间。

机械的多余工作时间，是机械进行任务内和工艺过程内未包括的工作而延续的时间。如搅拌机搅拌灰浆超过规定而多延续的时间、工人没有及时供料而使机械空运转的时间。

机械的停工时间，按其性质也可分为施工本身造成和非施工本身造成的停工。前者是由于施工组织得不好而引起的停工现象，如由于未及时供给机器水、电、燃料而引起的停工。后者是由于气候条件所引起的停工现象，如暴雨时压路机的停工。

违反劳动纪律引起的机械时间损失，是指由于工人迟到早退或擅离岗位等原因引起的机械停工时间。

把上述有关工人或机械在工作班延续时间内的时间利用情况的分析进行整理汇总，得到反映工人在工作班延续时间内时间利用情况的分析汇总表（表 2-1），和反映机械在工作班延续时间内时间利用情况的分析汇总表（表 2-2）。

表 2-1　工人工作时间分类

<table>
<tr><th colspan="2">时间性质</th><th colspan="2">时间分类构成</th></tr>
<tr><td rowspan="10">工人工作时间</td><td rowspan="5">必须消耗的时间</td><td rowspan="3">有效工作时间</td><td>基本工作时间</td></tr>
<tr><td>辅助工作时间</td></tr>
<tr><td>准备与结束工作时间</td></tr>
<tr><td>不可避免的中断时间</td><td>不可避免的中断时间</td></tr>
<tr><td>休息时间</td><td>休息时间</td></tr>
<tr><td rowspan="5">损失时间</td><td rowspan="2">多余和偶然工作时间</td><td>多余工作的工作时间</td></tr>
<tr><td>偶然工作的工作时间</td></tr>
<tr><td rowspan="2">停工时间</td><td>施工本身造成的停工时间</td></tr>
<tr><td>非施工本身造成的停工时间</td></tr>
<tr><td>违反劳动纪律损失的时间</td><td>违反劳动纪律损失的时间</td></tr>
</table>

表 2-2　机械工作时间分类

<table>
<tr><th colspan="2">时间性质</th><th colspan="2">时间分类构成</th></tr>
<tr><td rowspan="11">机械工作时间</td><td rowspan="7">必须消耗的时间</td><td rowspan="3">有效工作时间</td><td>正常负荷的工作时间</td></tr>
<tr><td>有根据地降低负荷下的工作时间</td></tr>
<tr><td>低负荷下的工作时间</td></tr>
<tr><td>不可避免的无负荷工作时间</td><td>不可避免的无负荷工作时间</td></tr>
<tr><td rowspan="3">不可避免的中断时间</td><td>与工艺过程特点有关的中断时间</td></tr>
<tr><td>与机械有关的中断时间</td></tr>
<tr><td>工人休息时间</td></tr>
<tr><td rowspan="4">损失时间</td><td>多余工作时间</td><td>多余工作时间</td></tr>
<tr><td rowspan="2">停工时间</td><td>施工本身造成的停工时间</td></tr>
<tr><td>非施工本身造成的停工时间</td></tr>
<tr><td>违反劳动纪律损失的时间</td><td>违反劳动纪律引起的机械停工时间</td></tr>
</table>

总结两表的内容,我们可以发现:

对工人的工作时间来说,基本工作时间是生产工人直接对劳动对象进行操作形成产品所消耗的时间,辅助工作时间是为保证基本工作能顺利完成所做的辅助性工作所消耗的时间,因为这两种时间均发生在工序作业上,所以把它们合并成为工序作业时间,它是完成工序作业的基本时间。而其他时间,包括准备与结束工作时间、不可避免的中断时间及必要的休息时间等,均是由于受施工技术及施工组织等技术经济因素的制约而在工作班内不可避免地损耗的时间,所以称它们为工作班内的时间损耗。制定劳动定额,不仅应考虑完成单位合格工程建设产品所需的基本时间,同时应考虑相应的不可避免的时间损耗。

对机械的工作时间来说,正常负荷下的工作时间是机械在发挥其额定的生产能力的条件下直接对操作对象进行操作形成产品所消耗的时间,即机械的基本工作时间,而其他时间包括有根据地降低负荷下和低负荷下工作的时间、不可避免的无负荷工作时间、不可避免的中断工作时间等均是由于受施工技术及施工组织等技术经济因素的制约而在工作班内不可避免地损耗的时间。制定机械台班消耗定额，不仅应考虑完成单位合格工程建设产品所需机械的基本时间，同时应考虑相应的不可避免的时间损耗。

4. 测定时间消耗的基本方法——计时观察法

定额测定是制定定额的一个主要步骤。测定定额是用科学的方法观察、记录、整理、分析施工过程，为制定建筑工程定额提供可靠依据。测定定额通常使用计时观察法。

(1)计时观察法的含义和步骤

计时观察法，是研究工作时间消耗的一种技术测定方法。它以研究工时消耗为对象，以观察测时为手段，通过密集抽样和粗放抽样等技术进行直接的时间研究。计时观察法运用于建筑施工中，是以现场观察为特征的，所以也称之为现场观察法。

计时观察法适宜于研究人工手动过程和机手并动过程的工时消耗。

计时观察法的特点是能够把现场工时消耗情况和施工组织技术条件联系起来加以考察。它在施工过程分类和工作时间分类的基础上，利用一整套方法对选定的过程进行全面观察、测时、计量、记录、整理和分析研究，以获得该施工过程的技术组织条件和工时消耗的有技术根据的基础资料，分析出工时消耗的合理性和影响工时消耗的具体因素，以及各个因素对工时消耗影响的程度。所以，它不仅能为制定定额提供基础数据，而且也能为改善施工组织管理、改善工艺过程和操作方法、消除不合理的工时损失及进一步挖掘生产潜力提供技术根据。计时观察法的局限性是考虑人的因素不够。

(2)计时观察方法

对施工过程进行观察、测时，计算实物和劳务产量，记录施工过程所处的施工条件及确定影响工时消耗的因素，是计时观察法的三项主要内容和要求。计时观察法种类很多，其中最主要的有三种，见图 2-1。

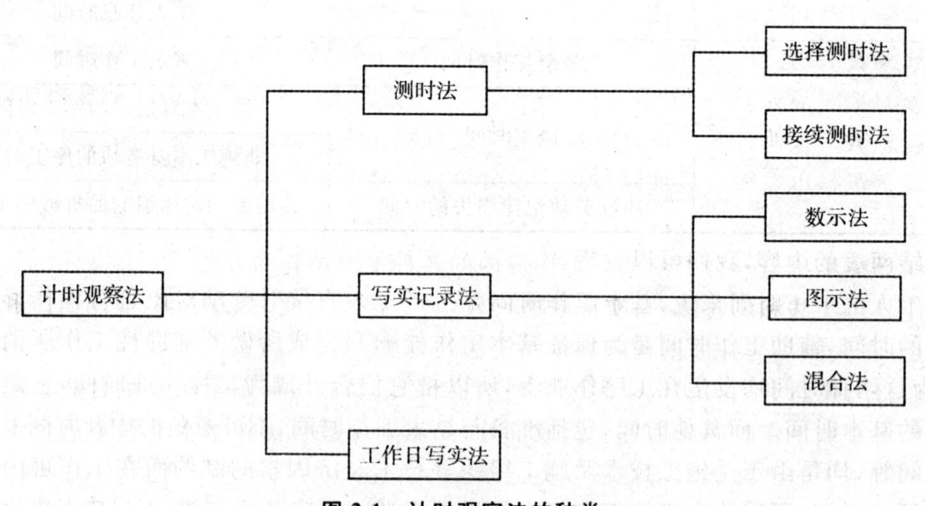

图 2-1 计时观察法的种类

1)测时法

测时法主要适用于测定那些定时重复的循环工作的工时消耗，是精确度比较高的一种计时观察法。有选择法和接续法两种。

2)写实记录法

写实记录法是一种研究各种性质的工作时间消耗的方法。采用这种方法,可以获得分析工作时间消耗的全部资料,是一种值得提倡的方法。

写实记录法的观察对象可以是一个工人,也可以是一个工人小组。测时用普通表进行,详细记录在一段时间内观察对象的各种活动及其时间消耗(起止时间),以及完成的产品量。写实记录法按记录时间的方法不同分为数示法、图示法和混合法三种。

①数示法写实记录。数示法的特征是用数字记录工时消耗,是三种写实记录法中精确度较高的一种,精确度达 5 s,可以同时对两个工人进行观察,观察的工时消耗记录在专门的数示法写实记录表中。数示法用来对整个工作班或半个工作班进行长时间观察,因此能反映工人或机器工作日全部情况。

②图示法写实记录。图示法是在规定格式的图表上用时间进度线条表示工时消耗量的一种记录方式,精确度可达 30 s,可同时对 3 个以内的工人进行观察。观察资料记入图示法写实记录表中。观察所得时间消耗资料记录在表的中间部分。表的中部是由 60 个小纵行组成的格网,每一小纵行等于 1 min。观察开始后根据各组成部分的延续时间用横线画出。这段横线必须和该组成部分的开始与结束时间相符合。为便于区分两个以上工人的工作时间消耗,又设一辅助直线,将属于同一工人的横线段连接起来。观察结束后,再分别计算出每一工人在各个组成部分上的时间消耗,以及各组成部分的工时总消耗。观察时间内完成的产品数量记入产品数量栏。

③混合法写实记录。混合法吸取数字和图示两种方法的优点,以时间进度线条表示工序的延续时间,在进度线的上部加写数字表示各时间区段的工人数。混合法适用于 3 个以上工人的小组工时消耗的测定与分析。记录观察资料的表格仍采用图示法写实记录表。填写表格时,各组成部分延续时间用图示法填写,完成每一组成部分的工人人数则用数字填写在该组成部分时间线段的上面。

整理混合法的方法是将表示分钟数的线段与标在线段上面的工人人数相乘,算出每一组成部分的工时消耗,记入图示法写实记录表工分总计栏,然后再将总计垂直相加,计算出工时消耗总数。该总计数应符合参加该施工过程的工人人数乘以观察时间。对于写实记录的各项观察资料也要在事后加以整理。

3)工作日写实法

工作日写实法是一种研究整个工作班内的各种工时消耗的方法。

工作日写实法和测时法、写实记录法比较,具有技术简便、费力不多、应用面广和资料全面的优点,在我国是一种采用较广的编制定额的方法。

工作日写实法利用写实记录表记录观察资料,记录方法同图示法或混合法。记录时间时不需要将有效工作时间分为各个组成部分,只需划分适合于技术水平和不适合于技术水平两类。但是工时消耗还需按性质分类记录。

在实际工作中,有时为了减少测时工作量,往往采取某些简化的方法。这在制定一些次要的、补充的和一次性定额时是很可取的。在查明大幅度超额和完不成定额的原因时,采用简化方法也比较经济。简化的最主要途径是合并组成部分的项目。

2.2.3 施工定额的编制原则和内容

1. 施工定额的编制原则

(1)平均先进水平的原则

在正常的施工条件下,使大多数生产工人经过努力可以达到或超过定额,并促使少数工人认可赶上或接近的水平。这种水平使先进者有一定压力,使中间水平者感到可望可及,使落后者感到一定危机,使他们认识到必须努力改善施工条件,提高技术水平和管理水平,尽快达到定额水平。

(2)简明适用的原则

劳动定额的内容和项目划分需满足施工管理的各项要求,如计件工资的计算、签发任务单、制定计划等。对常用的、主要的工程项目要求划分粗细适当,简单明了,适用性强。

2. 施工消耗定额的内容

目前全国尚无一套现行的统一施工消耗定额,各省、市、自治区及专业部门多以全国统一的劳动、材料、机械台班定额为基础,结合现行的质量标准、规范和规程及本地区、本部门的技术组织条件,并参照历史资料进行调整补充,编制自己的施工消耗定额。

汇编成册的施工消耗定额主要有三部分内容:

(1)文字说明部分

文字说明部分又分为总说明、分册说明和分章(节)说明三部分。

总说明主要内容包括:定额的编制依据、编制原理、适用范围、用途、有关综合性工作内容、工程质量及安全要求、定额消耗指标的计算方法和有关规定。

分册说明主要包括:分册范围内的定额项目和工作内容、施工方法、质量及安全要求、工程量计算规则、有关规定和计算方法的说明。

分章(节)说明是指分章(节)定额的表头文字说明,其内容主要有工作内容、质量要求、施工说明、小组成员等。

(2)分节定额部分

分节定额部分包括定额的文字说明、定额表和附注。

定额表是分节定额中的核心部分和主要内容,包括工程项目名称、定额编号、定额单位和人工、材料、机械台班消耗指标,如表 2-3 所示。

"注"一般列在定额表的下面,主要是根据施工内容及施工条件的变动,规定人工、材料、机械台班用量的增减变化,是对定额的补充。在某些情况下,附注也限制定额使用范围,如规定该定额以使用某种规格的材料为条件,当材料规格变更了,定额就不再适用。

表 2-3　建筑安装工程施工定额表

墙　基

①工作内容：包括砌砖、铺灰、递砖、挂线、吊直、找平、检查皮数杆、清扫落地灰及工作前清扫灰尘等工作。

②质量要求：墙基两侧所出宽度必须相等，灰缝必须平正均匀，墙基中心线位移不得超过 10 mm。

③施工说明：使用铺灰扒或铺灰器，实行双手挤浆。

每 1 m^3 砌体的劳动定额与单价							
项目	单位	1 砖墙	1.5 砖墙	2 砖墙	2.5 砖墙	3 砖墙	3.5 砖墙
		1	2	3	4	5	6
小组成员	人	三—1 五—1	三—2 五—1	三—2 四—1 五—1	三—3　四—1　五—1		
时间定额	工日	0.294	0.244	0.222	0.213	0.204	0.218
每日小组产量	m^3	6.80	12.3	18.0	23.5	24.5	25.3
计件单价	元						
每 1 m^3 砌体的材料消耗定额							
砖	块	527	521	518.8	517.3	516.2	515.4
砂浆	m^3	0.2522	0.2604	0.2460	0.2663	0.2680	0.2682

注：①垫基以下为墙基（无防潮层者以室内地坪为准），其厚度以防潮层处墙厚为标准。放脚部分已考虑在内，其工程量按平均厚度计算。

②墙基深度以地面以下 1.5 m 深以内为准，超过 1.5 m 至 2.5 m 者，其时间定额及单价乘以 1.2；超过 2.5 m 以上者，其时间定额及单价乘以 1.25。但砖、灰浆能直接运入地槽者不另加工。

③墙基之墙角、墙垛及砌地沟（暖气沟）等内外出檐不另加工。

④本定额以混合砂浆及白灰砂浆为准，使用水泥砂浆者，其时间定额及单价乘以 1.11。

⑤砌墙基弧形部分，其时间定额及单价乘以 1.43。

(3)附录部分

附录一般列于分册的最后，作为使用定额的参考，其主要内容如下：

1)有关名词解释。

2)先进经验及先进工具的介绍。

3)计算材料用量，确定材料质量等参考性资料，如砂浆、混凝土配合比表及使用说明等。

施工定额手册中虽然以定额表部分为核心，但在使用时必须同时了解其他两部分内容，才不致发生错误。

3. 劳动定额的编制

(1)劳动定额的概念及表达形式

劳动定额是指在正常施工技术条件和合理劳动组织条件下，为完成单位合格产品的施工任务所需消耗的工作时间，或在一定的工作时间中生产工人必须完成合格产品的施工任务的数量。

1)时间定额

时间定额是完成单位合格工程建设产品的施工任务必须消耗的工时数量。它以正常的施工技术和合理的劳动组织为条件,以一定技术等级的工人小组或个人完成质量合格的工程建设产品的施工任务为前提。

时间定额包括准备与结束工作时间、基本工作时间、辅助工作时间、不可避免的中断时间及必需的休息时间等。

时间定额以一个工人 8 h 工作日的工作时间为 1 个“工日”单位。例如,某定额规定:人工挖土方工程,工作内容包括挖土、装土、修整底边等全部操作过程,挖 1 m^3 较松的二类土壤的时间定额是 0.1804 工日。

单位产品的时间定额(工日)=1÷每工日的产量

2)产量定额

产量定额是指在单位时间(一个工日)内必须完成合格产品的施工任务的数量。产量定额同样要以正常的施工技术和合理的劳动组织为条件,以一定技术等级的工人小组或个人完成质量合格产品的施工任务为前提。

从以上有关时间定额和产量定额的概念可以看出,时间定额与产量定额二者是互为倒数的关系。

每工日的产量定额=1÷单位产品的时间定额(工日)

表 2-4 为《全国统一建筑安装工程劳动定额(1985 年)》中砖墙项目示例。

表 2-4 每 1 m^3 砌体的劳动定额(1)

项目		双面清水				单面清水					序号
		0.5 砖	1 砖	1.5 砖	2 砖及 2 砖以上	0.5 砖	0.75 砖	1 砖	1.5 砖	2 砖及 2 砖以上	
综合	塔吊	1.49 0.67	1.2 0.83	1.14 0.87	1.06 0.94	1.45 0.69	1.41 0.71	1.16 0.86	1.08 0.93	1.01 0.99	一
	机吊	1.69 0.59	1.41 0.71	1.34 0.75	1.26 0.79	1.64 0.61	1.61 0.62	1.37 0.73	1.28 0.78	1.22 0.82	二
砌砖		0.99 1	0.9 1.45	0.62 1.62	0.54 1.85	0.95 1.05	0.91 1.10	0.65 1.54	0.56 1.78	0.49 2.02	三
运输	塔吊	0.41 2.43	0.42 2.39	0.42 2.39	0.42 2.39	0.41 2.43	0.41 2.41	0.42 2.39	0.42 2.39	0.42 2.39	四
	机吊	0.61 1.64	0.61 1.62	0.61 1.62	0.61 1.62	0.61 1.64	0.61 1.61	0.61 1.62	0.61 1.62	0.61 1.62	五
编号		4	5	6	7	8	9	10	11	12	

注:①砌外墙不分里外架子、均按定额执行。

②女儿墙按相应外墙定额执行,包括出垛、檐(线)帽等。

③地下室墙按内墙定额执行。

④平房、围墙按砖墙的机吊相应项目定额执行。围墙砌筑包括搭拆架子、墙垛、墙头,帽出檐不另外加工。

⑤框架填充墙按相应定额执行。

砖墙工作内容：包括砌墙面艺术形式、平旋及安装平旋模板，梁板头砌砖，梁板下塞砖，楼梯间砌砖，留楼梯踏步斜槽，留孔洞，砌各种凹进处、山墙泛水槽，安放木砖、软件，安装 60 kg以内的预制混凝土门过梁、隔板、垫块以及调整立好后的门窗框等。

表中数字的分子为时间定额（工日）。例如，砌筑双面清水一砖墙，使用塔吊运输的综合时间定额为 1.2 工日，即每砌筑 1 m^3的上述砖墙，综合需 1.2 工日的工作时间。

表中数字的分母为产量定额（m^3 砌体）。例如，砌筑双面清水一砖墙，每工日表综合可砌筑 0.833 m^3砖墙。

（2）拟定正常的施工条件

编制劳动定额时正常的施工条件包括：

1）拟定工作地点的组织

工作地点应清洁、有秩序，工人操作时不受妨碍，施工所需的工具和材料的放置位置应妥当，便于取用，以提高工作效率。

2）拟定工作组成

将工作过程按劳动分工的可能划分为若干工序，以达到合理使用工人。

3）拟定合理的工人编制

即确定小组人数、技术工人配备，以及劳动的分工与协作，使每个工人都能发挥作用，均衡地担负工作。

4. 确定材料定额消耗量的基本方法

（1）材料消耗性质

合理确定材料消耗定额，必须研究和区分材料在施工过程中消耗的性质。

施工中材料的消耗，可分为必须材料消耗和损失的材料两类性质。

必须消耗的材料，是指在合理用料的条件下，生产合格产品所需消耗的材料。它包括直接用于建筑和安装工程的材料、不可避免的施工废料，及不可避免的材料损耗。

必须消耗的材料属于施工正常消耗，是确定材料消耗定额的基本数据。其中，直接用于建筑和安装工程的材料，编制材料净用量定额；不可避免的施工废料和材料损耗，编制材料损耗定额。

（2）确定材料消耗量的基本方法

确定材料净用量定额和材料损耗定额的计算数据，是通过现场技术测定、实验室试验、现场统计和理论计算等方法获得的。

1）利用现场技术测定法，主要是编制材料损耗定额，也可以提供编制材料净用量定额的参考数据。其优点是能通过现场观察、测定，取得产品产量和材料消耗的情况，为编制材料定额提供技术根据。

2）利用实验室试验法，主要是编制材料净用量定额。通过试验，能够对材料的结构、化学成分和物理性能以及按强度等级控制的混凝土、砂浆配比作出科学的结论，给编制材料消耗定额提供出有技术根据的、比较精确的计算数据。用于施工生产时，需加以必要的调整方可作为定额数据。

3）采用现场统计法，是通过对现场进料、用料的大量统计资料进行分析计算，获得材料消耗的数据。这种方法由于不能分清材料消耗的性质，因而不能作为确定材料净用量定额和材料损耗定额的依据。

上述三种方法的选择必须符合国家有关标准规范，即材料的产品标准，计量要使用标准容器和称量设备，质量符合施工验收规范要求，以保证获得可靠的定额编制依据。

4)理论计算法，是运用一定的数学公式计算材料消耗定额。例如，砌砖工程中砖和砂浆净用量一般都采用以下公式计算：

①计算每立方米1砖墙砖的净用量：

$$砖数=\frac{1}{(砖宽+灰缝)\times(砖厚+灰缝)}+\frac{1}{砖长}$$

②计算每立方米1.5砖墙砖的净用量：

$$砖数=\left[\frac{1}{(砖长+灰缝)\times(砖厚+灰缝)}+\frac{1}{(砖宽+灰缝)\times(砖厚+灰缝)}\right]\times\frac{1}{砖长+砖宽+灰缝}$$

③计算砂浆用量：

$$砂浆(m^3)=(1\ m^3砌体\times砖数的体积)\times1.07$$

注：1.07是砂浆实体积折合为虚体积的系数。

砖和砂浆的损耗量是根据现场观察资料计算的，并以损耗率表现出来。

净用量和损耗量相加，即等于材料的消耗总量。

【例2-1】 计算1 m^3一砖半厚的标准砖墙的砖和砂浆的消耗量(标准砖和砂浆的损耗率均为1%)。

解：

$$砖净用量=\frac{2\times1.5}{0.365\times(0.24+0.01)(0.053+0.01)}=521.8(块)$$

砂浆净用量$=1-521.8\times0.0014628=0.237\ m^3$

砖消耗量$=521.8\times(1+1\%)=527$(块)

砂浆消耗量$=0.237\times(1+1\%)=0.239\ m^3$

100 m^2块料面层材料消耗量的计算：

块料面层一般指瓷砖、地面砖、墙面砖、大理石、花岗岩等。通常以“100 m^2”为计量单位，其计算公式为：

$$面层净用量=\frac{100}{(块料长+灰缝)(块料宽+灰缝)}$$

$$面层消耗量=面层净用量\times(1+损耗率)$$

【例2-2】 某工程有300 m^2地面砖，规格为150 mm×150 mm，灰缝为1 mm，损耗率为1.5%，试计算300 m^2地面砖的消耗量。

解：

$$100\ m^2地面砖净用量=\frac{100}{(0.15+0.001)(0.15+0.001)}\approx4386(块)$$

100 m^2地面砖消耗量$=4386\times(1+1.5\%)=4452$(块)

300 m^2地面砖消耗量$=3\times4452=13356$(块)

(3)施工周转材料的计算

在编制材料消耗定额时，某些工序定额、单项定额和综合定额中涉及周转材料的确定和计算，如劳动定额中的架子工程、模板工程等。

施工中使用周转材料是在施工中工程上多次周转使用的材料，亦称材料型的工具或称工具型材料，如钢、木脚手架、模板、挡土板、支撑、活动支架等材料，习惯上也叫施工作业用料或施工手段用料。

在编制材料消耗定额时，应按多次使用、分次摊销的办法确定。为了使周转材料的周转次数确定接近合理，应根据工程类型和使用条件，采用各种测定手段进行实地观察，结合有关的原始记录、经验数据加以综合取定。影响周转次数的主要因素有以下几方面：

1)材质及功能对周转次数的影响，如金属制的周转材料比木制的周转次数多 10 倍，甚至百倍；

2)使用条件的好坏对周转材料使用次数的影响；

3)施工速度的快慢对周转材料使用次数的影响；

4)对周转材料的保管、保养和维修的好坏，也对周转材料使用次数有影响等。

确定出最佳的周转次数是十分不容易的。

材料消耗量中应计算材料摊销量，为此，应根据施工过程中各工序计算出一次使用量和摊销量。其计算公式为：

$$一次使用量=材料净用量\times(1-材料损耗量)$$

$$材料摊销量=一次使用量\times摊销系数$$

5. 确定机械台班定额消耗量的基本方法

(1)确定正常的施工条件

拟定机械工作正常条件，主要是拟定工作地点的合理组织和合理的工人编制。

工作地点的合理组织，就是对施工地点机械和材料的放置位置、工人从事操作的场所作出科学合理的平面布置和空间安排。它要求施工机械和操纵机械的工人在最小范围内移动，但又不阻碍机械运转和工人操作；应使机械的开关和操纵装置尽可能集中地装置在操纵工人的近旁，以节省工作时间，减轻劳动强度；应最大限度发挥机械的效能，减少工人的手工操作。

拟定合理的工人编制，就是根据施工机械的性能和设计能力、工人的专业分工和劳动工效，合理确定操纵机械的工人和直接参加机械化施工过程的工人的编制人数。

拟定合理的工人编制，应要求保持机械的正常生产率和工人正常的劳动工效。

(2)确定机械 1 h 纯工作正常生产率

确定机械正常生产率时，必须首先确定出机械纯工作 1 h 的正常生产效率。

机械纯工作时间指机械的必须消耗时间。机械 1 h 纯工作正常生产率，就是在正常施工组织条件下，具有必需的知识和技能的技术工人操纵机械 1 h 的生产率。

根据机械工作特点的不同，机械 1 h 纯工作正常生产率的确定方法也有所不同。对于循环动作机械，确定机械纯工作 1 h 正常生产率的计算公式如下：

$$机械一次循环的正常延续时间=\sum(循环各组成部分正常延续时间)-交叠时间$$

$$机械纯工作1\,h循环次数=\frac{60\times60(s)}{一次循环的正常延续时间}$$

$$机械纯工作1\,h正常生产数=机械纯工作1\,h正常循环次数\times一次循环生产的产品数量$$

从公式中可以看到，计算循环机械纯工作 1 h 正常生产率的步骤是：根据现场观察资料和机械说明书确定各循环组成部分的延续时间；将各循环组成部分的延续时间相加，减去各组成部分之间的交叠时间，求出循环过程的正常延续时间；计算机械纯工作 1 h 的正常循环次数；计算循环机械纯工作 1 h 的正常生产率。

对于连续动作机械，确定机械纯工作 1 h 正常生产率要根据机械的类型和结构特征，以及工作过程的特点来进行。计算公式如下：

$$\text{连续动作机械纯工作 1 h 正常生产率} = \frac{\text{工作时间内生产的产品的数量}}{\text{工作时间(8 h)}}$$

工作时间内的产品数量和工作时间的消耗，要通过多次现场观察和机械说明书来取得数据，对于同一机械进行作业属于不同的工作过程，如挖掘机所挖土壤的类别不同，碎石机所破碎的石块硬度和粒径不同，均需分别确定其纯工作 1 h 的正常生产率。

(3)确定施工机械的正常利用系数

确定施工机械的正常利用系数，是指机械在工作班内对工作时间的利用率。机械的利用系数和机械在工作班内的工作状况有着密切的关系。所以，要确定机械的正常利用系数。首先要拟定机械工作班的正常工作状况，保证合理利用工时。

确定机械正常利用系数，要计算工作班正常状况下准备与结束工作，机械启动、机械维护等工作必须消耗的时间，以及机械有效工作的开始与结束时间，从而进一步计算出机械在工作班内的纯工作时间和机械正常利用系数。机械正常利用系数的计算公式如下：

$$\text{机械正常利用系数} = \frac{\text{机械在一个工作班内纯工作时间}}{\text{一个工作班延续时间(8 h)}}$$

(4)计算施工机械台班定额

计算施工机械定额是编制机械定额工作的最后一步。在确定了机械工作正常条件、机械 1 h 纯工作正常生产率和机械正常利用系数之后，采用下列公式计算施工机械的产量定额：

施工机械台班产量定额＝机械 1 h 纯工作正常生产率×工作班纯工作时间

或

施工机械台班产量定额＝机械 1 h 纯工作正常生产率×工作班延续时间×机构正常利用系数

$$\text{施工机械时间定额} = \frac{1}{\text{机械台班产量定额指标}}$$

$$\text{摊销系数} = \frac{\text{周转使用时数} - [(1 - \text{损耗率}) \times \text{回收价值率}]}{\text{周转次数} \times 100\%}$$

$$\text{周转使用时数} = \frac{[(\text{周转次数} - 1) \times \text{损耗率}]}{\text{周转次数} \times 100\%}$$

$$\text{回收价值率} = \frac{\text{一次使用量} \times (1 - \text{损耗率})}{\text{周转次数} \times 100\%}$$

2.3　预算定额与工程消耗量定额

2.3.1　预算定额

1. 预算定额的概念和作用

(1)概念

预算定额是指在正常的施工条件下，为完成单位合格工程建设产品(结构件、分项工程)的施工任务所需人工、机械、材料消耗的数量标准。它是根据组织施工和核算工程造价的要求而制定的。这里的“单位合格工程建设产品”指的是分项工程和结构件，是确定人工、机械、材料消耗的数量标准的对象，是预算定额子目划分的最小单位。

预算定额按照专业性质划分为建筑工程定额和安装工程定额两大类。建筑工程预算定额按照适用对象划分为建筑工程预算定额(土建工程)、市政工程预算定额、房屋修缮工程预算定额、园林与绿化工程预算定额、公路工程预算定额与铁路工程预算定额等；安装工程按照适用对象划分为机械设备安装工程预算定额、电气设备安装工程预算定额、送电线路安装工程预算定额、通信设备安装工程预算定额、工艺管道安装工程预算定额、长距离输送管道安装工程预算定额、给排水采暖煤气安装工程预算定额、通风空调安装工程预算定额、自动化控制装置及仪表安装工程预算定额、工艺金属结构安装工程预算定额、窑炉砌筑工程预算定额、刷油绝热防腐蚀工程预算定额、热力设备安装工程预算定额、化学工业设备安装工程预算定额等。

在我国，建筑工程预算定额是行业定额，反映全行业为完成单位合格工程建设产品的施工任务所需人工、机械、材料消耗的标准。它有两种表现形式：一种是计“量”性的定额，由国务院行业主管部门制定发布，如全国统一建筑工程基础定额；另一种是计“价”性定额，由各地建设行政主管部门根据全国基础定额结合本地区的实际情况加以确定，如福建省建筑工程单位估价表(1995)、福建省建筑装饰工程综合基价(2002)。应用比较广泛的是计“价”性的预算定额。

(2)预算定额的作用

1)预算定额是编制施工图预算、确定建筑安装工程造价的基础

施工图设计一经确定，工程预算造价就取决于预算定额水平和人工、材料及机械台班的价格。预算定额起着控制劳动消耗、材料消耗和机械台班使用的作用，进而起着控制建筑产品价格的作用。

2)预算定额是编制施工组织设计的依据

施工组织设计的重要任务之一，是确定施工中所需人力、物力的供求量，并作出最佳安排。施工单位在缺乏本企业的施工定额的情况下，根据预算定额，亦能够比较精确地计算出施工中各项资源的需要量，为有计划地组织材料采购和预制件加工、劳动力和施工机械的调配，提供了可靠的计算依据。

3)预算定额是工程结算的依据

工程结算是建设单位和施工单位按照工程进度对已完成的分部分项工程实现货币支付的行为。按进度支付工程款，需要根据预算定额将已完分项工程的造价算出。单位工程验收后，再按竣工工程量、预算定额和施工合同规定进行结算，以保证建设单位建设资金的合理使用和施工单位的经济收入。

4)预算定额是施工单位进行经济活动分析的依据

预算定额规定的物化劳动和劳动消耗指标，是施工单位在生产经营中允许消耗的最高标准。目前，预算定额决定着施工单位的收入，施工单位就必须以预算定额作为评价企业工作的重要标准，作为努力实现的目标。施工单位可根据预算定额对施工中的劳动、材料、机械的消耗情况进行具体的分析，以便找出并克服低功效、高消耗的薄弱环节，提高竞争能力。只有在施工中尽量降低劳动消耗，采用新技术，提高劳动者素质，提高劳动生产率，才能取得较好的经济效益。

5)预算定额是编制概算定额的基础

概算定额是在预算定额基础上综合扩大编制的。利用预算定额作为编制依据，不但可以节省编制工作的大量人力、物力和时间，收到事半功倍的效果，还可以使概算定额在水平上与预算定额保持一致，以免造成执行中的不一致。

6)预算定额是合理编制招标标底、投标报价的基础

在深化改革中，预算定额的指令性作用将日益削弱，而施工单位按照工程个别成本报价的指导性作用仍然存在，因此，预算定额作为编制标底的依据和施工企业报价的基础性作用仍将存在，这也是由于预算定额本身的科学性和权威性决定的。

2. 预算定额的编制原则、依据及编制程序

(1)预算定额的编制原则

为了保证预算定额的编制质量，充分发挥预算定额的作用并做到使用简便，在编制定额的工作中应遵循以下原则：

1)平均合理的原则

预算定额的水平以施工定额水平为基础。但是，预算定额绝不是简单地套用施工定额的水平。首先，在施工定额的工作内容综合扩大了的预算定额中，包含了更多的可变因素，需要保留合理的幅度差，例如人工幅度差、机械幅度差、材料的超运距、辅助用工及材料堆放、运输、操作损耗和由细到粗综合后的量差等。其次，预算定额水平是平均水平，而施工定额是平均先进水平，两者相比，预算定额水平要相对低一些，但应限制在一定范围内。

2)简明适用的原则

简明适用是指在编制预算定额时，对于那些主要的、常用的、价值量大的项目，其分项工程划分宜细；而对于那些次要的、不常用的、价值量相对较小的项目则可以粗一些。

预算定额要项目齐全。如果项目不全，缺项多，就会使计价工作缺少充足的依据。补充定额一般因受资料所限，费时费力，可靠性较差，容易引起争执。对定额的活口也要设置适当。

简明适用，还要求合理确定预算定额的计量单位，简化工程量的计算，尽可能避免同一种材料用不同的计量单位和一量多用，尽量减少定额附注和换算系数。

(2)预算定额的编制依据

1)施工企业自行编制的施工定额或现行的劳动定额；

2)现行设计规范、施工及验收规范、质量评定标准和安全操作规程；

3)具有代表性的典型工程施工图及有关标准图；

4)新技术、新结构、新材料和先进的施工方法等；

5)有关科学试验、技术测定和统计、经验资料；

6)典型工程的设计资料、施工现场条件、施工方案和相应的资源配置情况等；

7)现行的预算定额、各种资源的价格及有关文件规定等。

(3)预算定额编制的程序

预算定额的编制，大致可以分为准备工作、收集资料、编制定额、报批和修改稿整理五个阶段。各阶段工作相互有交叉，有些工作还有多次反复。

1)准备工作阶段

①拟定编制方案。

②抽调人员根据专业需要划分编制小组和综合组。

2)收集资料阶段

①普遍收集资料。在已确定的范围内，采用表格化收集定额编制基础资料，以统计资料为主，注明所需要的资料内容、填表要求和时间范围，便于资料整理，并具有广泛性。

②专题座谈会。邀请建设单位、设计单位、施工单位及其他有关单位的有经验的专业人士开座谈会，就以往定额存在的问题提出意见和建议，以便在编制新定额时改进。

③收集现行规定、规范和政策法规资料。

④收集定额管理部门积累的资料。主要包括日常定额解释资料，补充定额资料，及新结构、新工艺、新材料、新机械、新技术用于工程实践的资料。

⑤专项查定及实验。主要指混凝土配合比和砌筑砂浆实验资料。除收集实验试配资料外，还应收集一定数量的现场实际配合比资料。

3)定额编制阶段

①确定编制细则。主要包括：统一编制表格及编制方法；统一计算口径、计量单位和小数点位数的要求；有关统一性规定，名称统一，用字统一，专业用语统一，符号代码统一，简化字要规范，文字要简练明确。

②确定定额的项目划分和工程量计算规则。

分项工程定额指标的确定包括计算工程量，确定定额计量单位，以及确定人工、材料和机械台班指标消耗指标等内容。

a. 定额计量单位与计算精度的确定

定额计量单位与定额项目的内容相适应，要能确切地反映各分项工程产品的形态特征与实物数量，并便于使用和计算。

计量单位一般根据分项工程或结构构件的特征及变化规律来确定。当物体的断面形状一定而长度不定时，宜采用延长米为计量单位，如装修、落水管等。当物体有一定厚度，而长度和宽度不定时，宜采用平方米为计量单位，如楼地面、墙面抹灰、屋面等。当物体的长、宽、高均变化不定时，宜采用立方米为计量单位，如土方、砖石、混凝土工程等。有的分项工程虽然长、宽、高都变化不大，但质量和价格差异却很大，这时宜采用吨或公斤为计量单位，如金属构件的制作、运输及安装等。在预算定额项目表中，一般都采用扩大计量单位，如 100 m、100 m^2、100 m^3 等，以便于定额的编制和使用。

定额项目中各种消耗量指标的数值单位及小数位数的取定如下：

人工：以“工日”为单位，取两位小数；

机械：以“台班”为单位，取两位小数；

木材：以“立方米”为单位，取三位小数；

钢材及钢筋：以“吨”为单位，取三位小数；

标准砖：以“千块”为单位，取两位小数；

砂浆、混凝土等半成品：以“立方米”为单位，取两位小数；

单价：以“元”为单位，取两位小数。

b. 工程量计算

预算定额是在劳动定额的基础上编制的一种综合性定额。一个分项工程包含了必须完成的全部工作内容，例如，砖柱预算定额中包括了砌砖、调制砂浆、材料运输等全部工作内容。而在劳动定额中，砌砖、调制砂浆以及各种材料的运输等是分别列为单独的定额项目。若要利用劳动定额编制预算定额，必须根据选定的典型设计图纸，先计算出符合预算定额项目的施工过程的工程量，再分别计算出符合劳动定额项目的施工过程的工程量，才能综合出每一项预算定额项目计量单位的结构构件或分项工程的人工、材料和机械消耗指标。

③定额人工、材料、机械台班耗用量的计算、复核和测算。

(4)定额报批阶段

1)审核定稿。

2)预算定额水平测算。新定额编制成稿，必须与原定额进行对比测算，分析水平升降原因。一般新编定额的水平应该不低于历史上已经达到过的水平，并略有提高。在定额水平测算前，必须编出同一工人工资、材料价格、机械台班费的新旧两套定额的工程单价。定额水平的测算方法一般有以下两种：

按工程类别比重测算。在定额执行范围内，选择有代表性的各类工程，分别以新旧定额对比测算并按测算的年限，以工程所占比例考察宏观影响。

单项工程比较测算法。以典型工程分别用新旧定额对比测算，以考察定额水平升降及其原因。

(5)修改定稿、整理资料阶段

1)印发征求意见。定额编制初稿完成后，需要征求各有关方面意见，组织讨论，反馈意见。在统一意见的基础上整理分类，制定修改方案。

2)修改整理报批。按修改方案的决定，将初稿按照定额的顺序进行修改，并经审核无误后形成报批稿，经批准后交付印刷。

3)撰写编制说明。为顺利地贯彻执行定额，需要撰写新定额编制说明。其内容包括：项目、子目数量；人工、材料、机械的内容范围；资料的依据和综合取定情况；定额中允许换算和不允许换算规定的计算资料；人工、材料、机械单价的计算和资料；施工方法、工艺的选择及材料运距的考虑；各种材料损耗率的取定资料；调整系数的使用；其他应该说明的事项与计算数据、资料。

4)立档、成卷。定额编制资料是贯彻执行定额中需查对资料的唯一依据，也为修编定额提供历史资料数据，应作为技术档案永久保存。

3. 预算定额人工消耗量的确定方法

预算定额中的人工消耗量是指在正常条件下，为完成单位合格产品的施工任务所必需的生产工人的人工消耗。预算定额人工消耗量的确定可以有两种方法。

第一种，以施工定额为基础确定。这是在施工定额的基础上，将预算定额标定对象所包含的若干个工作过程所对应的施工定额按施工作业的逻辑关系进行综合，从而得到预算定额的人工消耗量标准。

预算定额中的人工消耗量应该包括为完成分项工程所综合的各个工作过程的施工任务而在施工现场开展的各种性质的工作所对应的人工消耗，包括基本用工、辅助用工、超运距用工以及人工幅度差。

(1)基本用工

指完成单位合格分项工程所包括的各项工作过程的施工任务必须消耗的技术工种的用工。包括：

1)完成定额计量单位的主要用工

由于该工时消耗所对应的工作均发生在分项工程的工序作业过程中，各工作过程的生产率受施工组织的影响大，其工时消耗的大小应根据具体的施工组织方案进行综合计算。例如工程实际中的砖基础，有一砖厚、一砖半厚、二砖厚等之分，不同厚度的砖基础有不同的人工消耗，在编制预算定额时如果不区分厚度统一按立方米砌体计算，则需要按统计的比例，加权平均得出综合的人工消耗。

2)按施工定额规定应增(减)计算的人工消耗量

例如在砖墙项目中，分项工程的工作内容包括了附墙烟囱孔、垃圾道、壁橱等零星组合部分的内容，其人工消耗量相应增加附加人工消耗。由于预算定额是在施工定额子目的基础上综合扩大的，包括的工作内容较多，施工的工效视具体部位而不一样，所以需要另外增加人工消耗，而这种人工消耗也可列入基本用工内。

(2)超运距用工

超运距是指施工定额中已包括的材料、半成品场内水平搬运距离与预算定额所考虑的现场材料、半成品堆放地点到操作地点的水平运输距离之差。而发生在超运距上运输材料、半成品的人工消耗即为超运距用工。

超运距＝预算定额取定的运距－施工定额已包括的运距

(3)辅助用工

指技术工种施工定额内不包括而在预算定额内又必须考虑的人工消耗，例如机械土方工程配合用工、材料加工(筛砂、洗石、淋化灰膏)所需人工消耗等。计算公式如下：

$$辅助用工 = \sum(材料加工数量 \times 相应加工材料的施工定额)$$

(4)人工幅度差

即预算定额与施工定额的差额，主要指在施工定额中未包括而在正常施工条件下不可避免但又很难准确计量的各种零星的人工消耗和各种工时损失。内容包括：

1)各工种间的工序搭接及交叉作业互相配合或影响所发生的停歇用工；

2)施工机械在单位工程之间转移及临时水电线路移动所造成的停工；

3)质量检查和隐蔽工程验收工作的影响；

4)班组操作地点转移用工；

5)工序交接时对前一工序不可避免的修整用工；

6)施工中不可避免的其他零星用工。

人工幅度差计算公式如下：

人工幅度差=(基本用工+超运距用工)×人工幅度差系数

人工幅度差系数一般为10%～15%,一般土建工程为10%,设备安装工程为12%。在预算定额中,人工幅度差的用量一般列入其他用工量中。

当分别确定了为完成分项工程的施工任务所必需的基本用工、辅助用工、超运距用工及人工幅度差后,把这四项用工量简单相加即成该分项工程总的人工消耗量。

第二种,以现场观察测定资料为基础计算。

当遇到施工定额缺项时,应首先采用这种方法。即运用时间研究的技术,通过对施工作业过程进行观察测定取得数据,并在此基础上编制施工定额,从而确定相应的人工消耗量标准。在此基础上,再用第一种方法来确定预算定额的人工消耗量标准。

4. 材料消耗量的确定

预算定额中的材料消耗量是指在正常施工生产条件下,为完成单位合格产品的施工任务必须消耗的材料、成品、半成品、构配件及周转性材料的数量标准。从消耗内容看,包括为完成该分项工程或结构构件的施工任务必需的各种实体性材料(如标准砖、混凝土、钢筋等)的消耗和各种措施性材料(如模板、脚手架等)的消耗;从引起消耗的因素看,包括直接构成工程实体的材料净耗量、发生在施工现场该施工过程中材料的合理损耗量及周转性材料的摊销量。

预算定额中材料消耗量的确定方法与施工定额中材料消耗量的确定方法一样。但有一点必须注意,即预算定额中材料的损耗率与施工定额中材料的损耗率不同,预算定额中材料损耗率的损耗范围比施工定额中材料损耗率的损耗范围更广,它必须考虑整个施工现场范围内材料堆放、运输、制备、制作及施工操作过程中的损耗。

5. 机械台班消耗量的确定方法

预算定额中的机械台班消耗量是指在正常施工生产条件下,为完成单位合格产品的施工任务必须消耗的某类某种型号施工机械的台班数量。它应该包括为完成该分部分项工程或结构件所综合的各个工作过程的施工任务,而在施工现场开展的各种性质的机械操作所对应的机械台班消耗。一般来说,它由分部分项工程或结构件所综合的有关工作过程所对应的施工定额所确定的机械台班消耗量,以及施工定额与预算定额的机械台班幅度差组成。

(1)工序机械台班消耗量的确定

工序机械台班是指发生在分部分项工程或结构件施工过程中各工序作业过程上的机械消耗,由于各工序作业过程的生产效率受该分部分项工程或结构件的施工组织方案(例如施工技术方案、资源配置方案及分部分项工程的施工流程等)的影响较大,施工机械固有的生产能力不易充分发挥,考虑到施工机械在调度上的不灵活性,预算定额中综合工序机械台班消耗量的大小应根据具体的施工组织方案进行综合计算。

(2)机械台班幅度差的确定

机械台班幅度差是指预算定额规定的台班消耗量与相应的综合工序机械台班消耗量之间的数量差额。一般包括如下内容：

1)施工技术原因引起的中断及合理停置时间；

2)因供电供水故障及水电线路移动检修而发生的运转中断时间；

3)因气候原因或机械本身故障引起的中断时间；

4)各工种间的工序搭接及交叉作业互相配合或影响所发生的机械停歇时间；

5)施工机械在单位工程之间转移所造成的机械中断时间；

6)因质量检查和隐蔽工程验收工作的影响而引起的机械中断时间；

7)施工中不可避免的其他零星的机械中断时间等。

大型机械幅度差系数一般为：土方机械 25%，打桩机械 33%，吊装机械 30%，其他分部工程中如钢筋加工、木材、水磨石等各项专用机械的幅度差为 10%。

综上所述，预算定额的机械台班消耗量按下式计算：

预算定额机械耗用台班＝综合工序机械台班×(1＋机械幅度差系数)

6. 建筑工程预算定额手册

(1)预算定额手册的内容

为了便于确定各分部分项工程或结构构件的人工、材料和机械台班等的消耗指标，及相应的价值货币表现的指标，将预算定额按一定的顺序汇编成册。这种汇编成册的预算定额称为建筑工程预算定额手册。建筑工程预算定额手册的内容由目录、总说明、建筑面积计算规则、分部工程说明及其相应的工程量计算规则、定额项目表、附录组成。

1)文字说明部分

①总说明。在总说明中，主要阐述预算定额的用途、编制依据和原则、适用范围、定额中已考虑的因素和未考虑的因素、使用中应注意的事项和有关问题的说明。

②建筑面积计算规则。建筑面积计算规则严格、系统地规定了计算建筑面积的内容范围和计算规则，这是正确计算建筑面积的前提条件，从而使全国各地区同类建筑产品的计划价格有一个科学的可比性。如对结构类型相同的建筑物，可通过计算单位建筑面积造价进行技术经济效果分析和比较。

③分部工程说明。分部工程说明是建筑工程预算定额手册的重要内容，它主要说明分部工程定额中所包括的主要分项工程，以及使用定额的一些基本规定，并阐述该分部工程中各分项工程的工程量计算规则和方法。

2)分项工程定额项目表

分项工程定额项目表的表达形式如表 2-5 所示。该表是《全国统一建筑工程基础定额××省统一基价表》第四章中的“砌砖”部分。

分项工程定额项目表是按各分部工程归类，又按不同内容划分为若干项目排列的定额项目表。

3)定额编号

为了提高施工图预算编制质量，便于查阅和审查选套的定额是否正确，在编制施工图预算时必须注明选套的定额编号。预算定额手册的编号方法通常有“三符号”和“两符号”两种。

①三符号编号法。三符号编号方法的第一个符号表示分部工程（章）的序号，第二个符号表示分项工程（节）的序号，第三个符号表示分项工程项目中的子项目序号。其表达形式如下：

△ — △ — △
↓　　↓　　↓
分部　分项　子项目

例如某省的建筑工程预算定额中单裁口五块料以上的木门框制作安装项目，属于木结构工程，在定额手册中排在第七部分；木门窗排在第一分项工程内；单裁口五块料以上木门框制作安装编排在第二子项目栏内。其定额编号为7-1-2。

②两符号编号法。我国现行全国统一定额都是采用两符号编号。两符号编号法的第一个符号表示分部工程的序号，第二个符号是表示分项工程的序号。其表达形式如下：

△ — △
↓　　↓
分部　分项

例如，现行某省统一基价表中采用M5混合砂浆砌一砖单面清水墙，属于第四章编排在第8分项栏内。定额编号为4-8(见表2-5)。

(2)预算定额手册的应用

1)预算定额的直接套用

设计要求与定额项目的内容相一致时，可直接套用定额的预算基价及工料消耗量，计算该分项工程的直接费及工料所需量。

现以某年《全国统一建筑工程基础定额××省统一基价表》为例，说明预算定额的具体使用方法(以后各例同)。

【例2-3】 采用M5水泥砂浆砌筑砖基础200 m^3，试计算完成该分项工程的直接费及主要材料消耗量。

解： ①确定定额编号。查表2-5得4-1。

②计算该分项工程直接费

直接费＝预算基价×工程量＝(1588.03元/10 m^3)×200 m^3＝31760.6元

③计算主要材料消耗量

砂浆　(2.36m^3/10 m^3)×200 m^3＝47.20 m^3

其中：水泥(325$^{\#}$)　241 kg/m^3×47.20 m^3＝11375.2 kg

中砂　1.18 m^3/m^3×47.20 m^3＝55.70 m^3

标准砖　(5.236千块/10 m^3)×200 m^3＝104.72千块

2)预算定额的换算

在确定某一分项工程或结构构件的预算价值时，如果施工图纸设计的项目内容与套用的相应定额项目内容不完全一致，则应按定额规定的范围、内容和方法进行换算。使施工图设计内容与预算定额内容要求相一致的换算(或调整)过程，就称为预算定额的换算(或调整)。以下仅对混凝土与砂浆的换算方法进行说明。

表 2-5　一、砌　砖

1. 砖基础、砖墙

工作内容　砖基础：调运砂浆、铺砂浆，运砖、清理基槽坑、砌砖等。砖墙：调、运、铺砂浆，运砖；砌砖包括窗台虎头砖、腰线、门窗套、安放木砖、铁件等

定额序号	工程项目			工程单位	基价	其中			人工	材料								机械
						人工费	材料费	机械费	合计	水泥砂浆			混合砂浆			标准砖	水	搅拌机
										M5	M7.5	M10	M2.5	M5	M7.5			
									工日	m³	m³	m³	m³	m³	m³	千块	m³	台班
					元				19.50	116.19	135.18	139.88	95.91	116.25	135.15	202.29	1.00	41.21
4-1	水泥砂浆砖基础		M5	10 m³	1588.03	237.51	1334.45	16.07	12.18	2.36						5.236	1.05	0.30
4-2			M7.5		1632.85	237.51	1379.27	16.07	12.18		2.36					5.236	1.05	0.30
4-3	单面清水砖墙 1/2 砖	水泥砂浆	M7.5	10 m³	1847.87	428.42	1405.85	13.60	21.97		1.95					5.641	1.13	0.33
4-4			M10		1857.03	428.42	1415.01	13.60	21.97			1.95				5.641	1.13	0.33
4-5	3/4 砖		M7.5		1839.86	421.79	1403.65	14.42	21.63		2.13					5.501	1.10	0.35
4-6			M10		1849.87	421.79	1413.66	14.42	21.63			2.13				5.501	1.10	0.35
4-7	1 砖	混合砂浆	M2.5		1692.85	367.97	1309.22	15.66	18.87				2.25			5.400	1.06	0.38
4-8			M5		1738.62	367.97	1354.99	15.66	18.87					2.25	2.25	5.400	1.06	0.38
4-9			M7.5		1781.14	367.97	1397.51	15.66	18.87							5.400	1.06	0.38
4-10	$1\frac{1}{2}$砖		M2.5		1677.68	347.69	1313.51	16.48	17.83				2.40			5.350	1.07	0.40
4-11			M5		1726.49	347.69	1362.32	16.48	17.83					2.40	2.40	5.350	1.07	0.40
4-12			M7.5		1771.85	347.69	1407.68	16.48	17.83							5.350	1.07	0.40
4-13	2 砖及 2 砖以上		M2.5		1661.33	334.23	1310.20	16.90	17.14				2.45			5.310	1.06	0.41
4-14			M5		1711.16	334.23	1360.30	16.90	17.14					2.45	2.45	5.310	1.06	0.41
4-15			M7.5		1757.47	334.23	1406.34	16.90	17.40							5.310	1.06	0.41

混凝土的换算：由于混凝土强度等级不同而引起定额基价变动，必须对定额基价进行换算。在换算过程中，混凝土消耗量不变，仅调整混凝土的预算价格。因此，混凝土换算实质就是预算单价的调整。其换算公式为：

换算价格＝原定额基价±定额混凝土用量×两种不同混凝土的基价差

【例 2-4】某工程构造柱，设计要求 C25 钢筋混凝土现浇，试确定构造柱的基价。

解：

①确定预算定额编号为 5-359，C20 混凝土；基价为 2389.12 元/10 m^3；混凝土用量为 10.15 m^3/10 m^3。

②确定换入、换出混凝土基价。查预算定额第十三章，定额编号 13-224，C25 混凝土基价 186.57 元/m^3（425# 水泥），C20 混凝土基价为 175.28 元/m^3（425# 水泥）。

③计算换算基价

$$5\text{-}539_{换}=2389.12+10.15\times(186.57-175.28)=2503.71\text{ 元/10 m}^3$$

④换算后的材料用量分析

水泥（425#）	464 kg/m^3×10.15 m^3/10 m^3＝4709.6 kg/10 m^3
中砂	0.43 m^3/m^3×10.15 m^3/10 m^3＝4.36 m^3/10 m^3
碎石（最大粒径 49mm）	0.87 m^3/m^3×10.15 m^3/10 m^3＝8.83 m^3/10 m^3

砂浆的换算：砂浆的换算实质上是砂浆强度等级的换算。这是由于施工图设计的砂浆强度等级与定额规定的砂浆强度等级有差异，定额又规定允许换算。在换算过程中，单位产品材料消耗量一般不变，仅换算不同强度等级的砂浆单价和材料用量。方法与混凝土换算相同。

【例 2-5】某工程空花墙，设计要求用粘土砖，M7.5 混合砂浆砌筑，试计算该分项工程预算价格及定额单位的主要材料消耗用量。

解：

①确定换算定额编号为 4-71（M5 混合砂浆），其基价为 1325.25 元/10 m^3，砂浆用量为 1.18 m^3/10 m^3。

②确定换入、换出砂浆的基价。查定额第十三章定额编号 13-716，M7.5 混合砂浆基价为 135.15 元/m^3；定额编号 13-717，M5 混合砂浆基价为 116.25 元/m^3。

③计算换算基价

$$4\text{-}71_{换}=1325.25+1.18\times(135.15-116.25)=1347.55\text{ 元/10 m}^3$$

④换算后主要材料耗用量分析

红砖	4.020 千块/10 m^3
水泥（325#）	330 kg/m^3×1.18 m^3/10 m^3＝357.54 kg/10 m^3
石灰膏	0.05 m^3/10 m^3×1.18 m^3/10 m^3＝0.059 m^3/10 m^3
中粗砂	1.18 m^3/10 m^3×1.18 m^3/10 m^3＝1.39 m^3/10 m^3

2.3.2 工程消耗量定额

为适应福建省工程建设需要，合理确定建筑工程造价，由省建设工程造价管理总站组织编制的《福建省建筑工程消耗量定额》(FJYD-101-2005)，以闽建筑[2005]16 号文下发，自 2005 年 5 月 1 起施行。福建省建设厅颁发的《福建省建筑工程预算定额》(2002 版)(闽建筑[2002]107 号文)、《福建省仿古建筑及园林绿化工程预算定额》(2002 版)(闽建筑[2002]92 号文)仿古建筑定额部分同时停止执行。

消耗量定额是完成规定计量单位建筑分项工程所需的人工、材料、施工机械台班消耗量标准；是编制建筑工程施工图预算、招标标底及确定建筑工程造价的依据；是编制建筑工程设计概算、投资估算的基础；是编制建筑工程企业定额、投标报价的参考。

2.3.3　预算定额与工程消耗量定额的区别

消耗量定额与传统概念的预算定额的主要区别：消耗量定额反映的是人工、材料和机械台班的消耗量标准，适用于市场经济条件下建筑安装工程计价，体现了工程计价“量价分离”的原则；而传统的预算定额是计划经济的产物，“量价合一”，不利于新形势下工程造价的形成。工程量清单报价时，投标企业没有企业定额时可根据企业自身情况参照消耗量定额进行调整。

2.4　费用定额

2.4.1　概述

为了规范建设工程造价的计价行为，合理确定工程造价，根据《建筑安装工程费用项目组成》(建标[2003]206 号)和《建设工程工程量清单计价规范》(GB50500-2003)等有关规定，结合福建省实际情况，省造价管理总站组织编制了《福建省建筑安装工程费用定额》(2003 版)，以闽建筑[2004]8 号文下发，自 2004 年 3 月 1 日起施行。

本定额适用于在福建省行政区域范围内新建、扩建和改建的建筑(含装饰装修)、安装、市政、仿古建筑及园林绿化、房屋修缮和抗震加固等工程。本定额是编制施工图预算、招标标底或招标控制价、工程结算和调解处理工程造价纠纷、鉴定工程造价的依据；是编制投资估算、设计概算的基础。投标报价应按照本定额的有关规定并结合工程、企业实际情况自主确定，费用组成要完整，费用计取要合理。文明施工费、安全施工费、临时设施费、规费及税金应按本定额的规定计取，不得优惠。

本定额与《建设工程工程量清单计价规范》及福建省现行的建筑、建筑装饰、安装、市政、仿古建筑及园林绿化和房屋修缮工程预算定额配套使用，福建省现行各专业预算定额及有关规定与本定额不一致的，按照本定额有关规定执行。凡 2004 年 3 月 1 日前已发出招标文件的工程，其费用计取按 2004 年 3 月 1 日前的有关规定及招标文件有关条款执行；凡 2004 年 3 月 1 日前已签订工程承发包合同的工程，其费用计取按合同约定执行。

2.4.2 费用定额的内容(以建筑工程为例)

1. 建筑工程类别划分标准及有关规定

以《福建省建筑安装工程费用定额》(2003 版)对建筑工程类别划分标准为例,其规定见表 2-6。

表 2-6 建筑工程类别划分标准

<table>
<tr><th colspan="3" rowspan="2">工 程 类 型</th><th rowspan="2">单位</th><th colspan="3">工程类别划分标准</th></tr>
<tr><th>一类</th><th>二类</th><th>三类</th></tr>
<tr><td rowspan="4">建筑物</td><td>单层厂房</td><td>檐高</td><td>m</td><td>>24</td><td>>15</td><td>≤15</td></tr>
<tr><td rowspan="3">其他建筑物</td><td>最大跨度</td><td>m</td><td>>24</td><td>>15</td><td>≤15</td></tr>
<tr><td>檐高</td><td>m</td><td>>75</td><td>>40</td><td>≤40</td></tr>
<tr><td>建筑面积</td><td>m^2</td><td>>30000</td><td>>10000</td><td>≤10000</td></tr>
<tr><td rowspan="8">构筑物</td><td rowspan="2">烟 囱</td><td>混凝土结构(高度)</td><td>m</td><td>>80</td><td>>50</td><td>≤50</td></tr>
<tr><td>砖结构(高度)</td><td>m</td><td>>50</td><td>>30</td><td>≤30</td></tr>
<tr><td rowspan="2">水 塔</td><td>高度</td><td>m</td><td>>40</td><td>>30</td><td>≤30</td></tr>
<tr><td>容积(单体)</td><td>m^3</td><td>>80</td><td>>60</td><td>≤60</td></tr>
<tr><td>筒 仓</td><td>高度</td><td>m</td><td>>30</td><td>>20</td><td>≤20</td></tr>
<tr><td>贮 池</td><td>容积(单体)</td><td>m^3</td><td>>2000</td><td>>1000</td><td>≤1000</td></tr>
<tr><td rowspan="2">栈 桥</td><td>高度</td><td>m</td><td>—</td><td>>30</td><td>≤30</td></tr>
<tr><td>跨度</td><td>m</td><td>—</td><td>>30</td><td>≤30</td></tr>
</table>

2. 措施费

见表 2-7。

措施费列入相应的措施项目费计算。措施项目费按项目计算,包括人工费、材料费、机械使用费、企业管理费和利润。

(1)文明施工、安全施工、临时设施、夜间施工、已完工程及设备保护、缩短工期措施费、风雨季施工增加费、生产工具用具使用费、工程点交及场地清理费等以分部分项工程费为基数按表的取费标准计算。

(2)优良工程增加费:按分部分项工程费乘以费率计算,费率由承发包双方在合格造价的基础上协商确定,可按 2%~5%计算。

(3)其他的措施项目费按工程量乘以相应的综合单价计算。

表 2-7　建筑工程措施项目费取费标准

<table>
<tr><th>序号</th><th colspan="2">项目名称</th><th>取费基数</th><th>一类</th><th>二类</th><th>三类</th><th>单独装饰工程</th><th>单独土石方工程</th></tr>
<tr><td rowspan="2">1</td><td rowspan="2">文明施工</td><td>无外墙装饰</td><td rowspan="14">分部分项工程费</td><td rowspan="2">0.5%</td><td rowspan="2">0.8%</td><td rowspan="2">1.0%</td><td>0.1%</td><td rowspan="2">0.2%</td></tr>
<tr><td>有外墙装饰</td><td>0.3%</td></tr>
<tr><td rowspan="2">2</td><td rowspan="2">安全施工</td><td>无外墙装饰</td><td rowspan="2">0.7%</td><td rowspan="2">0.8%</td><td rowspan="2">0.9%</td><td>0.06%</td><td rowspan="2">0.05%</td></tr>
<tr><td>有外墙装饰</td><td>0.2%</td></tr>
<tr><td>3</td><td colspan="2">临时设施</td><td>0.6%</td><td>0.8%</td><td>0.9%</td><td>0.15%</td><td>0.2%</td></tr>
<tr><td>4</td><td colspan="2">夜间施工</td><td colspan="3">0.1%</td><td>0.06%</td><td>0.1%</td></tr>
<tr><td>5</td><td colspan="2">已完工程及设备保护</td><td colspan="3">0.03%</td><td>0.1%</td><td>无</td></tr>
<tr><td rowspan="3">6</td><td rowspan="3">缩短工期措施费</td><td>缩短工期 10%～20%</td><td colspan="3">1%</td><td>0.5%</td><td>0.50%</td></tr>
<tr><td>缩短工期 20%～30%</td><td colspan="3">1.75%</td><td>0.75%</td><td>0.75%</td></tr>
<tr><td>缩短工期 30%以上</td><td colspan="3">2.5%</td><td>1%</td><td>1%</td></tr>
<tr><td>7</td><td colspan="2">风雨季施工增加费</td><td colspan="3">0.15%</td><td>—</td><td>0.05%</td></tr>
<tr><td>8</td><td colspan="2">生产工具用具使用费</td><td colspan="3">0.07%</td><td>0.02%</td><td>0.01%</td></tr>
<tr><td>9</td><td colspan="2">工程点交、场地清理费</td><td>0.06%</td><td>0.1%</td><td>0.15%</td><td>0.1%</td><td>0.02%</td></tr>
</table>

注：

①随建筑工程主体发包的装饰装修、土石方、桩基础、室外道路、挡土墙和附属工程的措施项目费按建筑工程的类别计算；

②单独发包的桩基础、室外道路、挡土墙和附属工程的措施项目费按二类建筑工程计算；

③缩短工期是指定额工期提前的比例。

3. 规费

(1)工程排污费。包括污水、废气排污费、固体废物及危险废物排污费、噪声超标排污费等，按有关规定计算。

(2)劳保费用。包括社会保障费和住房公积金。建筑、安装、市政、仿古建筑及园林绿化和房屋修缮等工程的劳保费用按表 2-8 计算。

表 2-8　建筑工程劳保费用取费标准

取费基数	取费标准(%)			
	甲类	乙类	丙类	丁类
分部分项工程费、措施项目费、其他项目费之和	4.86	3.65	2.92	2.19

(3)危险作业意外伤害保险费用。建筑、安装、市政、仿古建筑及园林绿化和房屋修缮等工程的危险作业意外伤害保险费用以分部分项工程费、措施项目费、其他项目费之和为基数，取费标准为 0.19%。

(4)工程定额测定费。建筑、安装、市政、仿古建筑及园林绿化和房屋修缮等工程的工程定额测定费按表 2-9 计算。

表 2-9　建筑工程危险作业意外伤害保险费用取费标准

工作所在地	取费标准	取费标准(%)
福州、厦门、漳州、泉州、莆田	分部分项工程费、措施项目费、其他项目费、规费(除工程定额测定费外)之和	0.114
三明、南平、龙岩、宁德		0.135

4. 税金

见表 2-10。

表 2-10　建筑工程税金取费标准

工程所在地	计税基数	税率(%)
市区(含县级市)	分部分项工程费、措施项目费、其他项目费、规费之和(不含税工程造价)	3.445
县城、乡镇		3.381
其他地区		3.252

5. 费用计算的其他有关规定

(1)业主依法将专业工程单独发包的,施工总承包单位与专业工程施工承包单位现场配合、交叉施工所增加的管理费用由发包方承担,费用由施工总承包单位与发包方协商确定,可按单独发包的专业工程分部分项工程费、措施项目费之和的2%～4%计算。专业工程承包单位使用施工总承包单位的脚手架、机械设备、水、电以及临时设施等的费用,由施工总承包单位与专业工程施工承包单位协商确定。业主单独发包的专业工程的费用按本定额的工程类别划分标准和取费标准计算。

(2)建筑业企业将其所承包的专业工程或劳务作业分包的,专业工程分包和劳务作业分包的费用依据业主与建筑业企业签订的施工合同,参照本定额的工程类别划分标准和取费标准,由分包工程发包人与分包工程承包人协商确定。

2.5　施工企业定额的编制

2.5.1　施工企业定额的意义和作用

1. 施工企业定额的意义

这是一种由建安企业编制,用于企业投标报价或在本企业内部经济核算使用的一种定额。《计价规范》出台以后,施工企业定额在投标报价中的地位与作用得到了明显的提高。在通过市场竞争形成价格的原则下,施工企业定额是工程投标报价的重要依据,它已成为承揽工程项目极为重要的因素。如何增强工程投标报价的竞争能力,承接到更多的工程项目,不断扩大市场份额和提高企业信誉,也就成为施工企业生存和发展的关键。此外,"合理低价中标"已经是评标定标的一条基本原则,显然科学合理地编制施工企业定额,是保障企业能否中标的核心问题。因而，编制和完善施工企业定额和健全定额体系的意义就不言而喻了。

2. 施工企业定额的作用

(1)适应工程承发包机制，掌握投标报价中的定价主动权，实现企业自主定价的需要。

(2)是强化企业基础工作，加强企业施工成本管理，不断提高企业生产综合效率，即不断降低人工、材料、机械台班和管理费用，用活企业资金，减轻负债，提高资金利用率，建立和健全财务成本分析与核算的重要依据。

(3)施工企业定额不仅是投标报价的依据，而且也是编制施工组织设计，确定工程进度计划，决策项目经理部目标成本，进行项目成本分析、核算、调控，以及搞活现场资金运用的重要依据。

(4)从本质上讲，施工企业定额是企业整体素质和生产、工作效率的综合反映，综合效率的不断增长，还依赖于企业营销与管理艺术和技术的不断进步，反过来又会推动企业定额水平的不断提高，形成良性循环，企业整体素质也会不断地发展和进步。科学地制定企业定额，不断提高企业整体素质和综合效益，是企业永葆青春活力的需要。

2.5.2　施工企业定额的编制依据和原则

1. 施工企业定额的编制原则

(1)运用建筑产品价值规律，坚持不低于工程成本报价和合理低价中标的原则。过去采用政府部门定额定价，从产品价值规律角度看，它反映的是部门和行业的平均先进劳动消耗水平；企业定额的应用，则是以企业的个别劳动即企业消耗的价值，来决定企业投标报价的价值和价格。不低于工程成本和合理低价中标的原则，看起来存在一定的矛盾，其实，这恰好是市场竞争机制作用的结果，来自市场的巨大压力要求施工企业必须精心经营，审慎地把握成本与价格的量度关系。“薄利多销”和国际上采用“低报价，高索赔”的营销策略，是国内外聪明承包商营销的市场游戏规则，因此在施工企业定额中必须有所体现，否则就会被来自市场的压力打倒。

(2)坚持实事求是，正确地进行市场定位的原则。这就是说，企业定额应与企业的经营承包范围、承包专业对象及承包能力、生产与工作效率相适应，不能盲目追求高目标、高效益，要真实地反映本企业的实际和现有水平以及潜力发挥限度。

(3)符合《计价规范》规定的“四统一”，适应行业发展水平，力争行业先进水平，坚持“双赢”的原则。

(4)加强企业管理的基础工作，技术进步与科学管理不断提高的原则。

(5)建立和健全企业定额及保障有效运行的原则。这就是说，有条件的企业应把定额制度、企业管理及工程承包，与计算机应用、数字化管理相结合，跟上知识经济时代的发展步伐，大中型企业一定要争取主动。什么是高效(或综合实力)？可用以下公式勾画：

企业的高效(或综合实力)＝科学的营销与管理艺术＋先进的科学技术＋现代的电脑技术与手段

(6)预计与分析风险的原则。

2. 施工企业定额的编制依据

(1)国家有关招标投标法规、《计价规范》、统一的基础定额和地方相应的法规与定额等。

(2)国家规定的工程技术、质量与安全标准及操作规程、工程设计标准图集及其相关的技术资料等。

(3)本行业和相关行业先进企业的发展水平及相关资料、信息等。

(4)企业积累的已完工程资料、原有生产定额与管理费用定额及其分析资料、企业财务与项目成本台账、"工法"、技术专利及相关技术与组织经验资料和信息等。

(5)企业投标报价策略及实施方案确定的依据。

2.5.3 施工企业定额体系的构成

施工企业定额体系的构成,应当根据施工企业资质层次、业务范围(承揽工程对象)及专业性质不同而自成体系,但总体上存在着共性。按企业管理的层面划分:一是应当编制施工企业层面的企业基础定额、预算定额(或称企业综合单价定额,或称企业定额单价基价表)。这是企业为适应对外承揽工程的需要而编制的,是与工程量清单计价相对应的清单分项综合单价,也是进入市场交易的预算价格(或预计销售价格)。另一层面是企业给项目经理部规定或下达的内部成本消耗预算定额(或称项目部综合单价定额,或称项目部基价表)。它用于企业内部,是项目部实行项目成本核算的依据,这里暂且称为企业核算综合单价基价表。另外,还应编制对应于两个层面上的预算定额所需的基础定额,即企业与项目部施工消耗定额,也即分项工程单位计量的人工消耗、材料消耗、机械台班消耗和管理费用四种基础定额。上述不同层次和类别的定额构成了企业定额体系,以电脑为手段则构成定额数据库的全部内涵。从传统的经验来看,企业层与项目层定额实施的关系一般可以运用两种方法:一是企业向项目下达成本计划,即相当于下达内部预算定额综合单价;另一种方法是下达节约指标,例如规定项目按合同价的节约金额指标,人工、材料、机械台班、管理费等节约指标。前一种方法有利于企业和项目部精细地控制成本,并为定额及其相应指标的修改、调整和制定提供可靠的依据,但是,项目部的工作十分复杂,必须借助于电脑。后一种方法也能取得一定收效,但相对前者而言存在管理粗放的问题,这是我国计划经济时期常用的办法,在信息时代显然是落后的。

2.5.4 施工企业定额的编制要点

关于预算定额和施工消耗定额编制方法,在本章前几节中已作了清楚的表述,本节不再重复。以下根据企业定额的特征作些说明:

(1)企业定额可分为两大类:一类是报价用的综合单价施工预算定额(包括下达给项目经理的全费用承包管理综合单价定额);另一类是包括企业与项目部管理费在内的四种消耗定额。企业定额的编制首先从编制直接凝固于产品上的消耗定额开始,即分别编制人工、材料、机械台班消耗定额。为了便于企业成本控制和经济核算,以及项目系统管理,人工、材料、机械台班消耗定额既要反映消耗量,又要含市场价,还应便于调整。编制直接费消耗定额应反映企业内部正常施工(生产)条件下的平均先进水平。项目部使用的成本核算直接费消耗主要针对具体工程特征与要求，扣除企业规定的提高工效和节约资源的部分。

企业消耗定额和有关效率指标的管理工作，在 20 世纪 50—70 年代计划经济体制下，大中型建筑企业一般都比较健全并有一套成熟的经验，然而到 20 世纪 80 年代后只有较少的企业保留了传统经验，有较完整的企业定额编制与管理制度。编制企业消耗定额的难度并不大，关键在于观念上的转变，改掉依赖性习惯，加强企业定额管理制度和基础工作的建设。

(2)企业费用定额(即间接费定额)的编制确实存在较大难度，主要是过去的间接费一直按行政机制的方式确定，并且取费基数是完整(最终)产品的全部直接费(或人工费)。因而，主管部门不将管理费划归于定额的范畴，而是称其为“取费标准”。在推行工程量清单综合单价计价以后，就必须按不同的清单分项(我国规范中还划分成分部分项工程分项与措施项目分项)来制定相应的综合单价基价表中的管理费。并且，企业费用定额还应划分施工企业(即管理部门)管理费与施工现场项目经理部管理费(相当于一般工业品生产的车间管理费)两个部分。显然，这与传统的管理费概念有很大差别。目前只能按主管部门的经验数据和企业经验编制分项费用定额，在运用中不断健全与完善。

注意，在编制施工企业管理费用定额时，建议首先从企业(部门)管理费入手，即充分利用企业财务、会计、统计的管理费，按照企业管理费、现场管理费内容，并按不同类型的工程分类分项，进行分析和确定分项费用内容，统计和计算各清单项目分项的管理费费率。当确定了企业管理费费率后，再分析和确定相应项目的现场管理费费率。管理费用定额的编制方法一般可采用统计(加权)分析法、分类工程类比法。

(3)企业分项预算单价的确定，是上述四种消耗定额加利润共五项的分析和综合。其方法与本章第二节类同，只是综合单价由人工费、材料费、机械台班费、管理费、利润五项费用组成。

(4)必须强调，企业定额编制和管理必须同企业计划与统计、财务会计、经济核算、工程技术与生产质量、安全、环境、资源消耗(包括机械台班及维护、更新)等管理有机结合，不仅为编制企业定额奠定了坚实可靠的基础，同时，还有利于确定一系列效率指标，不断促进营销、技术及企业与项目管理的进步，更加有利于施工企业定额不断地调整与创新。

(5)必须与计算机结合，充分利用计算机数据储存量大、运算快、共享功能强、效率高的优势，才能健全与完善企业定额体系及不断提高运用效率，并能为企业管理系统数字化和与城市数字化网络数据共享奠定良好的基础。

2.6 《建设工程工程量清单计价规范》

改革开放以来，为适应社会主义市场经济的需要，我国工程造价管理领域推行了一系列的改革，取得了显著的成效。为了改变过去以固定“量”、“价”、“费”定额为主导的静态管理模式，提出了“控制量、指导价、竞争费”的改革措施，逐步深化了工程计价主要依靠市场变化动态管理的改革。

随着我国建设市场的快速发展，招标投标制、合同制的逐步推行以及加入世界贸易组织与国际接轨等要求，工程造价计价依据改革不断深化。近几年，广东、吉林、天津等地相继开展了工程量清单计价的试点，在有些省市和行业的世界银行贷款项目也都实行国际通用的工程量清单投标报价，工程量清单计价做法已得到各级工程造价管理部门和各有关方面的赞同，也得到了工程建设主管部门的认可。

为了规范工程量清单计价活动，深化工程造价改革，促进建设市场有序竞争和企业的健康发展，国家标准《建设工程工程量清单计价规范》(GB50500-2008)于 2008 年 7 月 9 日经住房和城乡建设部发布第 63 号公告批准颁布，于 2008 年 12 月 1 日实施。本规范的实施，是我国工程造价计价方式适应社会主义市场经济的一次重大改革，也是我国工程造价计价工作向逐步实现"政府宏观控制，企业自主报价，市场形成价格"的目标迈出坚实的一步。

2.6.1 《建设工程工程量清单计价规范》编制的指导思想、原则、内容简介及特点

1.《建设工程工程量清单计价规范》(以下简称《计价规范》)编制的指导思想、原则

由中华人民共和国住房和城乡建设部编制的《计价规范》，根据《中华人民共和国建筑法》、《中华人民共和国合同法》、《中华人民共和国招标投标法》等法律以及最高人民法院《关于审理建设工程施工合同纠纷案件适用法律问题的解释》而编制。主要遵循以下原则：

(1)政府宏观调控，企业自主报价，市场竞争形成价格

按照政府宏观调控、市场竞争形成价格的指导思想，为规范发包方与承包方计价行为，确定了工程量清单计价的原则、方法和必须遵循的原则，包括统一项目编码、项目名称、计量单位、工程量计算规则等。留给企业自主报价，参与市场竞争的空间，将属于企业性质的施工方法、施工措施和人工、材料、机械的消耗量水平、取费等由企业来确定，给企业充分选择的权利，以促进生产力的发展。

(2)与现行预算定额既有机结合又有所区别的原则

《计价规范》在编制过程中，以现行的"全国统一工程预算定额"为基础，特别是项目划分、计量单位、工程量计算规则等方面，尽可能多地与定额衔接。原因主要是预算定额是我国几十年实践的总结，这些内容具有一定的科学性和实用性。与工程预算定额有所区别的主要原因是：预算定额是按照计划经济的要求制定发布贯彻执行的，其中有许多不适应《计价规范》编制思想，主要表现在：

1)定额项目是国家规定以工序为划分项目的原则。

2)施工工艺、施工方法是根据大多数企业的施工方法综合取定的。

3)工、料、机消耗量是根据"社会平均水平"综合测定的。

4)取费标准是根据不同地区平均测算的。因此企业报价时就会表现为平均主义，企业不能结合项目具体情况、自身技术管理水平自主报价，不能充分调动企业加强管理的积极性。

(3)既考虑我国工程造价管理的现状，又尽可能与国际惯例接轨的原则

《计价规范》要根据我国当前工程建设市场发展的形势，逐步解决定额计价中与当前工程建设市场不相适应的因素，适应我国社会主义市场经济发展的需要，适应与国际接轨的需要，积极稳妥地推行工程量清单计价。因此，在编制过程中，既借鉴了世界银行、菲迪克(FIDIC)、英联邦国家以及我国香港等的一些做法，同时，也结合了我国现阶段的具体情况。

如：实体项目的设置方面，就结合了当前按专业设置的一些情况，有关名词尽量沿用国内习惯，如措施项目就是国内的习惯叫法，国外叫开办项目；措施项目的内容就借鉴了部分国外的做法。

2.《计价规范》内容简介及特点

《计价规范》的出台，是建设市场发展的要求，为建设工程招标投标计价活动健康有序的发展提供了依据，在《计价规范》中贯彻了由政府宏观调控、市场竞争形成价格的指导思想。主要体现在：

政府宏观调控。一是规定了全部使用国有资金或国有资金投资为主的大中型建设工程要严格执行《计价规范》的有关规定，与招标投标法规定的政府投资要进行公开招标是相适应的；二是《计价规范》统一了分部分项工程名称，统一了计量单位，统一了工程量计算规则，统一了项目编码，为建立全国统一建设市场及规范计价行为提供了依据；三是《计价规范》没有人、材、机的消耗量，必然促使企业提高管理水平，引导企业学会编制自己的消耗量定额，适应市场需要。

市场竞争形成价格。由于《计价规范》不规定人、材、机的消耗量，为企业报价提供了自主空间，投标企业可以结合自身的生产效率、消耗水平和管理能力与已储备的本企业报价资料，按照《计价规范》规定的原则和方法投标报价。工程造价的最终确定，由承发包双方在市场竞争中按价值规律通过合同确定。

(1)《计价规范》的主要内容

1)采用工程量清单计价如何编制工程量清单和招标控制价、投标报价、合同价款约定以及工程计量与价款支付、工程价款调整、索赔、竣工结算、工程计价争议处理等。

2)《计价规范》的各章内容。《计价规范》包括正文和附录两大部分，二者具有同等效力。正文共五章，包括总则、术语、工程量清单编制、工程量清单计价、工程量及其计价格式内容，分别就《计价规范》的使用范围、遵循的原则、编制工程量清单应遵循的原则、工程量清单计价活动的规则、工程量清单及其计价格式作了明确规定。

附录包括附录 A(建设工程工程量清单项目及计算规则)、附录 B(装饰装修工程工程量清单项目及计算规则)、附录 C(安装工程工程量清单项目及计算规则)、附录 D(市政工程工程量清单项目及计算规则)、附录 E(园林绿化工程工程量清单项目及计算规则)、附录 F(矿山工程工程量清单项目及计算规则)。附录中包括项目编码、项目名称、项目特征、计量单位、工程量计算规则和工程内容，其中项目编码、项目名称、计量单位、工程量计算规则作为四统一的内容，要求招标人在编制工程量清单时必须执行。

(2)《计价规范》的特点

1)强制性。主要表现在：一是全部使用国有资金投资或国有资金投资为主(以下二者简称“国有资金投资”)的工程建设项目必须按《计价规范》规定执行；二是明确工程量清单是招标文件的组成部分，并规定了招标人在编制工程量清单时必须遵守的规则，做到四统一，即统一编码、统一项目名称、统一计量单位、统一工程量计算规则。

2)实用性。附录中工程量清单项目及计算规则的项目名称表现的是工程实体项目，项目名称明确清晰，工程量计算规则简洁明了；特别还列有项目特征和工程内容，易于编制工程量清单时确定具体项目名称和投标报价。

3)竞争性。一是《计价规范》中的措施项目在工程量清单中只列“措施项目”一栏，具体采用什么措施，如模板、脚手架、临时设施、施工排水等详细内容由投标人根据企业的施工组织设计，视具体情况报价，因为这些项目在各个企业之间各有不同，是企业竞争项目，是留给企业竞争的空间；二是《计价规范》中人工、材料和机械没有具体的消耗量，投标企业可以根据企业的定额和市场价格信息，也可以参照建设行政主管部门发布的社会平均消耗量定额进行报价，《计价规范》将报价权交给了企业。

4)通用性。采用工程量清单计价将与国际惯例接轨，符合工程量计算方法标准化、工程量计算规则统一化、工程造价确定市场化的要求。

2.6.2 工程量清单计价的内容、作用与特点

1. 工程量清单计价的主要内容

建设部《计价规范》的发布是为了统一常规的经营性、政策性、技术性活动，并将其纳入行政性规定范畴，属于一种衡量标准、国家标准的范畴，从而为建设工程招标投标及其计价活动健康有序地发展提供了有效的依据。《计价规范》体现了政府宏观调控、市场竞争形成价格的指导思想。主要体现在：

(1)政府宏观调控方面：一是规定了全部使用国有资金或国有资金为主体的大中型建设工程必须严格执行有关规定，与我国招标投标法规定的政府投资要进行公开招标的规定相适应；二是做到了“四统一”，即统一分部分项工程项目名称、统一计量单位、统一工程量计算规则、统一项目编码，为建立全国统一的建设市场，规范招标投标、计价和工程造价管理行为与机制提供了依据；三是强化了政府职能的转变，根据中国国情和企业现状，变硬性规定的工、料、机的消耗量为指导性消耗定额，促使企业提高技术能力与管理水平，引导企业编制和创新自己的消耗量定额，以适应市场的不断变化，不断提高企业的生产效率。

(2)在市场竞争形成价格方面：为工程承包企业报价提供了自主空间，投标企业可以结合自身的经营管理与技术水平、生产效率，按照规定的计价原则、方法和业主制定的招标文件要求，充分发挥企业的潜力，实行自主投标报价。工程造价的最终确定由合同双方在市场竞争中按价值规律通过合同最后约定。

《计价规范》还对推行工程量清单计价模式的编制依据、适用范围、构成内容、相关术语、指导思想与原则、合同执行与索赔、工程量清单与计价编制方法、计价标准格式等作了明确的规定和说明。

《计价规范》在前言中就阐明：

“本规范是根据《中华人民共和国招标投标法》、建设部令第 107 号《建筑工程施工发包与承包计价管理办法》制定的。”

“建设工程招标投标实行工程量清单计价是工程计价依据改革和规范建设工程招标投标行为的一项措施。……本着国家宏观调控、市场竞争形成价格的原则制定。本规范在编制过程中，总结了我国建设工程工程量清单计价试点工作的经验，结合我国工程造价管理的现状并借鉴了国外有关国家实行工程量清单计价的做法。”

《计价规范》共分五章，包括总则、术语、工程量清单编制、工程量清单计价、工程量清单及其计价格式。

现将总则引录如下：

1　总则

1.0.1　为规范工程造价计价行为，统一建设工程工程量清单的编制和计价方法，根据《中华人民共和国建筑法》、《中华人民共和国合同法》、《中华人民共和国招标投标法》等法律法规，制定本规范。

1.0.2　本规范适用于建设工程工程量清单计价活动。

1.0.3　全部使用国有资金投资或国有资金投资为主（以下二者简称“国有资金投资”）的工程建设项目必须采用工程量清单计价。

1.0.4　非国有资金投资的工程建设项目可采用工程量清单计价。

1.0.5　工程量清单、招标控制价、投标报价、工程价款结算等工程造价文件的编制与核对应由具有资格的工程造价专业人员承担。

1.0.6　建设工程工程量清单计价活动应遵循客观、公正、公平的原则。

1.0.7　本规范附录 A、附录 B、附录 C、附录 D、附录 E、附录 F 应作为编制工程量清单的依据。

1　附录 A 为建筑工程工程量清单项目及计算规则，适用于工业与民用建筑物和构筑物工程。

2　附录 B 为装饰装修工程工程量清单项目及计算规则，适用于工业与民用建筑物和构筑物的装饰装修工程。

3　附录 C 为安装工程工程量清单项目及计算规则，适用于工业与民用安装工程。

4　附录 D 为市政工程工程量清单项目及计算规则，适用于城市市政建设工程。

5　附录 E 为园林绿化工程工程量清单项目及计算规则，适用于园林绿化工程。

6　附录 F 为矿山工程工程量清单项目及计算规则，适用于矿山工程。

1.0.8　建设工程工程量清单计价活动，除应遵守本规范外，尚应符合国家现行有关标准的规定。

《计价规范》还对工程量清单、项目编码、项目特征、综合单价、措施项目、暂列金额、暂估价、计日工、总承包服务费、索赔、现场签证、企业定额、规费、税金、发包人、承包人、造价工程师、造价员、工程造价咨询人、招标控制价、投标价、合同价、竣工结算价等术语作了明确的定义。对工程量清单与工程量清单计价应包括的内涵、编制方法与统一格式都作了明确规定。

总之，《计价规范》对工程量清单计价的编制与实施程序都作了明确的规定，对规定范围内必须进行招标投标的工程建设项目具有强制性和法定性，必须严格遵守。事实上，采用工程量清单计价招标和进行工程实施，不仅体现了竞争的公平性，而且有利于提高工程质量，节约工程投资。例如广东顺德市在 2000 年采用工程量清单公开招标的 164 个项目，中标价为 8.8 亿元，比市场参考价下浮了 10.7%。2001 年 1—11 月，采用工程量清单公开招标的 179 项，中标价为 12.21 亿元，比市场参考价节省了 1.7 亿元，工程造价下浮 12.22%。2000 年优良工程比上年增长 8.75%。

2. 工程量清单计价与工程招投标、工程合同管理的关系

工程量清单计价虽然只是一种计价模式的改变，但其影响却绝不仅仅在于工程造价的计算方法和计算过程中，这一计价模式的改革必然对招投标制度和工程合同管理体系带来深远的影响。

(1)工程量清单计价与工程招投标

从严格意义上说,工程量清单计价作为一种独立的计价模式,并不一定用在招投标阶段,但在我国目前的情况下,工程量清单计价作为一种市场定价模式,主要在工程项目的招标投标过程中使用,而估算、概算、预算的编制依然沿用过去的计算方法。因此,工程量清单计价方法又时常被称为工程量清单招标。

(2)工程量清单计价与合同管理

在招投标阶段运用工程量清单计价办法确定的合同价格需要在施工过程中得到实施和控制,因此,工程量清单计价方法对于合同管理体制将带来新的挑战和变革。

1)工程量清单计价制度要求采用单价合同的合同计价方式

在现行的施工承包合同中,按计价方式的不同主要有总价合同与单价合同两种形式。总价合同的特点是总价包干,按总价办理结算,它只适用于施工图纸明确、工程规模较小且技术不太复杂的工程。在这种情况下,合同管理的工作量较小,结算工作也十分简单,且便于进行投资控制。单价合同的特点是合同中各工程细目的单价明确,承包商所完成的工程量要通过计量来确定,单价合同在合同管理中具有便于处理工程变更及施工索赔的特点,且合同的公正性及可操作性相对较好。工程量清单是一份与技术规范相对应的文件,其中详细地说明了合同中需要或可能发生的工程细目及相应的工程量,可用于作为办理计量支付和结算的依据。所以,工程量清单计价制度必须配套单价合同的合同计价方式,当然最常用的还是固定合同单价的形式,即在工程结算时,结算单价按照投标人的投标价格确定,而工程量则依照实际完成的工程量结算,这是因为工程量清单中的工程量是由招标人提供的,因此,工程量变动的风险应该由招标人承担。

2)工程量清单计价制度中工程量计算对合同管理的影响

由于工程量清单中所提供的工程量是投标单位投标报价的基本依据,因此其计算的要求相对比较高,在工程量的计算过程中,要做到不重不漏,更不能发生计算错误,否则会带来下列问题:

①工程量的错误一旦被承包商发现和利用,则会给业主带来损失。

②工程量的错误会引发其他施工索赔。承包商除通过不平衡报价获取了超额利润外,还可能提出索赔。例如,由于工程数量增加,承包商的开办费用(如施工队伍调遣费、临时设施费等)不够开支,可能要求业主赔偿。

③工程量的错误还会增加变更工程的处理难度。由于承包商采用了不平衡报价,所以当合同发生设计变更而引起工程量清单中工程量的增减时,会使得工程师不得不和业主及承包商协商确定新的单价,对变更工程进行计价。

④工程量的错误会造成投资控制和预算控制的困难。由于合同的预算通常是根据投标报价加上适当的预留费后确定的,工程量的错误还会造成项目管理中预算控制的困难和预算追加的难度。

工程量清单是工程量清单计价的有效工具,是国际工程承包招标投标中的流行方式,对招标投标和工程造价全过程管理起着重要的作用,是招标人与投标人建立和实现“要约”与“承诺”需求信息的载体,由于形式简单统一,也为网上招标提供了有效工具。同时因为它具有公开性,也为投标者提供一个公开、公平、公正的竞争环境。由于工程量清单是统一由招标人计算和发布的,特别是由专业水平高的咨询人员即第三者编制的工程量清单,一是立场公正，二是可以避免由于项目分项不一致、漏项、多项、工程量计算不准确等人为因素的影响，同时方便了投标者将主要人力和精力集中于报价决策上，提高了投标工作的效率和中标的可能性。此外，工程量清单是工程合同的重要文件之一，因而又是招标标底、投标报价、询价、评标、工程进度款支付的依据。与合同结合，工程量清单又是施工过程中的进度款支付（即施工过程中的工程结算）、索赔与竣工结算、竣工决算的重要依据。总之，它对从招标投标开始的全过程工程造价管理起着重要的作用。

3. 工程量清单计价法的特点

建设单位在招标时，基本上都附有工程量清单。这就为工程量清单报价法提供了良好的基础。它具有以下的特点及优势：

(1)有利于企业编制内部施工定额，提高企业内部的管理水平。企业在招投标时，必须参照标准定额，以标准定额为依据再套用市场的人工、材料、机械单价，综合计算出单价。实际上，各单位比较的也就是材料、人工的单价和费用的让利，真正采用先进施工工艺降低单价的寥寥无几。但作为一种发展趋势，随着市场经济的发展，各单位结合自身的优势，进一步编制和完善企业内部定额将会是必然的。

(2)能够增加企业中标的可能性。在实际招投标过程中，保价项目一般比较多，考虑到甲方一般会询价，竣工结算时按实际发生的工程量进行计算，因而可在报价中采取不均衡报价法，即预计工程量今后可能会增加的项目其单价要适当报高些，反之，则报低些。这样即使初期总价低也不会影响整个工程利润，而且会大大增加中标的可能性。

(3)杜绝了相互扯皮的现象，使工程能够顺利结算。工程量清单报价法的单价是综合的，不可调的，而工程量除了一些隐蔽工程或一些不可预测的因素外，其他都有图纸或可实测实量。因此，在结算时能够做到清晰、快捷。

思考题

2.1　什么是预算定额？

2.2　什么是消耗量定额？

2.3　预算定额材料消耗量包括哪些内容？

2.4　简述工程量清单计价的主要内容。

2.5　施工图预算与工程量清单计价的区别是什么？

2.6　工程量清单计价的特点及优点是什么？

2.7　建筑工程基础定额与预算定额之间有何关系？

2.8　试说明施工消耗定额、预算定额、概算定额的区别。

2.9　某招待所现浇 C10 毛石混凝土带形基础 15.23 m^3，试计算完成该分项工程的直接费及主要材料消耗量。

2.10　一台 6 t 塔式起重机吊装某种混凝土构件，配合机械作业的小组成员为司机 1 人、起重和安装工 7 人、电焊工 2 人。已知机械台班产量为 40 块，试求吊装每一块构件的机械时间定额和人工时间定额。

2.11　试计算每立方米一砖半墙中标准砖净用量及消耗量。

第3章 建筑工程计量

3.1 概述

工程量是以规定的物理计量单位或自然计量单位所表示建筑各个分部分项工程或结构构件的实物数量的多少。

工程量是确定建筑安装工程费用、编制建设工程投标文件、编制施工组织设计、安排工程施工进度、编制材料供应计划、进行建筑统计和经济核算的依据,正确计算工程量是准确编制施工图预算的基础,也是建设单位、施工企业和管理部门加强管理的重要依据。

建筑工程计量是编制施工图预算,进行定额计价及工程量清单计价的重要依据。在熟悉图纸的基础上,按照定额的计算规则或工程量清单计价规范的计算规则分别进行工程量的计算。本章学习内容主要包括三大部分:建筑面积计算规则、实体项目与技术措施项目计算规则,按照《福建省建筑工程消耗量定额》(FJYD-101-2005)、《福建省装饰装修工程消耗量定额》(FJYD-201-2005)及《建设工程工程量清单计价规范》(GB50500-2008)的相关内容进行编写。

3.1.1 工程量计算依据和要求

1. 工程量计算的依据

(1)施工图纸及设计说明、相关图集、设计变更等;

(2)工程施工合同、招投标文件;

(3)建筑安装工程消耗量定额及相关计算规则;

(4)建筑工程工程量清单计价规范;

(5)造价工作手册。

2. 工程量计算的要求

(1)工程量计算应采取表格形式,定额编号要正确,项目名称要完整,单位要用国际单位制表示,应与消耗量定额中各个项目的单位一致,还要在工程量计算表中列出计算公式,以便于计算和审查。

(2)工程量计算必须在熟悉和审查图纸的基础上进行,要严格按照定额规定的计算规则,结合施工图纸所注位置与尺寸进行计算,数字计算要精确。

(3)工程量计算应按一定的顺序计算,防止重复和漏算。要结合图纸,尽量做到结构按分层计算,内装饰按分层分房间计算,外装饰分立面计算或按施工方案的要求分段计算。

3.1.2 工程量计算顺序

1. 单位工程工程量计算顺序

一个单位工程的工程量计算顺序一般有以下几种：

(1)按图纸顺序计算：根据图纸排列的先后顺序，由建施到结施；每个专业图纸由前到后，先算平面，后算立面，再算剖面；先算基本图，再算详图。用这种方法计算工程量要求对消耗量定额的章节内容要熟悉，否则容易漏项。

(2)按预算定额的分部分项顺序计算：按消耗量定额的章、节、子目次序，由前到后，定额项与图纸设计内容能对上号的就算。使用这种方法时一要熟悉图纸，二要熟悉定额，初学者适用。

(3)按施工顺序计算：按施工顺序计算工程量，即由平整场地、挖基础土方、钎探算起，直到装饰工程等全部施工内容结束为止。用这种方法计算工程量，要求编制人具有一定的施工经验，能掌握组织施工的全过程，并且要求对定额及图纸内容十分熟悉，否则容易漏项。

(4)按统筹法计算：工程量运用统筹法计算时，必须先行编制“工程量计算统筹图”和工程量计算手册。其目的是将定额中的项目、单位、计算公式以及计算次序通过统筹安排后反映在统筹图上，既能看到整个工程计算的全貌及重点，又能看到每一个具体项目的计算方法和前后关系。编好工程量计算手册，且将多次应用的一些数据按照标准图册和一定的计算公式先行算出，纳入手册中。这样可以避免临时进行复杂的计算，以缩短计算过程，做到一次计算，多次应用。

(5)按预算软件程序计算：计算机计算工程量的优点是快速、准确、简便、完整。造价人员必须熟练掌握预算软件。

2. 分项工程量计算顺序

在同一分项工程内部各个组成部分之间，为了防止重复计算或漏算，也应该遵循一定的计算顺序。分项工程量计算通常采用以下四种不同的顺序：

(1)按照顺时针方向计算：它是从施工图纸左上角开始，自左至右，然后由上而下，再重新回到施工图纸左上角的计算方法。例如，外墙挖沟槽土方量、外墙条形基础垫层工程量、外墙条形基础工程量、外墙墙体工程量。

(2)按照横竖分割计算：先横后竖、先左后右、先上后下的计算顺序。在横向采用先左后右、从上到下，在竖向采用先上后下、从左到右。例如，内墙挖沟槽土方量、内墙条形基础垫层工程量、内墙墙体工程量。

(3)按照图纸分项编号计算：主要用于图纸上进行分类编号的钢筋混凝土结构、门窗、钢筋等构件工程量的计算。

(4)按照图纸轴线编号计算：对于造形或结构复杂的工程可以根据施工图纸轴线变化确定工程量计算顺序。

3.1.3 工程量计算方法和步骤

1. 工程量计算方法

在建筑工程中,工程量计算的原则是"先分后合,先零后整"。分别计算工程量后,如果各部分均套同一定额,可以合并套用。

工程量计算的一般方法有分段法、分层法、分块法、补加补减法、平衡法或近似法。

(1)分段法:如果基础断面不同时,所有基础垫层和基础等都应分段计算。

(2)分层法:如遇有多层建筑物的各楼层建筑面积不等,或者各层的墙厚及砂浆强度等级不同时,要分层计算。

(3)分块法:如果楼地面、天棚、墙面抹灰等有多种构造和做法时,应分别计算,即先计算小块,然后在总面积中减去这些小块面积,得最大的一块面积。

(4)补加补减法:如每层墙体都一样,只是顶层多一隔墙,这样可按每层都有(无)这一隔墙计算,然后其他层再补减(补加)这一隔墙。

(5)平衡法或近似法:当工程量不大或因计算复杂难以计算时,可采用平衡抵消或近似计算的方法。如复杂地形土方工程就可以采用近似法计算。

2. 工程量计算的步骤

工程量计算的步骤,大体上可分为熟悉图纸、基数计算、计算分项工程量、计算其他不能用基数计算的项目、整理与汇总五个步骤。具体内容包括:

(1)计算出基数:所谓基数,是指在工程量计算中需要反复使用的基本数据。常用的基数有"三线"和"一面"。

(2)编制统计表:所谓统计表,在土建工程中主要指门窗洞口面积统计表和墙体构件体积统计表。另外,还应统计好各种预制构件的数量、体积以及所在的位置。

(3)编制预制构件加工委托计划:为了不影响正常的施工进度,一般都需要把预制构件或订购计划提前编出来。这些工作多由造价员来做。需要注意的是,此项委托计划应把施工现场自己加工的、委托预制厂加工的或去厂家订购的分开编制,以满足施工实际需要。

(4)计算工程量:计算工程量要按照一定的顺序计算,根据各分项工程的相互关系统筹安排,既能保证不重复、不漏算,还能加快预算速度。

(5)计算其他项目:不能用线面基数计算的其他项目工程量,如水槽、花台、阳台、台阶等,这些零星项目应分别计算,列入各章节内,要特别注意清点,防止漏算。

(6)工程量整理、汇总:最后按章节对工程量进行整理、汇总、核对,为套用定额做准备。

3.1.4 运用统筹法计算工程量

1. 统筹法在计算工程量中的运用

统筹法是按照事物内部固有的规律性,逐步、系统、全面地加以解决问题的一种方法。利用统筹法原理计算工程量,就是分析工程量计算中各分部分项工程量计算之间固有规律和相互之间的依赖关系来计算工程量，这样可以达到节约时间，提供功效并准确地计算工程量。

2.“统筹法”计算工程量的基本要求

统筹法计算工程量的基本要点是：统筹程序，合理安排；利用基数，连续计算；一次算出，多次应用；结合实际，灵活机动。

(1)统筹程序，合理安排：按以往习惯，工程量大多数是按施工顺序或定额顺序进行计算的，往往不能利用数据间的内在联系而形成重复计算。

(2)利用基数，连续计算：就是根据图纸的尺寸，把“三条线”、“一个面”先算好，作为基数，然后利用基数分别计算与它们各自有关的分项工程量。前面计算项目为后面计算项目创造条件，后面计算项目利用前面计算项目的数量连续计算，就能减少许多重复劳动，提高计算速度。

(3)一次算出，多次应用：就是预先组织力量把不能用基数进行连续计算的项目一次编好，汇编成工程量计算手册，供计算工程量时使用。

3. 基数计算

三线：

$L_{中}$：建筑平面图中设计外墙中心线的总长度。

$L_{内}$：建筑平面图中设计内墙净长线长度。

$L_{外}$：建筑平面图中外墙外边线的总长度。

一面：

$S_{底}$：建筑物底层建筑面积。

3.1.5 《福建省建筑工程消耗量定额》(FJYD-101-2005)总说明

(以下顺序与《福建省建筑工程消耗量定额》章节顺序相同)

一、《福建省建筑工程消耗量定额》(FJYD-101-2005)(以下简称本定额)，依据《建设工程工程量清单计价规范》(GB50500-2003)、《全国统一建筑工程基础定额》(GJD-101-95)，并结合福建省实际情况编制。

二、本定额是福建省完成规定计量单位建筑分项工程所需的人工、材料、机械台班消耗量标准，是编制建筑工程施工图预算、招标标底及确定建筑工程造价的依据，是编制建筑工程设计概算、投资估算的基础，是编制建筑工程企业定额、投标报价的参考。

三、本定额适用于福建省行政区域内新建、扩建和改建的工业与民用建筑工程、仿古建筑工程以及建筑物地下室的人防工程。

四、本定额是按照正常的施工条件，目前多数企业具备的机械装备程度，施工中常用的施工方法、施工工艺和劳动组织，以及合理工期和合格工程进行编制的，反映了社会平均消耗水平。

五、本定额是依据国家和省有关现行产品标准、设计规范、施工及验收规范、技术操作规程、质量评定标准和安全操作规程编制的，并参考了有代表性的工程设计、施工资料和其他资料。

六、本定额的人工消耗量：人工以综合工日表示。内容包括基本用工、超运距用工、辅助用工以及人工幅度差。

七、本定额的材料消耗量

1. 材料消耗量包括主要材料、辅助材料和零星材料等，并计算了相应的施工场内运输及施工操作损耗。

2. 混凝土的养护均按自然养护考虑。

3. 周转性材料已按规定的周转次数摊销计入定额内。

4. 用量少、占材料费比重小的材料合并为其他材料费，以“元”表示。

5. 施工工具用具性消耗材料，未列出定额消耗量，在生产工具用具使用费中考虑。

6. 本定额取定的混凝土、砂浆等半成品与设计不同时，按《福建省建设工程混凝土、砂浆等半成品配合比》调整。

八、本定额的施工机械台班消耗量

1. 机械台班消耗量是按正常合理的机械配备和机械施工工效编制的，包括了机械幅度差。

2. 随工作班组配合的中小型机械台班消耗量已列入相应定额项目内。

3. 未列出消耗量的施工机械台班合并为其他机械费，以“元”表示。

九、本定额除另有说明外，均已包括材料、半成品、成品从现场集中堆放地点、工地仓库或现场加工地点至操作安装地点的场内水平运输费，以及周转性材料在同一城区内的场外运输费。本定额已包括檐高 3.6 m 以内的材料垂直运输费用，檐高 3.6 m 以上的材料垂直运输费用按第十一章计算。

十、本定额是按建筑物檐高 20 m 以内编制的，当建筑物檐高超过 20 m 时，按以下规定另行计算建筑物超高施工增加费。建筑物超高施工增加费包括建筑物超高降效和加压水泵台班费用。

1. 建筑物超高降效，包括人工降效和机械降效，按降效项目的人工、机械台班消耗量乘以下表相应的降效率计算。降效项目包括建筑物基础以上的全部项目，不包括土石方、室内垫层、室外工程、地下室(含顶板)、垂直运输、各类构件的水平运输及各项脚手架。

建筑物檐高	30 m 以内	40 m 以内	50 m 以内	60 m 以内	70 m 以内	80 m 以内	90 m 以内	100 m 以内	110 m 以内	120 m 以内
人工降效(%)	1.1	2.3	3.7	5.3	7.1	9.0	11.0	13.1	15.3	17.6
机械台班降效(%)	0.22	0.46	0.74	1.06	1.42	1.8	2.2	2.62	3.06	3.52

2. 加压水泵台班，按降效项目全部混凝土体积每 m^3 增加下表相应的加压水泵台班：

建筑物檐高	30 m 以内	40 m 以内	50 m 以内	60 m 以内	70 m 以内	80 m 以内	90 m 以内	100 m 以内	110 m 以内	120 m 以内
加压用水泵	0.0684	0.0964	0.1100	0.1200	0.1247	0.1279	0.1304	0.1352	0.1368	0.1375

3. 加压水泵选用电动多级离心清水泵，规格如下表：

建筑物檐高	水泵规格
40 m 以内	∅50 以内
40～80 m	∅100 以内
80～120 m	∅150 以内

4. 同一建筑物檐高不同时，可以按建筑高度垂直区分的建筑物超高施工增加费区分不同高度分别计算；难以按建筑高度垂直区分的建筑物超高施工增加费按地面以上建筑面积加权平均计算。

5. 建筑物的檐高，是指设计室外地坪至檐口滴水的高度；突出屋面的水箱间、楼梯间、电梯房、女儿墙等不能计算檐高。

十一、本定额未包括地下室工程和上部洞体工程施工(非夜间)的人工、机械降效及施工照明费，建筑工程的地下室和上部洞体工程非夜间施工的人工、机械降效在相应项目单价中考虑，除模板项目定额人工乘以系数 1.03 外，其他降效项目定额人工乘以系数 1.08；非夜间施工的照明费列入措施项目费，按自然层建筑面积以 3 元/m^2 计算。

十二、本定额所指的“主墙”是指结构厚度在 120 mm 以上(不含 120 mm)的各类墙体。

十三、本定额相关项目考虑了产品一般保护费用，建筑构配件及产品有特殊要求加固包装的保护费用另行计算。

十四、本定额已包括场内建筑垃圾的清理、堆放费用，未包括外弃。需要外弃的另行计算。

十五、本定额的工作内容已说明了主要的施工工序，次要工序虽未说明，均已在定额内考虑。

十六、本定额未编列建筑装饰和小区、厂区、室外总体道路及地下管道、室外挡土墙及护坡等定额项目。建筑装饰装修工程套用《福建省建筑装饰装修工程消耗量定额》(FJYD-201-2005)的相关项目及其规定，小区、厂区、室外总体道路工程套用《福建省市政工程消耗量定额》(FJYD-401-407-2005)的相关项目及其规定。

十七、本定额中注有“××以内”或“××以下”者，均包括“××”本身；“××以外”或“××以上”者，均不包括“××”本身。

十八、本定额由福建省建设工程造价管理总站负责管理和解释。

3.2　建筑面积计算

3.2.1　概述

建筑面积是指建筑物外墙勒脚以上各层结构外围水平投影面积的总和。

建筑面积包括使用面积、辅助面积和结构面积三部分。

建筑面积是确定各项技术经济指标的基础，是衡量建筑技术经济效果的重要指标，如依据建筑面积可以计算单位面积的造价以及单位面积的人工消耗指标和主要材料消耗指标等。建筑面积也是计算有关分项工程量、选择概算指标及编制概算的主要依据。

本节内容根据国家标准《建筑工程建筑面积计算规范》(GB/T50353-2005)编制，适用于新建、扩建、改建的工业与民用建筑工程的建筑面积计算。

1. 基本概念

(1)层高(story height)：上下两层楼面或楼面与地面之间的垂直距离。

(2)自然层(floor)：按楼板、地板结构分层的楼层。

(3)架空层(empty space)：建筑物深基础或坡地建筑吊脚架空部位不同填土石方形成的建筑空间。

(4)走廊(corridor gallery)：建筑物的水平交通空间。

(5)挑廊(overhanging corridor)：挑出建筑物外墙的水平交通空间。

(6)檐廊(eaves gallery)：设置在建筑物底层出檐下的水平交通空间。

图 3-1　檐廊

(7)回廊(cloister)：在建筑物门厅、大厅内设置在二层或二层以上的回形走廊。

(8)门斗(foyer)：在建筑物出入口设置的起分隔、挡风、御寒等作用的建筑过渡空间。

(9)建筑物通道(passage)：为道路穿过建筑物而设置的建筑空间。

(10)架空走廊(bridge way)：建筑物与建筑物之间，在二层或二层以上专门为水平交通设置的走廊。

图 3-2　架空走廊

(11)勒脚(plinth):建筑物的外墙与室外地面或散水接触部位墙体的加厚部分。

(12)围护结构(envelop enclosure):围合建筑空间四周的墙体、门、窗等。

(13)围护性幕墙(enclosing curtain wall):直接作为外墙起围护作用的幕墙。

(14)装饰性幕墙(decorative faced curtain wall):设置在建筑物墙体外起装饰作用的幕墙。

(15)落地橱窗(french window):突出外墙面根基落地的橱窗。

(16)阳台(balcony):供使用者进行活动和晾晒衣物的建筑空间。

图 3-3 阳台

(17)眺望间(view room):设置在建筑物顶层或挑出房间的供人们远眺或观察周围情况的建筑空间。

(18)雨篷(canopy):设置在建筑物进出口上部的遮雨、遮阳篷。

(19)地下室(basement):房间地平面低于室外地平面的高度超过该房间净高的 1/2 者为地下室。

(20)半地下室(semi basement):房间地平面低于室外地平面的高度超过该房间净高的 1/3,且不超过 1/2 者为半地下室。

(21)变形缝(deformation joint):伸缩缝(温度缝)、沉降缝和抗震缝的总称。

(22)永久性顶盖(permanent cap):经规划批准设计的永久使用的顶盖。

(23)飘窗(bay window):为房间采光和美化造形而设置的突出外墙的窗。

图 3-4 飘窗

(24)骑楼(overhang):楼层部分跨在人行道上的临街楼房。

(25)过街楼(arcade):有道路穿过建筑空间的楼房。

图 3-5　骑楼

图 3-6　过街楼

3.2.2　相关知识

1. 房屋的组成

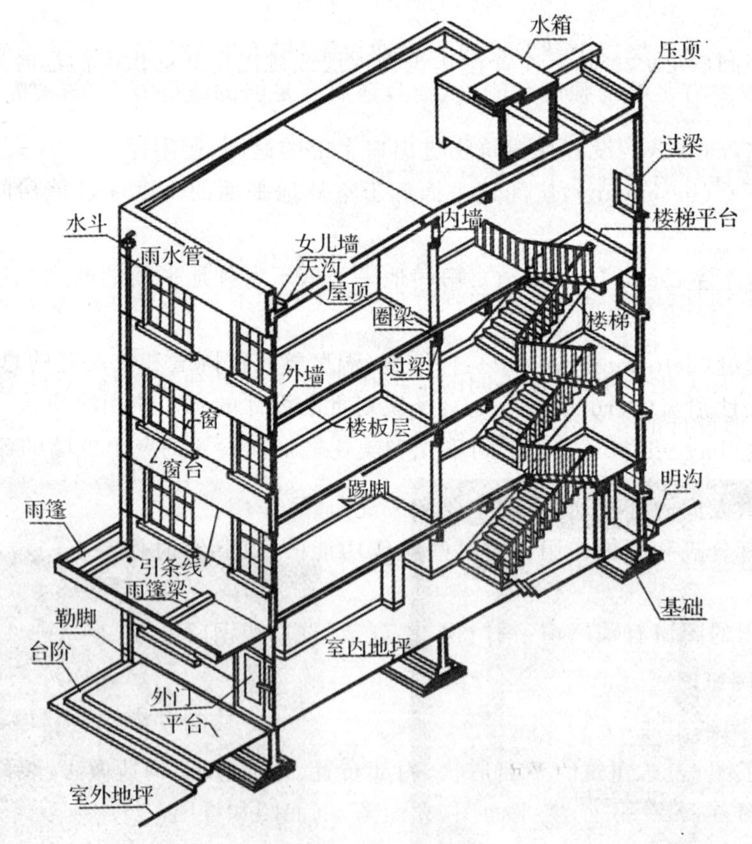

图 3-7　房屋的组成

(1)基础

基础位于建筑的最下面,是建筑墙或柱的扩大部分,承受着建筑上部的所有荷载并将其传给地基。因此，基础应具有足够的强度和耐久性，并能承受地下各种因素的影响。

常用的基础形式有条形基础、独立基础、筏板基础、箱形基础、桩基础等。使用的材料有砖、石、混凝土、钢筋混凝土等。

(2)墙或柱

墙在建筑中起着承重、围护和分隔作用。要求墙体根据功能的不同分别具有足够的强度、稳定性、保温、隔热、隔声、防水、防潮等能力，并具有一定的经济性和耐久性。

柱子在建筑中的主要作用是承受其上梁、板的荷载，以及附加在其上的其他荷载。要求柱子应具有足够的强度、稳定性和耐久性。

(3)楼板层

楼板层是楼房建筑水平方向的承重构件，按房间层高将整幢建筑沿水平方向分为若干部分，充分利用了建筑的空间，大大增加了建筑的使用面积。

楼板层应具有足够的强度、刚度和隔声能力，并具有防潮、防水的能力。常用的楼板层为钢筋混凝土楼板层。

楼板层还应包括地坪。地坪是底层房间与土层相接的部分，它承受底层房间的荷载，因此应具有耐磨、防潮、防水、保温等不同的能力。

(4)楼梯

楼梯是二层及二层以上建筑的垂直交通设施，供人们上下楼层和紧急情况下疏散之用。要求楼梯不仅要有足够的强度和刚度，而且还要有足够的通行能力、防火能力。楼梯表面应具有防滑能力。

常用的楼梯有钢筋混凝土楼梯和钢楼梯。

(5)屋顶

屋顶是建筑最上面的围护构件，起着承重、围护和美观作用。

作为承重构件，屋顶应有足够的强度，支撑其上的围护层、防水层和上面的附属物；作为围护构件，屋顶主要起着防水、排水、保温、隔热作用。

屋顶应具有美化作用，屋顶不同的造形代表着不同的建筑风格，反映着不同的民族、文化，是建筑造形设计的一个主要内容。

(6)门窗

门主要供人们内外交通，窗则主要起采光、通风作用。

门窗都有分隔和围护作用。对某些特殊功能的房间，有时还要求门窗具有保温、隔热、隔声等功能。

目前常用的门窗有木门窗、钢门窗、铝合金门窗、塑钢门窗等。

2. 施工图纸

(1)施工图纸组成

建筑施工图：表达建筑的平面形状、内部布置、外部造形、构造做法、装修做法的图样，一般包括施工图首页、总平面图、平面图、立面图、剖面图和详图。

结构施工图：表达建筑的结构类型，结构构件的布置、形状、连接、大小及详细做法的图样，包括结构设计说明、结构平面布置图和构件详图等内容。

设备施工图：设备施工图又分为给水、排水施工图，采暖、通风施工图和电气施工图。一般包括设计说明、平面布置图、空间系统图和详图。

装饰施工图:装饰施工图是反映建筑室内外装修做法的施工图,包括装饰设计说明、装饰平面图、装饰立面图和装饰详图。

一套完整的房屋建筑工程图在装订时要按专业顺序排列,一般为图纸目录、建筑设计总说明、总平面图、建筑施工图、结构施工图、给排水施工图、采暖施工图和电气施工图。

(2)施工图中常用符号

1)标高

标高是标注建筑物各部位或地势高度的符号。

①绝对标高:以我国青岛附近黄海的平均海平面为基准的标高。

②相对标高:在建筑工程施工图中,以建筑物首层室内主要地面为基准的标高。

③建筑标高:建筑装修完成后各部位表面的标高。

④结构标高:建筑结构构件表面的标高。

标高符号是高度为 3 mm 的等腰直角三角形,如图 3-8 所示。

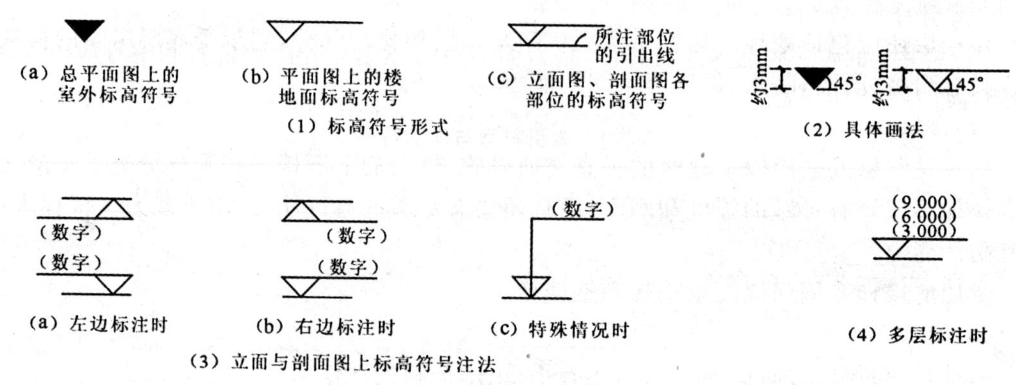

图 3-8　标高符号

2)定位轴线

在施工图中,确定承重构件相互位置的基准线,称为定位轴线。

建筑需要在水平和竖直两个方向进行定位,用于平面定位的称为平面定位轴线,用于竖向定位的称为竖向定位轴线。定位轴线在砖混结构和其他结构中标定的方法不同。

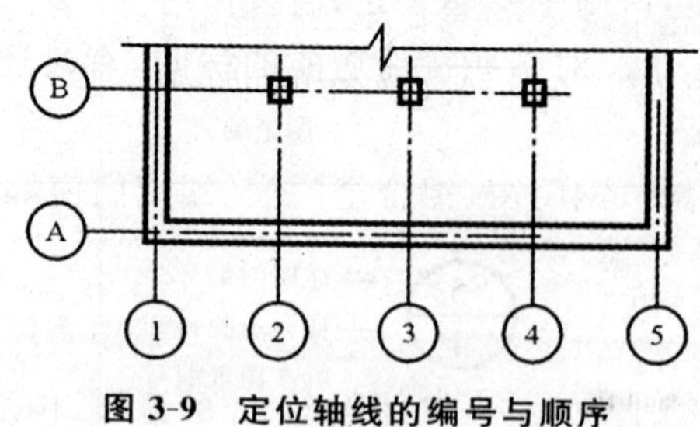

图 3-9　定位轴线的编号与顺序

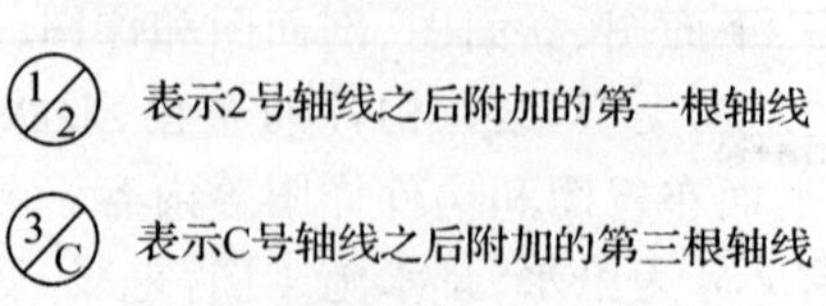

1/2 表示2号轴线之后附加的第一根轴线

3/C 表示C号轴线之后附加的第三根轴线

图 3-10　附加轴线的标注

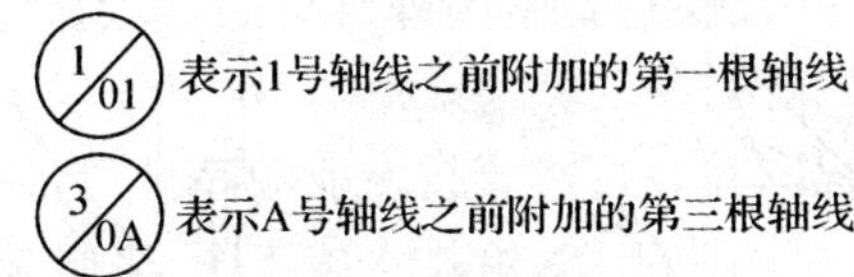

图 3-11　起始轴线前附加轴线的标注

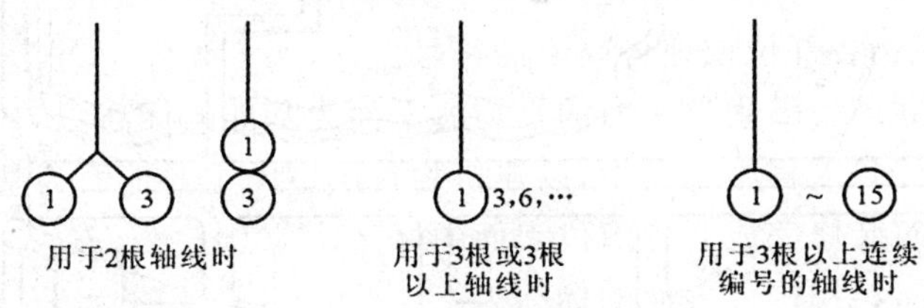

图 3-12　详图的轴线编号

3)索引符号与详图符号

在图样中,如某一局部另绘有详图,应以索引符号索引。详图的位置和编号应以详图符号表示,如表 3-1 所示。

表 3-1　索引符号与详图符号

名称	表示方法	备注
详图的索引符号	5/— —详图的编号 —详图在本页图纸内 5/2 —详图的编号 —详图所在的图纸编号 J103 5/3 —标准图集的编号 —详图的编号 —详图所在的图纸编号	圆圈直径为 10 mm,线宽为 0.25d
剖面索引符号	5/— —详图的编号 —详图在本页图纸内 5/2 —详图的编号 —详图所在的图纸编号 J103 5/3 —详图的编号 —详图所在的图纸编号	圆圈画法同上,粗短线代表剖切位置,引出线所在的一侧为剖视方向
详图符号	5 —详图的编号（详图在被索引的图纸内） 5/4 —详图的编号 —被索引的详图所在图纸编号	圆圈直径为 14 mm,线宽为 d

3. 识读施工图纸

(1)建筑总平面图的识读

下面以某商住楼总平面图(图 3-13)为例说明建筑总平面图的识读方法。

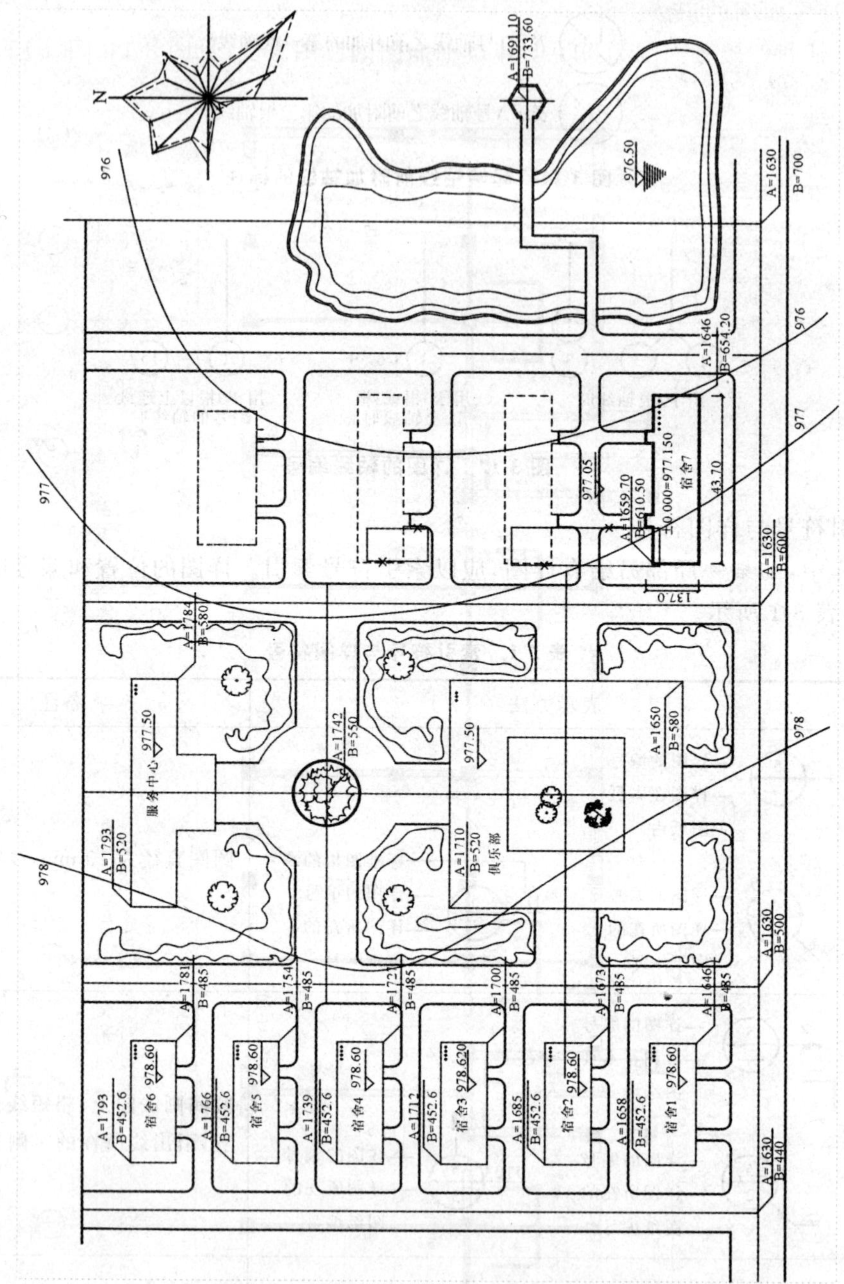

图 3-13　总平面图

1)了解图名、比例。

2)了解工程性质、用地范围、地形地貌和周围环境情况。

3)了解建筑的朝向和风向

4)了解新建建筑的平面形状和准确位置。

5)了解新建房屋四周的道路、绿化。

6)了解建筑物周围的给水、排水、供暖和供电的位置,及管线布置走向。

(2)建筑平面图的识读

下面以某商住楼平面图为例说明建筑平面图的读图方法(见图 3-14、图 3-15、图 3-16)。

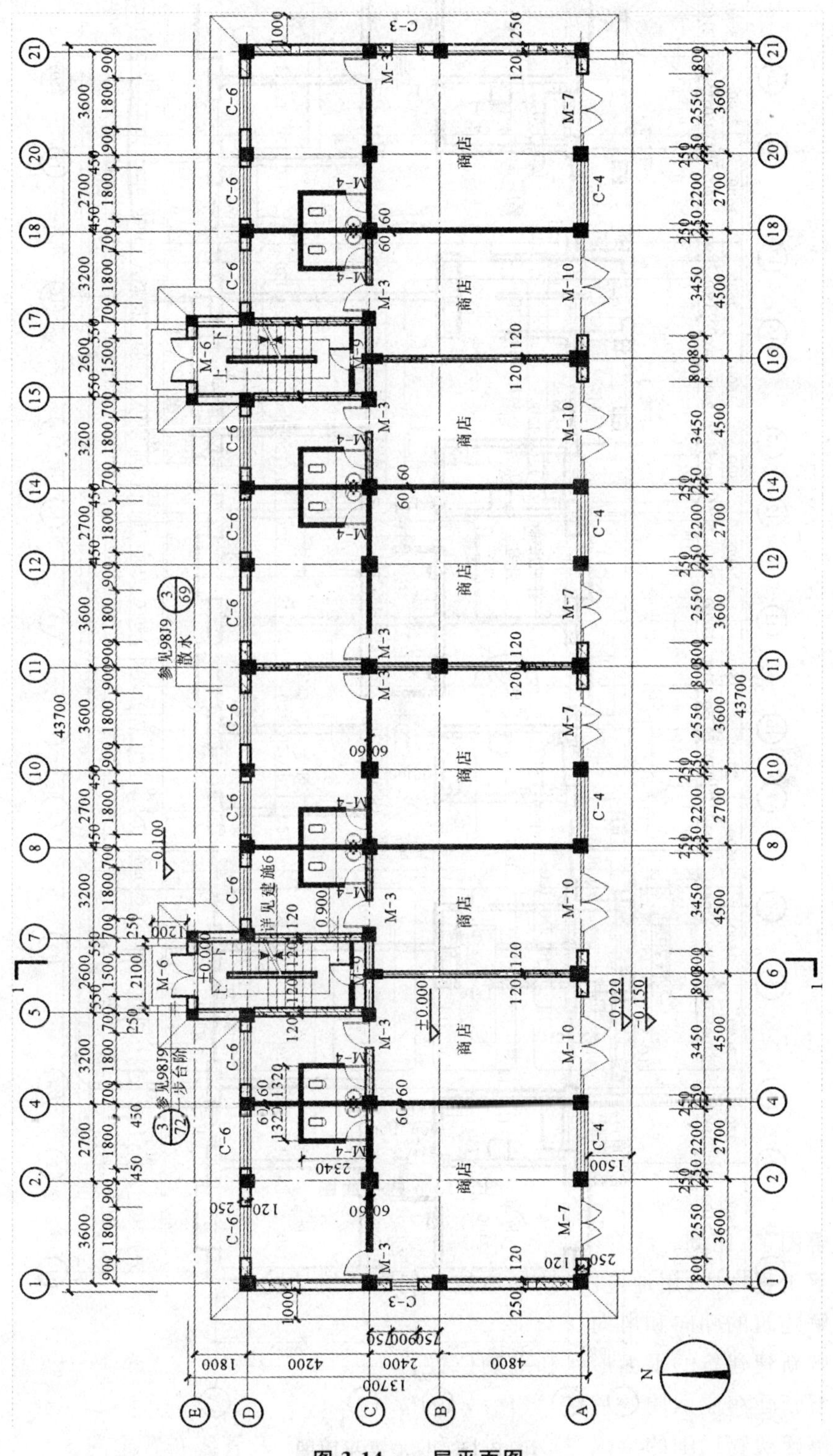

图 3-14　一层平面图

卧室
客厅
餐厅
厨房
阳台
主卫
次卫
C-1
C-2
C-3
C-5
FTC-1
FTC-3
M-2
M-3
M-4
M-5
详见建施6
仅用于二层
用户自理隔断
12.900
9.900
6.900
3.900
43700
13700
4800
2400
4200
1800

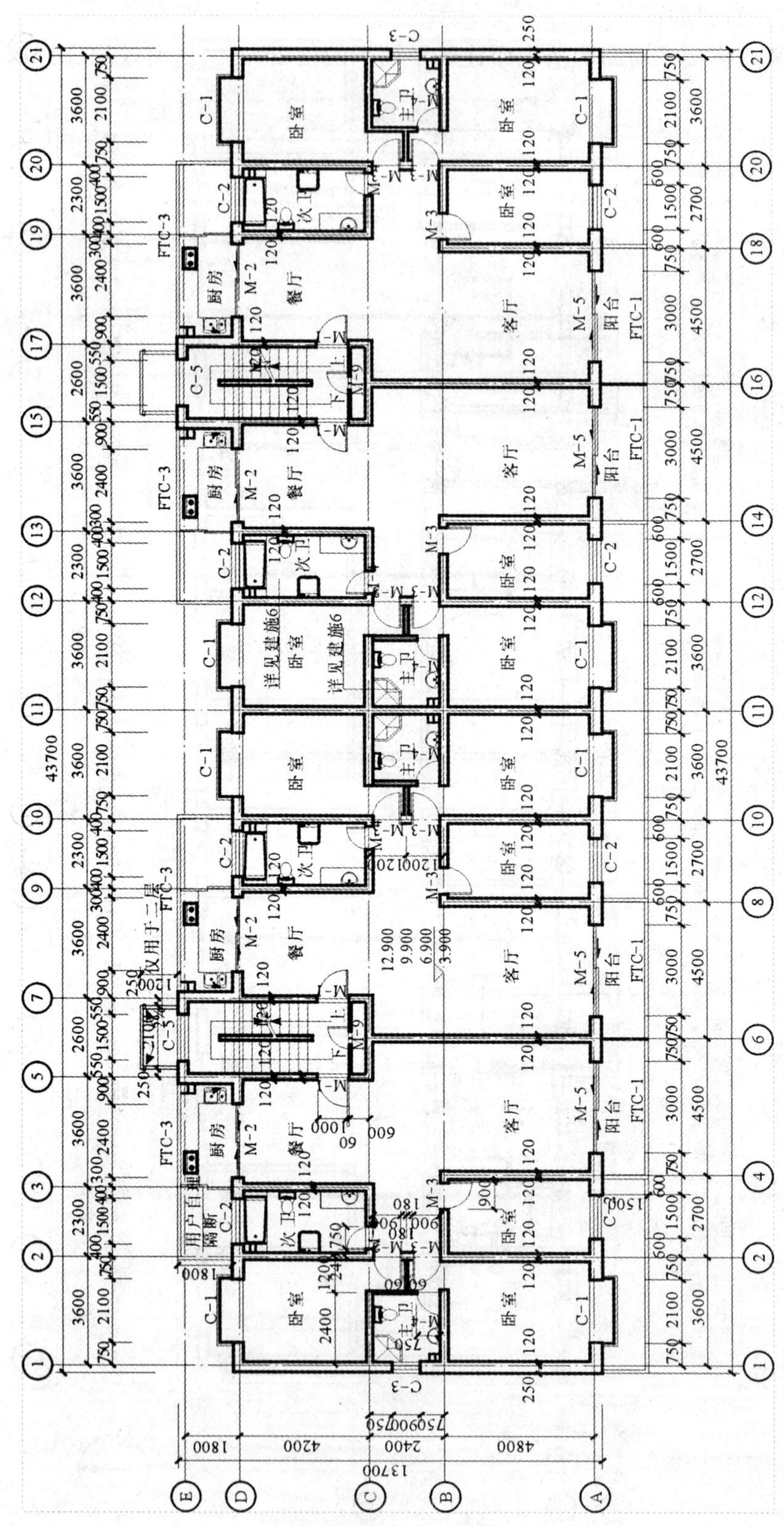

图 3-15　标准层平面图

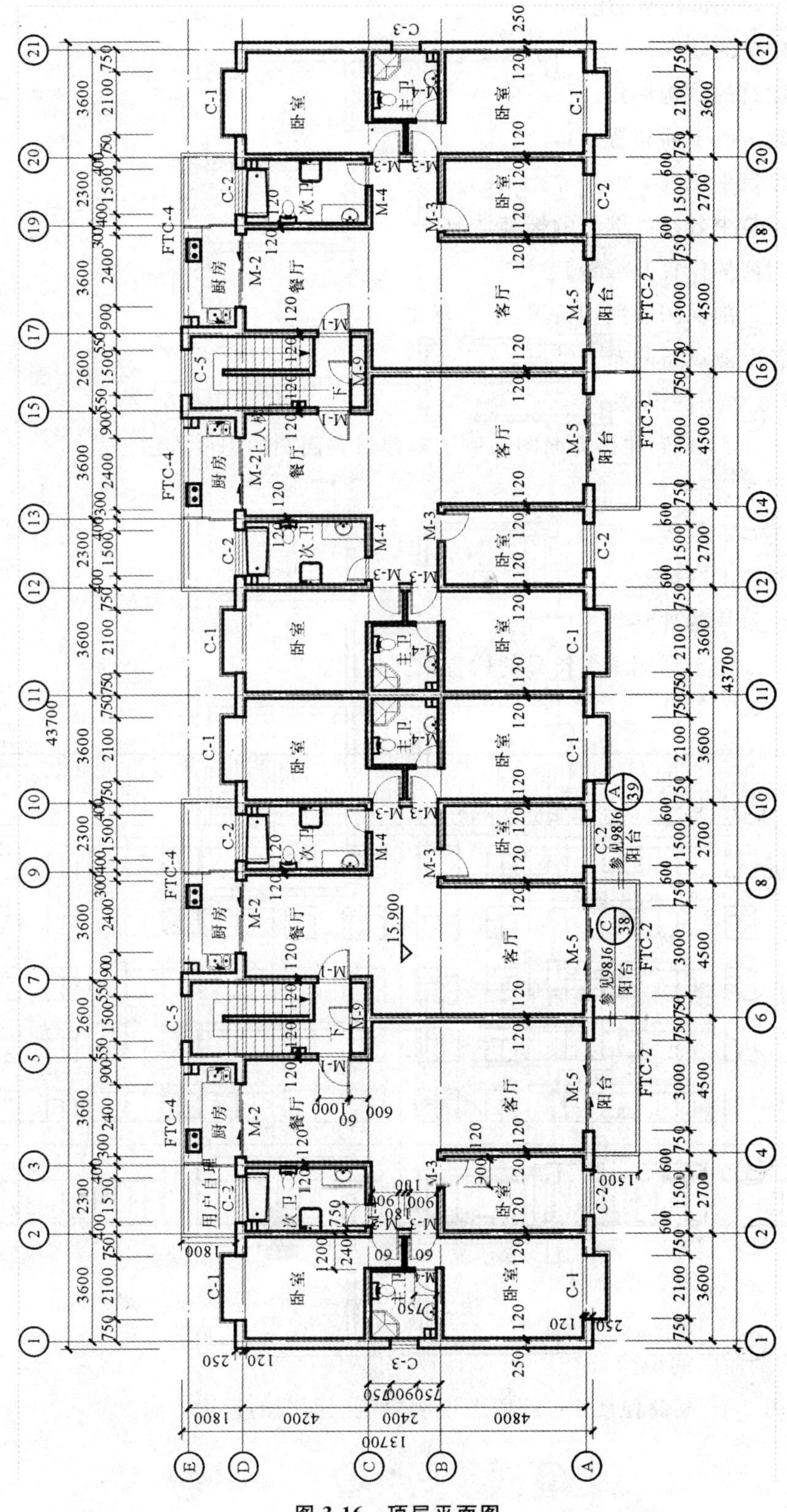

图 3-16　顶层平面图

1)了解平面图的图名、比例。

2)了解建筑的朝向。

3)了解建筑的结构形式。

4)了解建筑的平面布置。

5)了解建筑平面图上的尺寸。

6)了解建筑中各组成部分的标高情况。

7)了解门窗的位置及编号。

8)了解建筑剖面图的剖切位置、索引标志。

9)了解各专业设备的布置情况。

(3)建筑立面图的识读

下面以图 3-17 某商住楼立面图为例了解建筑立面图的识读方法。

1)了解图名、比例。

2)了解建筑的外貌。

3)了解建筑的高度。

4)了解建筑物的外装修。

5)了解立面图上详图索引符号的位置及其作用。

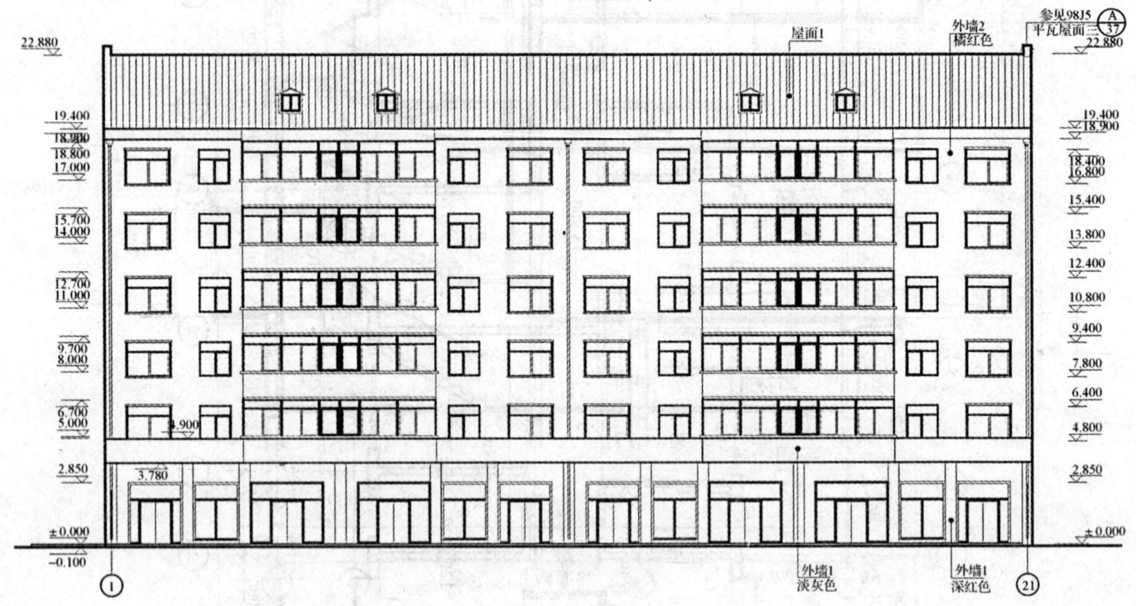

图 3-17 立面图

(4)建筑剖面图的识读

下面以图 3-18 某商住楼 1-1 剖面图说明建筑剖面图的识读方法。

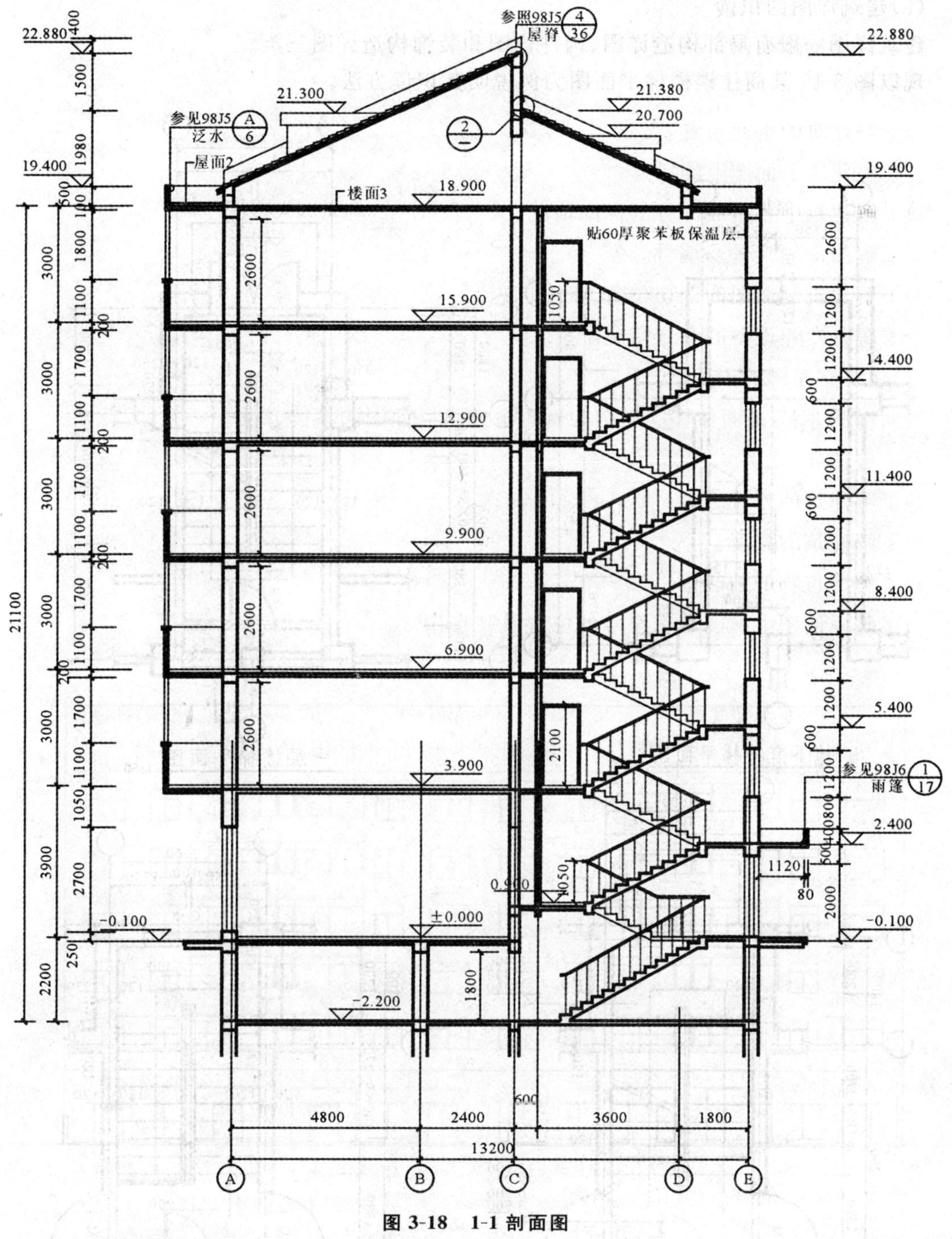

图 3-18　1-1 剖面图

1）了解图名、比例。

2）了解被剖切到的墙体、楼板、楼梯和屋顶。

3）了解可见的部分。

4）了解剖面图上的尺寸标注。

5）了解详图索引符号的位置和编号。

(5)建筑详图的识读

建筑详图一般有局部构造详图、构件详图和装饰构造详图三类。

现以图 3-19 某商住楼楼梯平面图为例说明其识读方法。

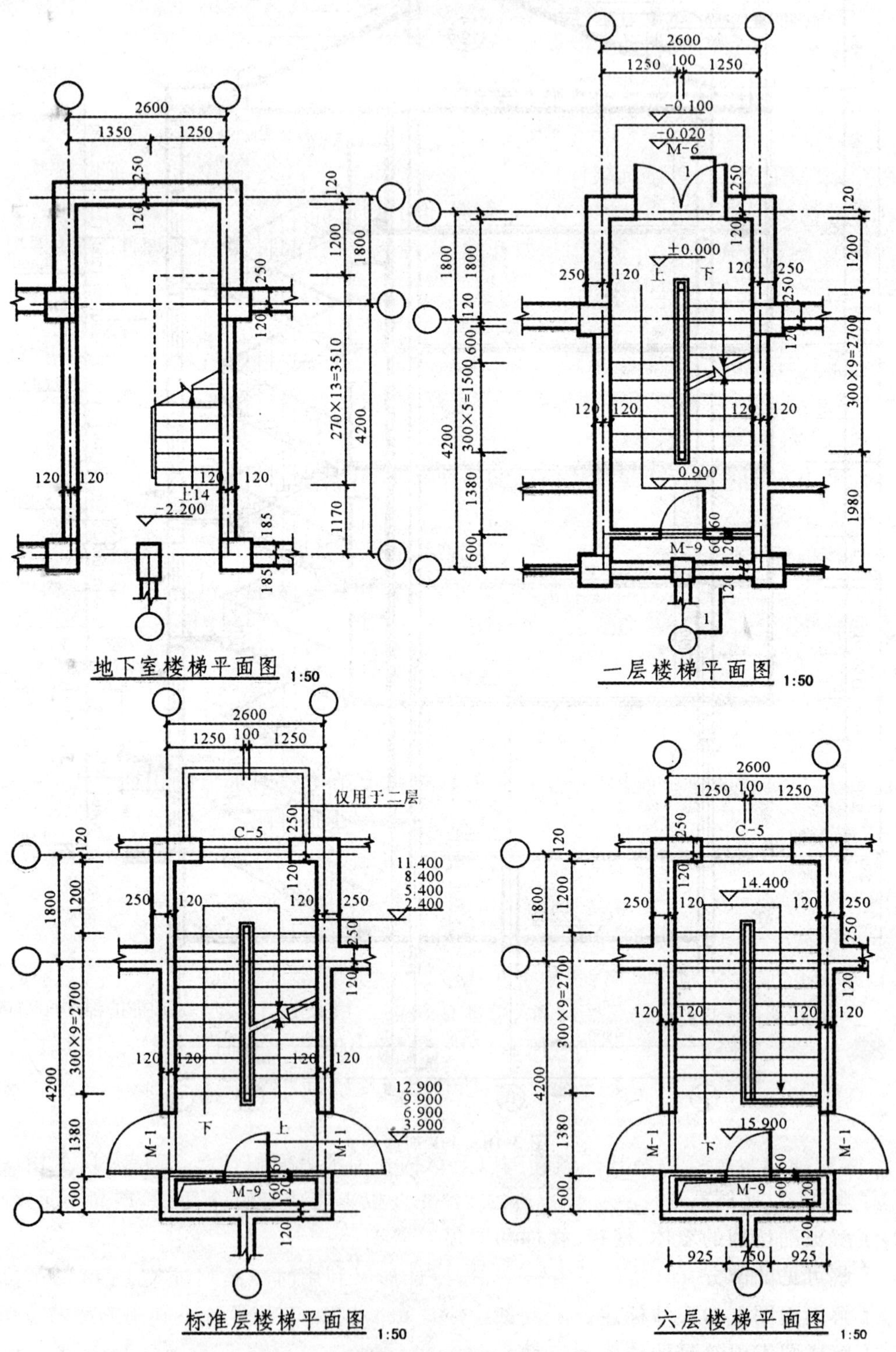

图 3-19 楼梯详图

1)了解楼梯间在建筑中的位置。

2)了解楼梯间的开间、进深,墙体的厚度,门窗的位置。

3)了解楼梯段、楼梯井和休息平台的平面形式、位置,踏步的宽度和数量。

4)了解楼梯的走向以及上下行的起步位置。

5)了解楼梯段各层平台的标高。

6)在一层平面图中了解楼梯剖面图的剖切位置及剖视方向。

(6)结构施工图

结构施工图主要表达建筑结构构件的布置形式、连接方法、各构件的详细做法及施工要求。内容包括结构设计说明、结构平面布置图和构件详图。

结构施工图是施工定位、放线、基槽开挖、支模板、绑扎钢筋、设置预埋件、浇注混凝土以及安装梁、板、柱,编制预算和施工进度计划的重要依据。

1)结构设计说明

说明新建建筑的结构类型、耐久年限、地震设防烈度、地基状况、材料强度等级、选用的标准图集、新结构与新工艺及特殊部位的施工顺序、方法及质量验收标准。

2)结构平面布置图

结构平面布置图表达建筑结构构件的平面布置,包括基础平面图、楼层结构平面图和屋顶结构平面布置图。

3)结构构件详图

结构构件详图表达结构构件的形状、大小、材料和具体做法。包括梁、板、柱构件详图,基础详图,屋架详图,楼梯详图和其他详图。

3.2.3 建筑面积计算规则

1. 单层建筑物的建筑面积,应按其外墙勒脚以上结构外围水平面积计算,并应符合下列规定:

(1)单层建筑物高度在 2.20 m 及以上者应计算全面积,高度不足 2.20 m 者应计算 1/2 面积。

(2)利用坡屋顶内空间时净高超过 2.10 m 的部位应计算全面积,净高在 1.20 m 至 2.10 m 的部位应计算 1/2 面积,净高不足 1.20 m 的部位不计算面积。

2. 单层建筑物内设有局部楼层者,局部楼层的二层及以上楼层,有围护结构的应按其围护结构外围水平面积计算,无围护结构的应按其结构底板水平面积计算。层高在 2.20 m 及以上者应计算全面积,层高不足 2.20 m 者应计算 1/2 面积。

$$建筑面积\ S=A\times B+a\times b$$

3. 多层建筑物首层应按其外墙勒脚以上结构外围水平面积计算,二层及以上楼层应按其外墙结构外围水平面积计算。层高在 2.20 m 及以上者应计算全面积,层高不足 2.20 m 者应计算 1/2 面积。

4. 多层建筑坡屋顶内和场馆看台下,当设计加以利用时净高超过 2.10 m 的部位应计算全面积,净高在 1.20 m 至 2.10 m 的部位应计算 1/2 面积;当设计不利用或室内净高不足 1.20 m 时不应计算面积。

5. 地下室、半地下室(车间、商店、车站、车库、仓库等),包括相应的有永久性顶盖的出入口,应按其外墙上口(不包括采光井、外墙防潮层及其保护墙)外边线所围水平面积计算。层高在 2.20 m 及以上者应计算全面积,层高不足 2.20 m 者应计算 1/2 面积。

6. 坡地的建筑物吊脚架空层、深基础架空层,设计加以利用并有围护结构的,层高在 2.20 m 及以上的部位应计算全面积,层高不足 2.20 m 的部位应计算 1/2 面积。设计加以利用、无围护结构的建筑吊脚架空层,应按其利用部位水平面积的 1/2 计算;设计不利用的深基础架空层、坡地吊脚架空层、多层建筑坡屋顶内、场馆看台下的空间不应计算面积。

7. 建筑物的门厅、大厅按一层计算建筑面积。门厅、大厅内设有回廊时,应按其结构底板水平面积计算。层高在 2.20 m 及以上者应计算全面积,层高不足 2.20 m 者应计算 1/2 面积。

8. 建筑物间有围护结构的架空走廊,应按其围护结构外围水平面积计算。层高在 2.20 m 及以上者应计算全面积,层高不足 2.20 m 者应计算 1/2 面积。有永久性顶盖无围护结构的应按其结构底板水平面积的 1/2 计算。

9. 立体书库、立体仓库、立体车库,无结构层的应按一层计算,有结构层的应按其结构层面积分别计算。层高在 2.20 m 及以上者应计算全面积,层高不足 2.20 m 者应计算 1/2 面积。

10. 有围护结构的舞台灯光控制室,应按其围护结构外围水平面积计算。层高在 2.20 m 及以上者应计算全面积,层高不足 2.20 m 者应计算 1/2 面积。

11. 建筑物外有围护结构的落地橱窗、门斗、挑廊、走廊、檐廊,应按其围护结构外围水平面积计算。层高在 2.20 m 及以上者应计算全面积,层高不足 2.20 m 者应计算 1/2 面积。有永久性顶盖无围护结构的应按其结构底板水平面积的 1/2 计算。

12. 有永久性顶盖无围护结构的场馆看台应按其顶盖水平投影面积的 1/2 计算。

13. 建筑物顶部有围护结构的楼梯间、水箱间、电梯机房等,层高在 2.20 m 及以上者应计算全面积,层高不足 2.20 m 者应计算 1/2 面积。

14. 设有围护结构不垂直于水平面而超出底板外沿的建筑物,应按其底板面的外围水平面积计算。层高在 2.20 m 及以上者应计算全面积,层高不足 2.20 m 者应计算 1/2 面积。

15. 建筑物内的室内楼梯间、电梯井、观光电梯井、提物井、管道井、通风排气竖井、垃圾道、附墙烟囱应按建筑物的自然层计算。

16. 雨篷结构的外边线至外墙结构外边线的宽度超过 2.10 m 者,应按雨篷结构板的水平投影面积的 1/2 计算。

17. 有永久性顶盖的室外楼梯,应按建筑物自然层水平投影面积的 1/2 计算。

18. 建筑物的阳台均应按其水平投影面积的 1/2 计算。

19. 有永久性顶盖无围护结构的车棚、货棚、站台、加油站、收费站等,应按其顶盖水平投影面积的 1/2 计算。

20. 高低联跨的建筑物,应以高跨结构外边线为界分别计算建筑面积;其高低跨内部连通时,其变形缝应计算在低跨面积内。

21. 以幕墙作为围护结构的建筑物,应按幕墙外边线计算建筑面积。

22. 建筑物外墙外侧有保温隔热层的,应按保温隔热层外边线计算建筑面积。

23. 建筑物内的变形缝,应按其自然层合并在建筑物面积内计算。

24. 不计算建筑面积的规定

(1)建筑物通道(骑楼、过街楼的底层)。

(2)建筑物内的设备管道夹层。

(3)建筑物内分隔的单层房间，舞台及后台悬挂幕布、布景的天桥、挑台等。

(4)屋顶水箱、花架、凉棚、露台、露天游泳池。

(5)建筑物内的操作平台、上料平台、安装箱和罐体的平台。

(6)勒脚、附墙柱、垛、台阶、墙面抹灰、装饰面、镶贴块料面层、装饰性幕墙、空调室外机搁板(箱)、飘窗、构件、配件、宽度在 2.10 m 及以内的雨篷以及与建筑物内不相连通的装饰性阳台、挑廊。

(7)无永久性顶盖的架空走廊、室外楼梯和用于检修、消防等的室外钢楼梯、爬梯。

(8)自动扶梯、自动人行道。

(9)独立烟囱、烟道、地沟、油(水)罐、气柜、水塔、贮油(水)池、贮仓、栈桥、地下人防通道、地铁隧道。

3.3　土石方工程计量

3.3.1　准备知识

1. 常见的土方机械类型

挖掘机械：正铲、反铲、拉铲、抓铲挖土机(见图 3-20)。

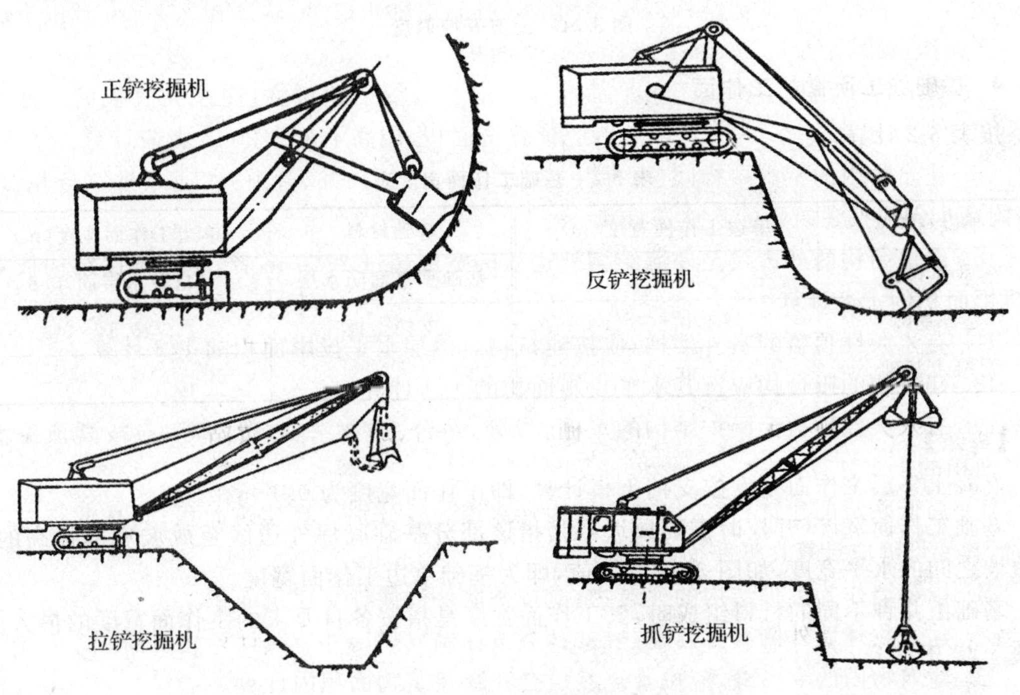

图 3-20　挖掘机械

挖运机械：推土机、装载机、铲运机。

运输机械：自卸汽车、翻斗车。

密实机械：压路机、蛙式夯、振动夯。

2. 基础沟槽、地坑和一般土石方的划分

(1)沟槽：槽底宽度(设计图示的基础或垫层的宽度，下同)3 米以内，且槽长大于 3 倍槽宽的为沟槽。

(2)地坑：底面积 20 m^2 以内，且底长边小于 3 倍短边的为地坑。

(3)一般土石方：不属于沟槽、地坑或场地平整的为土石方。

3. 基础土石方开挖深度

自设计室外地坪计算至基础底面，有垫层时计算至垫层底面。如图 3-21 所示，H 即为土方开挖深度。

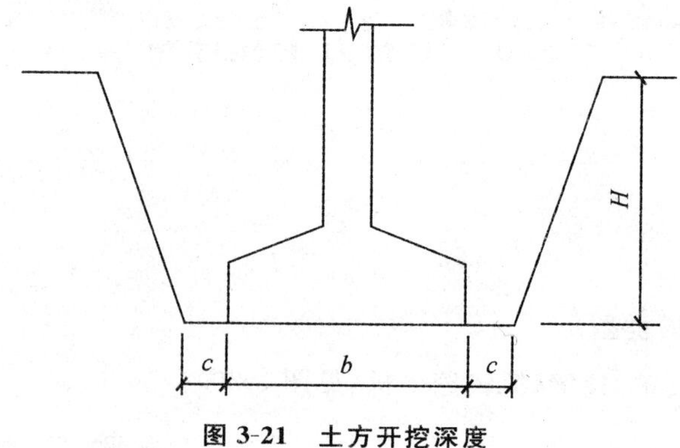

图 3-21 土方开挖深度

4. 基础施工所需的工作面

按表 3-2 计算。

表 3-2 基础工作面宽度表

基础材料	单边工作面宽度(m)	基础材料	单边工作面宽度(m)
砖基础	0.20	基础垂直面防水层	(自防水层面)0.8
毛石基础	0.15	支挡土板	0.10
混凝土基础	0.30		

【提示】

混凝土垫层工作面宽度按支挡土板计算，即工作面宽度为 0.1 m。

基础工作面宽度(开挖时需要放坡)：是指该部分基础底坪外边线至放坡后同标高的土方边坡之间的水平宽度，如图 3-21 中 c 值，即为基础单边工作面宽度。

基础由几种不同的材料组成时，其工作面宽度是指按各自要求的工作面宽度的最大值，如图 3-22 中的 c、c' 值。

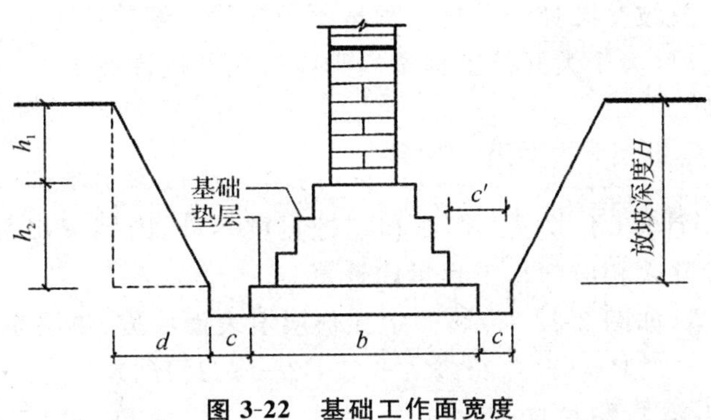

图 3-22　基础工作面宽度

槽坑开挖需要支挡土板时，单边的开挖增加宽度应为按基础材料确定的工作面宽度与支挡土板的工作面宽度之和。

5. 土方开挖的放坡深度和放坡系数

按设计规定计算，设计无规定时，按表 3-3 计算。

表 3-3　土方放坡系数表

土类	放坡系数		
	人工挖土	机械挖土	
		坑内作业	坑上作业
普通土	1∶0.50	1∶0.33	1∶0.65
坚土	1∶0.30	1∶0.20	1∶0.50

【提示】

如图 3-22 所示，H 表示放坡深度。由于 $H : d = 1 : d/H = 1 : K$，故土方工程中常用 $1 : K$ 表示土方的放坡坡度，其中 $K = d/H$，称为放坡系数，$d = K \cdot H$，称为放坡宽度。

坑内作业是指从设计室外地坪开始至基础底，机械一直在坑内作业，并设有机械上下坡道（或采用其他措施运送机械）；反之，机械一直在设计室外地坪上作业（不下坑），称为坑上作业。

（1）当土类为单一土质，普通土开挖深度大于 1.2 m，坚土开挖深度大于 1.7 m 时，允许放坡。

（2）当土类为混合土质，开挖深度大于 1.5 m 时，允许放坡。其放坡系数按不同土类厚度加权平均计算综合放坡系数。如图 3-22 所示，其综合放坡系数为：

$$K = (K_1 \times h_1 + K_2 \times h_2)/H$$

式中，K—综合放坡系数；

K_1、K_2—分别表示不同土质的放坡系数；

h_1、h_2—分别表示不同放坡土质的对应深度。

（3）计算土方放坡深度时，不计算基础垫层的厚度，即从垫层上面开始放坡。

（4）放坡与支挡土板，相互不得重复计算。

(5)计算放坡时,放坡交叉处的重复工程量不予扣除。若单位工程中内墙过多、过密,交叉处重复工程量过大时(大于大开挖工程量),则应按大开挖计算土方工程量。

6. 挖沟槽

外墙沟槽按外墙中心线长度(即 $L_{中}$)计算,内墙沟槽按图示基础(含垫层)底面之间净长度($L_{净基础}$或$L_{净垫层}$)计算(不考虑工作面和超挖宽度),外、内墙突出部分的沟槽体积按突出部分的中心线长度并入相应部位工程量内计算。

(1)挖沟槽工程量(如图 3-22 所示,假定在垫层上表面放坡,垫层厚度为 h),则:

$$V=[(b+2c)\times h+(b+2c+kH)H]\times L$$

式中,L—外墙为中心线长度(即 $L_{中}$);内墙为基础(或垫层)底面之间的净长度(即 $L_{净基础}$或$L_{净垫层}$)(m)

(2)挖土方、基坑工程量(如图 3-22 所示,假定基础垫层长边为 a),则:

$$基坑底面积\ S_{底}=(a+2c)\times(b+2c)$$

$$基坑顶面积\ S_{顶}=(a+2c+2kH)\times(b+2c+2kH)$$

$$基坑体积\ V=(a+2c)\times(b+2c)\times h+\frac{H}{3}\times(S_{底}+S_{顶}+\sqrt{S_{底}\times S_{顶}})$$

3.3.2 《福建省建筑工程消耗量定额》(FJYD-101-2005)

(以下顺序与《福建省建筑工程消耗量定额》章节顺序相同)

第一章　土石方工程

说明

一、土石方定额分别开挖、运输、回填和人工、机械操作编制。

二、土石方定额中的岩土分类详见“土壤、岩石分类表”。表中所列Ⅰ、Ⅱ类为定额中一、二类土壤(普通土);Ⅲ类为定额中三类土壤(坚土);Ⅳ类为定额中四类土壤(砂砾坚土);Ⅴ类为定额中松石;Ⅵ～Ⅷ类为定额中次坚石;Ⅸ～Ⅹ类为定额中普坚石;Ⅺ～ⅩⅥ类为定额中特坚石。

三、套用土石方定额应根据合理的施工方案,选择合理的开挖或回填方式、运输距离、机械类型和型号。

四、土方工程定额

1. 土壤含水率大于 25%时,相应挖土、装土、运土定额人工和机械数量乘以 1.18 系数。如已采用井点降水的,则均按干土计算。干湿土的划分首先以地质勘察资料为准,含水率≥25%为湿土。若无地质勘察资料,以地下常水位为准,常水位以上为干土,以下为湿土。在同一沟槽、基坑内有干、湿土时,工程量应分别计算,并按槽、坑的全深套用相应定额项目。如泥土在静水或缓慢的流水环境中沉积,经生物化学作用形成,天然含水量 W 大于液限 W_L、天然孔隙比 e 小于 1.0 时为粘性土;天然孔隙比大于 1.5 时为淤泥;天然孔隙比大于 1.0 而小于 1.5 时为淤泥质土。无论是淤泥还是淤泥质土一律套用淤泥定额。

2. 回填土压实、碾压定额按压实后的体积编制,人工、机械松填土定额按松填体积编制，其他土方挖、运（包括装载机装松散土）定额按天然密实体积（自然方）编制。

3. 平整场地定额未包括挖树根、草皮和排除障碍物，有发生时另行计算。

4. 人工开挖砾石含量在30%以上密实性土壤的，按相应四类土定额乘以系数1.43。

5. 人工挖沟槽土方一侧弃土，槽坑一侧填土时，相应定额乘以系数1.13。人工挖沟槽、基坑土方，沟槽、基坑基底开挖宽度在1 m以内的，相应定额乘以系数1.5。

6. 人工在群桩间挖土的，挖土定额人工乘以系数1.25，工程量计算时桩身所占体积不扣除。

7. 人工挖土方需要人工垂直提升土方超过1.5 m的，挖沟槽淤泥、流砂深度超过1.5 m的，超出部分工程量应计算土方垂直运输费用，按垂直深度全深每米折合水平距离7 m套用人工运土或淤泥、流砂定额的每增运项目。

8. 人工配合机械挖土，且人工挖土工程量小于总挖方工程量的10%的，人工挖土套用相应定额乘以系数1.5。

9. 挖掘机在垫板上作业的，相应定额人工和机械消耗量乘以系数1.25，搭拆垫板的费用另行计算。

10. 推土机推土或铲运机铲土的土层平均厚度＜30 cm时，相应定额推土机台班数量乘以系数1.25，铲运机台班数量乘以系数1.17。

11. 在横撑间距≤3 m的支撑下挖土的土方工程量，套用相应定额人工消耗量乘以系数1.43，机械消耗量乘以系数1.20。在横撑间距＞3 m的支撑下挖土和先开挖后支撑的不调整。

12. 运淤泥套用相应运土定额，自卸汽车台班数量乘以系数1.30。

13. 手扶振动压路机碾压定额适用于无法采用振动压路机施工的土方工程量。

14. 泥浆运输定额按实际运输的泥浆量编制。

15. 凿除人工挖孔灌注混凝土桩护壁可以套用砍灌注桩头定额乘以系数0.85。

六、石方爆破定额不适用于控制爆破。石方爆破定额按电雷管、炮眼法松动爆破和无地下渗水积水考虑，未考虑防水和覆盖材料。采用火雷管的，雷管材料可以换算，数量不变，扣除胶质导线用量，按每个雷管增加导火索用量2.12 m。

七、自卸汽车运土石方采用人工、反铲挖掘机或抓铲挖掘机装车的，运输1 km以内定额的自卸汽车台班数量乘以系数1.03；采用拉铲挖掘机装车的，自卸汽车台班数量乘以系数1.06。

八、同一槽、沟、坑内不同类别的土石方工程量分开计算，套用定额应按同一槽、沟、坑深度（全深）。

九、土石方定额未考虑挖湿土及淤泥时所发生的排水费用，未考虑现场障碍物清理，未考虑弃土、石方的场地占用，有发生时另行计算。

十、挡土板工程定额

1. 适用于沟槽、基坑、工作坑及检查井的挡土板支撑。

2. 所指的“密挡土板”是指满铺挡板，“疏挡土板”是指间隔铺挡板。

3. 除钢挡土板定额外，其他定额按横板考虑，如采用竖板的，相应定额人工消耗量乘以系数1.20。

4. 定额中挡土板支撑按槽坑两侧同时支撑挡土板考虑，槽坑一侧支撑挡土板的，相应定额人工消耗量乘以系数1.33，除挡土板外的材料乘以系数1.33；槽坑宽度超过4.1 m时，其两侧均按一侧支挡土板计算。

5. 采用井字支撑的，套用相应疏撑定额乘以系数0.61。

工程量计算规则

一、土石方工程量计算应当根据合理的施工方案计算。

1. 土石方开挖需要放坡和工作面需要预留宽度的，应根据工程地质情况确定。

2. 一般优先考虑采用机械施工。

3. 机械挖沟槽、基坑土方（或淤泥）如需人工辅助开挖（如清底、切边、修整底边等），人工开挖程量一般不超过总开挖工程量的10%。在支撑下开挖，人工开挖与机械开挖的工程量比例根据实际支撑情况确定。

4. 土石方运输工程量应根据场地情况确定，开挖的土石方可以利用作为回填料的且现场可以堆放的，土石方弃运工程量应扣除回填工程量。

二、沟槽、基坑、平整场地和一般土石方的划分：底宽3 m以内且底长大于宽3倍以上的按槽计算；底面积在20 m^2以内的按基坑计算；厚度在30 cm以内的就地挖、填土按平整场地计算；超上述范围的土、石方按一般挖土方和石方计算。挖土方和山坡切土以原地面标高作为划分界限，以上为“山坡切土”，以下为“挖土方”。

三、平整场地按建筑物首层面积计算。

四、土石方开挖工程量按挖方尺寸以体积计算。修建机械上下坡的便道土方量并入土方工程内；石方超挖量并入石方工程量计算，超挖量根据工程地质实际情况及有关规定计算。

五、挖基础沟槽土方，长度按中心线长度计算。如遇挖沟槽土方与独立基坑或土方连接的，其长度应减去独立基坑或土方的下底宽度。挖管道土方如遇管道井室（包括检查井、雨水井、阀门井和雨水进水井等），所需增加开挖工程量可按沟槽全部工程量的2.5%计算。

六、土石方回填工程量按填方尺寸以体积计算。

1. 基础回填：按挖方体积减去室外地坪以下埋设的基础体积（包括基础垫层及其他构筑物）计算。

2. 室内回填：按主墙间净面积乘以回填厚度计算。

3. 场地回填：按回填面积乘以平均回填厚度计算。

七、土石方运输工程量按天然密实度体积计算。剩余土石方外运的工程量应扣除折算为天然密实度体积的回填量。

土方体积换算系数表

虚方体积	天然密实度体积	夯实后体积	松填体积
1.3	1	0.87	1.08

八、土石方运距应以挖土石重心至填土石方重心最近距离计算，挖、填、弃土石方重心按施工组织设计确定。如遇下列情况应增加运距：

1. 人力及人力车运土、石方，上坡坡度在15%以上，推土机、铲运机重车上坡坡度大于5%，斜道运距按斜道长度乘以如下系数：

项目	推土机、铲运机			人力及人力车	
坡度(%)	10 以内	15 以内	20 以内	25 以内	15 以上
系数	1.75	2	2.25	2.5	5

2. 拖式铲运机斗容量 3 m^3 加 27 m 转向距离，其余型号铲运机加 45 m 转向距离。

九、挡土板工程根据施工组织设计确定的方法按所需支撑的支撑面尺寸以面积计算，如上层放坡下层支撑则按实际支撑面积计算。

土壤及岩石(普氏)分类表

定额分类	普氏分类	土壤及岩石名称	天然湿度下平均容重(kg/m^3)	极限压碎强度(kg/cm^3)	用轻钻孔机钻进 1 m 耗时(min)	开挖方法及工具	紧固系数 f
一、二类土壤	Ⅰ	砂	1500			用尖锹开挖	0.5～0.6
		砂壤土	1600				
		腐殖土	1200				
		泥炭	600				
	Ⅱ	轻壤土和黄土类土	1600			用锹开挖并少数用镐开挖	0.6～0.8
		潮湿而松散的黄土、软的盐渍土和碱土	1600				
		平均 15 mm 以内的松散而软的砾石	1700				
		含有草根的密实腐殖土	1400				
		含有直径在 30 mm 以内根类的泥炭和腐殖土	1100				
		掺有卵石、碎石和石屑的砂和腐殖土	1650				
		含有卵石或碎石杂质的胶结成块的填土	1750				
		含有卵石、碎石和建筑料杂质的砂壤土	1900				
三类土壤	Ⅲ	肥粘土，其中包括石炭纪、侏罗纪的粘土和冰粘土	1800			用尖锹并同时用镐开挖(30%)	0.81～1.0
		重壤土、粗砾石、粒径为 15～40 mm 的碎石和卵石	1750				
		干黄土和掺有碎石和卵石的自然含水量黄土	1790				
		含有直径大于 30 mm 根类的腐殖土或泥炭	1400				
		掺有碎石或卵石和建筑碎料的土壤	1900				

续表

定额分类	普氏分类	土壤及岩石名称	天然湿度下平均容重(kg/m³)	极限压碎强度(kg/cm³)	用轻钻孔机钻进1 m耗时(min)	开挖方法及工具	紧固系数 f
四类土壤	Ⅳ	含碎石重粘土，其中包括侏罗纪和石炭纪的硬粘土	1950			用尖锹并同时用镐和撬棍开挖(30%)	1.0～1.5
		含有碎石、卵石、建筑碎料和重达25 kg的顽石(总体积10%以内)等杂质的肥粘土和重壤土	1950				
		冰碛粘土，含有重量在50 kg以内的巨砾	2000				
		其含量为总体积10%以内泥板岩	2000				
		不含或含有重量达10%的顽石	1950				
松石	Ⅴ	含有重量在50 kg以内巨砾(占体积10%以上)的冰碛石	2100			部分用手凿工具，部分用爆破开挖	1.5～2.0
		矽藻石和软白垩岩	1800				
		胶结力弱的砾岩	1900				
		各种不坚实的片岩	2600				
		石膏	2200				
次坚石	Ⅵ	凝灰岩和浮石	1100			用风镐和爆破法开挖	2～4
		松软多孔和裂隙严重的石灰岩和介质石灰岩	1200				
		中等硬变的片岩	2700				
		中等硬变的泥灰岩	2300				
	Ⅶ	石灰石胶结的带有卵石和沉积岩的砾石	2200	400～600	6.0	用爆破方法开挖	4～6
		风化的和有大裂缝的粘土质砂岩	2000				
		坚实的泥板岩	2800				
		坚实的泥灰岩	2500				
	Ⅷ	砾质花岗岩	2300	600～800	8.5	用爆破方法开挖	6～8
		泥灰质石灰岩	2300				
		粘土质砾岩	2200				
		砾质云片石	2300				
		硬石膏	2900				

续表

定额分类	普氏分类	土壤及岩石名称	天然湿度下平均容重(kg/m³)	极限压碎强度(kg/cm³)	用轻钻孔机钻进 1 m 耗时(min)	开挖方法及工具	紧固系数 f
普坚石	Ⅸ	严重风化的软弱的花岗岩、片麻岩和正长岩 滑石化的蛇纹岩 致密的石灰岩 含有卵石、沉积岩的碴质胶结和砾石 砂岩 砂质石灰质片岩 菱镁矿	2500 2400 2500 2500 2500 2500 3000	800～1000	11.5	用爆破方法开挖	8～10
普坚石	Ⅹ	白云岩 坚固的石灰岩 大理岩 石灰岩质胶结的致密砾石 坚固砂质片岩	2700 2700 2700 2600 2600	1000～1200	15.0	用爆破方法开挖	10～12
特坚石	Ⅺ	粗花岗岩 非常坚硬的白云岩 蛇纹岩 石灰质胶结的含有火成岩之卵石的砾石 石英胶结的坚固砂岩 粗粒正长岩	2800 2900 2600 2800 2700 2700	1200～1400	18.5	用爆破方法开挖	12～14
特坚石	Ⅻ	具有风化痕迹的安山岩和玄武岩 片麻岩 非常坚固的石灰岩 硅质胶结的含有火成岩之卵石的砾岩 粗石岩	2700 2600 2900 2900 2600	1400～1600	22.0	用爆破方法开挖	14～16
特坚石	ⅩⅢ	中粒花岗岩 坚固的片麻岩 辉绿岩 玢岩 坚固的粗石岩 中粒正长岩	3100 2800 2700 2500 2800 2800	1600～1800	27.5	用爆破方法开挖	16～18

续表

定额分类	普氏分类	土壤及岩石名称	天然湿度下平均容重(kg/m³)	极限压碎强度(kg/cm³)	用轻钻孔机钻进 1 m 耗时(min)	开挖方法及工具	紧固系数 f
特坚石	XⅣ	非常坚固的细粒花岗岩 花岗岩麻岩 闪长岩 高硬度的石灰岩 坚固的玢岩	3300 2900 2900 3100 2700	1800～2000	32.5	用爆破方法开挖	18～20
	XⅤ	安山岩、玄武岩、坚固的角页岩 高硬度的辉绿岩和闪长岩 坚固的辉长岩和石英岩	3100 2900 2800	2000～2500	46.0	用爆破方法开挖	20～25
	XⅥ	拉长玄武岩和橄榄玄武岩 特别坚固的辉长辉绿岩、石英石和玢岩	3300 3000	>2500	>60	用爆破方法开挖	>25

3.3.3 清单工程量计算

1. 平整场地

平整场地是指建筑物场地厚度在±30 cm 以内的挖、填、运、找平，应按平整场地项目编码列项。±30 cm 以外的竖向布置挖土或山坡切土应按挖土方项目编码列项。

按设计图示尺寸以建筑物首层面积计算。

2. 挖土方

挖土方按设计图示尺寸以体积计算，土石方体积应按挖掘前的天然密实体积计算。如需按天然密实体积折算时，应按土方体积换算系数表中的系数换算。挖土方平均厚度应按自然地面测量标高至设计地坪标高间的平均厚度确定。

3. 挖基础土方

挖基础土方按设计图示尺寸以基础垫层底面积乘以挖土深度计算(这里不放坡，注意清单规则与定额计算规则的区别)。包括带形基础、独立基础、满堂基础(包括地下室基础)及设备基础和人工挖孔桩等的挖方。

基础土方、石方开挖深度应按基础垫层底面标高至交付施工场地标高确定。无交付施工场地标高时，应按自然地面标高确定。

4. 管沟土(石)方

管沟土(石)方工程应按设计图示以管道中心线长度计算。有管沟设计时，平均深度以沟垫层底面标高至交付施工场地标高计算；无管沟设计时，直埋管深度应按管底外表面标高至交付施工场地标高的平均高度计算。管沟开挖加宽工作面、放坡和接口处加大工作面，应包括在管沟土方报价内。

5. 石方开挖

石方开挖按设计图示尺寸以体积计算。石方开挖适用于人凿石、人工找眼爆破等项目，并包括指定范围内的石方清除运输。

6. 土石方回填

土石方回填按设计图示尺寸以体积计算。场地回填土以回填面积乘以平均回填厚度计算，室内回填土按主墙间净面积乘以回填厚度，基础回填土按挖方体积减去设计室外地坪以下埋设的基础体积(包括基础垫层及其他构筑物)。这里“主墙”指结构厚度在 120 mm 以上(不含 120 mm)的各类墙体。

3.4　桩与地基处理工程

3.4.1　相关知识

1. 基础与地基

基础是建筑物上部承重结构向下的延伸和扩大。它承受建筑物的全部荷载，并把这些荷载连同本身的重力一起传到地基上。

地基不是建筑物的组成部分，它只是承受由基础传来荷载的土层。

其中，具有一定的地耐力，直接承受建筑荷载，并需进行力学计算的土层称为持力层，持力层以下的土层称为下卧层(图 3-23)。

地基按土层性质不同，分为天然地基和人工地基两大类。

人工加固地基通常采用压实法、换土法、打桩法和化学加固法等。

2. 桩基

桩基工程是一种常用的基础形式，当天然地基上的浅基础沉降量过大或地基的承载力不能满足设计的要求时，往往采用桩基础。

桩基础由承台和桩柱组成。

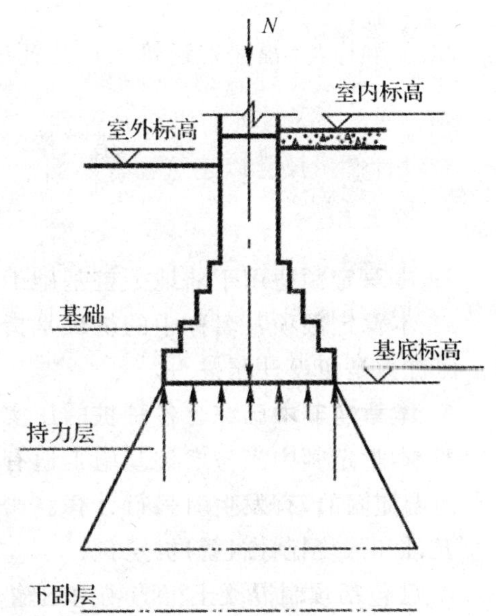

图 3-23　基础与地基

承台是在桩顶现浇的钢筋混凝土梁或板，如上部结构是砖墙时为承台梁，上部结构是钢筋混凝土柱时为承台板。承台的厚度一般不小于 300 mm，由结构计算确定，桩顶嵌入承台不小于 50 mm。

桩柱有木桩、钢桩、钢筋混凝土桩等，我国采用最多的为钢筋混凝土桩。

钢筋混凝土桩按施工方法可分为预制桩、灌注桩和爆扩桩。

预制桩是预制好后用打桩机打入土中，断面一般为(200～350)mm×(200～350)mm，桩长不超过12 m。

灌注桩是直接在地面上钻孔或打孔，然后放入钢筋笼，浇筑混凝土。

爆扩桩是用机械或人工钻孔后，用炸药爆炸扩大孔底，再浇注混凝土而成。

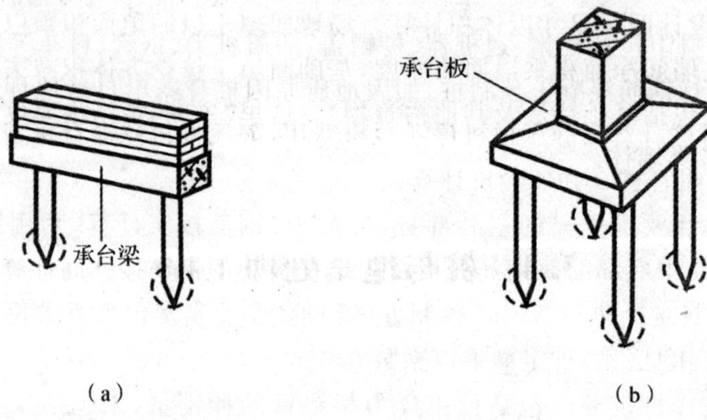

(a)墙下桩基础　(b)柱下桩基础

图 3-24　桩基础

3.4.2　《福建省建筑工程消耗量定额》(FJYD-101-2005)

(以下顺序与《福建省建筑工程消耗量定额》章节顺序相同)

第二章　桩及地基基础工程

说明

一、本章定额适用于陆地上桩基础工程。

二、本章定额项目名称中的桩长是指桩底(桩尖)至自然地坪的长度。锤重是指设计锤重。压桩力是指设计压桩力。

三、本章定额中已综合各种桩的压实系数和充盈系数。

四、本章定额中未考虑桩基施工遇有旧基础、孤石等需处理的，施工场地桩机无法直接行走而需加固的，有发生时另行计算。

五、打(压)预制方(管)桩定额：

1. 已包括预制混凝土桩的场内运输；

2. 未包括钢筋混凝土方(管)桩本身费用；

3. 打(压)桩定额中已包括接桩时所需要的桩机和起重机的台班量。

4. 采用机械快速连接打压预制管桩，相应打压桩定额的人工消耗量乘以系数1.07，接桩材料费另行计算。

5. 送预制方(管)桩套用相应打(压)桩定额,其人工、机械消耗量乘以下表系数:

送桩深度	系数
2 m以内	1.05
4 m以内	1.10
4 m以外	1.15

6. 金属周转材料中包括桩帽、送桩器、桩帽盖、活瓣桩尖、钢管、料斗等周转性材料。

7. 静力压桩机打钢筋混凝土预制桩,如因地质原因桩身露出自然地坪造成桩机不能移位,可另计砍除露明桩身费和静压桩机停滞台班费用,静压桩机停滞台班费按一个露明方桩0.094台班、一个露明管桩0.063台班计算。

8. 预制管桩设计要求填充的空心部分,混凝土、钢筋按实计算,套用第四章的混凝土柱、钢筋制安定额,其中底部的薄钢筋托板及固定托板用的钢筋按铁件计算。

9. 在旧建筑物场地上进行打(压)预制方(管)桩,设计或发包人要求用桩机送桩器进行探桩的,探桩项目套用打(压)桩定额乘以系数0.5。

六、锚杆静压桩压桩定额已包括校正反力架垫铁的摊销量;未包括反力架用的螺栓螺帽,按铁件另计;未包括钢筋混凝土桩材料费。封桩定额已综合砍、凿桩头费用。

七、预制钢筋混凝土桩身的损耗率按1.5%,不分现场预制或外购。

八、设计的电焊接桩接头钢材用量与定额的用量不同时,按设计调整。

九、冲(钻)孔灌注混凝土桩:

1. 冲(钻)孔灌注桩分列成孔、护筒埋设、混凝土灌注、泥浆制作、泥浆外运等项目计算。

2. 桩机及钻头的种类和型号按一般情况考虑,若有不同可以调整。

3. 成孔区分不同土质,共六种,见下表:

岩土分类	松散地层	岩石地层	
		坚硬程度等级	代表性岩石
Ⅰ	流塑、软塑、可塑粘性土,稍密、中密粉土,含硬杂质≤10%的填土		
Ⅱ	硬塑、坚硬粘性土,密实粉土,含硬杂质≤25%的填土,湿陷性土,红粘土,膨胀土,盐渍土,残积土,污染土	极软岩	1. 全风化的各种岩石 2. 各种半成岩
Ⅲ	砂土,砾石,混合土,多年冻土,含硬杂质>25%的填土	软岩	1. 强风化的坚硬岩或较硬岩 2. 中等风化至强风化的较软岩 3. 未风化至微风化的页岩、泥岩、泥质泥岩等
Ⅳ	粒径≤50 mm、含量>50%的卵(碎)石层	较软岩	1. 中等风化的坚硬岩或较硬岩 2. 未风化至微风化的凝灰岩、千枚岩、泥灰岩、砂质泥岩等

续表

岩土分类	松散地层	岩石地层	
		坚硬程度等级	代表性岩石
Ⅴ	粒径≤100 mm、含量>50%的卵(碎)石层,混凝土构件、面层	较硬岩	1. 微风化的坚硬岩 2. 未风化至微风化的大理岩、板岩、石灰岩、白云岩、钙质砂岩等
Ⅵ	粒径>100 mm、含量>50%的卵(碎)石层,漂(块)石层	坚硬岩	未风化至微风化的花岗岩、闪长岩、辉绿岩、玄武岩、安山岩、片麻岩、石英岩、石英砂岩、硅质砾岩、硅质石灰岩等

4. 同一根桩土质不同,成孔按整根桩孔深套用定额。孔深是指护筒顶面至桩底面的深度。

5. 成孔定额已包括场内泥浆清理及砌筑泥浆池。

十、沉管灌注混凝土桩、砂桩、砂石桩的桩尖,定额中是按混凝土桩尖取定,设计桩尖材料不同可以调整。

十一、人工挖孔灌注混凝土桩定额

1. 已综合挖孔土方与护壁混凝土量。

2. 已综合强风化岩及桩底 0.5 m 以内的岩石(微风化、中风化岩)处理;施工中遇到岩层超过 0.5 m 的,超过部分可以另计岩石成孔增加费。

3. 施工中如遇流砂、淤泥的,按流砂、淤泥量定额人工消耗量增加 0.60 工日/m^3,增加的材料及措施费用另行计算;如遇孔内发生地下渗透积水而需抽水处理的,费用另计。

十二、桩空孔部分,如需填充的,填充混凝土的套用混凝土垫层定额,填充砂的套用砂垫层定额。

十三、深层水泥土搅拌桩定额已综合正常施工工艺需重复喷粉、喷浆、搅拌等。深层水泥土搅拌桩定额的水泥掺量按 15% 考虑,设计水泥掺量不同按实际水泥掺量进行调整,设计水泥掺量不同按水泥掺量增减定额进行调整。

十四、高压旋喷桩定额已综合接头处的复喷工料。高压旋喷桩中设计水泥用量与定额不同时可以调整。

十五、钢筋笼按第四章的有关规定计算。

十六、打试验桩的,相应定额人工、机械消耗量乘以系数 2.0。

十七、在桩间补桩或强夯后的地基上打桩的,相应定额人工、机械消耗量乘以系数 1.15。

十八、本定额以打直桩为准,如打斜桩斜度在 1:6 以内者,相应定额人工、机械消耗量乘以系数 1.25;如斜度大于 1:6 者,相应定额人工、机械消耗量乘以系数 1.43。

十九、本定额以平地(坡度小于 15°)打桩为准,如在堤坡上(坡度大于 15°)打桩的,相应定额人工、机械消耗量乘以系数 1.15;如在基坑内(基坑深度大于 1.5 m)打桩或地坪上打坑槽内（坑槽深度大于 1 m）桩的，相应定额人工、机械消耗量乘以系数 1.11。

二十、强夯地基

1. 强夯定额综合了各夯的布点、程序和间隔距离，分三遍夯打计算，夯打遍数不同时按比例增减。

2. 强夯定额已综合强夯机具的规格和数量、强夯的锤、钩架等材料摊销费。

3. 设计要求在夯坑内填充级配碎石，填运材料费用另行计算。

4. 设计要求设置防震沟时，按设计要求另行计算。

5. 若遇地下水位高，夯坑内需用水泵抽水的，抽水费用另行计算。

6. 强夯定额不包括强夯前的试夯工作和夯后检验强夯效果的测试工作，如有发生另行计算。

工程量计算规则

一、预制钢筋混凝土桩

1. 打（压）预制方（管）桩按桩顶面（桩露出地面的按自然地坪面）至桩底面（包括桩尖）以长度计算。

2. 送预制方（管）桩按桩顶面至自然地坪面加 0.5 m 以长度计算。

3. 锚杆静压桩：压桩按实际压入长度计算，封桩按桩承台预留口的混凝土量（包括承台面以上和以下的混凝土）以体积计算。（接桩按接头个数计算。）

4. 电焊接桩、管桩装尖焊接以个计算，硫磺胶泥接桩以面积计算。

二、混凝土灌注桩

1. 冲（钻）孔灌注混凝土桩

（1）成孔按入土深度计算。

（2）护筒按施工组织设计的埋设深度以长度计算，施工组织设计未明确的可按每根桩 1.5 m 计算。

（3）混凝土按设计桩长增加超灌长度（设计没有明确的按桩直径的 0.5）乘以桩截面积以体积计算。

（4）泥浆制作按成孔体积除以循环次数计算。成孔体积按入土深度乘以桩截面积计算，循环次数根据施工组织设计确定，施工组织设计未明确的循环次数可按 5 次计算。

（5）废泥浆直接外运的工程量按成孔体积乘以系数 2.88 套用第一章泥浆外运定额，废泥浆经风干后外运的按成孔体积套用第一章淤泥外运定额。

2. 沉管灌注混凝土桩

（1）成孔按入土深度计算。

（2）混凝土按设计桩顶至桩尖长度加超灌长度（设计没有明确的按 0.5 m）计算，不扣除桩尖虚体积。复打桩按单桩体积乘以（1＋复打次数）计算，局部复打按单桩体积乘以（1＋复打长度÷桩长）计算。

3. 人工挖孔灌注混凝土桩

（1）混凝土：圆形柱的按实际桩长度乘以桩外径（含护壁）截面积，圆台形的按实际桩长的外形体积（含护壁）加上扩大头以体积计算。套用定额时，桩径按扩大头以上的各节桩上、下口（含护壁）的平均直径。

(2)空孔:按设计桩顶至自然地坪高度乘以桩外径(含护壁)截面积计算。

(3)挖除土方外运工程量可参考下表的土方含量计算。

每立方米人工挖孔灌注混凝土桩的土方含量

单位:m^3

桩径	1.10 m 以内	1.50 m 以内	1.90 m 以内	2.30 m 以内	2.70 m 以内
土方含量	1.055	1.044	1.034	1.028	1.024

4. 夯扩混凝土桩

(1)混凝土按设计桩体积加超灌体积计算。

(2)空孔按设计桩顶至自然地坪高度扣除超灌长度乘以设计桩截面积计算。

三、其他桩

1. 沉管灌注砂(砂石)桩,按设计桩顶至桩尖长度加超灌长度(设计没有明确的按 0.25 m)乘以设计桩截面积以体积计算,不扣除桩尖虚体积。

2. 高压旋喷桩按设计桩长计算。

3. 水泥搅拌桩按设计桩顶至桩尖长度乘以设计桩截面积以体积计算。

4. 人工打圆木桩及接桩、送桩按竣工材积以体积计算。

四、地基及边坡处理

1. 锚杆钻孔:岩土钻孔按钻孔深度计算,钻机水平移位按孔计算,钻机垂直移位按排计算,注浆按钻孔深度计算,锚杆、钢筋网按图示重量计算,喷射混凝土按面积计算。

2. 地基强夯区分夯击能量和夯击次数按设计图示强夯面积计算。

3. 低锤满拍按实际面积计算。

3.4.3 清单工程量计算规则

1. 混凝土桩

混凝土桩按如下规则计算:预制钢筋混凝土桩、混凝土灌注桩按设计图示尺寸以桩长(包括桩尖)或根数计算;接桩按设计图示规定以接头数量(板桩按接头长度)计算。

2. 其他桩

如砂石灌注桩、灰土挤密桩、旋喷桩,喷粉桩等按设计图示尺寸以桩长(包括桩尖)计算。

3. 地基与边坡处理

其计算规则如下:

(1)地下连续墙:按设计图示墙中心线长乘以厚度乘以槽深以体积计算。

(2)振冲灌注碎石:按设计图示孔深乘以孔截面积以体积计算。

(3)地基强夯:按设计图示尺寸以面积计算。

(4)锚杆支护、土钉支护:按设计图示尺寸以支护面积计算。

3.5　砌筑工程

3.5.1　相关知识

1. 墙体的分类

(1)按结构受力情况分类

在砌体结构建筑中墙按结构受力情况分为承重墙和非承重墙两种。

承重墙直接承受楼板、屋顶传下来的荷载及水平风荷载及地震作用。

非承重墙不承受外来荷载,它可以分为自承重墙和隔墙。自承重墙仅承受本身重力,并把自重传给基础;隔墙则把自重传给楼板层。

在框架结构中,墙不承受外来荷载,自重由框架承受,墙仅起分隔作用,称为框架填充墙。

(2)按墙所处位置及方向分类

按墙所处位置分为外墙和内墙。外墙位于房屋的四周,能抵抗大气侵袭,保证内部空间舒适;内墙位于房屋内部,主要起分隔内部空间的作用。

按墙的方向又可分为纵墙和横墙。沿建筑物长轴方向布置的墙称为纵墙;沿建筑物短轴方向布置的墙称为横墙。房屋有内横墙和外横墙,外横墙通常叫山墙。墙的名称如图 3-25 所示。

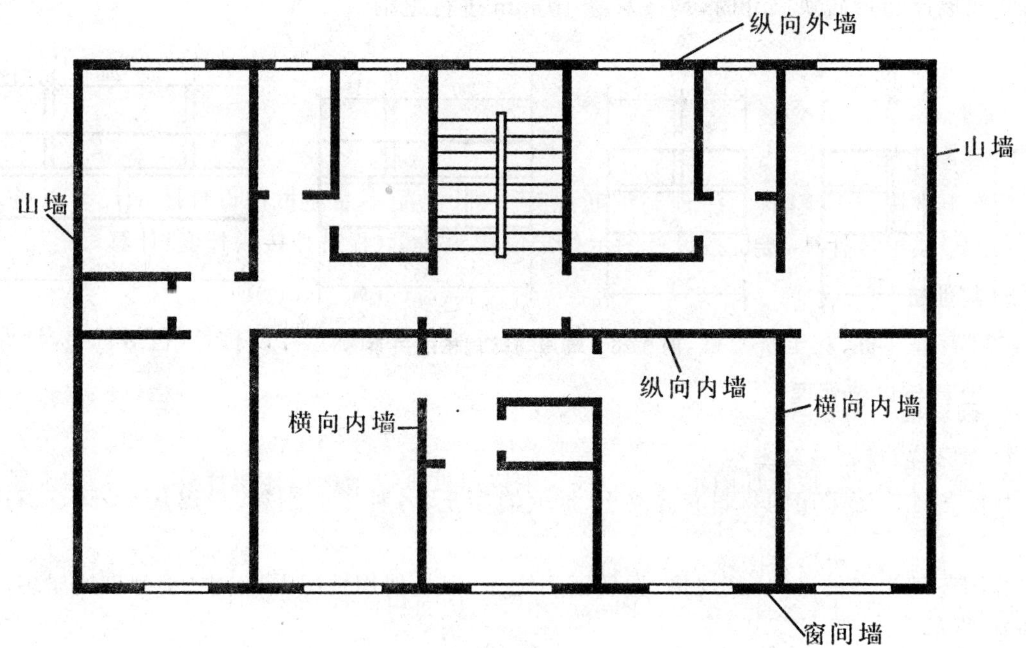

图 3-25　墙的名称

(3)按材料及构造方式分类

按构造方式可以分为实体墙、空体墙和组合墙三种。

实体墙由单一材料组成，如普通砖墙、实心砌块墙等；空体墙是由一材料砌成内部空腔，例如空斗砖墙，也可用具有孔洞的材料建造墙，如空心砌块墙、空心板材墙等；组合墙由两种以上材料组合而成。

(4)按施工方法分类

按施工方法可分为块材墙、板筑墙及板材墙三种。

块材墙是用砂浆等胶结材料将砖石块材等组砌而成。

板筑墙是在现场立模板现浇而成的墙体，例如现浇混凝土墙等。

板材墙是预先制成墙板，施工时安装而成的墙，例如预制混凝土大板墙、各种轻质条板内隔墙等。

2. 墙体的构造

(1)砖墙的材料

砖分为普通砖、多孔砖和空心砖三大类。

砖的强度由其抗压及抗折等因素确定，可分为 MU30、MU25、MU20、MU15、MU10 和 MU7.5 六个等级。

砌墙砂浆常用水泥砂浆、水泥石灰砂浆(混合砂浆)、石灰砂浆和粘土砂浆。

砌筑砂浆的强度等级是由它的抗压强度确定的，可分为 M15、M10、M7.5、M5.0、M2.5、M1.0 和 M0.4 七个等级。

(2)墙厚

标准砖的规格为 240 mm×115 mm×53 mm，用砖块的长、宽、高作为砖墙厚度的基数，在错缝或墙厚超过砖块尺寸时，均按灰缝 10 mm 进行组砌。

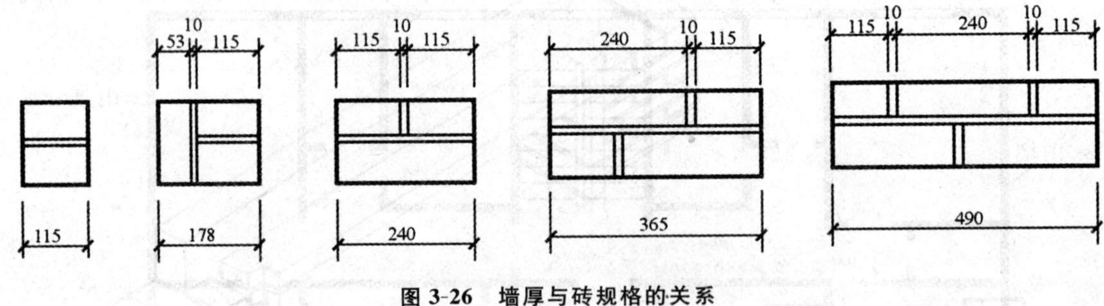

图 3-26　墙厚与砖规格的关系

3. 砌块墙

(1)砌块的材料及其类型

目前各地广泛采用的材料有混凝土、加气混凝土、各种工业废料、粉煤灰、煤矸石、石渣等。

我国各地生产的砌块，其规格、类型极不统一，但从使用情况看，以中、小型砌块居多，如图 3-27 所示。

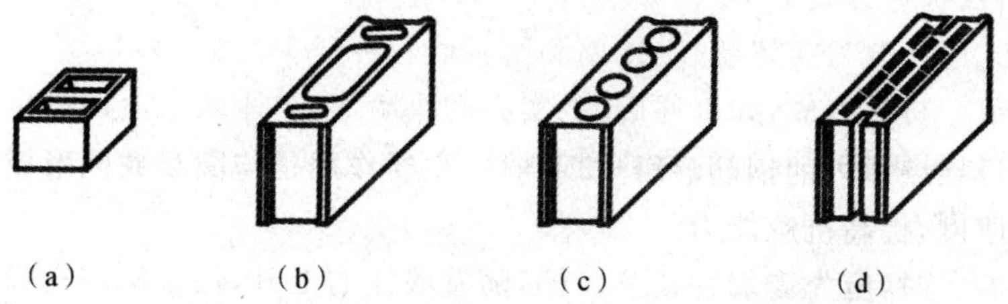

图 3-27　空心砌块的形式

(a)、(b)单排方孔；(c)单排圆孔；(d)多排扁孔

4. 圈梁与过梁

主要作用是增加墙体的稳定性，加强房屋的空间刚度及整体性，防止由于基础的不均匀沉降、震动荷载等引起的墙体开裂，提高房屋抗震性能。

圈梁常设于基础内、楼盖处、屋盖处。圈梁的具体设置位置与圈梁的设置数量有关。圈梁应连续地设在同一水平面上，并形成封闭状。见图 3-28。

(2)为了承受门窗洞口上部墙体的重力和楼盖传来的荷载，在门窗洞口上沿设置的梁称为过梁。

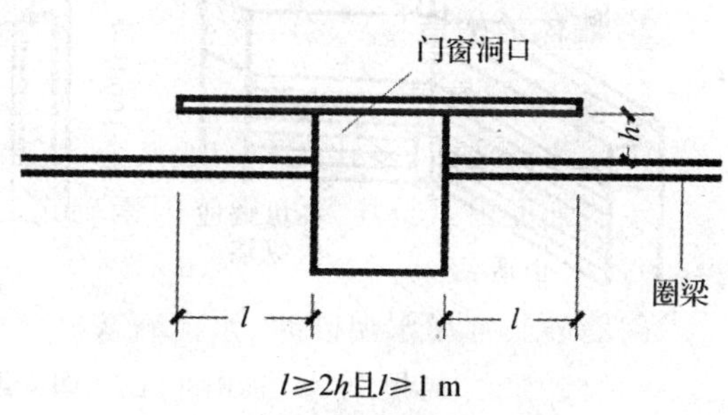

图 3-28　附加圈梁的长度

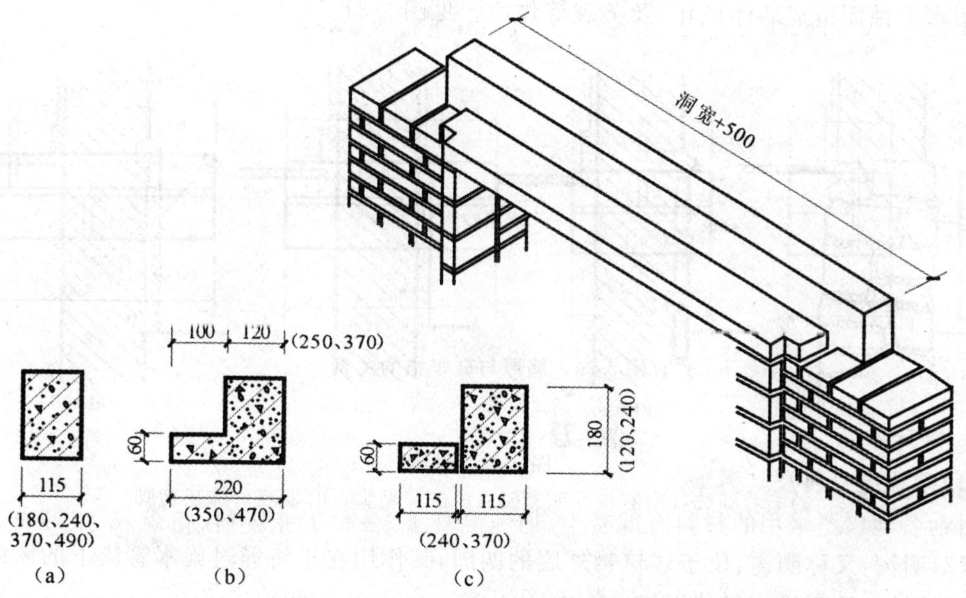

图 3-29　预制钢筋混凝土过梁

(a)矩形截面；(b)L 形截面；(c)组合式截面

过梁分砖砌过梁和钢筋混凝土过梁两类。其中砖砌过梁有砖砌平拱过梁和钢筋砖过梁两种。

5. 构造柱

构造柱是设在墙体内的钢筋混凝土现浇柱，主要作用是与圈梁共同形成空间骨架，以增加房屋的整体刚度，提高抗震能力。

构造柱在施工时，应先砌墙并留马牙槎，随着墙体的上升，逐段浇注钢筋混凝土构造柱。构造柱混凝土标号一般为C20。见图3-30。

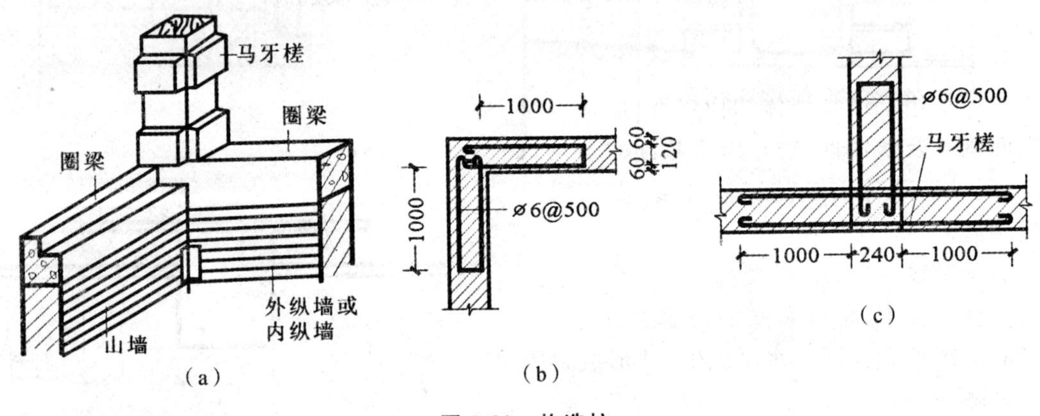

图3-30 构造柱

6. 勒脚、明沟和散水

(1)外墙墙身下部靠近室外地面的部分叫勒脚。勒脚具有保护外墙脚，防止机械碰伤，防止雨水侵蚀而造成墙体风化，及美观等作用。见图3-31。

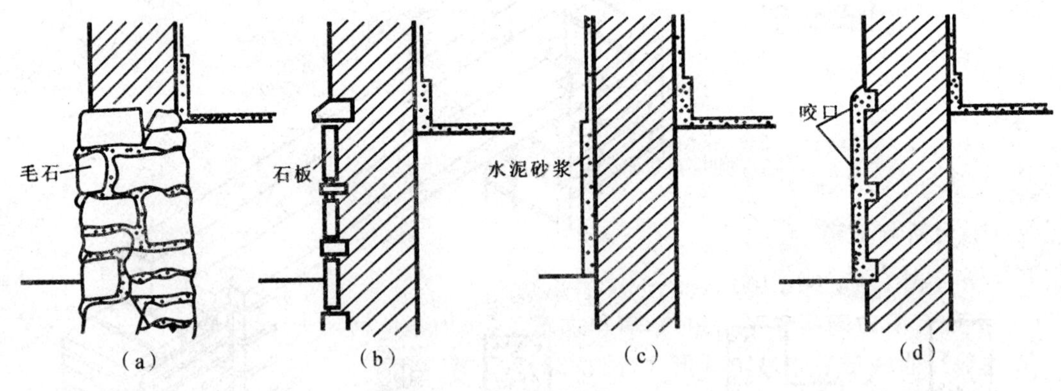

图3-31 勒脚

(a)毛石勒脚；(b)石板贴面勒脚；(c)抹灰勒脚；(d)带咬口抹灰勒脚

(2)明沟：又称阴沟，位于建筑物外墙的四周，其作用在于将通过雨水管流下的屋面雨水有组织地导向地下排水集井而流入下水道。

(3)散水：外地面靠近勒脚下部所做的排水坡称为散水，其作用是迅速排除从屋檐滴下的雨水，防止因积水渗入地基而造成建筑物的下沉。

明沟和散水的材料用混凝土现浇或用砖石等材料铺砌而成。见图 3-32。

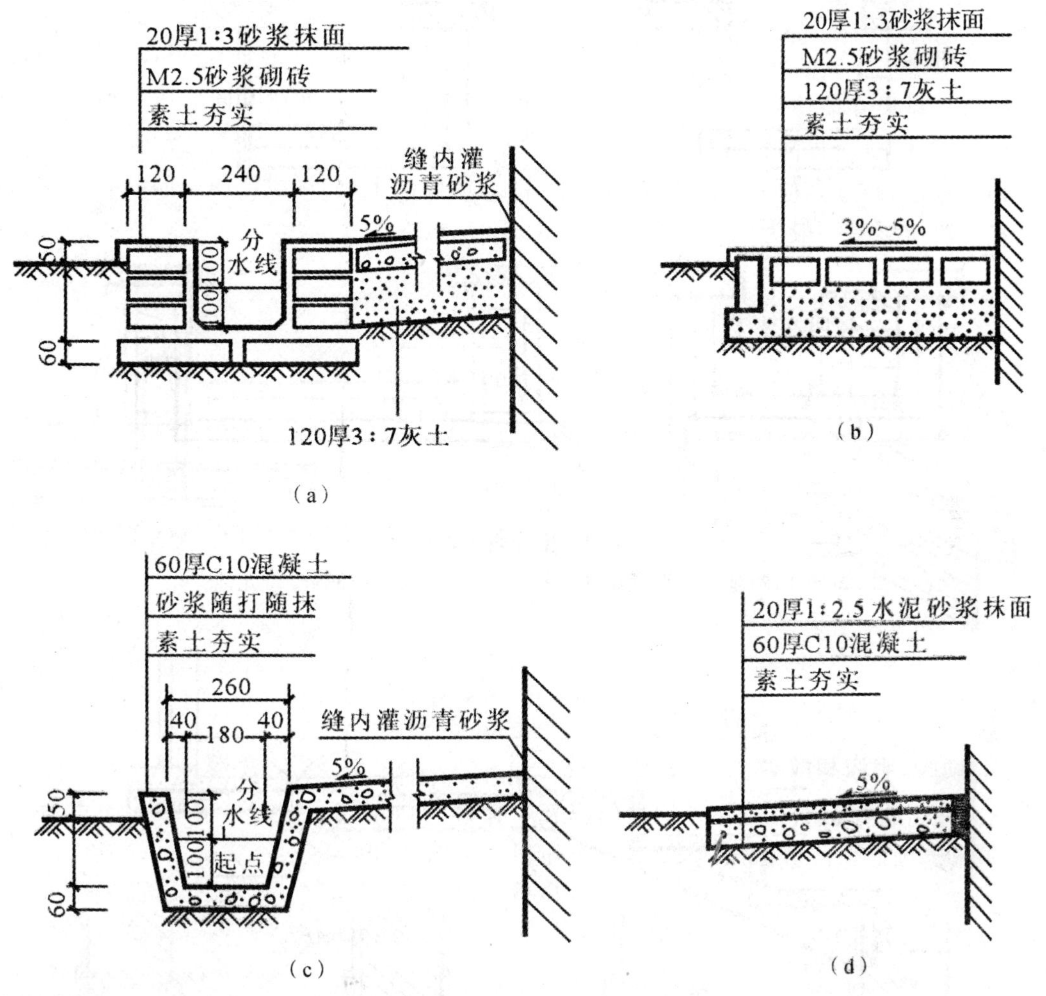

图 3-32　明沟与散水

(a)砖砌明沟；(b)砖铺散水；(c)混凝土明沟；(d)混凝土散水

7. 台阶与坡道

(1)室外台阶

室外台阶由踏步和平台组成，有单面踏步(一出)、双面踏步、三面踏步(三出)、带垂直面(或花池)、曲线形和带坡道等形式(图 3-33)。

室外台阶是解决室内外地坪高差的交通设施，其坡度一般较平缓，每级台阶踢面高度 120～150 mm，踏面宽度最好为 300～400 mm。室外台阶的尺度要求如图 3-34 所示。

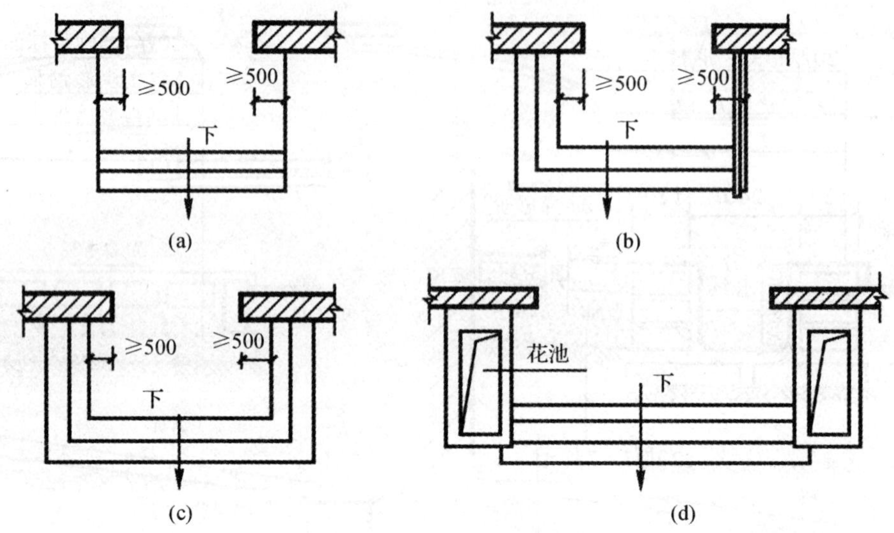

图 3-33　室外台阶形式

(a)单面踏步;(b)双面踏步;(c)三面踏步;(d)单面踏步带花池

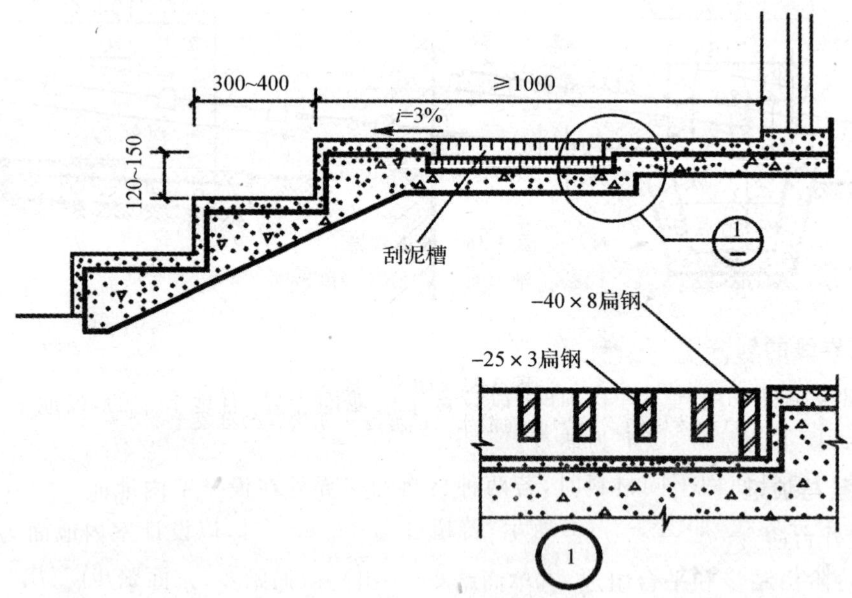

图 3-34　室外台阶的尺度要求

(2)室外坡道

坡道可和台阶结合应用,如正面做台阶,两侧做坡道(图 3-35)。

坡道的坡段宽度每边应大于门洞口宽度至少 500 mm,坡段的出墙长度取决于室内外地面高差和坡道的坡度大小。

当坡度大于 1/8 时,坡道表面应做防滑处理,一般将坡道表面做成锯齿形或设防滑条防滑(图 3-36(c)、(d)),亦可在坡道的面层上做划格处理。

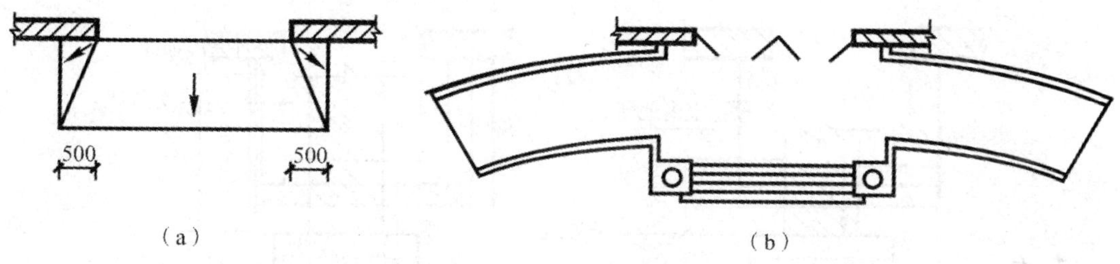

图 3-35　坡道的形式

(a)普通坡道;(b)与台阶结合回车坡道

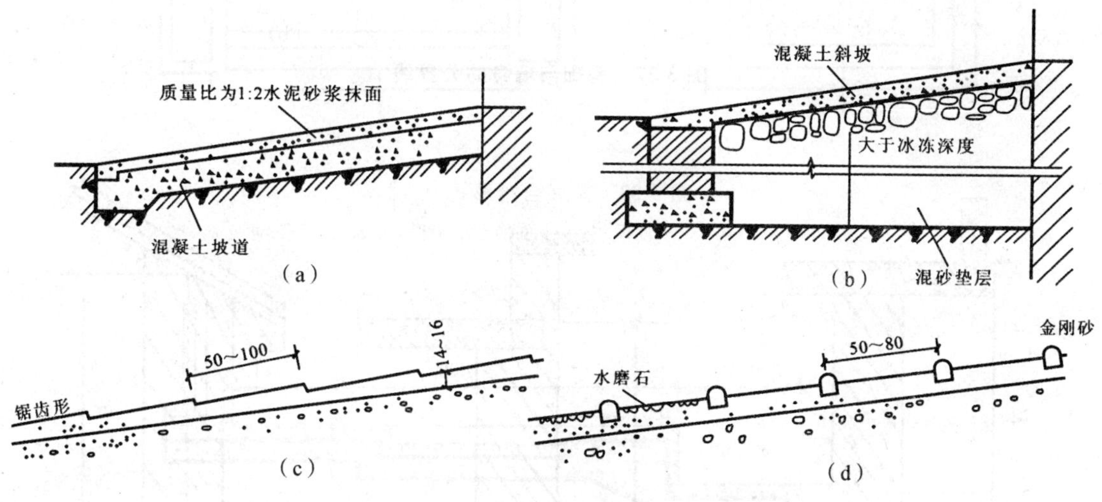

图 3-36　坡道构造

(a)混凝土坡道;(b)换土地基坡道;(c)锯齿形坡面;(d)防滑条坡面

8. 砌筑界线的划分

(1)基础与墙身采用同一种材料时,以设计室内地面为界(有地下室的,以地下室室内设计地面为界),以下为基础,以上为墙身。

(2)基础与墙身使用不同材料时,若两种材料的交界处在设计室内地面±300 mm 以内时,以交界处为分界线,如图 3-37(a)所示,若超过±300 mm 时,以设计室内地面为分界线,如图 3-37(b)所示。

(3)砖、石围墙,以设计室外地坪为界,以下为基础,以上为墙身。

9. 墙体高度与长度的确定

(1)外墙高度:下起点为基础与墙身的分界线,上止点分以下几种情况考虑:

1)平屋面算至钢筋混凝土板顶,如图 3-38(a)、(b)所示;

2)坡屋面无檐口顶棚者算至屋面板底,如图 3-38(c)所示;

3)有屋架无顶棚者算至屋架下弦底加 300 mm,如图 3-38(d)所示;

4)有屋架且室内外均有顶棚者,高度算至屋架下弦底加 200 mm,如图 3-38(e)所示;

5)山墙高度按其平均高度计算,如图 3-38(f)所示;

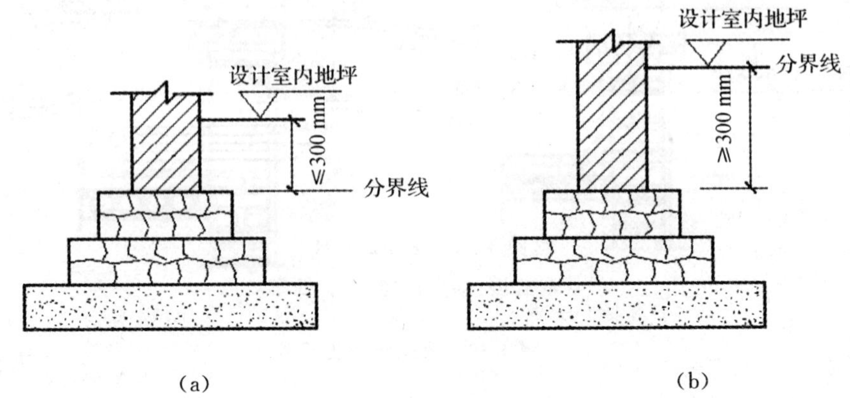

图 3-37　基础与墙身的分界线

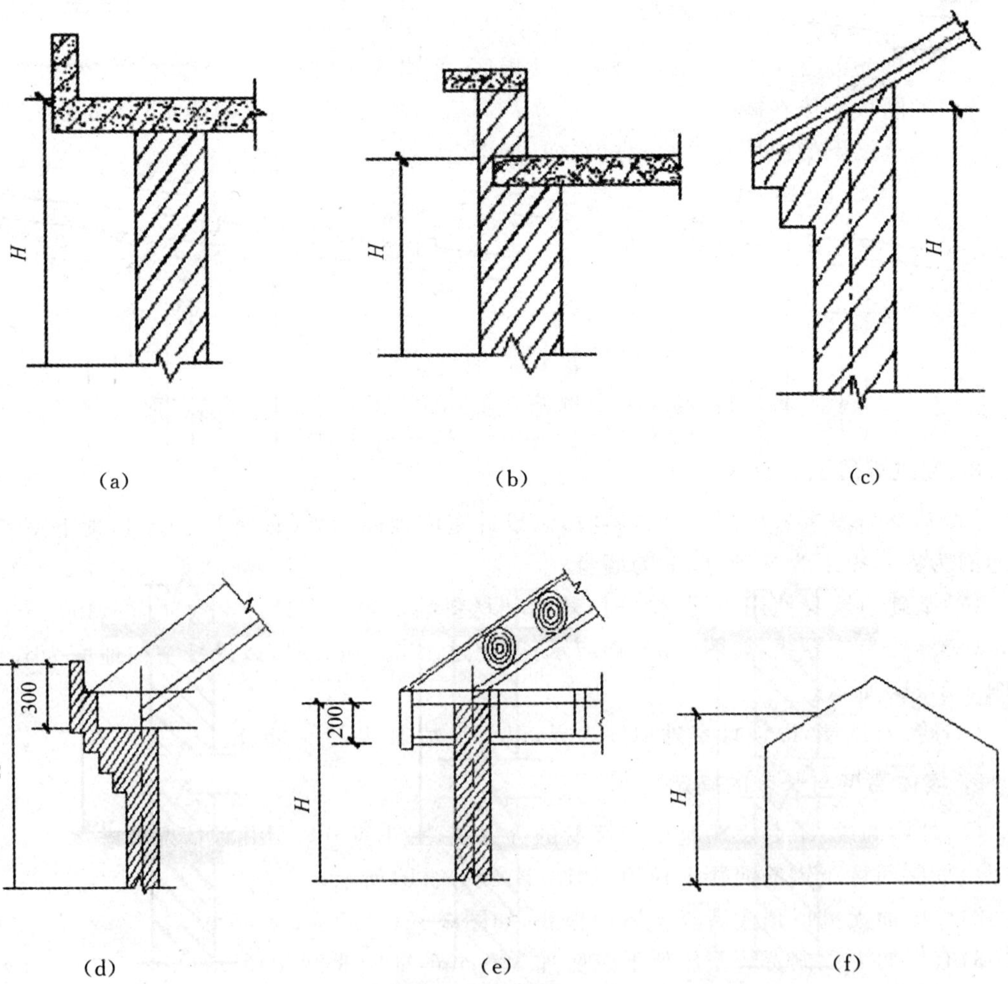

(a)　(b)　(c)

300
H
200
H
H

(d)　(e)　(f)

图 3-38　外墙高度示意

6)女儿墙高度自外墙顶面算至混凝土压顶底部,如图 3-39 所示。

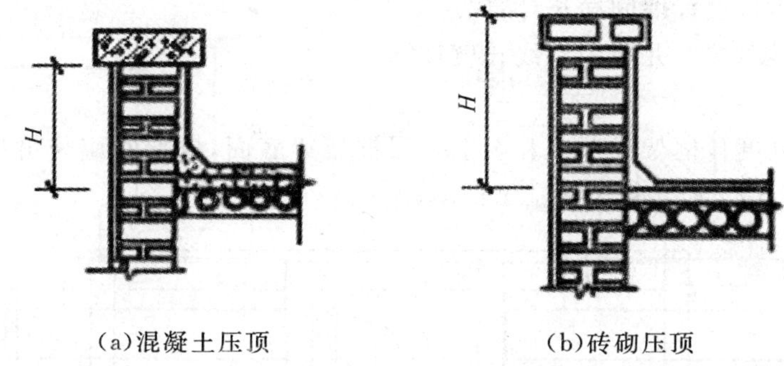

(a)混凝土压顶　　(b)砖砌压顶

图 3-39　女儿墙高度示意

(2)内墙高度:下起点以楼板面为起点(底层为基础与墙身的分界线),上止点分为以下几种情况考虑:

1)位于屋架下弦者,算至屋架下弦底,如图 3-40(a)所示;

2)无屋架者算至顶棚底另加 100 mm,如图 3-40(b)所示;

3)有钢筋混凝土楼板隔层者,算至楼板底,如图 3-40(c)所示;

4)不同板厚压在同一个墙上时,按平均高度计算,如图 3-40(d)所示;

5)位于梁下的内墙高度算至梁底面,如图 3-40(e)所示。

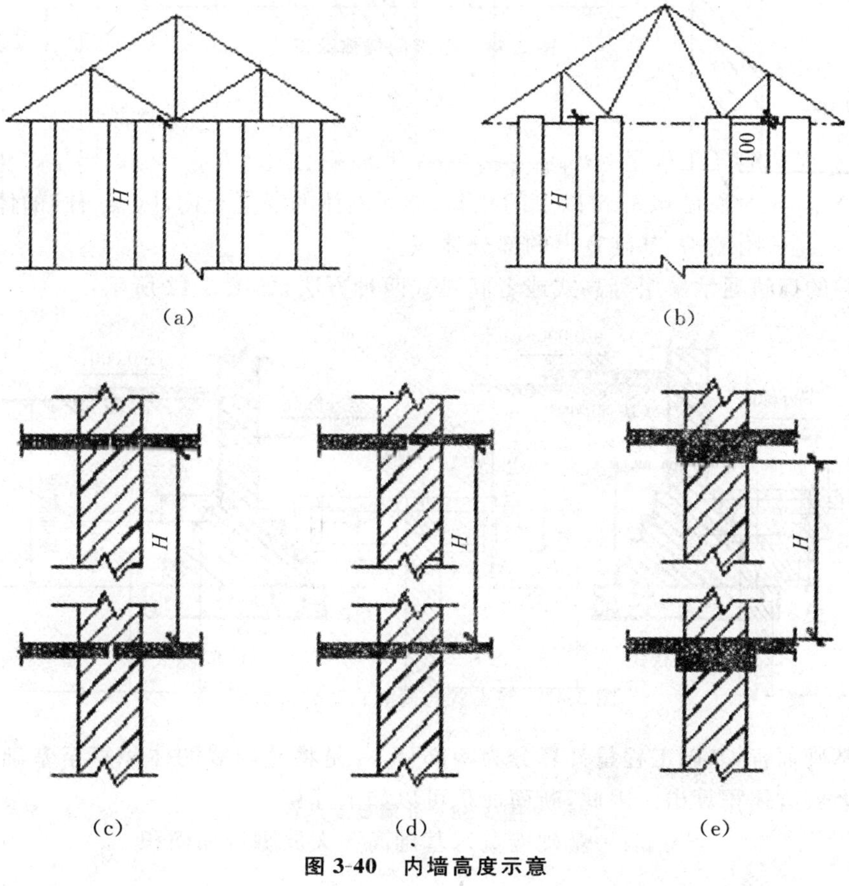

图 3-40　内墙高度示意

(3)外墙长度：按设计外墙中心线长度计算。

(4)内墙长度：按设计墙间净长计算。

(5)女儿墙长度：按女儿墙中心线长度计算。

【提示】

框架间墙体高度自框架梁顶面算至上一层框架梁底面，框架间墙长度按设计框架柱间净长线计算，如图 3-41 所示：

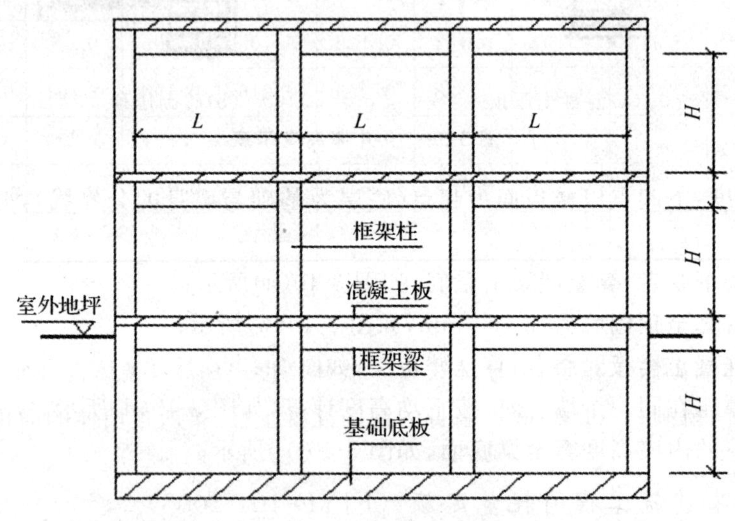

图 3-41 框架间墙体高度

10. 基础

$$基础砌筑工程量=S_{外墙基础断面}\times L_{中}+S_{内墙基础断面}\times L_{内}-V_{扣除}+V_{增加}$$

其中，$V_{扣除}$—面积在 0.3 m^2以上的孔洞、伸入墙体的混凝土构件(梁、柱)的体积；

$V_{增加}$—附墙垛、基础宽出的部分体积。

砖基础的砌筑通常采用等高式或者间隔式两种方法，如图 3-42 所示：

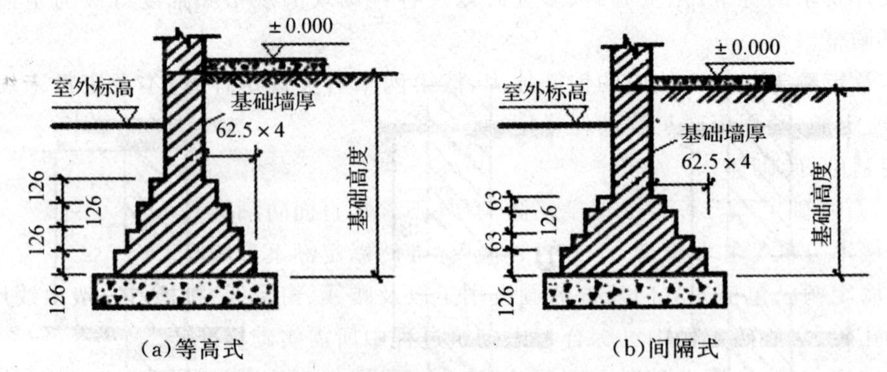

图 3-42 等高式与间隔式基础大放脚

对砖基础而言，基础工程量计算分为两部分，一是将基础墙的体积算至基础底，二是将基础两侧大放脚体积算出。因此，断面面积可以如下计算：

$$S_{基础断面}=基础墙宽\times基础高+大放脚折加面积$$

大放脚增加的断面面积、折加高度可按大放脚形式查表3-4计算。

表3-4 基础大放脚折加高度和大放脚增加断面面积表

放脚层数	折加高度(m)								增加断面	
	1/2砖(0.115)		1砖(0.24)		1.5砖(0.365)		2砖(0.49)		m^2	
	等高	不等高	等高	不等高	等高	不等高	等高	不等高	等高	不等高
一	0.137	0.137	0.066	0.066	0.043	0.043	0.032	0.032	0.0158	0.0079
二	0.411	0.342	0.197	0.164	0.129	0.108	0.096	0.08	0.0473	0.0394
三			0.394	0.328	0.259	0.216	0.193	0.161	0.0945	0.0945
四			0.656	0.525	0.432	0.345	0.321	0.253	0.1575	0.126
五			0.984	0.788	0.647	0.518	0.482	0.38	0.2363	0.189
六			1.378	1.083	0.906	0.712	0.672	0.53	0.3308	0.2599

11. 墙体

砌体墙砌筑工程量=(墙体长度×墙体高度$-S_{扣}$)×墙体设计厚度

其中,$S_{扣}$指门窗洞口、过梁、嵌入墙身的钢筋混凝土柱、梁所占墙体的面积。

3.5.2 《福建省建筑工程消耗量定额》(FJYD-101-2005)

(以下顺序与《福建省建筑工程消耗量定额》章节顺序相同)

第三章 砌筑工程

说明

一、设计要求的标准砖、空心砖、多孔砖以及各种砌块的规格和强度等级与定额取定不同时,可以调整。

二、本章定额未包括砌体内的钢筋加固,按第四章有关规定计算;本章定额未编制石挡土墙和护坡定额,套用市政工程消耗量定额。

三、砖基础、砖砌体

1. 砖、石基础定额已综合水泥砂浆防潮层(不含垂直面防潮层)。

2. 砖墙不分框架和非框架,不分内外墙,标准砖墙定额不分墙厚。

3. 砖墙定额已包括先立门窗框的调直用工以及腰线、窗台线、挑檐等一般出线用工。

4. 多孔砖、空心砖定额中已综合考虑砌筑过程中所需实砌标准砖。

5. 砖砌挡土墙,宽度2砖以上套用砖基础定额,宽度2砖以内套用砖墙定额。

6. 空斗墙的填充料按炉渣考虑,如设计使用与定额不同可以换算。

7. 附墙的烟囱、通风道、垃圾道,应按设计图示尺寸以体积(扣除孔洞所占体积)计算,并入所依附的墙体体积内。

8. 零星砖砌体项目适用于台阶、台阶挡墙、梯带、锅台、炉灶、蹲台、池槽、池槽腿、花台、花池、楼梯栏板、阳台栏板、地垄墙、屋面隔热板下的砖墩、0.3 m^2以内的孔洞填塞。

9. 砖墙定额已考虑门窗洞口预埋的木砖，若设计使用混凝土预制块，按实体积套用相应定额计算；相应砖墙工程量扣除相应混凝土预制块所占体积。

四、砖构筑物

1. 烟囱、烟道内衬需要填充隔热层者，每 m^3 各种填料用量分别为：矿渣 1.5 m^3，石棉灰 50 kg，硅藻土 730 kg，根据设计要求选取一种计算。

2. 砖水箱内外壁均按图示体积计算，套用实心砖墙定额。

五、砖和砌体厚度根据设计所用规格计算，墙体厚度按下表规定计算：

砖型	规格	1/4 砖	1/2 砖	3/4 砖	1 砖	$1\frac{1}{2}$砖	2 砖	$2\frac{1}{2}$砖	3 砖
标准砖	240×115×53	53	115	180	240	365	490	615	740
空心砖	190×190×190 190×190×90 190×90×90		90		190 190				
多孔砖	240×115×90 190×190×90 190×90×90		90		240 190				

注：砌块墙厚为 190 mm 或 390 mm，空斗墙厚为 240 mm，空花墙厚为 115 mm。

六、石砌体

1. 本定额的乱毛石为堆体积，整毛石和方整石为实体积。

2. 混水墙和乱毛石清水墙定额已考虑叠切面加工。整毛石清水墙和柱定额未包括修边打荒，有发生的另行计算。

3. 设计要求整毛石墙面竖缝对直和规格定长的，定额中的整毛石按定长整毛石调整。

4. 整毛石墙、细石墙综合了单轨墙、双轨墙及单轨墙砌至窗台三种类型。整毛石墙中清水墙的灰缝为 21～30 mm，如设计要求小于 20 mm，应按细石墙计算。

5. 竖砌石板围墙高度按地面以上 2 m、厚度按 120 mm 考虑，实际不同时企石用量可以调整：高度每增减 100 mm，企石用量增减 4%；厚度每增减 10 mm，企石用量增减 8.5%。

6. 整毛石柱、细石柱定额是按整毛石或方整石砌筑的。整根石柱（含珠、柱、斗三部分）、门框（斗）、窗框（斗）石材均为半成品。

7. 石梯带按石台阶计算，石梯膀按石挡墙计算。

8. 零星石砌体适用于小型池槽如污水池、洗衣池、洗菜池等。

七、砖基础、石基础和墙为圆弧形的，定额人工乘以系数 1.1；标准砖墙及空花墙为圆弧形的，其圆弧形部分增加费用套用圆、弧形砖墙增加费定额；空心砖体、多孔砖墙、砌块墙为圆弧形的，弧形部分砌体每立方米增加 0.14 工日。

八、仿古建筑石作工程

1. 石构件安装定额适用于成品及半成品安装，未包括石构件成品及半成品材料。

2. 石料质地按花岗岩石料考虑，如遇普通石，定额人工乘以系数 0.85；如遇软石，定额人工乘以 0.6。

3. 石料加工斩凿包括粗打，剁斧包括粗打与斩凿。二道线加工包括一道线加工，三道线加工包括一、二道线加工。石料加工等级设计与定额不同时，可以根据“人工调整系数表”对同等规格石构件加工面进行不同等级加工所需要的人工进行换算。

石料加工人工调整系数表

加工类型	一凿	二凿	一剁	二剁	扁光
一凿	1	1.2	1.36	1.63	1.96
二凿	0.83	1	1.13	1.36	1.63
一剁	0.74	0.88	1	1.2	1.44
二剁	0.61	0.74	0.83	1	1.2

4. 线脚加工项目适用于线脚深度大于 5 mm，如线脚深度小于 5 mm，不论是阴线还是阳线，定额人工均乘以系数 0.5 计算。

5. 石构件规格按成品构件的净尺寸规格计算。镂（透）空栏板按外框尺寸计算断面面积，即虚透部位面积不扣除。

6. 石鼓磴项目包括制作与安装，单独计算制作时，定额人工乘以系数 0.9，乌钢头乘以系数 0.9；单独计算安装时，定额人工乘以系数 0.1，乌钢头乘以系数 0.1。

7. 复盆式柱顶石、磉石项目包括制作与安装，单独计算制作时，定额人工乘以系数 0.94，乌钢头乘以系数 0.9；单独计算安装时，定额人工乘以系数 0.06，乌钢头乘以系数 0.1。

8. 须弥座石定额按全部素面、带二道脚考虑，如增加浮雕或减小线脚，按相应定额另行计算。花坛石如带线脚，按相应定额另行计算。

9. 抱鼓石、坤石、石屋面板制作均按素面考虑，如做线脚，套用相应定额另行计算。

九、仿古建筑砖细工程

1. 砖细制作按现场手工制作考虑。

2. 砖细工程的望砖刨平面、弧面均包括两侧刨缝、补磨，并已考虑望砖的加工损耗。

3. 砖细工程的制作望砖项目的望砖规格为 210 mm * 105 mm * 17 mm，与设计不同时，定额人工按加工面面积的比例进行调整。

4. 砖细工程除制作细望砖、砖细加工、浮雕项目外，其他项目均包括制作与安装，并已考虑砖的加工损耗。

5. 平面带枭线脚抛方以一道线为准，如设计超过一道线脚者，按砖细加工定额另行计算。

6. 细砖抛方、台口铁件实际用量与定额不同可以调整。

7. 月洞、地穴、门窗樘套宽 35 cm 以上者，人工按宽度比例进行调整。

8. 地穴门樘如用门景或回改脚头者，脚头部分另行计算。

9. 砖细半墙坐槛面线脚按双面一道线考虑。

11. 砖细垛头工程量算至兜肚上沿。砖细垛头设计下部全部做砖者，下部套用墙面、勒脚定额，定额人工乘以系数 1.05。

12. 细砖牌科按四、六式考虑，斗规格按 15.68 cm×15.68 cm×11.2 cm 考虑。风拱板规格按 11.2 cm×36.8 cm 考虑。

13. 漏窗边框为曲弧形的，定额人工乘以系数 1.25；漏窗芯子为异弧形的，按相应定额人工乘以系数 1.05。

14. 普通窗芯按六角景及宫万式考虑，复杂窗芯按六角菱花及乱纹式考虑。

15. 下枋定额已包括两头的线脚脚头。

16. 兜肚按起线不雕刻考虑，如需雕刻另行计算。

17. 上枋定额已包括两头的脚起线、安装挂落的燕尾槽。

18. 方砖刨边按厚 4.5 cm 以内考虑，厚度 4.5 cm 以上的，定额人工按厚度比例进行调整。

工程量计算规则

一、砖基础、砖砌体

1. 砖基础按设计图示尺寸以体积计算。包括附墙垛基础宽出部分体积，扣除地梁(圈梁)、构造柱所占体积，不扣除基础大放脚 T 形接头处的重叠部分及嵌入基础内的钢筋、铁件、管道、基础砂浆防潮层和单个面积 0.3 m^2 以内的孔洞所占体积，靠墙暖气沟的挑檐不增加。基础长度：外墙按中心线长度，内墙按净长线长度计算。

2. 实心砖墙按设计图示尺寸以体积计算。扣除门窗洞口、过人洞、空圈、嵌入墙内的钢筋混凝土柱、梁、圈梁、挑梁、过梁及凹进墙内的壁龛、管槽、暖气槽、消火栓箱所占体积。不扣除梁头、板头、檩头、垫木、木楞头、沿缘木、木砖、门窗走头、砖墙内加固钢筋、木筋、铁件、钢管及单个面积 0.3 m^2 以内的孔洞所占体积。凸出墙面的腰线、挑檐、压顶、窗台线、虎头砖、门窗套的体积亦不增加。凸出墙面的砖垛并入墙体体积内计算。

(1)墙长度：外墙按中心线，内墙按净长计算。

(2)墙身高度

①外墙：斜(坡)屋面无檐口天棚者算至屋面板底；有屋架且室内外均有天棚者算至屋架下弦底另加 200 mm；无天棚者算至屋架下弦底另加 300 mm，出檐宽度超过 600 mm 时按实砌高度计算；平屋面算至钢筋混凝土板底。

②内墙：位于屋架下弦者，算至屋架下弦底；无屋架者算至天棚底另加 100 mm；有钢筋混凝土楼板隔层者算至楼板顶；有框架梁时算至梁底。

③女儿墙：从屋面板上表面算至女儿墙顶面(如有混凝土压顶时算至压顶下表面)。

④内、外山墙：按其平均高度计算。

(3)围墙：高度算至压顶上表面(如有混凝土压顶时算至压顶下表面)，砖围墙柱、压顶并入围墙体积内。

3. 空斗墙按设计图示尺寸以空斗墙外形体积计算。墙角、内外墙交接处、门窗洞口立边、窗台砖、屋檐处的实砌部分体积并入空斗墙体积内。空斗墙的窗间墙、窗台下、楼板下的实砌部分应按零星砌砖计算。

4. 空花墙按设计图示尺寸以空花部分外形体积计算，不扣除空洞部分体积。

5. 实心砖柱、零星砌砖按设计图示尺寸以体积计算，扣除混凝土及钢筋混凝土梁垫、梁头、板头所占体积。

二、砖构筑物

1. 砖烟囱、水塔：按设计图示筒壁平均中心线周长乘以厚度乘以高度以体积计算，扣除各种孔洞、钢筋混凝土圈梁、过梁等体积。砖烟囱应以设计室外地坪为界，以下为基础，以上为筒身。水塔基础与塔身划分应以砖砌体的扩大部分顶面为界，以上为塔身，以下为基础，砖平拱及砖出檐等并入塔身体积内计算，套用水塔定额。

2. 砖烟道按图示尺寸以体积计算，砖烟道与炉体的划分应按第一道闸门为界。

3. 烟囱、烟道内衬按不同材料除孔洞石，以图示体积计算。

4. 砖砌水池、化粪池按设计图示尺寸以体积计算。

5. 排风管按长度计算，排风道按座计算。

6. 洗车台、汽车修理坑按座计算。

三、砌块砌体

空心砖墙、多孔砖墙、小型空心砌块墙、硅酸盐砌块墙、加气混凝土砌块墙、珍珠岩混凝土空心砌块墙、水泥空心砖墙、预制混凝土砌块挡土墙，计算规则同实心砖墙。

四、石砌体

1. 石基础按设计图示尺寸以体积计算。包括附墙垛基础宽出部分体积，不扣除基础砂浆防潮层及单个面积 0.3 m^2 以内的孔洞所占体积，靠墙暖气沟的挑檐不增加体积。基础长度：外墙按中心线，内墙按净长计算。

2. 石墙计算规则同实心砖墙计算规则。

3. 石柱

(1)整毛石或方整石砌筑的石柱按设计图示尺寸以体积计算。

(2)整根石柱(含珠、柱、斗三部分)按根计算。

4. 石台阶、石地沟、石明沟按设计图示尺寸以体积计算。

5. 其他石砌体

(1)零星石砌体按外形体积计算。

(2)石楼梯以水平投影面积计算，伸入墙内的体积，已包括在定额内，不另行计算。

(3)石廊沿、窗台、腰线、压顶、柱顶石过梁梁托石、门框(斗)、窗框(斗)、蓄水池，按设计图示尺寸以体积计算。

(4)方整石垫石、磉石按设计图示数量以块计算。

五、砖石基础与墙(柱)身的划分

1. 基础与墙(柱)身使用同一材料的，以设计室内地坪为界(有地下室者，以地下室室内设计地面为界)，以下为基础，以上为墙(柱)身。

2. 基础与墙身使用不同材料的，材料分界位于设计室内地坪±300 mm 以内的，以不同材料为分界；材料分界超过设计室内地坪±300 mm 的，以设计室内地面为分界。

3. 砖石围墙、挡土墙以设计室外地坪为界，以下为基础，以上为墙身。石围墙内外地坪标高不同时，应以较低地坪标高为界，以下为基础；内外标高差为挡土墙时，挡土墙以上为墙身。

六、砖散水、地沟

1. 砖坡道、墙脚护坡按设计图示尺寸以面积计算。

2. 砖地沟按设计图示尺寸以体积计算。

七、仿古建筑石作工程

1. 线脚加工按设计图示尺寸以加工长度计算。

2. 石浮雕安装按设计图示雕刻底板的外框尺寸以面积计算。碑镌字按设计图示数量计算。

3. 侧塘石、锁口石、蘑菇石按设计图示尺寸以加工面积计算。菱角石按设计图示尺寸以顶面投影面积及两侧侧面的面积之和计算。

4. 石柱、梁、枋按设计图示尺寸以竣工石料体积计算。

5. 石门框、石窗框按设计图示尺寸以竣工石料体积计算。

6. 石构件按设计图示尺寸以竣工石料体积计算。

7. 石作配件按设计图示数量计算。

8. 石屋面按设计图示尺寸以竣工石料体积计算。

八、仿古建筑砖细工程

1. 制作望砖按加工望砖的设计数量计算。

2. 砖细抛方、台口按设计图示高度以水平长度计算。

3. 砖细贴墙面按设计图示尺寸以面积计算，应扣除门窗洞口和空洞所占的面积，但不扣除 0.3 m^2以内的空洞面积，四周如有镶边另行计算。

4. 月洞、地穴、门窗套、镶边按设计图示宽度以外围周长计算。

5. 砖细半墙半槛面按设计图示长度计算。

6. 砖细坐槛栏杆的坐槛面砖、芯子砖、拖泥按设计图示水平长度计算，坐槛栏杆侧柱按设计图示高度计算。

7. 砖细其他小配件

(1)砖细包檐按设计图示水平长度计算。

(2)屋脊头、垛头、梁垫按设计图示数量计算。

(3)博风板头、戗头板、风拱板按设计图示数量计算。

(4)桁条、梓桁、椽子、飞椽按设计图示长度计算，椽子、飞椽伸入墙内部分并入椽子、飞椽计算。

8. 砖细漏窗的边框按设计图示尺寸以外围周长计算，芯子按设计图示边框内净尺寸以面积计算。

9. 一般漏窗按设计图示洞口尺寸以面积计算。

10. 砖细方砖铺地按设计图示尺寸以面积计算，不扣除柱磉石所占面积。

11. 挂落三飞砖、砖墙门

(1)砖细勒脚、墙身按设计图示尺寸以面积计算。

(2)拖泥锁口、下枋、线脚、台盘浑、字碑、上枋、斗盘枋、五堂、飞砖、晓色、挂落按设计图示长度计算。

(3)大镶边、字碑镶边按设计图示尺寸以外围周长计算。

(4)兜肚、荷花柱头、将板砖、挂芽、靴头砖按设计图示数量计算。

12. 砖细加工

(1)刨望砖、刨方砖按设计图示尺寸以面积计算。

(2)望砖刨边缝、方砖刨边缝、方砖刨线脚按设计图示长度计算。

(3)方砖做榫眼按设计图示数量计算。

3.5.3　清单工程量计算规则

1. 砖(石)基础

<table>
<tr><td colspan="3">砖(石)基础:按设计图示尺寸以体积计算</td></tr>
<tr><td rowspan="4">计算规则</td><td>合并计算</td><td>附墙垛基础宽出部分体积</td></tr>
<tr><td>扣除</td><td>地梁(圈梁)、构造柱所占体积</td></tr>
<tr><td>不扣除</td><td>基础大放脚T形接头处的重叠部分及嵌入基础内的钢筋、铁件、管道、基础砂浆防潮层和单个面积 0.3 m² 以内的孔洞所占体积</td></tr>
<tr><td>不增加</td><td>靠墙暖气沟的挑檐</td></tr>
<tr><td>基础长度</td><td colspan="2">外墙按中心线,内墙按净长线计算</td></tr>
<tr><td rowspan="2">基础与砖墙(身)划分</td><td>基础与墙身使用同种材料</td><td>基础与砖墙(身)划分应以设计室内地坪为界(有地下室的按地下室室内设计地坪为界),以下为基础,以上为墙(柱)身</td></tr>
<tr><td>基础与墙身使用不同材料</td><td>位于设计室内地坪 ±300 mm 以内时以不同材料为界,超过 ±300 mm,应以设计室内地坪为界</td></tr>
<tr><td>砖围墙</td><td colspan="2">砖围墙应以设计室外地坪为界,以下为基础,以上为墙身</td></tr>
<tr><td>基础垫层</td><td colspan="2">基础垫层包括在各类基础项目内,不再计算工程量</td></tr>
</table>

(1)基础垫层包括在各类基础项目内,不再计算工程量,但垫层的种类、厚度、材料的强度等级等应在清单中描述。

(2)基础防潮层也应在砖基础项目报价中考虑。

2. 砖(石)砌体

(1)实心砖墙

<table>
<tr><td colspan="3">实心砖墙:按设计尺寸以体积计算</td></tr>
<tr><td rowspan="4">计算规则</td><td>扣除</td><td>门窗洞口、过人洞、空圈、嵌入墙内的钢筋混凝土柱、梁、圈梁、挑梁、过梁及凹进墙内的壁龛、管槽、暖气槽、消火栓箱所占体积</td></tr>
<tr><td>不扣除</td><td>梁头、板头、檩头、垫木、木楞头、沿椽木、木砖、门窗走头、砖墙内加固钢筋、木筋、铁件、钢管及单个面积 0.3 m² 以内的孔洞所占体积</td></tr>
<tr><td>不另行增加的</td><td>凸出墙面的腰线、挑檐、压顶、窗台线、虎头砖、门窗套的体积</td></tr>
<tr><td>合并计算的</td><td>凸出墙面的砖垛并入墙体体积内计算,这一条与原规则是一样的</td></tr>
<tr><td>墙长度</td><td colspan="2">外墙按中心线,内墙按净长线</td></tr>
</table>

续表

<table>
<tr><td rowspan="13">墙高度</td><td rowspan="4">外墙</td><td>斜(坡)屋面无檐口天棚者算至屋面板底</td></tr>
<tr><td>有屋架且室内外均有天棚者算至屋架下弦底另加 200 mm</td></tr>
<tr><td>无天棚者算至屋架下弦底另加 300 mm,出檐宽度超过 600 mm 时按实砌高度计算</td></tr>
<tr><td>平屋面算至钢筋混凝土板底</td></tr>
<tr><td rowspan="4">内墙</td><td>位于屋架下弦者,算至屋架下弦底</td></tr>
<tr><td>无屋架者算至天棚底另加 100 mm</td></tr>
<tr><td>有钢筋混凝土楼板隔层者算至楼板顶</td></tr>
<tr><td>有框架梁时算至梁底</td></tr>
<tr><td rowspan="2">女儿墙</td><td>从屋面板上表面算至女儿墙顶面</td></tr>
<tr><td>如有混凝土压顶时算至压顶下表面</td></tr>
<tr><td>内、外山墙</td><td>按其平均高度计算</td></tr>
<tr><td rowspan="2">围墙</td><td>高度算至压顶上表面(如有混凝土压顶时算至压顶下表面)</td></tr>
<tr><td>围墙柱并入围墙体积内,不再单独计算</td></tr>
<tr><td colspan="3">标准砖尺寸应为 240 mm×115 mm×53 mm,标准砖墙厚度应按规范规定尺寸计算</td></tr>
</table>

3.6 混凝土与钢筋混凝土工程

3.6.1 相关知识

1. 混凝土

混凝土是用水泥、砂子、石子和水四种材料按一定的配合比搅拌在一起,在模板中浇捣成型,并在适当的温度、湿度条件下,经过一定时间的硬化而成的建筑材料。因其性能和石头相似,也称为人造石。混凝土具有体积大,自重大,导热系数大,耐久性长,耐水、耐火、耐腐蚀,抗压强度大但抗拉强度低,造价低廉,可塑性好等特点。

由于混凝土的抗拉强度低,当用其作为受弯构件时,在受拉区会出现裂缝,导致梁断裂,不能使用,因此,混凝土不能作为受拉构件使用。

根据混凝土的抗压强度,混凝土的强度等级有 C7.5、C10、C15、C20、C25、C30、C35、C40、C45、C50、C55 和 C60 十二级。

2. 钢筋混凝土基础

(1)基础按材料分为砖基础、毛石基础、混凝土基础、毛石混凝土基础、灰土基础和钢筋混凝土基础等。

按构造形式分为条形基础、独立基础、井格基础、筏片基础、箱形基础和桩基础等。

由砖、毛石、混凝土或毛石混凝土、灰土和三合土等材料制成的墙下条形基础或柱下独立基础又称为无筋扩展基础，适用于低层和多层民用建筑。

由钢筋混凝土制成的柱下独立基础和墙下条形基础称为扩展基础，多用于地基承载力差、荷载较大、地下水位较高等条件下的大中型建筑。

（2）条形基础

基础沿墙体连续设置成长条状称为条形基础，也称为带形基础，是砌体结构建筑基础的基本形式。条形基础可用砖、毛石、混凝土、毛石混凝土等材料制作，也可用钢筋混凝土制作。

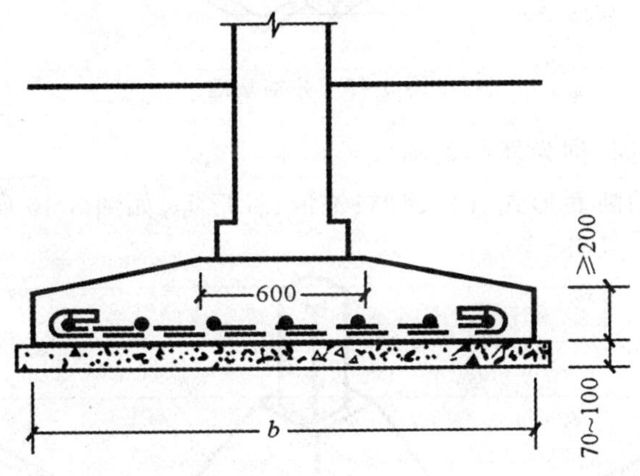

图3-43　钢筋混凝土基础

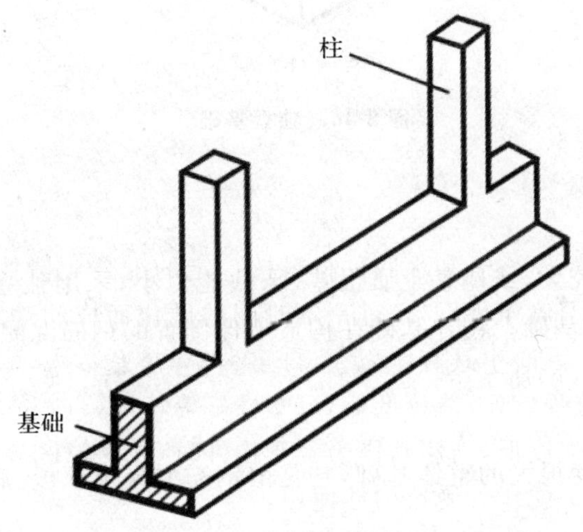

图3-44　柱下条形基础

（3）独立基础

当建筑物上部结构为框架、排架时，基础常采用独立基础。

独立基础是柱下基础的基本形式。当柱为预制构件时，基础浇筑成杯形，然后将柱子插

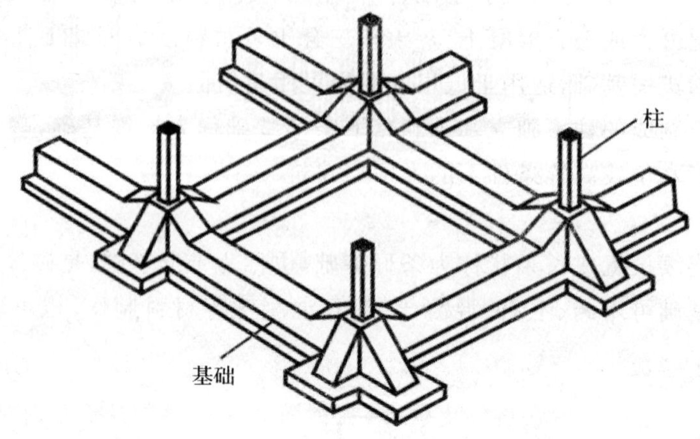

图 3-45　井格基础

入，并用细石混凝土嵌固，称为杯形基础。

独立基础常用的断面形式有阶梯形、锥形、杯形等，如图 3-46 所示。

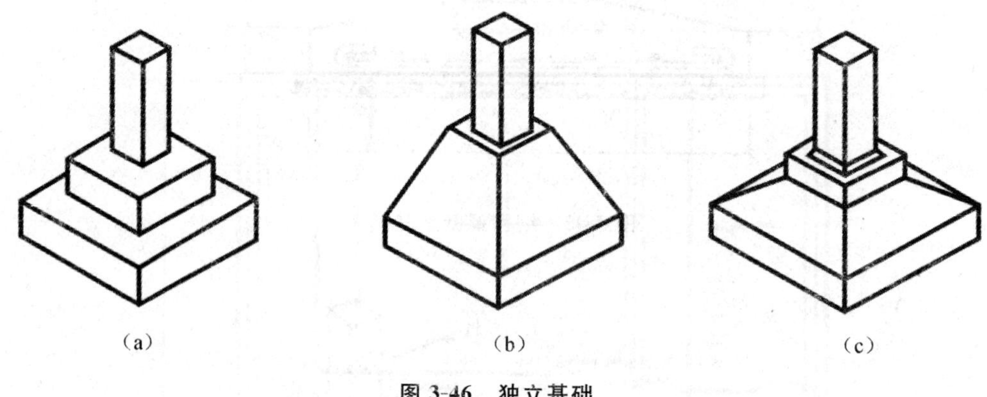

图 3-46　独立基础

(4)整片基础

1)筏片基础

当建筑物上部荷载较大，或地基土质很差，承载能力小，采用独立基础或井格基础不能满足要求时，可采用筏片基础。筏片基础在构造上像倒置的钢筋混凝土楼盖，分为板式和梁板式两种，如图 3-47(a)、(b)所示。

2)箱形基础

箱形基础是一种刚度很大的整体基础，它是由钢筋混凝土顶板、底板和纵、横墙组成的，如图 3-47(c)所示。

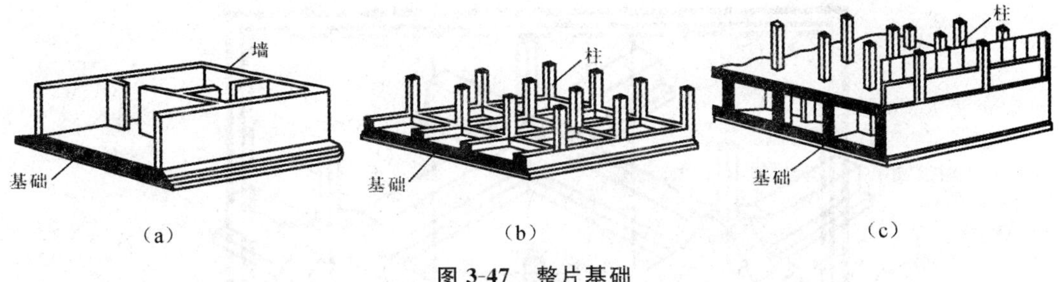

图 3-47　整片基础

(a)板式;(b)梁板式;(c)箱形

3. 钢筋混凝土楼板

现浇钢筋混凝土楼板是指在现场支模、绑扎钢筋、浇捣混凝土,经养护而成的楼板。

现浇钢筋混凝土楼板根据受力和传力情况不同,分为板式楼板、梁板式楼板、无梁式楼板和压型钢板组合板等。

板内不设梁,板直接搁置在四周墙上的板称为板式楼板。板有单向板和双向板之分(图 3-48)。

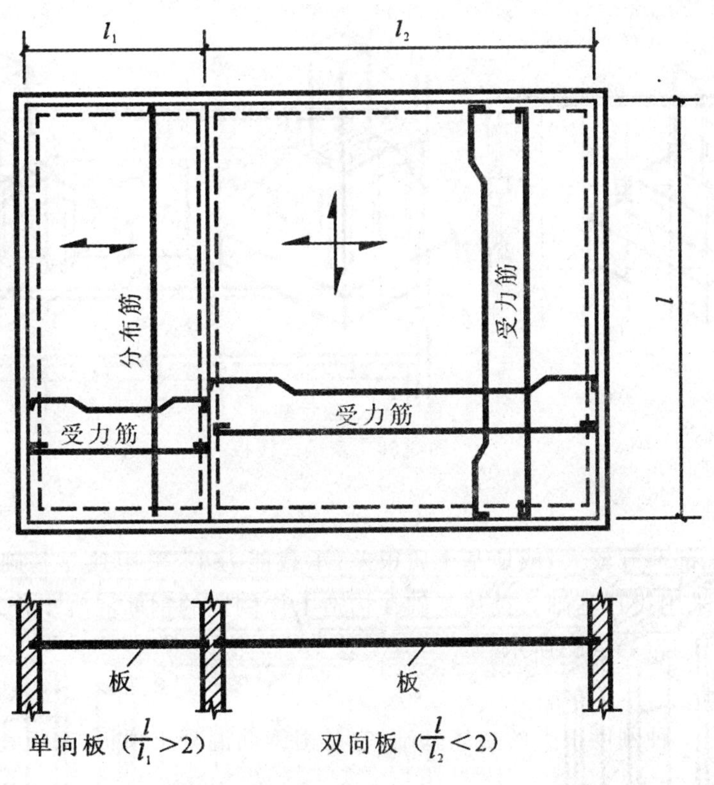

图 3-48　单向板和双向板

由板、梁组合而成的楼板称为梁板式楼板(又称为肋形楼板)。根据梁的构造情况又可分为单梁式、复梁式和井梁式楼板。

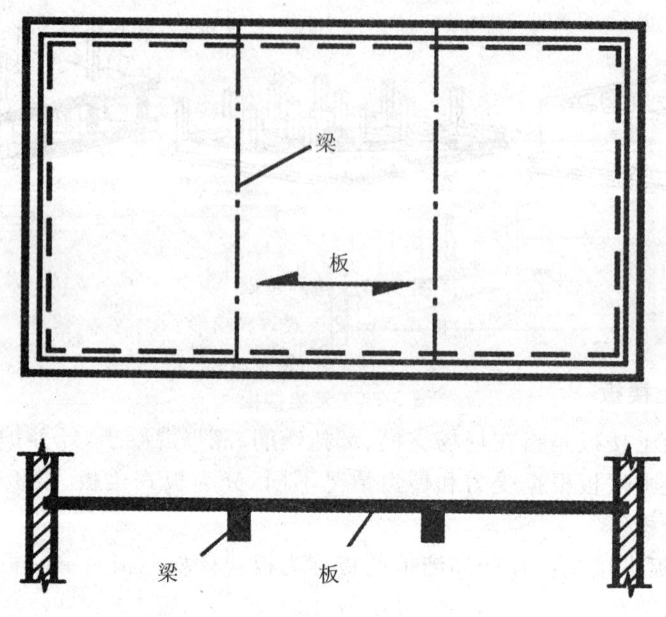

图 3-49　单梁式楼板

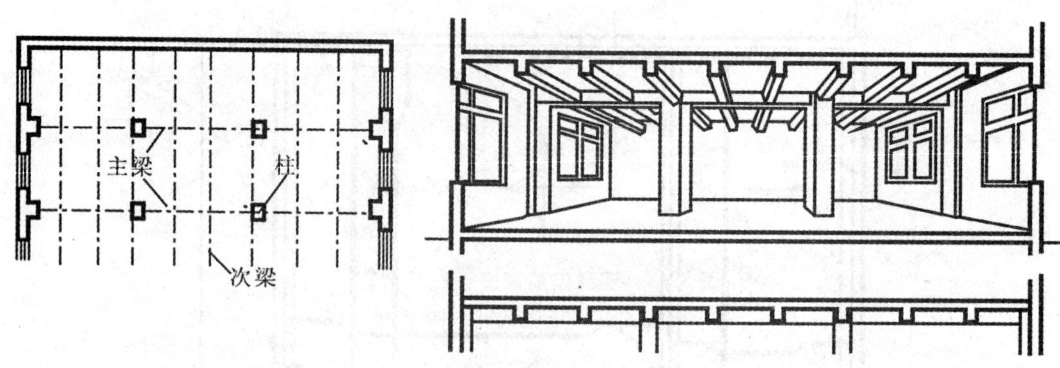

图 3-50　复梁式楼板

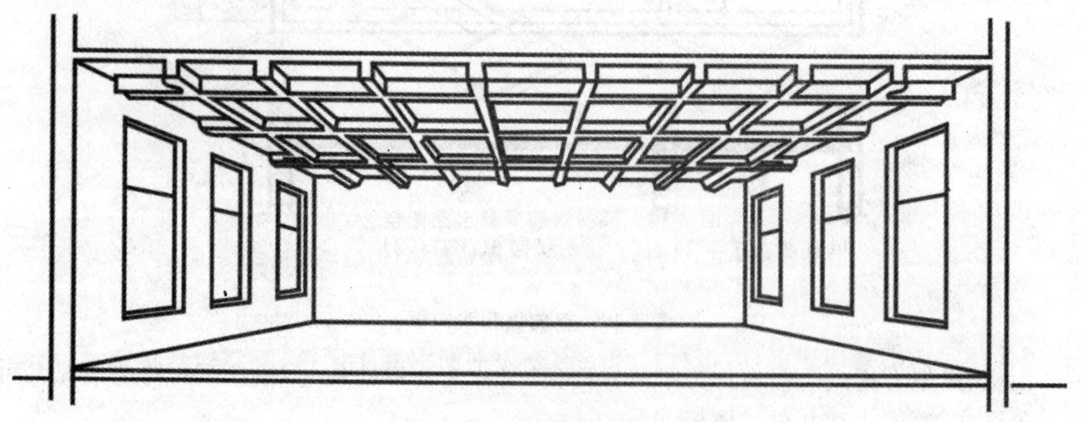

图 3-51　井梁式楼板

框架结构中将板直接支承在柱上，且不设梁的楼板称为无梁楼板，分为有柱帽和无柱帽两种。

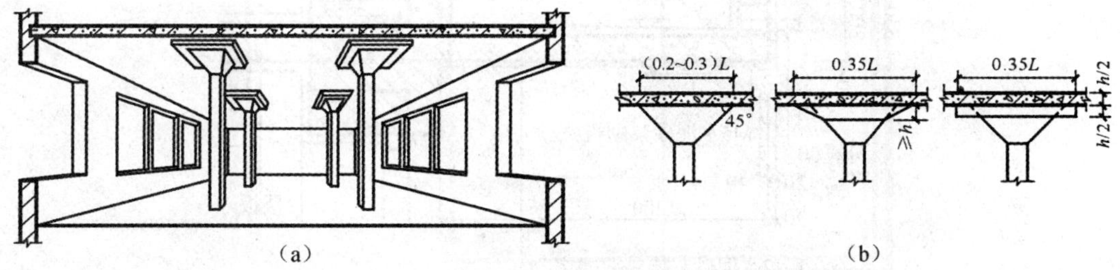

图3-52　无梁楼板

(a)无梁楼板透视；(b)柱帽形式

4. 阳台与雨篷

(1)阳台

阳台按其与外墙的相对位置分，有凸阳台、凹阳台和半凸半凹阳台。

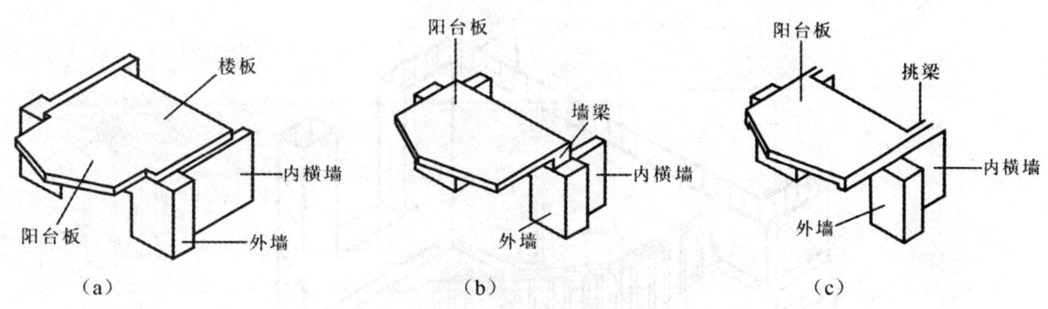

图3-53　现浇钢筋混凝土凸阳台

(a)挑板式；(b)压梁式；(c)挑梁式

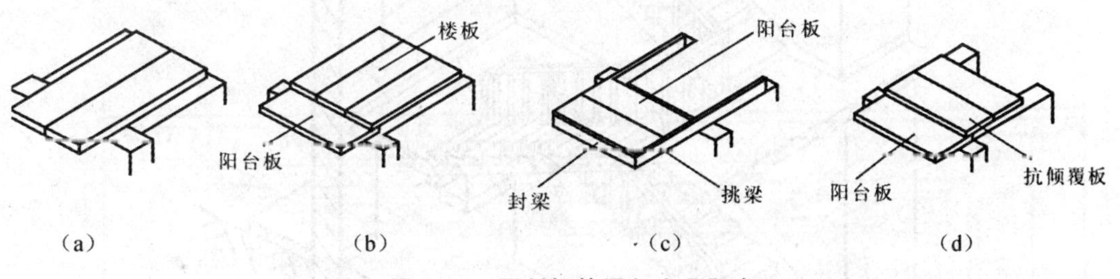

图3-54　预制钢筋混凝土凸阳台

(a)挑板外伸式；(b)楼板压重式；(c)挑梁式；(d)抗倾覆板式

(2)雨篷

当代建筑的雨篷形式多样，以材料和结构分为钢筋混凝土雨篷、钢结构悬挑雨篷、玻璃采光雨篷、软面折叠多用雨篷等。

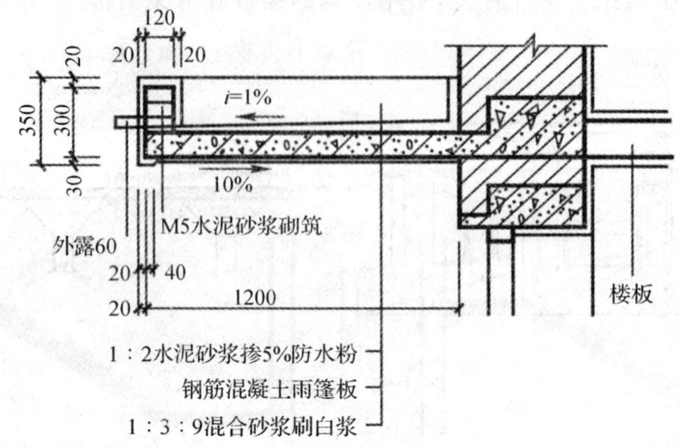

图 3-55　钢筋混凝土雨篷构造

5. 楼梯

楼梯一般由楼梯段、平台和栏杆扶手三部分组成(图 3-56)。

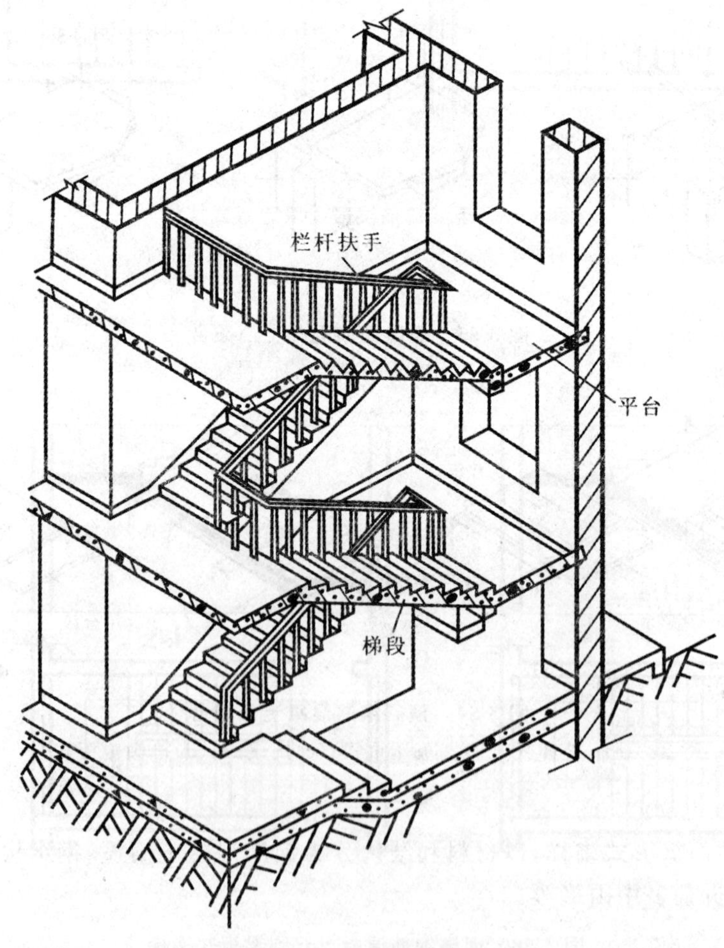

图 3-56　楼梯的组成

在建筑物中，布置楼梯的房间称为楼梯间。楼梯间有开敞式、封闭式和防烟楼梯间之分。

现浇式钢筋混凝土楼梯又称整体式钢筋混凝土楼梯，是指在施工现场将楼梯段、楼梯平台等构件支模板、绑扎钢筋和浇筑混凝土而成。

(1)板式楼梯

板式楼梯一般由梯段板、平台梁、平台板组成。如图 3-57 所示。

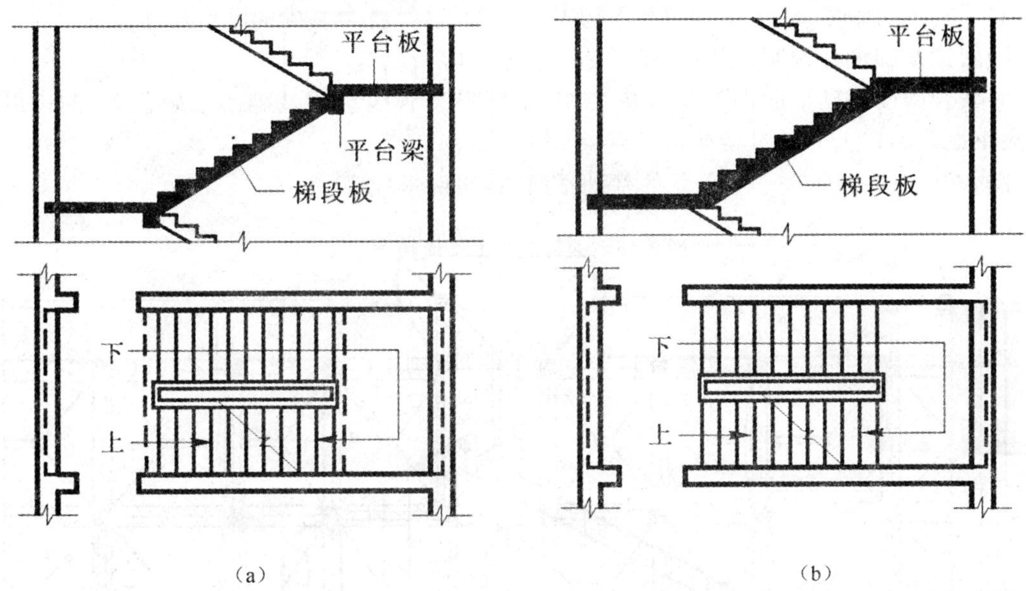

图 3-57　现浇钢筋混凝土双跑板式楼梯

(a)有平台梁板式楼梯；(b)无平台梁板式楼梯

(2)梁板式楼梯

梁板式楼梯一般由梯段板、斜梁、平台梁、平台板组成。

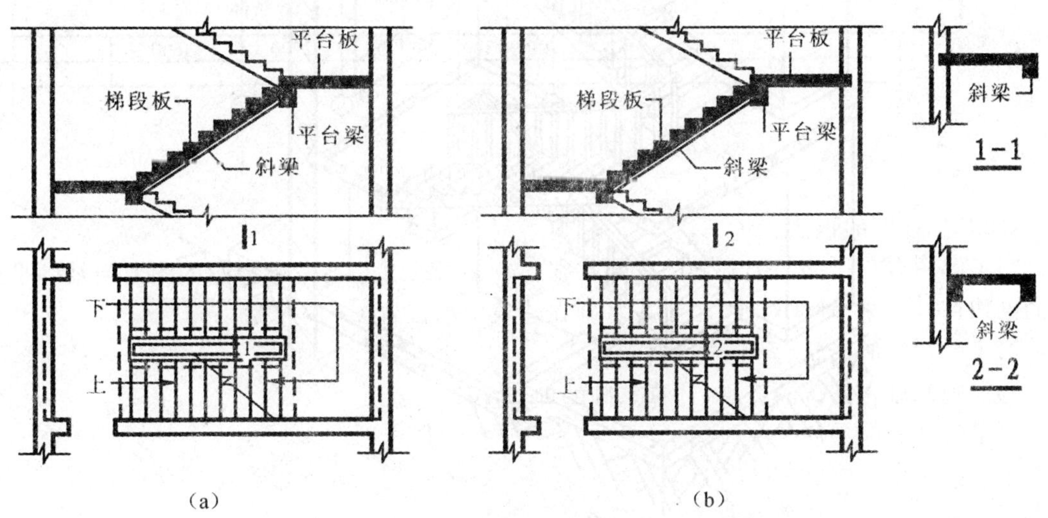

图 3-58　现浇钢筋混凝土双跑梁板式楼梯

(a)单斜梁式梯段；(b)双斜梁式梯段

6. 基础结构图

(1)基础平面图的识读

1)了解图名、比例。

2)与建筑平面图对照,了解基础平面图的定位轴线。

3)了解基础的平面布置,结构构件的种类、位置、代号。

4)了解剖切编号,通过剖切编号了解基础的种类,及各类基础的平面尺寸。

5)阅读基础设计说明,了解基础的施工要求、用料。

6)联合阅读基础平面图与设备施工图,了解设备管线穿越基础的准确位置,洞口的形状、大小以及洞口上方的过梁要求。

图 3-59 是某商住楼一个单元的基础平面图,比例 1∶100。

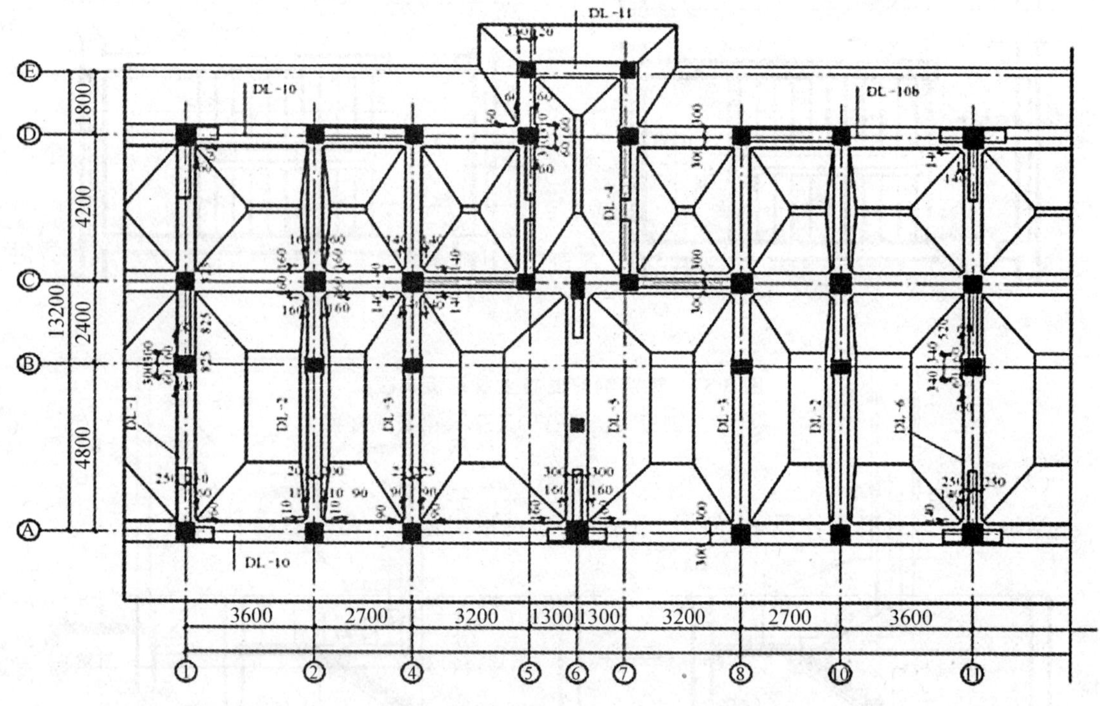

图 3-59 基础平面图

(2)基础详图的识读

1)了解图名与比例。因基础的种类往往比较多,读图时,将基础详图的图名与基础平面图的剖切符号、定位轴线对照,了解该基础在建筑中的位置。

2)了解基础的形状、大小与材料。

3)了解基础各部位的标高,计算基础的埋置深度。

4)了解基础的配筋情况。

5)了解垫层的厚度尺寸与材料。

6)了解基础梁的配筋情况。

7)了解管线穿越洞口的详细做法。

图 3-60 是某商住楼基础详图，该基础是十字交梁基础，基础梁用代号 DL 表示。图 3-61 是独立基础详图，该详图由平面图和剖面图组成。

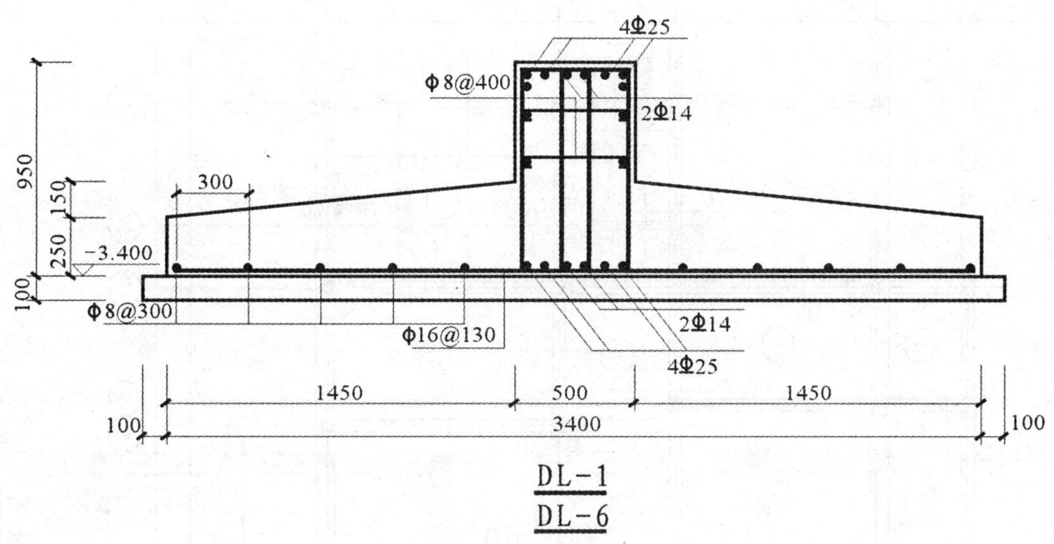

图 3-60　某商住楼基础详图

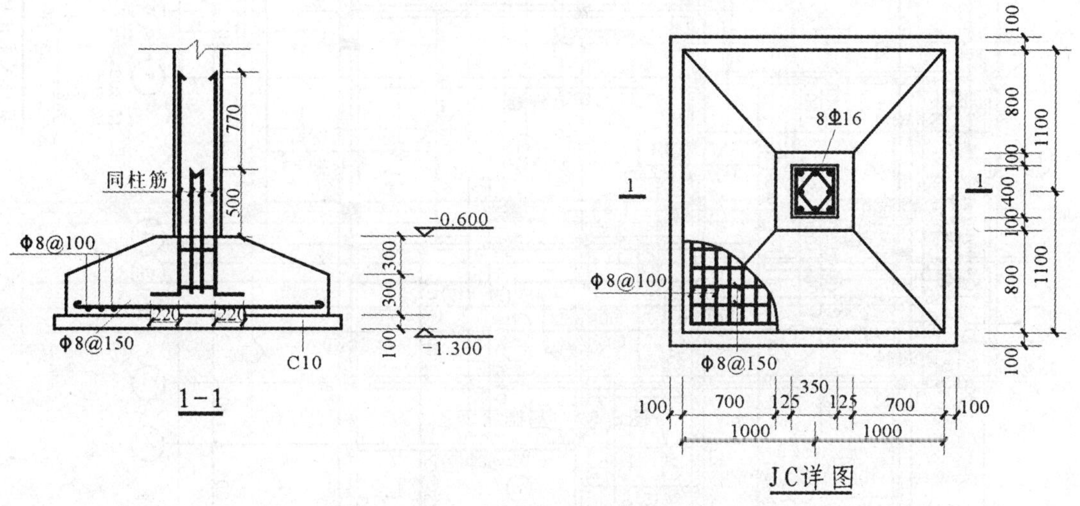

图 3-61　独立基础详图

7. 结构图

(1)楼层结构平面图的识读

1)了解图名与比例。如图 3-62 某商住楼楼层结构平面图。

2)与建筑平面图对照，了解楼层结构平面图的定位轴线。

3)通过结构构件代号了解该楼层中结构构件的位置与类型。

4)了解现浇板的配筋情况及板的厚度。

5）了解各部位的标高情况，并与建筑标高对照，了解装修层的厚度。

6）如有预制板，了解预制板的规格、数量等级和布置情况。

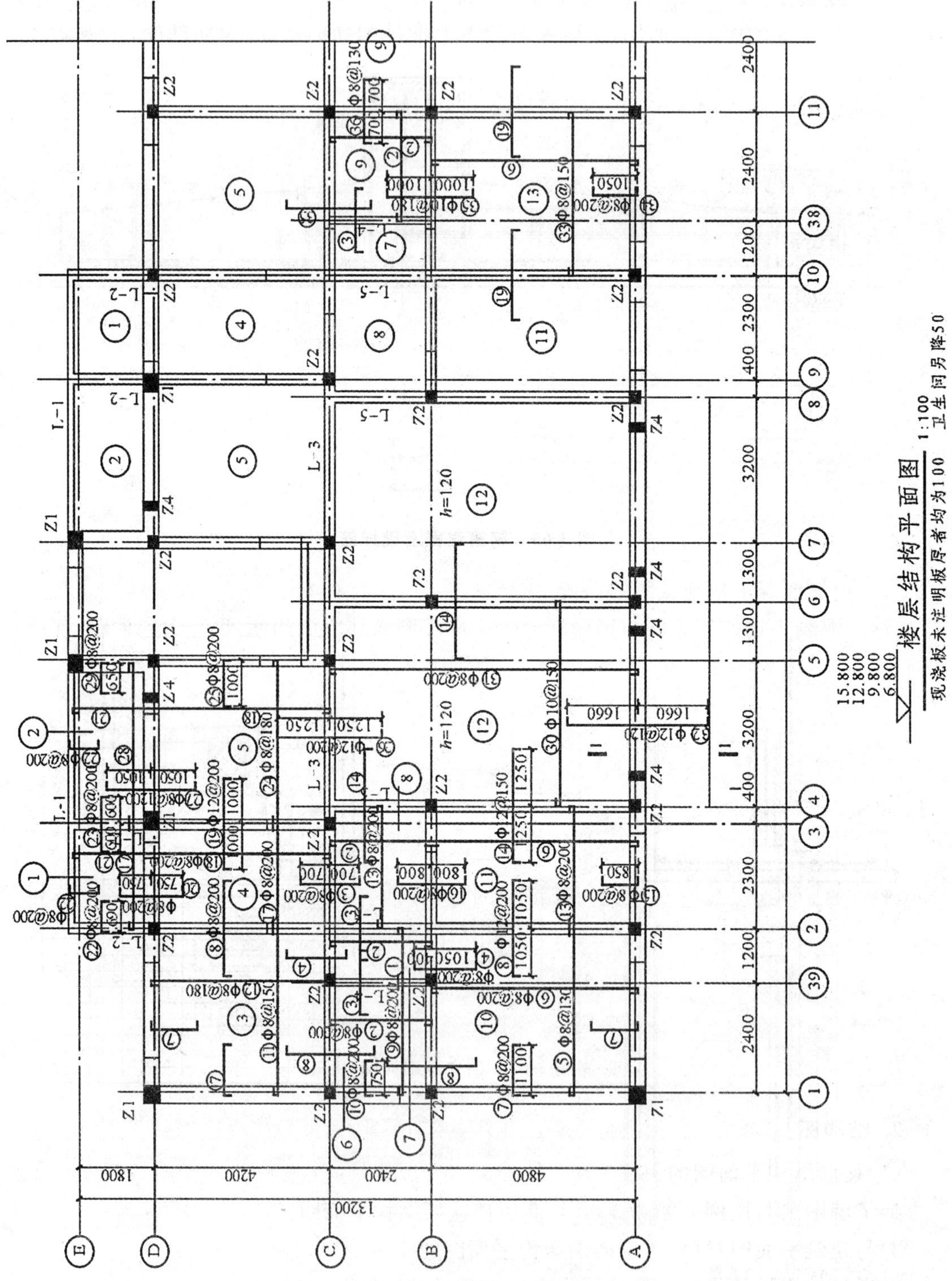

图 3-62　楼层结构平面图

(2)钢筋混凝土梁施工图的识读

1)读图名与比例。

2)看模板图。

3)阅读配筋图中的立面图,了解在该梁中上下排配筋的情况,箍筋的配置,箍筋有没有加密区。

4)阅读断面图。图 3-63 是一钢筋混凝土梁配筋图。

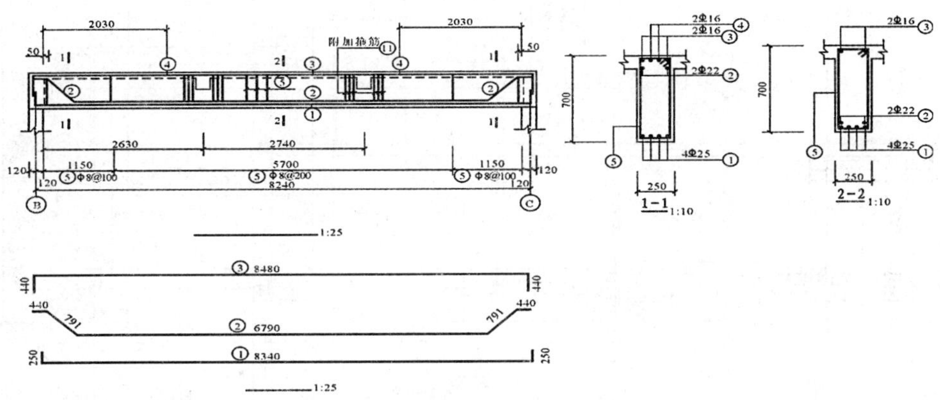

图 3-63　钢筋混凝土梁配筋图

(3)钢筋混凝土柱施工图的识读

钢筋混凝土柱的施工图与钢筋混凝土梁施工图表达方法相同,也是由模板图、配筋图和钢筋表组成,图 3-64 是一钢筋混凝土柱的施工图。

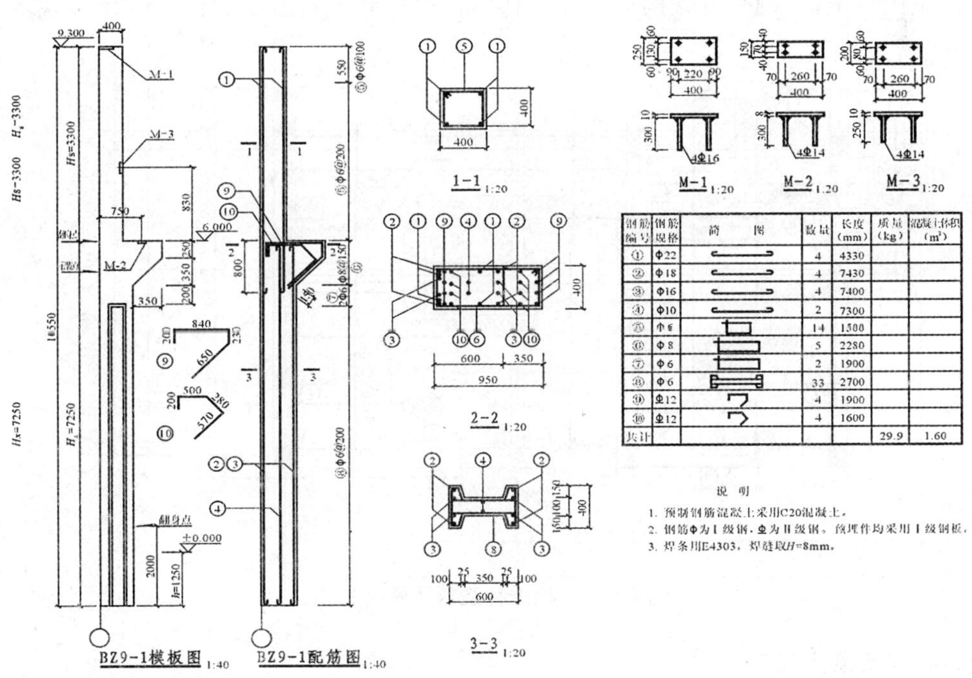

钢筋编号	钢筋规格	简图	数量	长度(mm)	质量(kg)	混凝土体积(m³)
①	Φ22		4	4330		
②	Φ18		4	7430		
③	Φ16		4	7400		
④	Φ10		2	7300		
⑤	Φ6		14	1500		
⑥	Φ8		5	2280		
⑦	Φ6		2	1900		
⑧	Φ6		33	2700		
⑨	Φ12		4	1900		
⑩	Φ12		4	1600		
共计					29.9	1.60

图 3-64　钢筋混凝土柱配筋图

8. 柱高规定

(1)有梁板的柱高,自柱基上表面(或楼层上表面)至上一层楼板上表面之间的高度计算。如图 3-65(a)所示。

(2)无梁板的柱高,自柱基上表面(或楼板上表面)至柱帽下表面之间的高度计算。如图 3-65(b)计算。

(3)框架柱的柱高,自柱基上表面至柱顶高度计算。如图 3-65(c)所示。

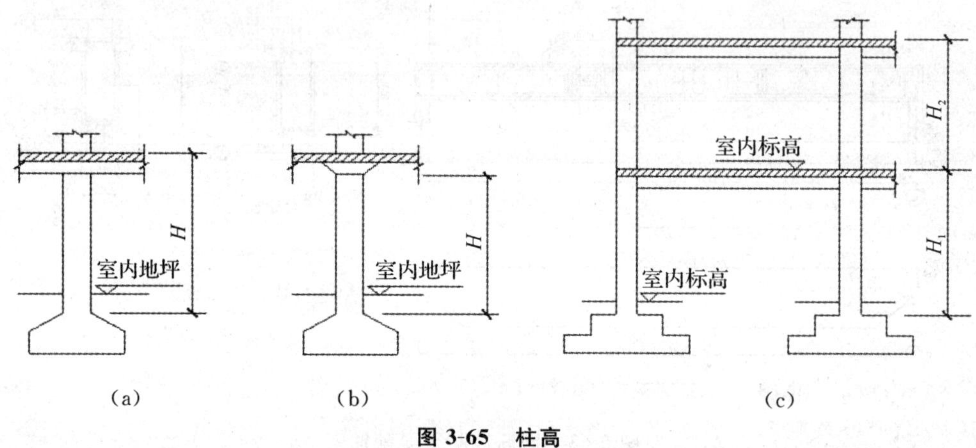

图 3-65 柱高

(4)构造柱按设计高度计算,构造柱与墙嵌结部分(马牙槎)的体积按构造柱出槎长度的一半(有槎与无槎的平均值)乘以出槎宽度再乘以构造柱柱高,并入构造柱体积内计算。如图 3-66(a)所示。

(5)依附柱上的牛腿、升板的柱帽并入柱体积内计算。如图 3-66(b)所示。

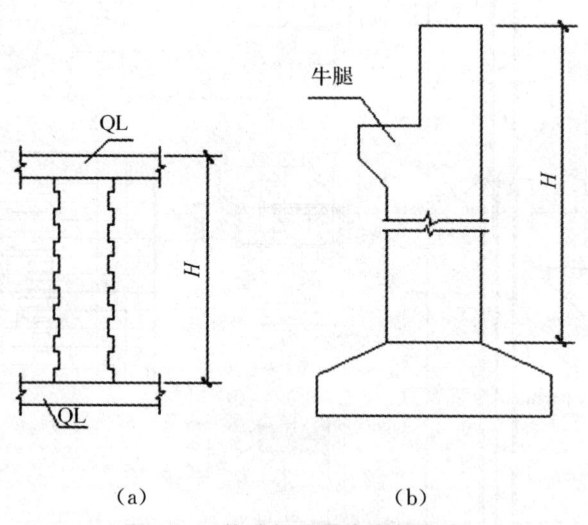

图 3-66 构造柱及带牛腿柱柱高

9. 梁长及梁高规定

(1)梁与柱连接时,梁长算至柱侧面,如图 3-67(a)所示。圈梁与构造柱连接时,圈梁长度算至构造柱侧面。构造柱有马牙槎时，圈梁长度算至构造柱主断面的侧面。

(2)主梁与次梁连接时，次梁长算至主梁侧面。深入墙体内的梁头、梁垫体积并入梁体积内计算。如图 3-67(b)所示。

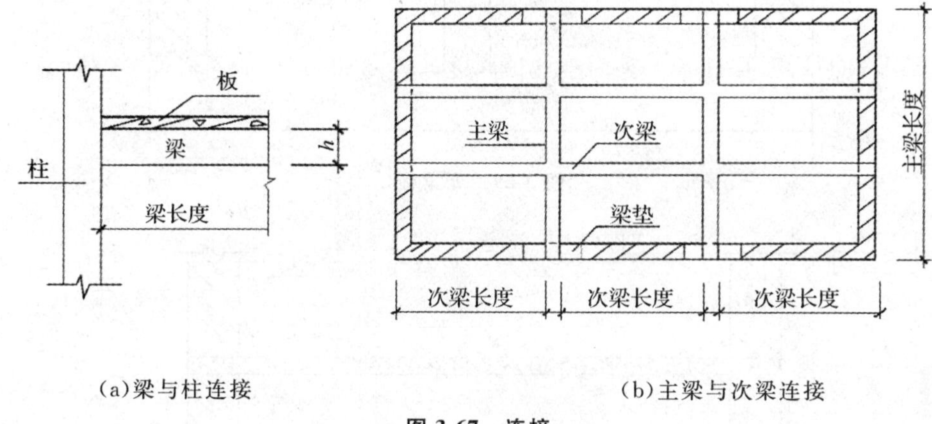

(a)梁与柱连接　　(b)主梁与次梁连接

图 3-67　连接

(3)圈梁与过梁连接时，分别套用圈梁、过梁定额。过梁长度按设计规定计算，设计无规定时，按门窗洞口宽度两端各加 250 mm 计算。混凝土过梁的长度按照图纸规定计算，如果图纸未作规定，则按门窗洞口宽度一侧各加 250 mm 计算过梁长度。

10. 板

各种板按以下规定计算：

(1)有梁板包括主、次梁及板，工程量按梁、板体积计算。如图 3-68 所示。

现浇有梁板混凝土工程量：

$$V_{\text{现浇有梁板混凝土}}=\text{图示长度}\times\text{图示宽度}\times\text{板厚}+V_{\text{主梁及次梁}}$$

$$V_{\text{主梁及次梁}}=\text{主梁长度}\times\text{主梁宽度}\times\text{肋高}+\text{次梁净长度}\times\text{次梁宽度}\times\text{肋高}$$

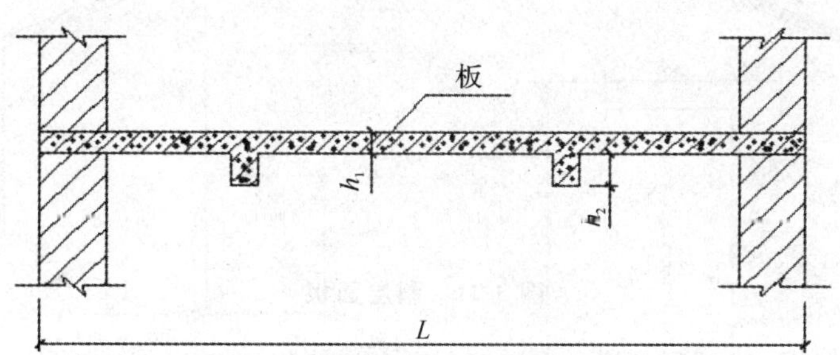

图 3-68　有梁板

(2)无梁板按板和柱帽体积之和计算。如图 3-69 所示。

(3)平板是指直接支撑在墙上的现浇楼板。平板按板图示体积计算，伸入墙内的板头、平板边沿的翻檐均并入平板体积内计算。如图 3-70 所示。

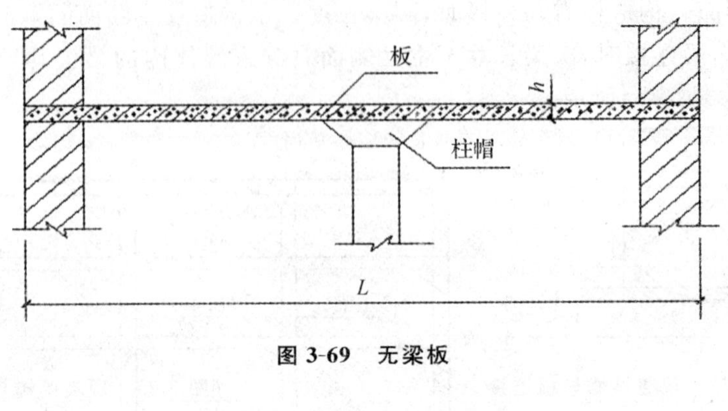

图 3-69　无梁板

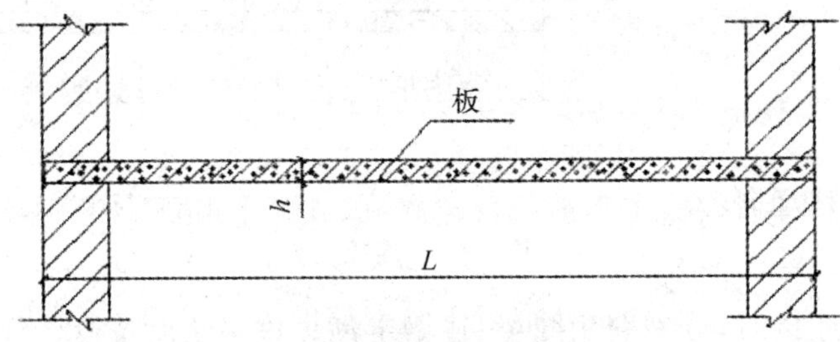

图 3-70　平板

(4)斜屋面是指斜屋面铺瓦用的钢筋混凝土基层板。斜屋面按板断面积乘以斜长，有梁时，梁板合并计算。屋脊处八字脚的加厚混凝土(素混凝土)已包括在消耗量内，不单独计算。如图 3-71 所示。

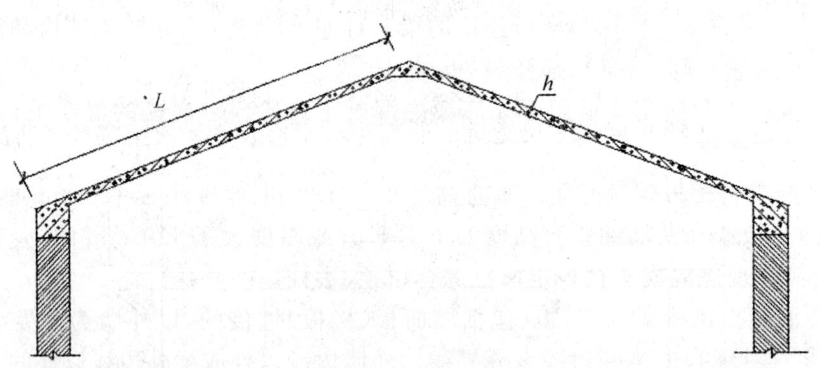

图 3-71　斜屋面板

(5)现浇挑檐与板(包括屋面板)连接时，以外墙外边线为界线，如图 3-72 所示。与圈梁(包括其他梁)连接时，以梁外边线为界线。外边线以外为挑檐。如图 3-73 所示。

【提示】

密肋板，按板与肋体积之和计算。

预制板补现浇板缝，板底缝宽大于 100 mm 时，按平板计算；板底缝宽大于 40 mm 时，按小型构件计算。

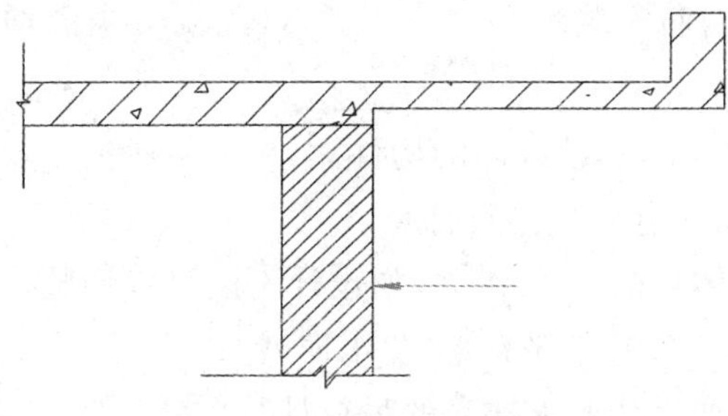

图 3-72　现浇挑檐与板连接

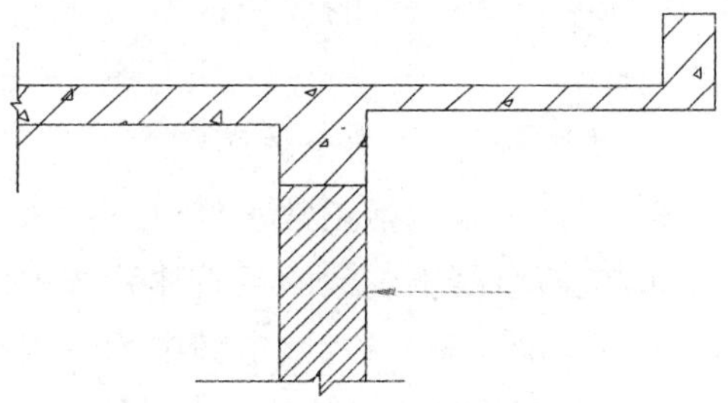

图 3-73　现浇挑檐与梁连接

3.6.2 《福建省建筑工程消耗量定额》(FJYD-101-2005)

(以下顺序与《福建省建筑工程消耗量定额》章节顺序相同)

第四章　混凝土与钢筋混凝土工程

说明

一、本章定额未包括大体积混凝土施工的测温费用,设计有要求的另行计算。

二、现浇混凝土及预制混凝土

1. 现浇混凝土整体楼梯定额已包括楼梯段、楼梯梁(包括楼梯与休息平台连接梁、斜梁、休息平台四周的梁及楼梯与楼板连接的梁)、休息平台板,不分框架结构和混合结构,但未包括底层起步梯基础(或梁)、梯柱、栏板、栏杆。

2. 现浇混凝土台阶定额适用于无底模的混凝土台阶。有底模的混凝土台阶应按整体楼梯的有关规定计算。

3. 现浇混凝土栏板定额适用于垂直高度小于 1.6 m、厚度小于 120 mm 的栏板或女儿墙,如设计的栏板或女儿墙的垂直高度大于 1.6 m 或厚度大于 120 mm 的,应分别套用墙、柱及压顶定额。现浇混凝土栏板定额已综合压顶、小柱。

4. 现浇混凝土挑檐天沟:与板(包括屋面板、楼板)连接的,以外墙为分界线;与圈过梁(包括其他梁)连接的,以梁外边线为分界线。外墙边线以外或梁外边线以外的为挑檐大沟。

5. 独立基础(独立桩承台)、满堂基础(满堂桩承台)与带形基础(带形桩承台)的划分:长宽比在 3 倍以内且底面积在 20 m^2 以内的为独立基础(独立桩承台),底宽在 3 m 以上且底面积在 20 m^2 以上的为满堂基础(满堂桩承台),其余为带形基础(带形桩承台)。

6. 板的划分

(1)有梁板是指梁与板构成一体,包括板和梁。

(2)无梁板是指板无梁直接用柱头支撑,包括板和柱帽。

(3)平板是指板无柱、无梁由墙承重。

(4)屋面檐口斜板包括斜板、压顶、肋板或小柱,按栏板定额项目人工、机械乘以系数 1.15 计算。

(5)屋面板为斜屋面的:水平夹角＞60°的按墙的有关规定计算,钢筋安装增加 2.5 工日/t。水平夹角≤60°的按板的有关规定计算,钢筋安装增加 2.5 工日/t,混凝土浇灌增加 0.2 工日/m^3。

7. 小型构件:指单个体积或单个外形体积在 0.05 m^3以内的构件。

8. 定额中未包括正常水位以下排水或抽水,如有发生另行计算。

9. 毛石混凝土定额的毛石体积按占混凝土体积的 15%考虑,如设计不同可以调整。

10. 现浇混凝土柱、墙定额中均按规范要求考虑了底部灌 1∶2 水泥砂浆。

11. 预制构件定额均未包括水泥砂浆抹光,如设计要求抹光的另行计算。

12. 设计要求在混凝土中掺外加剂的,费用另行计算,如有节约水泥用量应予扣除。

13. 预制构件定额中构件安装是按履带式吊装机械考虑的,实际使用机械不同可以调整。

14. 仿古建筑混凝土

(1)混凝土仅编制现浇混凝土构件项目。

(2)混凝土弧形屋面不论弧度大小套用亭屋面板定额。

(3)戗翼板是指在翘角部位连有摔网椽的翼角板,其工程量包括摔网椽和板。

(4)椽望板是指在飞檐部位连有飞椽和出檐椽重叠的板,其工程量包括飞椽、檐椽和板。

(5)亭屋面板是指为曲线状的亭面板。

(6)中式屋架是指立帖式屋架,包括立柱、童柱、大梁、双步。

(7)古式零件是指梁垫、蒲鞋头、短机、云头、小浪机、插角、宝顶、莲花头子、花饰块以及单个体积或外形体积在 0.05 m^3以内的古式小构件。

(8)栏杆、栏板包括现浇柱、扶手、下坎及栏杆柱之间的栏杆件。

(9)钢筋制作安装项目及本小节未编列的混凝土项目,在套用本章其他各节定额时,人工、机械乘以系数 1.2。

三、构筑物混凝土

1. 毛石基础定额未考虑抗震和地下排水及淤泥处理因素,如有发生另行计算。

2. 钢滑模施工的混凝土强度等级已按设计混凝土强度等级提高一级编制,换算设计混凝土强度等级时应按设计要求提高一级,压光用的水泥砂浆不再计算。

工程量计算规则

一、现浇混凝土

1. 垫层:按设计图示尺寸以体积计算。

2. 基础(含带形基础、独立基础、满堂基础、设备基础、桩承台基础):按设计图示尺寸以体积计算,不扣除构件内钢筋、预埋铁件和伸入承台基础的桩头所占体积。

3. 柱:按设计图示尺寸以体积计算。不扣除构件内钢筋、预埋铁件所占体积。柱高:

(1)有梁板的柱高:自柱基上表面(或楼板上表面)至上一层楼板上表面之间的高度计算。

(2)无梁板的柱高:自柱基上表面(或楼板上表面)至柱帽下表面之间的高度计算。

(3)框架柱的柱高:应自柱基上表面至柱顶高度计算。

(4)构造柱按全高计算,嵌接墙体部分并入柱身体积。

(5)依附柱上的牛腿和升板的柱帽并入柱身体积计算。

4. 梁(含基础梁、矩形梁、异形梁、圈梁、过梁、弧形梁、拱形梁):按设计图示尺寸以体积计算。不扣除构件内钢筋、预埋铁件所占体积,伸入墙内的梁头、梁垫并入梁体积内。梁长:梁与柱连接时,梁长算至柱侧面;主梁与次梁连接时,次梁长算至主梁侧面。

5. 墙(含直形墙、弧形墙):按设计图示尺寸以体积计算。不扣除构件内钢筋、预埋铁件所占体积,扣除门窗洞口及单个面积 0.3 m^2 以外的孔洞所占体积。

(1)墙高从基础(楼板)上表面算至上一层楼板的梁(板)底。

(2)附墙的暗柱、暗梁及突出墙面部分并入墙体体积计算。

6. 板

(1)有梁板、无梁板、平板、拱板、薄壳板:按设计图示尺寸以体积计算,不扣除构件内钢筋、预埋铁件及单个面积 0.3 m^2 以内的孔洞所占体积。有梁板(包括主、次梁与板)按梁、板体积之和计算,无梁板按板和柱帽体积之和计算,各类板伸入墙内的板头并入板体积内计算,薄壳板的肋、基梁并入薄壳体积内计算。

(2)天沟、挑檐板:按设计图示尺寸以体积计算。

(3)雨篷、阳台板:按设计图示尺寸以墙外部分体积计算,包括伸出墙外的牛腿和雨篷反挑檐的体积。阳台板套有梁板定额子目。

(4)其他板:按设计图示尺寸以体积计算。

7. 栏板:按设计图示尺寸以体积计算。

8. 楼梯(含直形楼梯、弧形楼梯):按墙内皮的水平投影面积计算,伸入墙内部分不另增加,宽度小于 50 cm 的楼梯井不扣除。

9. 室外整体楼梯按墙外的水平投影面积计算。

10. 其他构件:散水、坡道按设计图示尺寸以面积计算,不扣除单个 0.3 m^2 以内的孔洞所占面积。其他构件按设计图示尺寸以体积计算,不扣除构件内钢筋、预埋铁件所占体积。

11. 后浇带:按设计图示尺寸以体积计算。

12. 仿古建筑混凝土及钢筋混凝土

(1)除另有规定外均按设计图示尺寸以体积计算,不扣除构件内的钢筋、预埋铁件、板中 0.3 m^3 以内的孔洞体积。

(2)嫩戗、桁条、梓桁、枋子、连机与柱连接时,长度按柱间净距计算。

二、预制混凝土:按设计图示尺寸以体积计算,不扣除构件内钢筋、预埋铁件及单个尺寸 300 mm * 300 mm 以内的孔洞所占体积,空心板、烟道、垃圾道、通风道的孔洞所占体积应扣除。

三、构筑物混凝土

1. 构筑物混凝土按设计图示尺寸以体积计算,不扣除构件内钢筋、预埋铁件及单个面积 0.3 m^2 以内的孔洞所占体积。

2. 贮水(油)池:池底不分平底、锥底、坡底并入池底计算;池壁不分圆形壁和矩形壁及壁基梁并入池壁计算;池壁高度应自池底顶面至池盖底面计算;无梁池盖、有梁池盖均套池盖定额。

3. 贮仓:贮仓立壁与漏斗(斜壁)分界线按相互交叉点的水平线为界,壁上的圈梁并入漏斗(斜壁)计算;壁的高度应自底板顶面至顶板底面计算;板和梁并入顶板计算;支承漏斗的柱和柱间的连系梁及其他项目分别套用现浇混凝土相应定额计算。

4. 水塔:水塔基础与塔身以设计标高±0.00为界,±0.00以下为基础,以上为塔身;筒身与槽底以槽底连接的圈梁底为界,以上为槽底,以下为筒身;筒式塔身及依附于筒身的过梁、雨篷挑檐等并入筒身体积内计算;柱式塔身不分柱、梁合并计算;水箱塔顶含顶板,槽底含底板;底板挑出的斜壁板及其圈梁等并入底板计算。

5. 烟囱:基础与筒身以设计标高±0.00为分界线,±0.00以下为基础,以上为筒身;烟囱的钢筋混凝土集灰斗(包括分隔墙、水平隔墙、梁、柱等)均分别套用现浇混凝土相应定额计算。

3.6.3 清单工程量计算规则

1. 现浇混凝土基础,包括带形基础、独立基础、满堂基础、设备基础、桩承台基础、垫层等,按设计图示尺寸以体积计算,不扣除构件内钢筋、预埋铁件和伸入承台基础的桩头所占体积。

2. 现浇混凝土柱,包括矩形柱、异形柱和构造柱等。

(1)按设计图示尺寸以体积计算,不扣除构件内钢筋、预埋铁件所占体积。

(2)柱高按以下规定计算:

1)有梁板的柱高,应自柱基上表面(或楼板上表面)至上一层楼板上表面之间的高度计算。

2)无梁板的柱高,应自柱基上表面(或楼板上表面)至柱帽下表面之间的高度计算。

3)框架柱的柱高应自柱基上表面至柱顶高度计算。

4)构造柱按全高计算,嵌接部分的体积并入柱身体积。

5)依附柱上的牛腿和升板的柱帽并入柱身体积内计算。柱的高度除了无梁板柱的高度计算至柱帽下表面,其他柱都计算全高。

3. 现浇混凝土梁,包括基础梁、矩形、异形梁、圈梁、过梁、弧形梁、拱形梁等,按设计图示尺寸以体积计算,不扣除构件内钢筋、预埋铁件所占体积,伸入墙内的梁头、梁垫体积并入梁体积内计算。梁长:梁与柱连接时,梁长算至柱侧面;主梁与次梁连接时,次梁长算至主梁侧面。简而言之,截面小的梁长度计算至截面大的梁的侧面。

4. 现浇混凝土墙,包括直形墙、弧形墙等,按设计图示尺寸以体积计算,不扣除构件内钢筋、预埋铁件所占体积,扣除门窗洞口及单个面积0.3 m^2以外孔洞所占体积,墙垛及突出部分并入墙体积内计算。

5. 现浇混凝土板,包括有梁板、无梁板、平板、拱板、栏板等,按设计图示尺寸以体积计算,不扣除构件内钢筋、预埋铁件及单个面积0.3 m^2以内孔洞所占体积。有梁板(包括主、次梁与板)按梁、板体积之和计算,无梁板按板和柱帽体积之和计算,各类板伸入墙内的板头并入板体积内计算,薄壳板的肋、基梁并入薄壳体积内计算。

6. 现浇混凝土楼梯,包括直形楼梯、弧形楼梯等,按设计图示尺寸以水平投影面积计算,不扣除宽度小于500 mm的楼梯井,伸入墙内部分不计算;整体楼梯(包括直形楼梯、弧形楼梯)水平投影面积包括休息平台、平台梁、斜梁和楼梯的连接梁。当整体楼梯与现浇楼板无梯梁连接时,以楼梯的最后一个踏步边缘加300 mm为界。

7. 现浇混凝土板

(1)天沟、挑檐、其他板按设计图示尺寸以体积计算。

(2)雨篷、阳台板按设计图示尺寸以墙外部分体积计算,包括伸出墙外牛腿和雨篷反挑檐的体积。

(3)现浇挑檐、天沟板、雨篷、阳台与板(包括屋面板、楼板)连接时,以外墙外边线为分界线;与圈梁(包括其他梁)连接时,以梁外边线为分界线。外边线以外为挑檐、天沟、雨篷或阳台。

(4)预制F形板、双T形板、单肋板和带反挑檐的雨篷板、挑檐板、遮阳板等,应按带肋板项目编码列项。

8. 现浇混凝土其他构件

(1)其他构件按图示尺寸以体积计算,不扣除构件内钢筋、预埋件铁件所占体积。

(2)散水、坡道按设计图示尺寸以面积计算,不扣除单个0.3 m^2以内的孔洞所占面积。

(3)电缆沟、地沟按设计图示以中心线长度计算。

(4)混凝土小型池槽、压顶、扶手、台阶、门框、垫块、隔热板、花格等应按其他构件项目编码列项。其中扶手、压顶(包括伸入墙内的长度)应按延长米计算,台阶应按水平投影面积计算。注意扶手、压顶伸入墙内的长度也要计算。

9. 后浇带按设计图示尺寸以体积计算。后浇带项目适用于基础、梁、墙、板的后浇带。

10. 预制混凝土柱按设计图示尺寸以体积或以数量计算,不扣除构件内钢筋、预埋铁件所占体积。

11. 预制混凝土梁如矩形梁、异形梁、过梁、拱形梁、鱼腹式吊车梁,预制混凝土屋架如折线型屋架、组合屋架、薄腹屋架、三角形屋架等,均按设计图示尺寸以体积计算,不扣除构件内钢筋、铁件所占体积。

12. 预制混凝土板如平板、空心板、槽形板、网架板、折线板、带肋板、大型板等,按设计图示尺寸以体积计算,不扣除构件内钢筋、铁件及300 mm×300 mm以内孔洞所占体积,扣除空心板空洞体积。沟盖板、井盖板、井圈按设计图示尺寸以体积计算,不扣除构件内钢筋、预埋铁件所占体积。

13. 预制混凝土楼梯、其他预制构件按设计图示尺寸以体积计算,不扣除构件内钢筋、预埋铁件及单个尺寸300 mm×300 mm以内孔洞所占体积。预制混凝土楼梯扣除空心踏步板空洞体积。其他预制构件如混凝土其他构件、水磨石构件、烟道、垃圾道、通风道等扣除烟道、垃圾道、通风道的孔洞所占体积。

14. 混凝土构筑物如贮水油池、贮仓、水塔、烟囱等按设计图示尺寸以体积计算,不扣除构件内钢筋、预埋铁件及面积0.3 m^2以内孔洞所占体积。

3.7 钢筋工程

3.7.1 相关知识

1. 钢筋的作用

钢筋在混凝土构件中的位置不同，其作用也各不相同。受力筋在梁、板、柱中主要承担拉、压作用，架立筋与箍筋在梁中固定受力筋的位置，分布筋固定板中受力筋的位置。如图3-74所示。

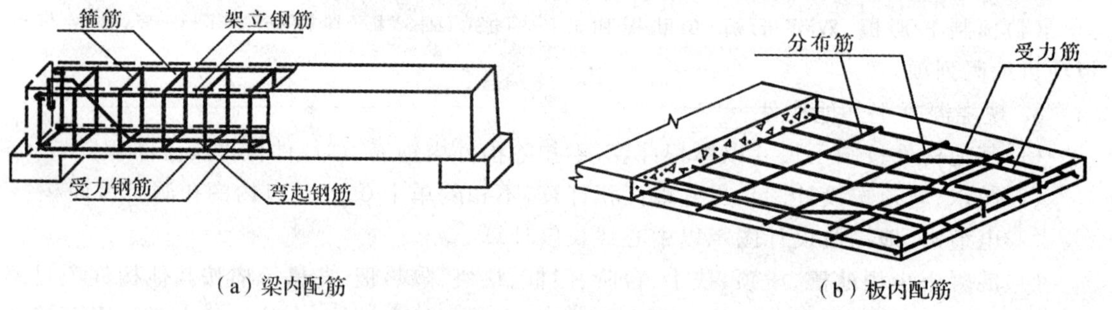

（a）梁内配筋　　（b）板内配筋

图3-74　梁、板内钢筋的作用

因构造或施工需要而设置在混凝土中的其他钢筋有锚固钢筋、腰筋、构造筋、吊钩等。

2. 钢筋的弯钩及保护层

(1)钢筋的弯钩

为了增加钢筋与混凝土的粘结力，绑扎骨架中的钢筋，尤其是一级受力筋，通常在两端做成半圆形弯钩或直弯钩，如图3-75所示。

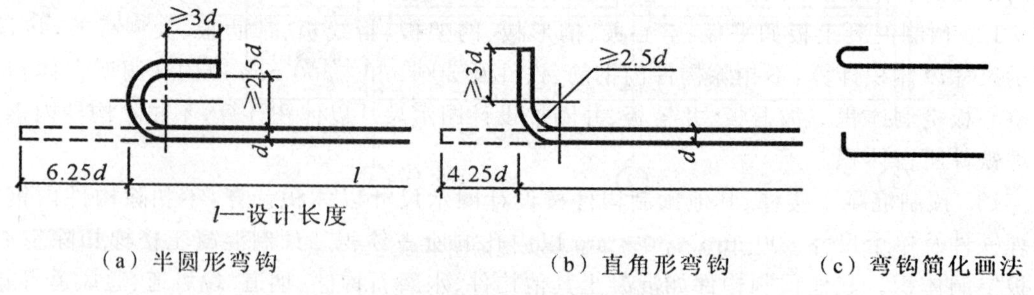

（a）半圆形弯钩　　（b）直角形弯钩　　（c）弯钩简化画法

图3-75　钢筋的弯钩

(2)钢筋的保护层

为了防止钢筋在空气中锈蚀，并使钢筋有足够的握裹力及防火的需要，钢筋外边缘和混凝土构件外表面应有一定的厚度，这个厚度的混凝土层叫作保护层。

(3)钢筋的标注方法

在施工图中钢筋通常用符号表示，如：

3∅16 表示 3 根直径为 16 mm 的Ⅰ级钢筋。

∅8@200 表示直径为 8 mm 的钢筋平行排列，间距 200 mm。

3∅20 表示 3 根直径为 20 mm 的Ⅱ级钢筋。

3. 梁平面整体表示法

(1)平面注写方式

平面注写方式是在梁平面布置图上分别在不同编号的梁中各选一根梁，在其上注写截面尺寸和配筋具体数值的方式表达梁平法施工图。

平面注写包括集中标注和原位标注。集中标注表达梁的通用数值，原位标注表达梁的特殊数值。如图 3-76 所示。

梁集中标注的内容为四项必注值和一项选注值，它们分别是：

1)梁编号。梁编号为必注值，编号方法如表 3-5 所示。

表 3-5　梁编号

梁类型	代号	序号	跨数及是否带有悬挑
楼层框架梁	KL	××	(××)、(××A)或(××B)
屋面框架梁	WKL	××	(××)、(××A)或(××B)
框支梁	KZL	××	(××)、(××A)或(××B)
非框架梁	L	××	(××)、(××A)或(××B)
悬挑梁	XL	××	(××)、(××A)或(××B)

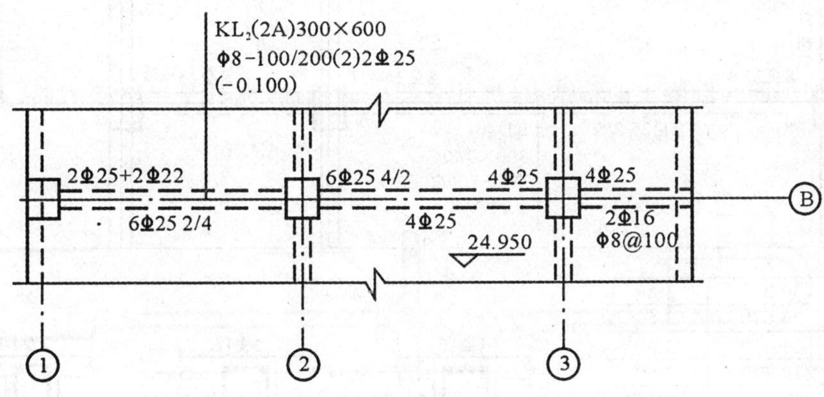

图 3-76　梁平面整体配筋图平面注写方式

2)梁截面尺寸。梁截面尺寸为必注值，用 $b\times h$ 表示。当有悬挑梁，且根部和端部的高度不相同时，用 $b\times h_1/h_2$ 表示。

3)梁箍筋。梁箍筋为必注值，包括箍筋级别、直径、加密区与非加密区间距及支数。

4)梁上部贯通筋和架立筋根数。

5)梁顶面标高高差。此项为选注值。梁顶面标高高差是指相对于结构层楼面标高的高差值，如图 3-76 所示。

（2）截面注写方式

截面注写方式是在分标准层绘制的梁平面布置图上分别在不同编号的梁中各选择一根梁，用剖面号引出配筋图，并在其上注写截面尺寸和配筋具体数值的方式表达梁平法施工图。如图 3-77 所示。

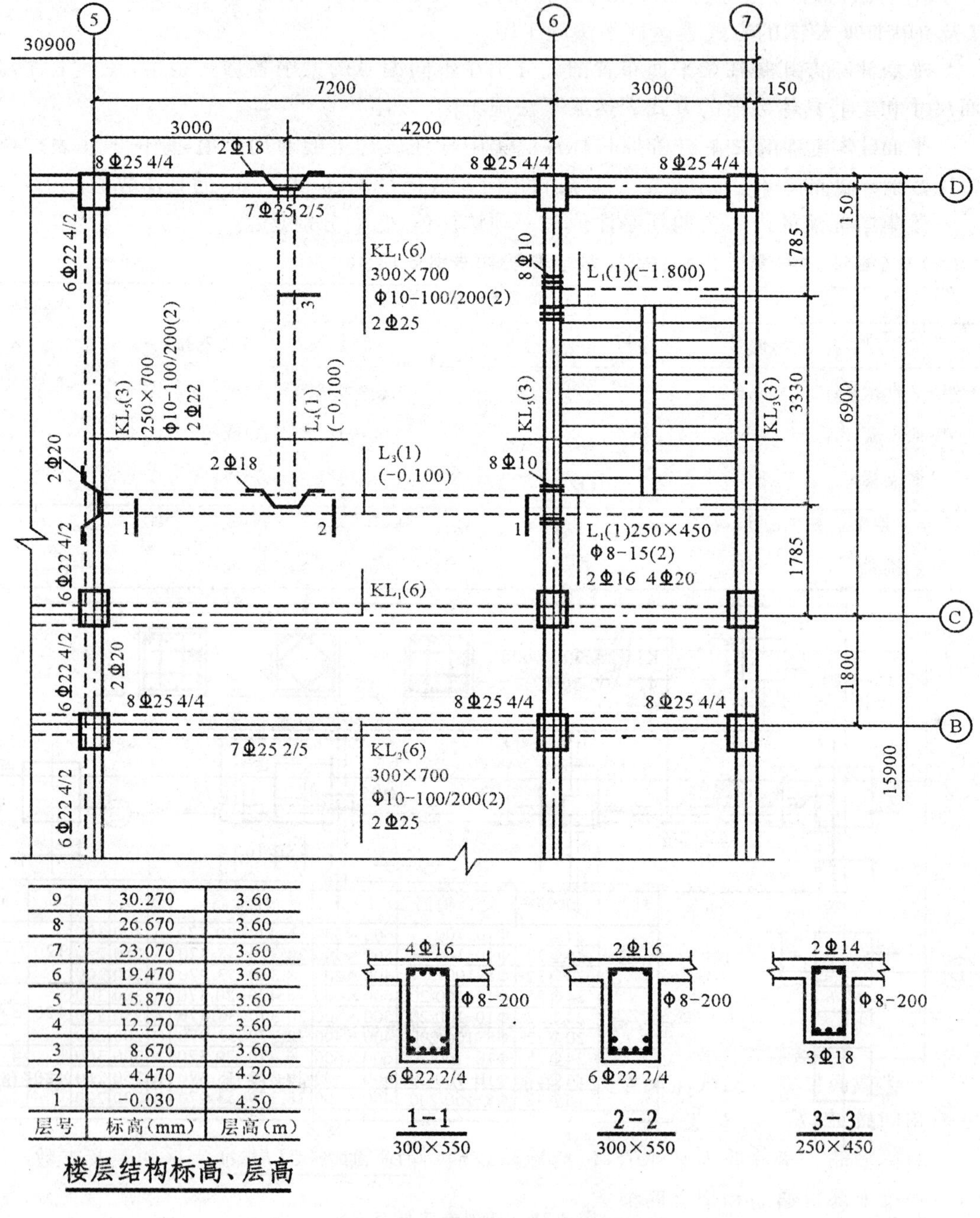

层号	标高(mm)	层高(m)
9	30.270	3.60
8	26.670	3.60
7	23.070	3.60
6	19.470	3.60
5	15.870	3.60
4	12.270	3.60
3	8.670	3.60
2	4.470	4.20
1	-0.030	4.50

楼层结构标高、层高

图 3-77　梁平法施工图截面注写方式

在截面配筋图上注写截面尺寸 $b\times h$、上部筋、下部筋、侧面筋和箍筋的具体数值时，其表达方式与平面注写方式相同。

4. 柱平面整体表示法

(1)列表注写方式

列表注写方式是在柱平面布置图上分别在同一编号的柱中选择一个截面标注几何参数代号，在柱表中注写柱号、柱段起止标高、几何尺寸与配筋的具体数值，并配以各种柱截面形状及其箍筋类型图的方式表达柱平法施工图。

列表注写的内容有：

1)注写柱编号；

2)注写各段柱的起止标高；

3)注写截面尺寸 $b\times h$ 及轴线关系的几何参数代号 b_1、b_2 和 h_1、h_2 的具体数值；

4)注写柱纵筋。

表 3-6　柱编号

柱类型	代号	序号
框架柱	KZ	××
框支柱	KZZ	××
梁上柱	LZ	××
剪力墙上柱	QZ	××

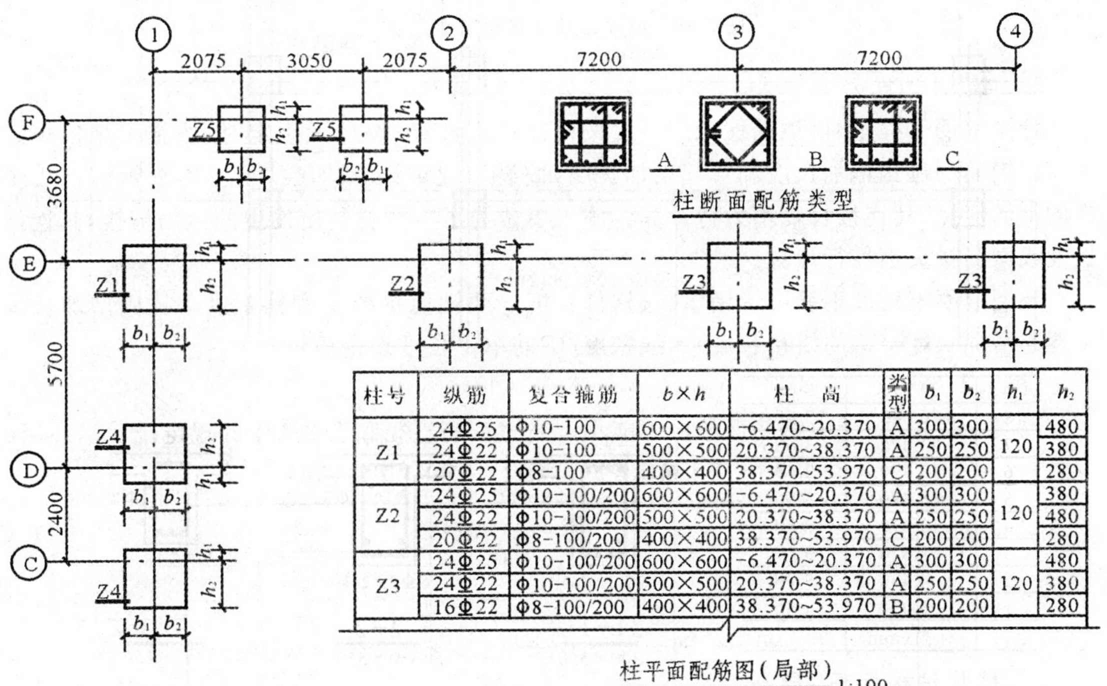

柱号	纵筋	复合箍筋	$b\times h$	柱　高	类型	b_1	b_2	h_1	h_2
Z1	24Φ25	Φ10-100	600×600	-6.470~20.370	A	300	300	120	480
	24Φ22	Φ10-100	500×500	20.370~38.370	A	250	250		380
	20Φ22	Φ8-100	400×400	38.370~53.970	C	200	200		280
Z2	24Φ25	Φ10-100/200	600×600	-6.470~20.370	A	300	300	120	380
	24Φ22	Φ10-100/200	500×500	20.370~38.370	A	250	250		480
	20Φ22	Φ8-100/200	400×400	38.370~53.970	C	200	200		280
Z3	24Φ25	Φ10-100/200	600×600	-6.470~20.370	A	300	300	120	480
	24Φ22	Φ10-100/200	500×500	20.370~38.370	A	250	250		380
	16Φ22	Φ8-100/200	400×400	38.370~53.970	B	200	200		280

图 3-78　柱列表注写方式

(2)柱平法施工图截面注写方式

柱平法施工图截面注写方式是在分标准层绘制的柱平面布置图的柱截面上分别在同一编号的柱中选择一个截面，以直接注写截面尺寸和配筋具体数值的方式表达柱平法施工图。

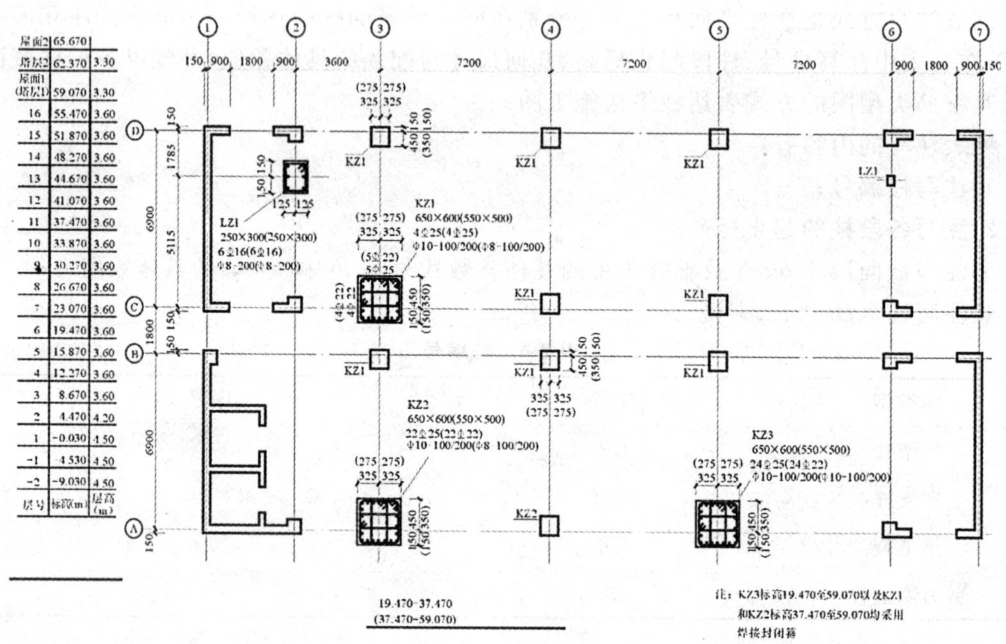

图 3-79　柱平法施工图截面注写方式

5. 钢筋计算规定

计算钢筋工程量时，钢筋保护层厚度按设计规定计算；设计无规定时，按施工规范规定计算。钢筋的弯钩增加长度和弯起增加长度，按设计规定计算。已执行了本章钢筋接头子目的钢筋连接，其连接长度不另行计算。施工单位为了节约材料所发生的钢筋搭接，其连接长度或钢筋接头不另行计算。

现浇混凝土构件钢筋图示用量＝(构件长度－两端保护层＋弯钩长度＋锚固增加长度＋弯起增加长度＋钢筋搭接长度)×线密度(钢筋单位长度理论质量)

【提示】

混凝土保护层：受力钢筋保护层不能小于受力钢筋直径和表 3-7 中的规定。

表 3-7　受力钢筋保护层厚度(11G101-1 图集规定)

环境类别	板、墙	梁、柱
一	15	20
二 a	20	25
二 b	25	35
三 a	30	40
三 b	40	50

混凝土结构的环境类别见表 3-8 所示。

表 3-8　混凝土结构的环境类别(11G101-1 图集规定)

环境类别	条　件
一	室内干燥环境； 无侵蚀性静水浸没环境
二 a	室内潮湿环境； 非严寒和非寒冷地区的露天环境； 非严寒和非寒冷地区与无侵蚀性的水或土壤直接接触的环境； 严寒和寒冷地区的冰冻线以下与无侵蚀性的水或土壤直接接触的环境
二 b	干湿交替环境； 水位频繁变动环境； 严寒和寒冷地区的露天环境； 严寒和寒冷地区冰冻线以上与无侵蚀性的水或土壤直接接触的环境
三 a	严寒和寒冷地区冬季水位变动区环境； 受除冰盐影响环境； 海风环境
三 b	盐渍土环境； 受除冰盐作用环境； 海岸环境
四	海水环境
五	受人为或自然的侵蚀性物质影响的环境

弯钩增加长度、弯起钢筋增加长度如图 3-80 所示。板中上皮筋直钩长度一般为板厚减一个保护层。

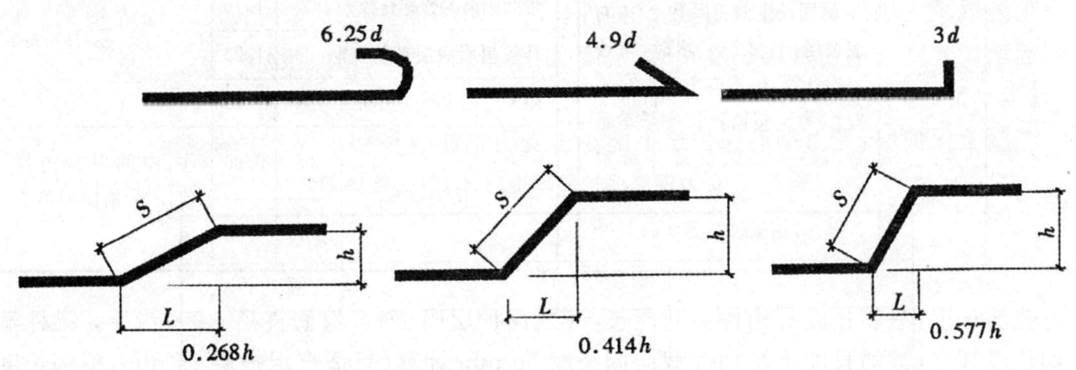

图 3-80　钢筋弯钩、弯起钢筋增加长度

钢筋锚固及搭接长度：纵向受拉钢筋抗震锚固长度，按表 3-9 计算。

表 3-9 受拉钢筋基本锚固长度(11G101-1 图集规定)

钢筋种类	抗震等级	混凝土强度等级								
		C20	C25	C30	C35	C40	C45	C50	C55	≥C60
HPB300	一、二级(l_{abE})	45d	39d	35d	32d	29d	28d	26d	25d	24d
	三级(l_{abE})	41d	36d	32d	29d	26d	25d	24d	23d	22d
	四级(l_{abE}) 非抗震(l_{ab})	39d	34d	30d	28d	25d	24d	23d	22d	21d
HRB335 HRBF335	一、二级(l_{abE})	44d	38d	33d	31d	29d	26d	25d	24d	24d
	三级(l_{abE})	40d	35d	31d	28d	26d	24d	23d	22d	22d
	四级(l_{abE}) 非抗震(l_{ab})	38d	33d	29d	27d	25d	23d	22d	21d	21d
HRB400 HRBF400 RRB400	一、二级(l_{abE})	—	46d	40d	37d	33d	32d	31d	30d	29d
	三级(l_{abE})	—	42d	37d	34d	30d	29d	28d	27d	26d
	四级(l_{abE}) 非抗震(l_{ab})	—	40d	35d	32d	29d	28d	27d	26d	25d
HRB500 HRBF500	一、二级(l_{abE})	—	55d	49d	45d	41d	39d	37d	36d	35d
	三级(l_{abE})	—	50d	45d	41d	38d	36d	34d	33d	32d
	四级(l_{abE}) 非抗震(l_{ab})	—	48d	43d	39d	36d	34d	32d	31d	30d

纵向受拉钢筋抗震绑扎搭接长度按锚固长度乘修正系数计算,修正系数见表 3-10。

表 3-10 纵向受拉钢筋抗震绑扎搭接长度修正系数(11G101-1 图集规定)

受拉钢筋锚固长度 l_a、抗震锚固长度 l_{aE}

非抗震	抗　震	
$l_a=\zeta_a l_{ab}$	$l_{aE}=\zeta_{aE} l_a$	1. l_a 不应小于 200; 2. 锚固长度修正系数 ζ_a 按右表取用,当多于一项时,可按连乘计算,但不应小于 0.6; 3. ζ_{aE} 为抗震锚固长度修正系数,对一、二级抗震等级取 1.15,对三级抗震等级取 1.05,对四级抗震等级取 1.00

受拉钢筋锚固长度修正系数 ζ_a

锚固条件			
带肋钢筋的公称直径大于 25		1.10	—
环氧树脂涂层带肋钢筋		1.25	
施工过程中易受扰动的钢筋		1.10	
锚固区保护层厚度	3d	0.80	注:中间时按内插值,d 为锚固钢筋直径
	5d	0.70	

箍筋长度:箍筋长度=构件截面周长-8×保护层厚+4×箍筋直径+2×钩长。梁柱箍筋钩长没规定,箍筋长度可按构件截面周长减 50 mm 计算(只适合保护层 25 mm,单钩长度 75 mm 的情况)。

箍筋根数:箍筋根数=配置范围/箍筋间距+1。

钢筋单位理论质量:钢筋每米理论质量=0.006165×d^2或按表 3-11 计算。

表 3-11　钢筋单位理论质量表

钢筋直径 d	∅4	∅6.5	∅8	∅10	∅12	∅14	∅16
理论质量(kg/m)	0.099	0.260	0.395	0.617	0.888	1.208	1.578
钢筋直径 d	∅18	∅20	∅22	∅25	∅28	∅30	∅32
理论质量(kg/m)	1.998	2.466	2.984	3.850	4.830	5.550	6.310

3.7.2 《福建省建筑工程消耗量定额》(FJYD-101-2005)

(以下内容接《福建省建筑工程消耗量定额》第四章钢筋工程部分)

说明

1. 钢筋工程按现浇构件钢筋、预制构件钢筋、预应力钢筋及钢筋笼分别列项。

2. 定额未包括钢筋接头费用,可另行计算。

3. 预应力构件中的非预应力钢筋按预制构件钢筋的有关规定计算。

4. 预应力钢筋定额不包括人工时效处理,如设计要求做人工时效处理的,另行计算。

5. 设计的无粘结预应力钢绞线的锚具用量与定额取定不同时,按设计调整;设计的有粘结预应力钢绞线的锚具、水泥及波纹管用量与定额不同时,按设计调整。

6. 后张法钢筋锚固是按钢筋帮条焊、V形插垫编制的,如采用其他方法锚固的,另行计算。

工程量计算规则

1. 现浇混凝土钢筋、预制构件钢筋、钢筋网片、钢筋笼按设计图示钢筋(网)长度乘以单位理论质量计算。现浇构件中固定位置的支撑钢筋、双层钢筋用的“铁马”、伸出构件的锚固钢筋、预制构件的吊钩等应并入钢筋工程量内。钢筋接头如采用绑扎接头的,按设计(或规范)规定计算钢筋绑扎搭接长度的重量,并入相应钢筋重量内;如采用主筋焊接或其他机械方法连接的,另行计算钢筋接头费用并按设计(或规范)规定计算钢筋焊接搭接长度的重量,并入相应钢筋工程量内。

2. 后张法预应力钢筋、预应力钢丝、预应力钢绞线按设计图示钢筋(丝束、绞线)长度乘以单位理论质量计算。

(1)低合金钢筋两端均采用螺杆锚具时,钢筋长度按孔道长度减 0.35 m 计算,螺杆另行计算。

(2)低合金钢筋一端采用镦头插片,另一端采用螺杆锚具时,钢筋长度按孔道长度计算,螺杆另行计算。

(3)低合金钢筋一端采用镦头插片,另一端采用帮条锚具时,钢筋增加 0.15 m 计算;两端均采用帮条锚具时,钢筋长度按孔道长度增加 0.3 m 计算。

(4)低合金钢筋采用后张混凝土自锚时,钢筋长度按孔道长度增加 0.35 m 计算。

(5)低合金钢筋(钢绞线)采用 JM、XM、QM 型锚具,孔道长度在 20 m 以内时,钢筋长度增加 1 m 计算;孔道长度在 20 m 以外时,钢筋(钢绞线)长度按孔道长度增加 1.8 m 计算。

(6)碳素钢丝采用锥形锚具,孔道长度在 20 m 以内时,钢丝束长度按孔道长度增加 1 m

计算;孔道长在 20 m 以上时,钢丝束长度按孔道长度增加 1.8 m 计算。

(7)碳素钢丝束采用镦头锚具时,钢丝束长度按孔道长度增加 0.35 m 计算。

3. 预埋铁件:按设计图示尺寸以质量计算。

3.7.3 清单工程量计算规则

1. 钢筋、钢筋网片、钢筋笼等均按设计图示钢筋(网)长度(面积)乘以单位理论质量计算。

2. 对于预应力钢筋、钢丝、钢绞线的长度应按以下规定计算:

低合金钢筋两端均采用螺杆锚具时,钢筋长度按孔道长度减 0.35 m 计算,螺杆另行计算。

低合金钢筋一端采用墩头插片,另一端采用螺杆锚具时,钢筋长度按孔道长度计算,螺杆另行计算。

低合金钢筋一端采用墩头插片,另一端采用帮条锚具时,钢筋长度按孔道长度计算;两端均采用帮条锚具时,钢筋长度按孔道长度增加 0.3 m 计算。

低合金钢筋采用后张混凝土自锚时,钢筋长度按孔道长度增加 0.35 m 计算。

低合金钢筋(钢绞线)采用 JM、XM、QM 型锚具,孔道长度在 20 m 以内时,钢筋长度增加 1 m 计算;孔道长度 20 m 以外时,钢筋(钢绞线)长度按孔道长度增加 1.8 m 计算。

碳素钢丝采用锥形锚具,孔道长度 20 m 以内时,钢丝束长度按孔道长度增加 1 m 计算;孔道长在 20 m 以上时,钢丝束长度按孔道长度增加 1.8 m 计算。

碳素钢丝束采用镦头锚具时,钢丝束长度按孔道长度增加 0.35 m 计算。

3. 钢筋的工程量按以下方法计算,钢筋的长度的计算方法一定要掌握。

钢筋工程量=图示钢筋长度×单位理论质量

图示钢筋长度=构件尺寸-保护层厚度+弯起钢筋增加长度+两端弯钩长度+图纸注明的搭接长度

有关计算参数确定如下:

(1)钢筋的单位质量

钢筋单位质量可查表,也可根据钢筋直径计算理论质量,钢筋的容重可按 7850 kg/m^3 计算。

每米钢筋质量(kg/m)=0.00617×钢筋直径的平方(这里钢筋直径的单位是 mm)

(2)钢筋的混凝土保护层厚度

应根据混凝土结构工程施工及混凝土验收规范的规定确定。

(3)弯起钢筋增加长度

弯起钢筋增加的长度为 $S-L$。不同弯起角度的 $S-I$ 值计算可查表。

注:弯起钢筋高度 H=构件高度-保护层厚度。

(4)两端弯钩长度

采用Ⅰ级钢筋做受力筋时,两端需设弯钩,弯钩形式有 180°、90°、135°三种,三种形式的弯钩增加长度分别为 $6.25d$、$3.5d$、$4.9d$。

(5)图纸钢筋搭接

图纸注明的钢筋搭接长度应根据图纸标注确定,图纸未标注的受拉钢筋可按表3-9、3-10计算。受压钢筋的搭接长度按受拉钢筋搭接长度的0.7倍计算。

(6)箍筋长度的计算

矩形梁、柱的箍筋长度应按图纸规定计算。无规定时,可按减去受力钢筋保护层的周边长度(箍筋的内包尺寸)另加弯钩增加长度计算。箍筋两个弯钩增加长度可查表。为简化计算,也可近似地按梁柱断面外围周长计算。

箍筋(或其他分布钢筋)的根数,应按下式计算:

箍筋根数=(箍筋分布长度/箍筋间距)+1

箍筋分布长度一般为构件长度减去两端保护层厚度。

3.8　屋面及防水工程

3.8.1　相关知识

1. 屋顶

屋顶是建筑物最上层的围护结构,主要由屋面层、承重结构层、保温(隔热)层和顶棚四部分组成(图3-81)。

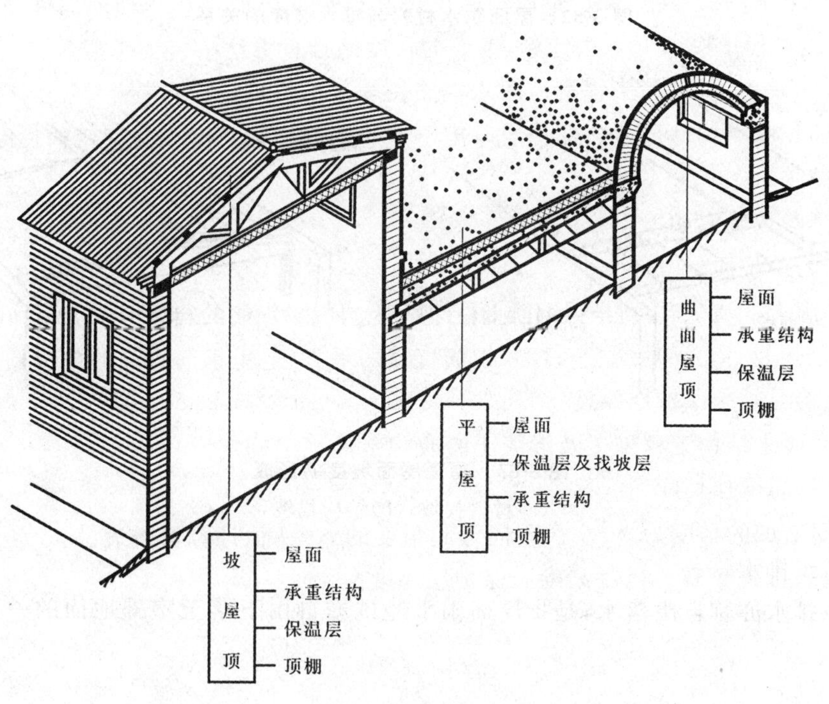

图3-81　屋顶组成

屋顶的形式可分为平屋顶、坡屋顶和曲面屋顶三大类(图 3-81)。

2. 屋顶排水及防水

(1)屋顶排水

屋面的排水坡度通常采用单位高度与排水坡长度的比值表示,如 1∶2、1∶3 等;当坡度较大时也可用角度表示,如 30°、45°等;较平坦的坡度常用百分比表示,如 2%、3%等。

屋顶坡度的形成有材料找坡和结构找坡两种方式(图 3-83)。

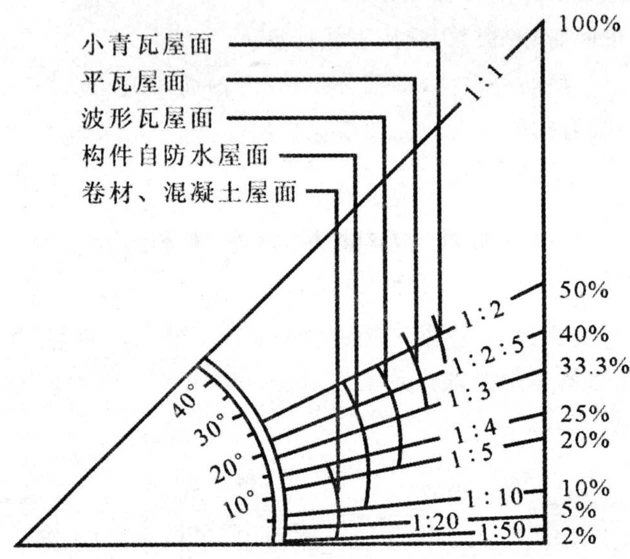

图 3-82　屋面防水材料与排水坡度的关系

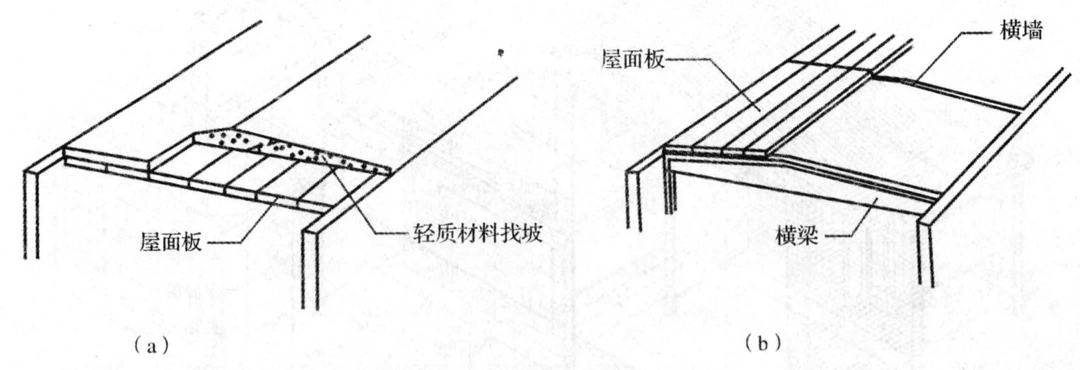

图 3-83　屋顶屋面坡度的形成

(a)材料找坡;(b)结构找坡

1)无组织排水

无组织排水亦称自由落水,是指屋面雨水经挑檐自由下落至室外地面的一种排水方式(图 3-84)。

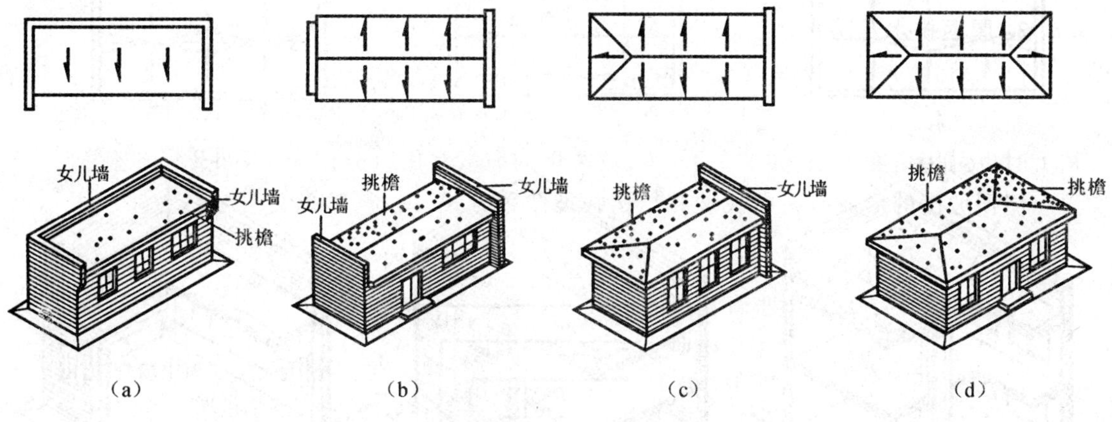

图 3-84　无组织排水

(a)单坡排水；(b)双坡排水；(c)三坡排水；(d)四坡排水

2)有组织排水

有组织排水亦称天沟排水，是在屋顶设置与屋面排水方向垂直的纵向天沟，将雨水汇集起来，经水落口和水落管有组织地排到室外地面或室内地下排水管网。有组织排水又分为外排水和内排水两种方式。

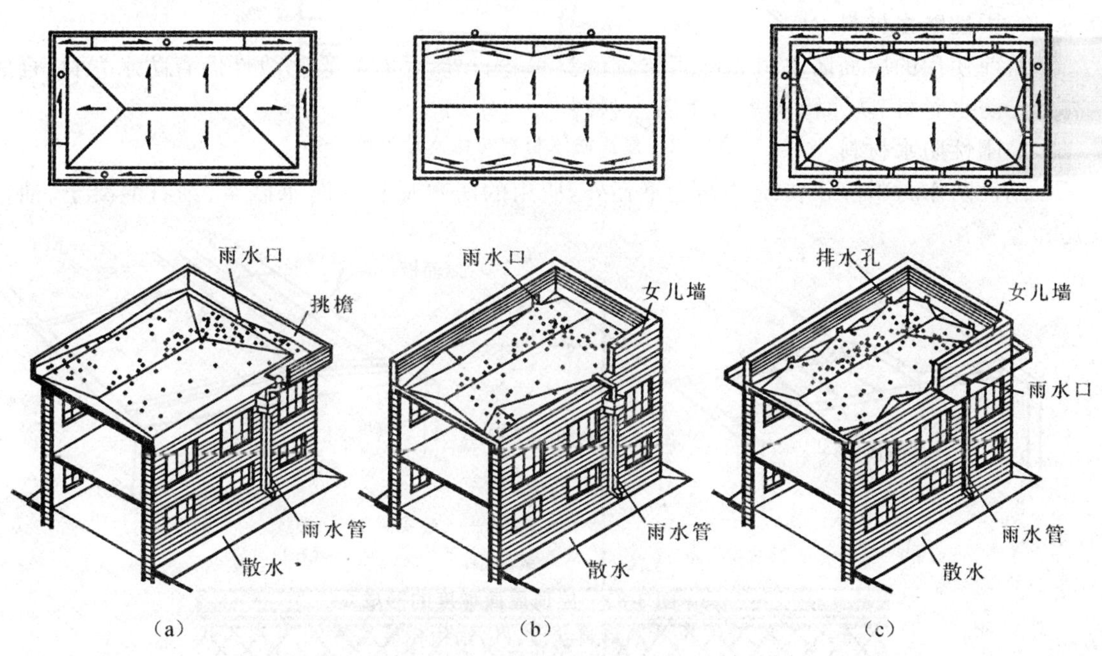

图 3-85　有组织外排水

(a)檐沟外排水；(b)女儿墙外排水；(c)带女儿墙的檐沟外排水

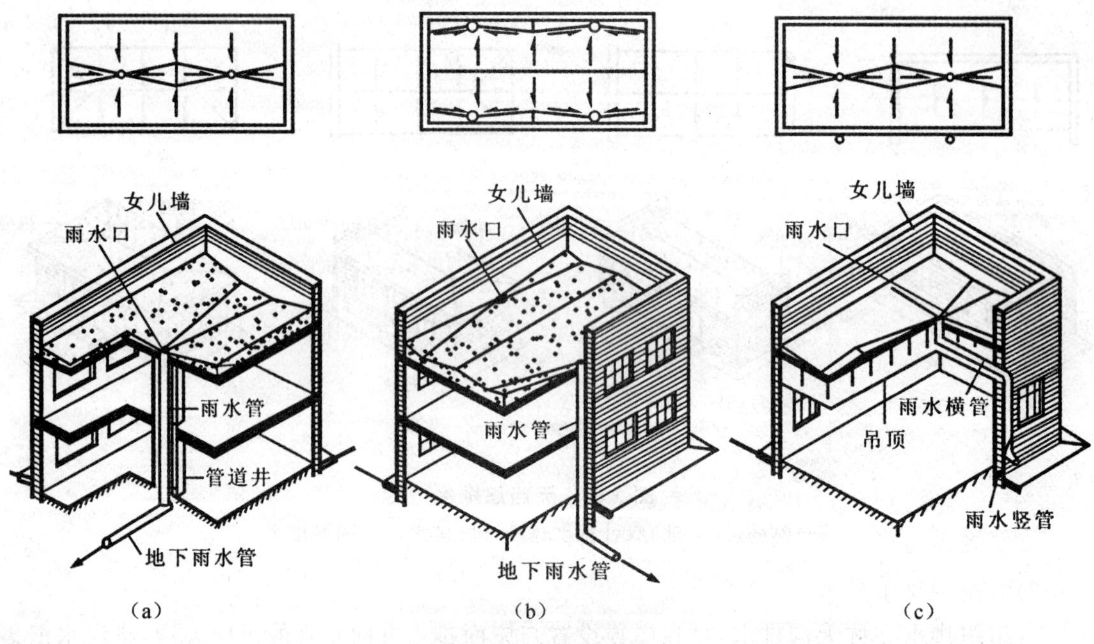

图 3-86　有组织内排水

(a)房间中部内排水;(b)外墙内侧内排水;(c)内落外排水

(2)屋顶防水

1)柔性防水材料

目前使用的屋面防水材料除了传统的沥青卷材外,还有高聚物改性沥青防水卷材、合成高分子防水卷材、防水涂料等新型防水材料。

2)刚性防水材料

刚性防水材料除了传统的粘土平瓦外,所用的防水材料有防水砂浆、细石混凝土、油毡瓦和金属瓦等。

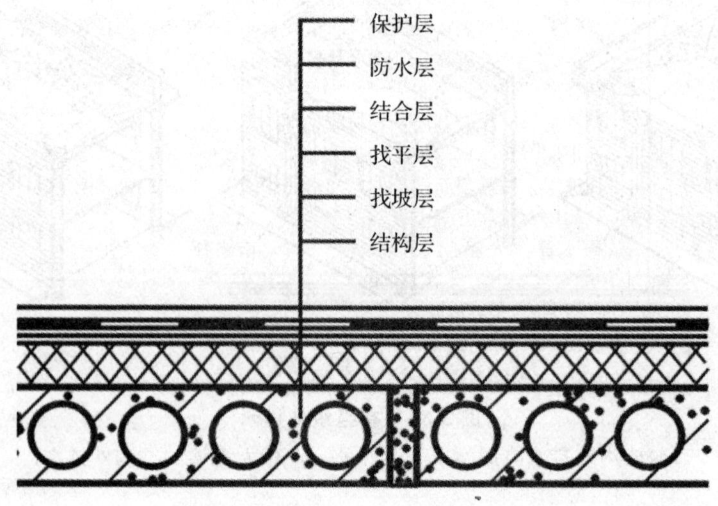

图 3-87　卷材防水屋面的构造组成

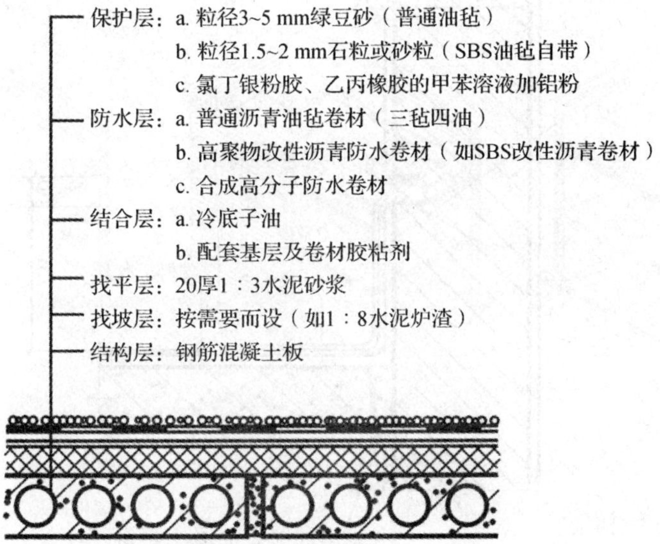

保护层：a. 粒径3~5 mm绿豆砂（普通油毡）
b. 粒径1.5~2 mm石粒或砂粒（SBS油毡自带）
c. 氯丁银粉胶、乙丙橡胶的甲苯溶液加铝粉
防水层：a. 普通沥青油毡卷材（三毡四油）
b. 高聚物改性沥青防水卷材（如SBS改性沥青卷材）
c. 合成高分子防水卷材
结合层：a. 冷底子油
b. 配套基层及卷材胶粘剂
找平层：20厚1：3水泥砂浆
找坡层：按需要而设（如1：8水泥炉渣）
结构层：钢筋混凝土板

图 3-88　不上人卷材防水屋面

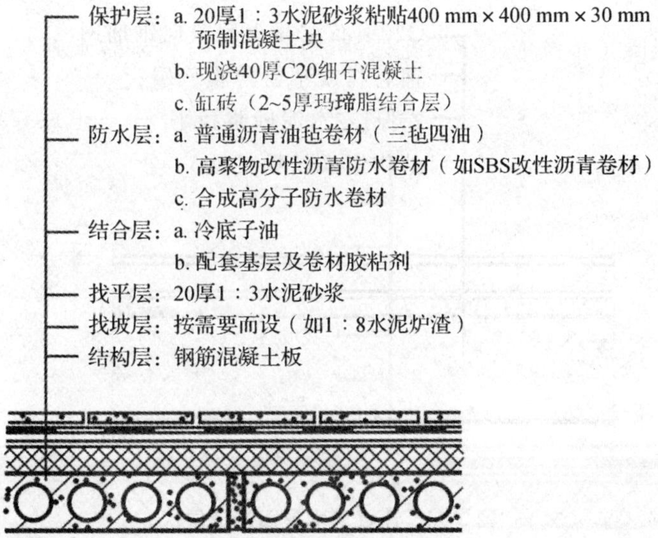

保护层：a. 20厚1：3水泥砂浆粘贴400 mm × 400 mm × 30 mm 预制混凝土块
b. 现浇40厚C20细石混凝土
c. 缸砖（2~5厚玛瑞脂结合层）
防水层：a. 普通沥青油毡卷材（三毡四油）
b. 高聚物改性沥青防水卷材（如SBS改性沥青卷材）
c. 合成高分子防水卷材
结合层：a. 冷底子油
b. 配套基层及卷材胶粘剂
找平层：20厚1：3水泥砂浆
找坡层：按需要而设（如1：8水泥炉渣）
结构层：钢筋混凝土板

图 3-89　上人卷材防水屋面

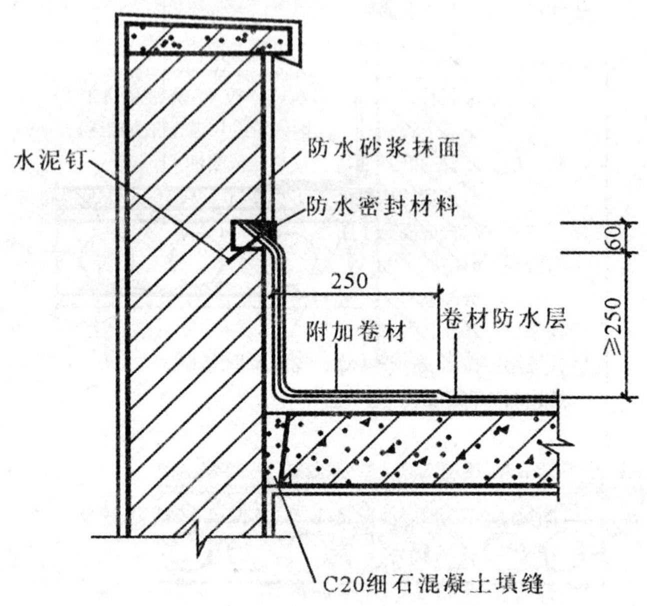

图 3-90　女儿墙泛水构造

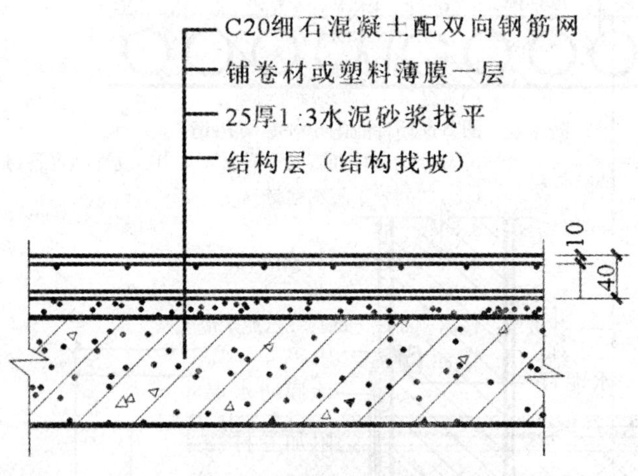

图 3-91　刚性防水屋面构造层次

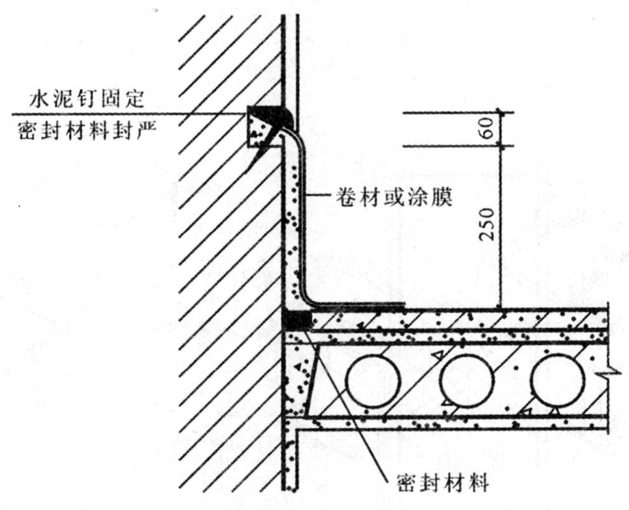

图 3-92　泛水构造

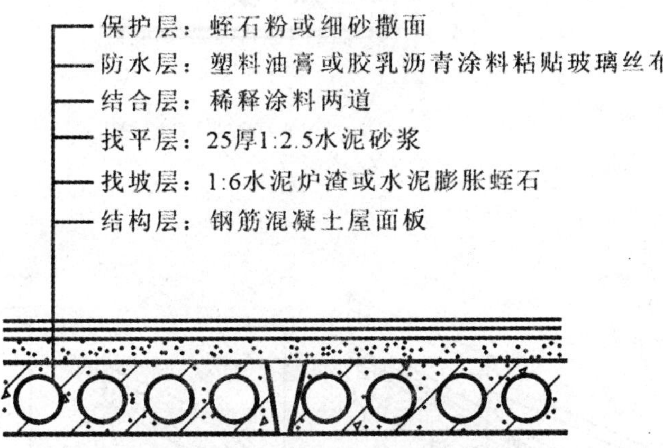

图 3-93　涂膜防水屋面构造

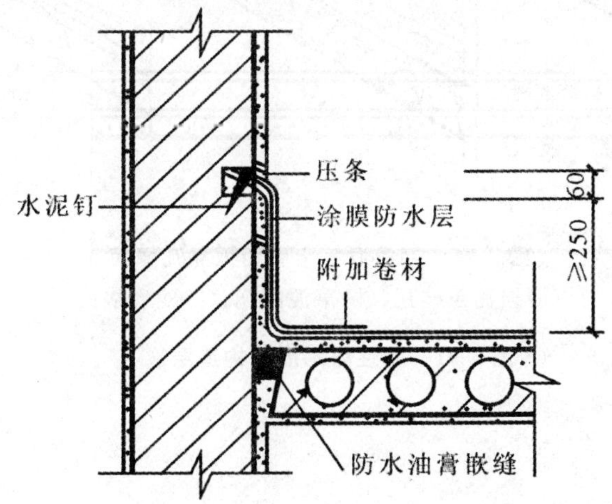

图 3-94　涂膜防水屋面泛水构造

3. 坡屋顶

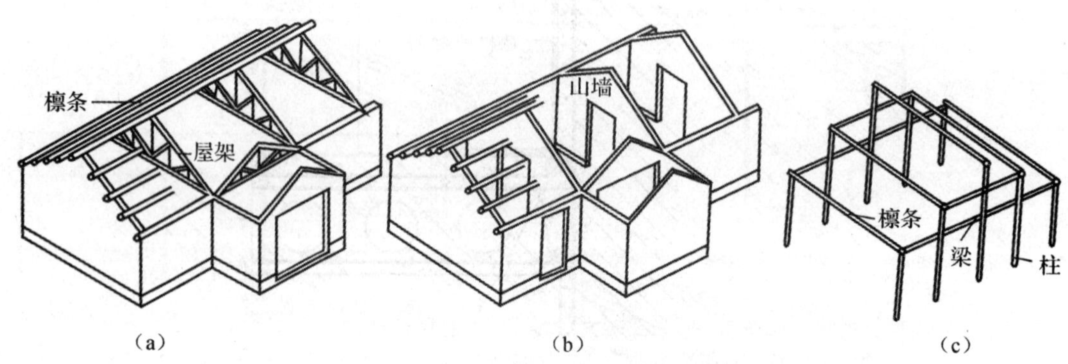

图 3-95　坡屋顶的承重结构

(a)屋架承重;(b)硬山搁檩;(c)梁架承重

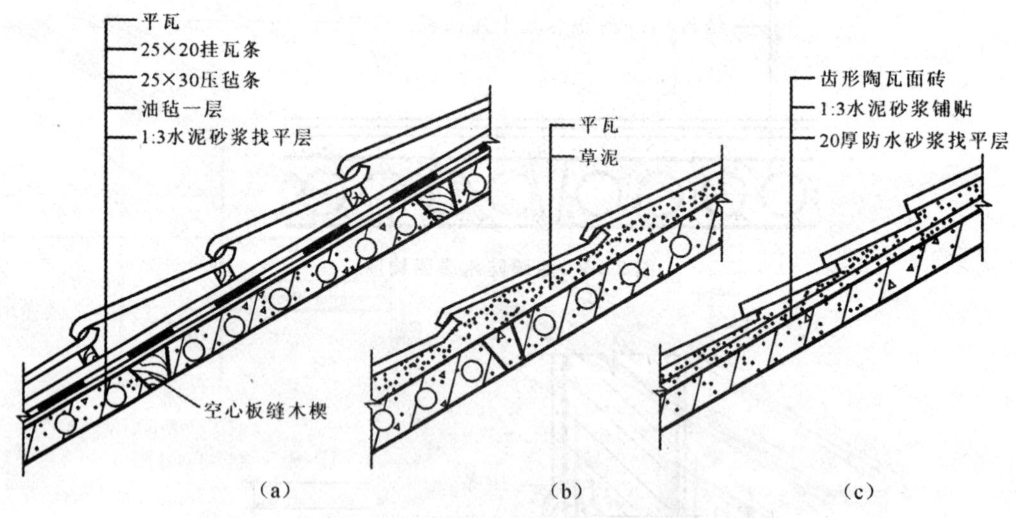

图 3-96　钢筋混凝土屋面板盖瓦屋面

(a)挂瓦条挂瓦;(b)草泥窝瓦;(c)砂浆贴瓦

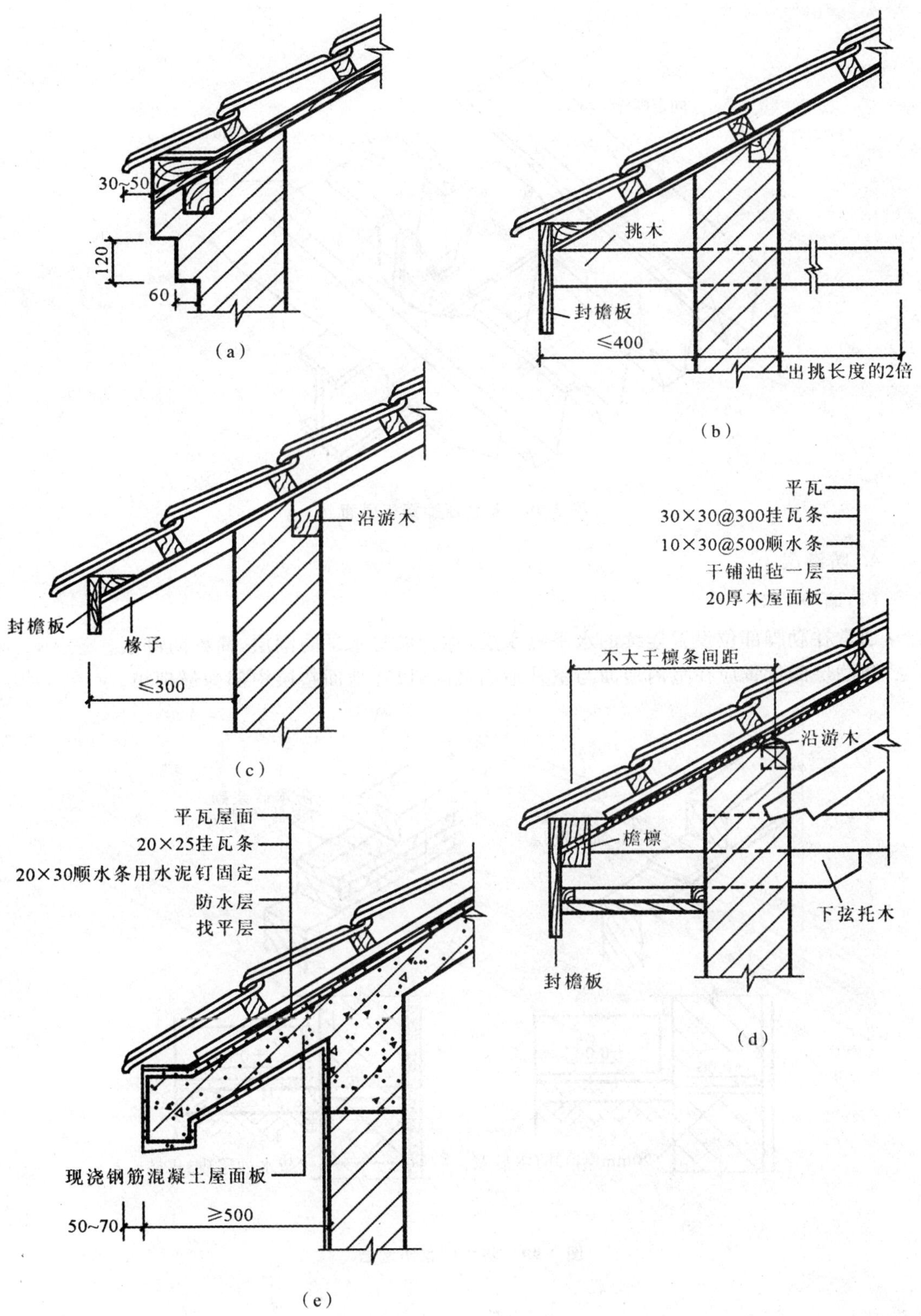

图 3-97　平瓦屋面挑檐构造

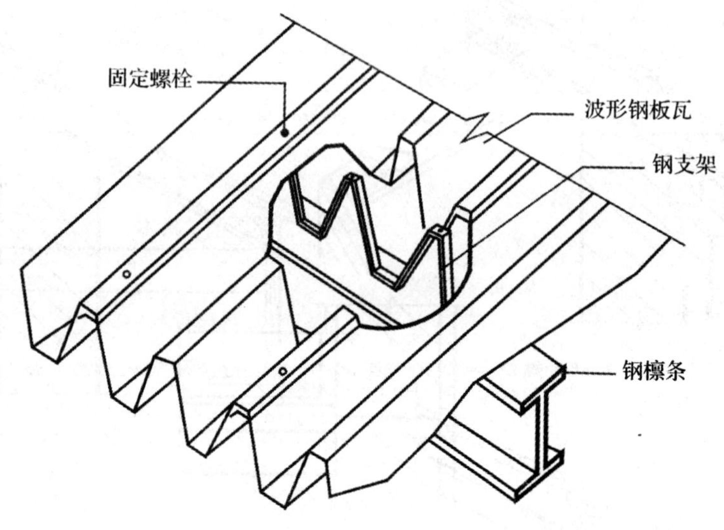

图 3-98 彩色压型钢板屋面

4. 防潮层

(1)墙身防潮

通常在勒脚部位设置连续的水平隔水层,称为墙身水平防潮层,简称防潮层。防潮层的位置应在室内地面与室外地面之间,以在地面垫层中部为最理想。

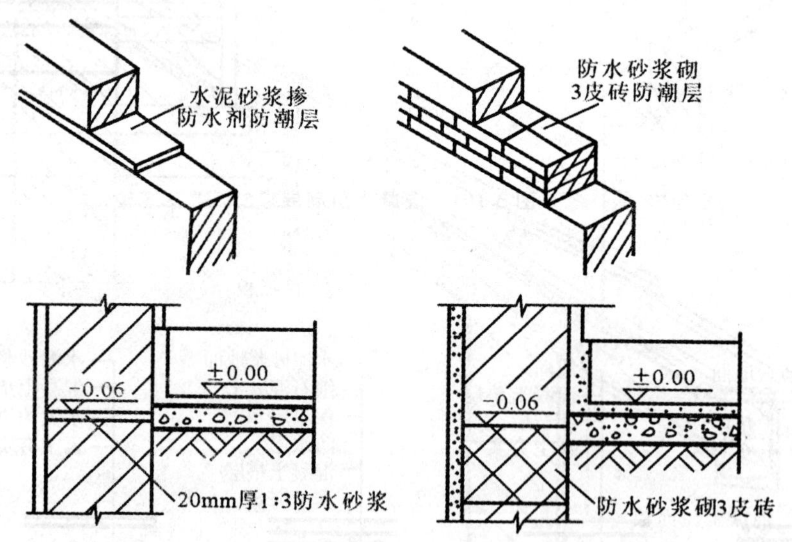

图 3-99 防水砂浆防潮层

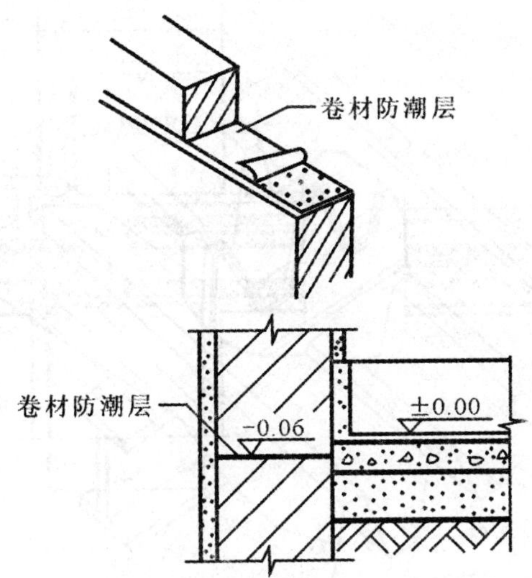

图 3-100　卷材防潮层

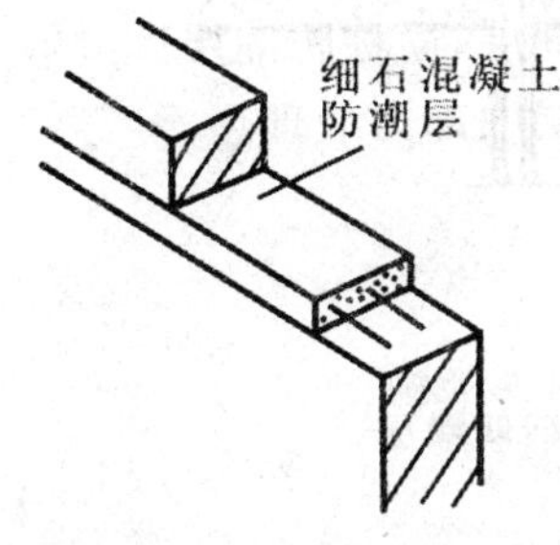

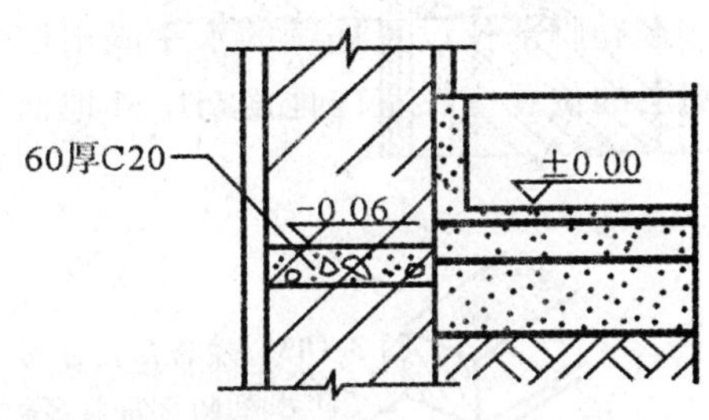

图 3-101　混凝土防潮层

(2)楼地层防潮

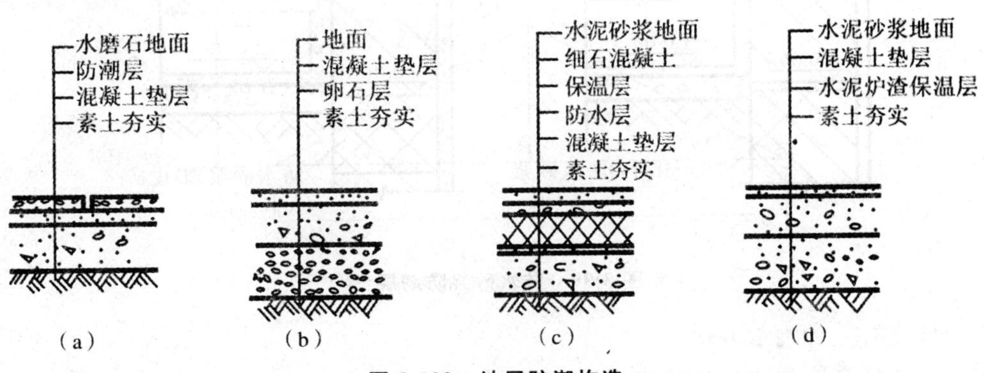

图 3-102　地层防潮构造

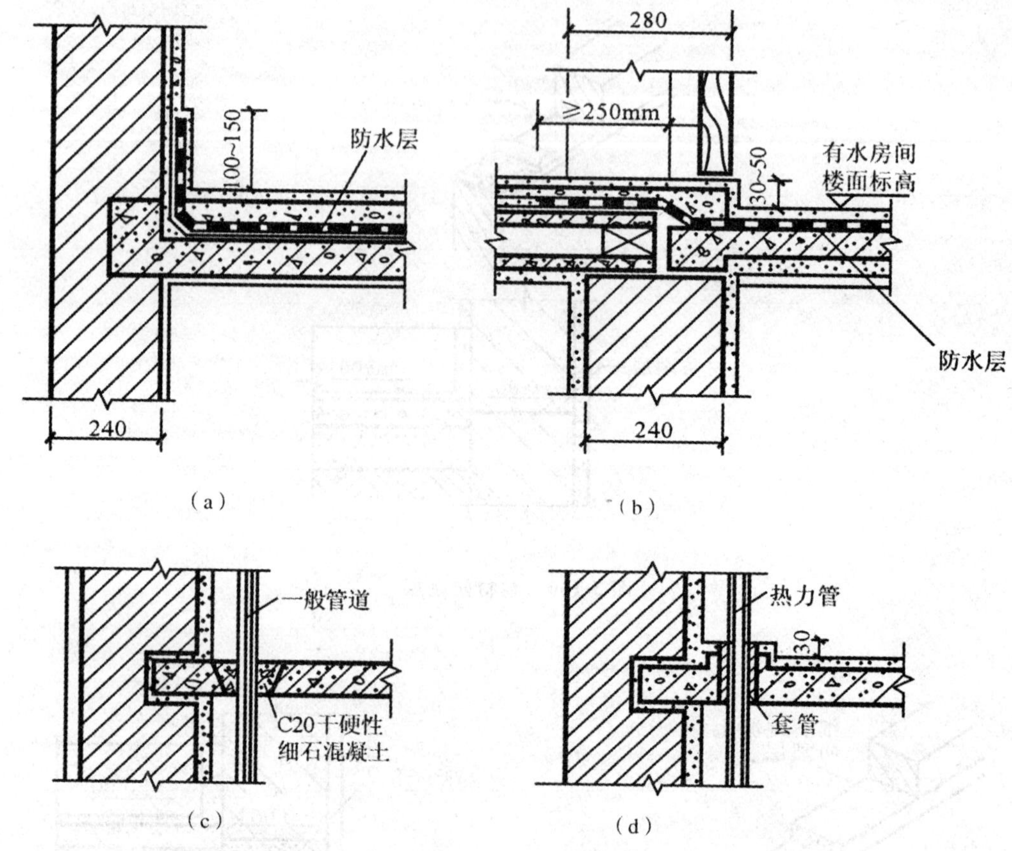

（a）（b）（c）（d）

图 3-103　楼板层防水处理及管道穿越楼板时的处理

(a)防水层伸入踢脚；(b)防水层铺至门外；

(c)普通管道穿越楼板的处理；(d)热力管道穿越楼板的处理

5. 屋面坡度

(1)屋面坡度的表示方法，如图 3-104 所示。

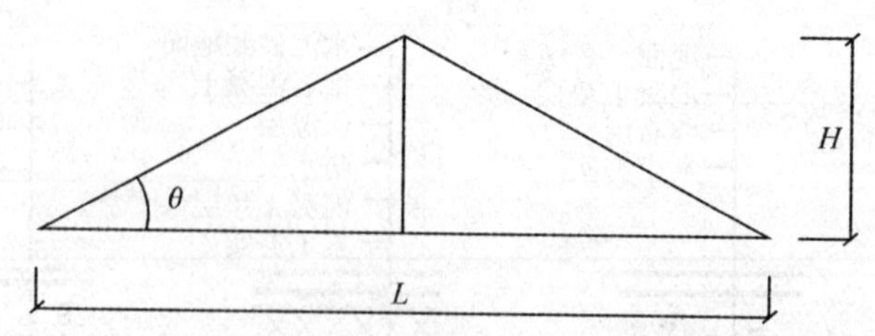

图 3-104　屋面坡度的表示方法

屋面坡度有三种表示方法：

1)用屋顶的高度与屋顶的跨度之比(简称高跨比)表示，即 H/L；

2)用屋顶的高度与屋顶的半跨之比(简称坡度)表示,即 $i=H/(L/2)$;

3)用屋面的斜面与水平面的夹角 θ 表示。

(2)屋面坡度系数

1)屋面坡度系数表见表 3-12。

表 3-12 屋面坡度系数表

坡度			延尺系数 C	隅延尺系数 D
坡度/A(A=1)	高跨比 $B/2A$	角度 α		
1	1/2	45°	1.4142	1.7321
0.75		36°52′	1.2500	1.6008
0.70		35°	1.2207	1.5779
0.666	1/3	33°40′	1.2015	1.5620
0.65		33°01′	1.1926	1.5564
0.60		30°58′	1.6620	1.5362
0.577		30°	1.1547	1.5270
0.55		28°49′	1.1431	1.5170
0.50	1/4	26°34′	1.1180	1.5000
0.45		24°14′	1.0966	1.4839
0.40	1/5	21°48′	1.0770	1.4697
0.35		19°17′	1.0594	1.4569
0.30		16°42′	1.0440	1.4457
0.25	1/8	14°02′	1.0308	1.4362
0.20	1/10	11°19′	1.0198	1.4283
0.15		8°32′	1.0112	1.4221
0.125	1/16	7°8′	1.0078	1.4191
0.100	1/20	5°42′	1.0050	1.4177
0.083	1/24	4°45′	1.0035	1.4166
0.066	1/30	3°49′	1.0022	1.4157

2)利用屋面坡度系数计算工程量

对于坡屋面,无论两坡还是四坡屋面,均按下式计算工程量:

坡屋面工程量=檐口宽度×檐口长度×延尺系数=屋面水平投影面积×延尺系数

坡屋面形式如图 3-105 所示。

(3)L 型四坡屋面

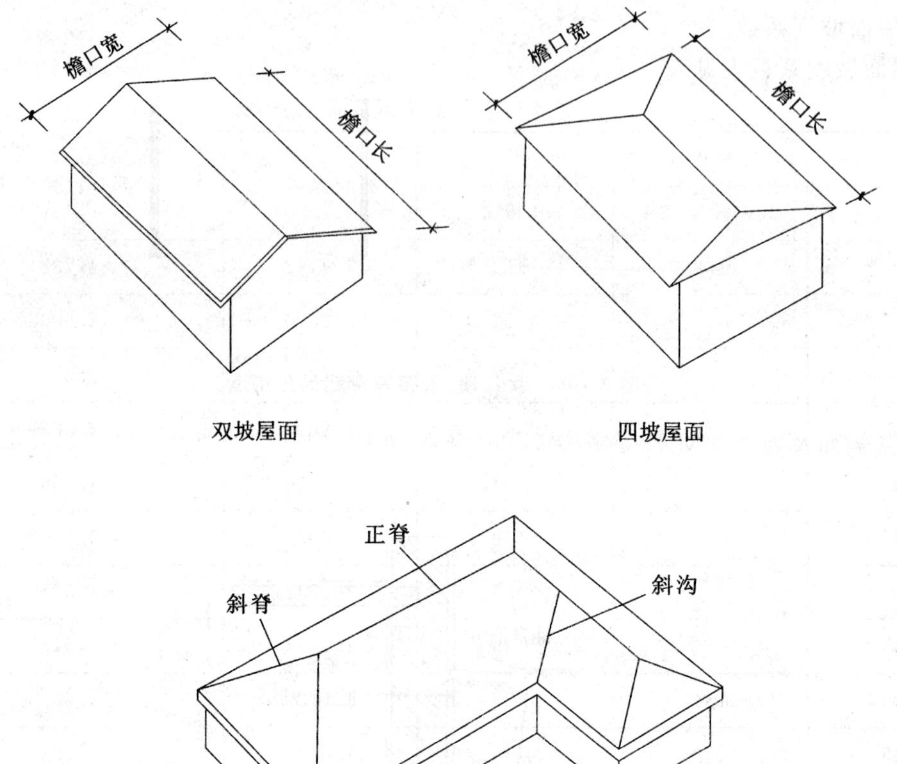

图 3-105 坡屋面形式

表 3-12 中列出了常用的屋面坡度延尺系数 C 及隅延尺系数 D，可直接查表应用。当各坡的坡度不同或当设计坡度表中查不到时，应利用以下公式计算 C、D 值：

$$C=1/\cos\alpha,C=(\frac{A_2+B_2}{2})/A$$

$$D=\frac{1}{2}(1+C_2)$$

6. 防水

(1)屋面防水按设计图示尺寸的水平投影面积乘以坡度系数以平方米计算，不扣除房上烟囱、风帽底座、风道和屋面小气窗等所占面积，屋面的女儿墙、伸缩缝和天窗等处的弯起部分按设计图示尺寸并入屋面工程量内计算；设计无规定时，伸缩缝、女儿墙的弯起部分按 250 mm 计算，天窗弯起部分按 500 mm 计算，如图 3-106 所示。

屋面防水工程量＝设计总长度×总宽度×坡度系数＋弯起部分面积

(2)墙基防水、防潮层，外墙按外墙中心线长度，内墙按墙体净长度乘以宽度，以平方米计算。墙基防潮层构造见图 3-107。

墙基防水、防潮层工程量＝外墙中心线长度×实铺宽度＋内墙净长度×实铺宽度

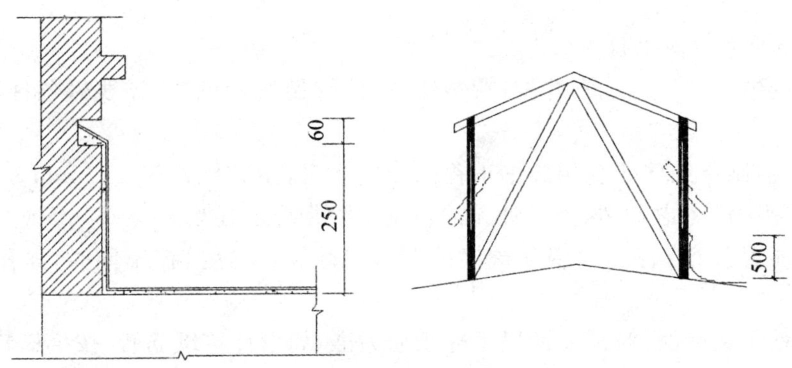

图 3-106　女儿墙、天窗等弯起部分构造

墙基侧面及墙立面防水、防潮层，不论内墙、外墙，均按设计防水长度乘以高度以平方米计算。

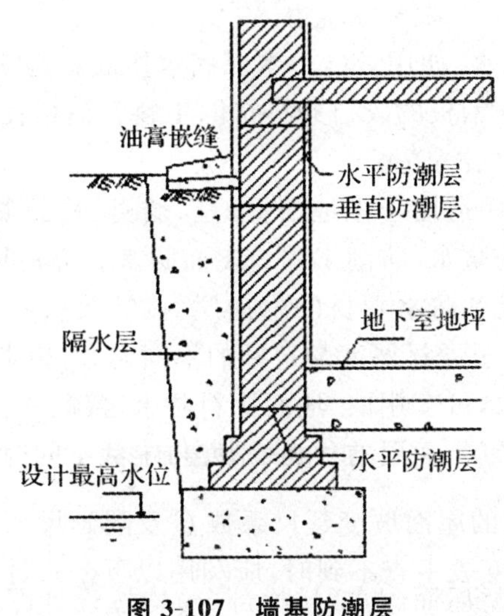

图 3-107　墙基防潮层

3.8.2 《福建省建筑工程消耗量定额》(FJYD-101-2005)

(以下顺序与《福建省建筑工程消耗量定额》章节顺序相同)

第七章　屋面及防水工程

说明

一、瓦、型材屋面、砖、瓦的设计规格与定额取定的不同时，可以调整。

1. 普通建筑瓦屋面

(1)瓦屋面定额按直接铺在椽条上考虑，瓦屋面未包括椽条、木基层封檐板及檐口天棚。

(2)水泥瓦或粘土瓦如果穿铁丝、钉铁钉，每 1 m^2 檐瓦增加 0.022 工日、镀锌铁丝 20# 0.007 kg、铁钉 0.0049 kg。

2. 仿古建筑瓦屋面工程

(1)定额的屋脊、竖带、戗脊等按《营造法源》传统做法考虑，如需要做各种泥塑花卉、人物等，另行计算。

(2)铺望砖：制作细望砖套用砖细工程的相应项目，望砖规格为 210 mm×105 mm×17 mm。部分定额中已考虑油毡，如设计无油毡则扣除相应消耗量。

(3)盖瓦本瓦屋面：青(红)本瓦搭接按一搭三计算，实际搭接不同时，本瓦数量可以调整。

(4)盖瓦粘土瓦屋面：筒瓦屋面以不抹纸筋为准，如设计抹纸筋者，按纸筋粉筒瓦定额另计。走廊、平房筒瓦面套用厅堂屋面定额。

(5)筒瓦脊：屋脊中间塌花色人工、材料另行计算。

(6)花砖脊：屋脊头另行计算。

(7)围墙瓦顶：本瓦瓦顶，如用花边滴水者，套用相应定额；筒瓦瓦顶，如需抹面套用筒瓦纸筋抹面定额。

(8)排水、沟头、花边、滴水：如用青(红)本瓦滴水换成斜沟滴水，数量不变。

3. 型材屋面定额中镀锌钢板的咬口和搭接的工料已包括在相应定额内。

二、屋面防水，墙、地面防水(防潮)

1. 墙地面防水、防潮定额适用于楼地面、墙基、墙身、构筑物、水池、水塔、室内厕所、浴室以及建筑物±0.00 以下的防水、防潮工程。屋面防水定额适用于屋面的防水工程。

2. 规范规定的卷材屋面和防水卷材的附加层、接缝收头找平层的嵌缝、冷底子油已计入相应定额内。设计的高分子卷材厚度与定额的不同时，可以调整。

3. 若屋面采用涂料防水，可套用墙、地面涂料防水定额。

4. 防水工程中砂浆找平层、面层的种类、厚度与定额不同时，可以调整。

工程量计算规则

一、瓦、型材屋面

1. 普通建筑瓦屋面、型材屋面(包括挑檐部分)均按设计图示尺寸以斜面积计算，不扣除房上烟囱、风帽底座、风道、小气窗、斜沟等所占面积，小气窗的出檐部分不增加面积。

2. 古建筑瓦屋面按设计图示尺寸以斜面积计算，屋脊、竖带、干塘、戗脊、斜沟、屋脊头等所占的面积不扣除。重檐的工程量应分别计算。飞檐隐蔽部分的望砖另行计算工程量。

3. 屋脊线按设计图示尺寸扣除屋脊头水平长度计算。斜沟、檐口滴水线、环包脊、围墙瓦顶、檐口沟头、花边、滴水、排山、泛水、钢丝网封沿板等按设计图示尺寸以延长米计算。云祥屋脊按设计图示尺寸以弧形长度计算。

4. 镶贴琉璃件、戗脊、各种屋脊头、宝顶等按设计图示数量计算。

二、屋面防水

1. 屋面卷材防水按设计图示尺寸以面积计算。

(1)斜屋顶(不包括平屋顶找坡)按斜面积计算，平屋顶按水平投影面积计算。

(2)不扣除房上烟囱、风帽底座、风道、屋面小气窗和斜沟所占面积。

(3)屋面的女儿墙、伸缩缝和天窗等处的弯起部分并入屋面工程量内。

2. 屋面檐沟防水按图示尺寸展开面积计算。

三、墙、地面防水(防潮)

1. 卷材防水:按设计图示尺寸以面积计算。

2. 地面防水:按主墙间净空面积计算,扣除凸出地面的构筑物、设备基础等所占面积,不扣除间壁墙及单个 0.3 m^2以内的柱、垛、烟囱和孔洞所占面积。

3. 墙基防水:外墙按中心线,内墙按净长乘以宽度计算。

4. 防水涂料:工程量计算同卷材防水。

5. 砂浆防水、防潮:工程量计算同卷材防水。

6. 变形缝:按设计图示尺寸以长度计算。

3.8.3　清单工程量计算规则

1. 瓦、型材屋面

(1)瓦屋面、型材屋面:按设计图示尺寸以斜面积计算,不扣除房上烟囱、风帽底座、风道、小气窗、斜沟等所占面积,小气窗的出檐部分不增加面积。瓦屋面斜面积按屋面水平投影面积乘以屋面延尺系数。延尺系数可根据屋面坡度的大小确定。

这里瓦屋面适用于小青瓦、平瓦、石棉水泥瓦等项目。型材屋面适用于压型钢板、阳光板、玻璃钢等。要注意的是,型材屋面的钢檩条、骨架、螺栓等均应包括在报价内。

(2)膜结构屋面:按设计图示尺寸以需要覆盖的水平面积计算。

这一条是新增加的内容。这里的膜结构,也叫索膜结构,是一种以膜布与支撑(柱、网架)和拉结结构(拉杆、钢丝绳等)组成的屋盖、篷顶结构。计算工程量时要注意不是膜本身的水平投影面积,而是需覆盖的水平投影面积。

2. 屋面防水

(1)屋面卷材防水、屋面涂膜防水:按设计图示尺寸以面积计算。斜屋顶(不包括平屋顶找坡)按斜面积计算,平屋顶按水平投影面积计算,不扣除房上烟囱、风帽底座、风道、屋面小气窗和斜沟所占的面积。屋面的女儿墙、伸缩缝和天窗等处的弯起部分并入屋面工程量内。

(2)屋面刚性防水:按设计图示尺寸以面积计算,不扣除房上烟囱、风帽底座、风道等所占的面积。

屋面刚性防水项目适用于细石混凝土、补偿收缩混凝土、块体混凝土等刚性防水屋面。要注意:刚性防水屋面的分格缝、泛水等项目应包括在报价内。

(3)屋面排水管:按设计图示尺寸以长度计算。设计未标注尺寸的,以檐口至设计室外散水上表面垂直距离计算。

屋面排水管适用各种排水管材(PVC 管、玻璃钢管、铸铁管等)。要注意:排水管、雨水口、水斗、箅子板等应包括在报价内。

(4)屋面天沟、檐沟:按设计图示尺寸以面积计算。铁皮和卷材天沟按展开面积计算。

3. 墙、地面防水工程

(1)卷材防水:涂膜防水和砂浆防水:按设计图示尺寸以面积计算。

1)地面防水:按主墙间净空面积计算,扣除凸出地面的构筑物、设备基础等所占面积,不扣除间壁墙及单个 0.3 m^2以内的柱、垛、烟囱和孔洞所占面积。

2)墙基防水:外墙按中心线,内墙按净长乘以宽度计算。

(2)变形缝:按设计图示尺寸以长度计算。

“变形缝”项目适用于基础、墙体、屋面等部位的抗震缝、温度缝、沉降缝。要注意:盖板的制作、安装均应包括在报价内。

3.9 装饰装修工程

3.9.1 相关知识

1. 楼地层

楼板层是建筑物中分隔上下楼层的水平构件,它不仅承受自重和其上的使用荷载,并将其传递给墙或柱,而且对墙体也起着水平支撑的作用。

地面是指楼板层和地层的面层部分,它直接承受上部荷载的作用,并将荷载传给下部的结构层和垫层,同时对室内又有一定的装饰作用。

(1)楼地层的组成

楼板层主要由面层、结构层和顶棚组成(图 3-108)。

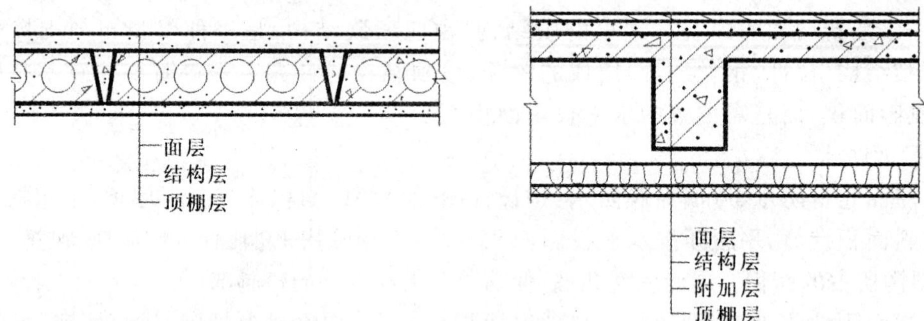

图 3-108　楼板层的组成

地层主要由面层、垫层和基层组成(图 3-109)。

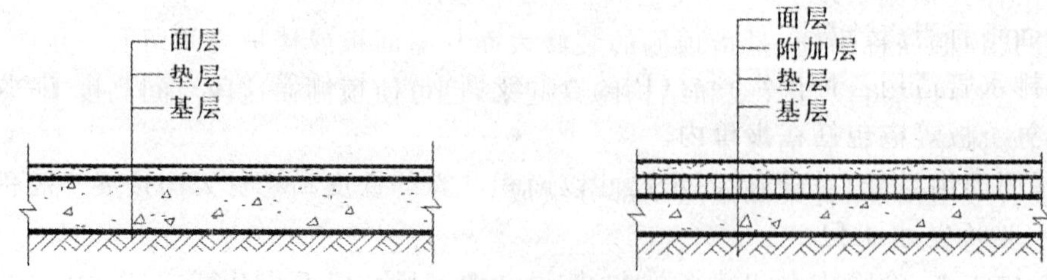

图 3-109　地层的组成

根据使用要求和构造做法的不同，楼地层有时还需设置找平层、结合层、防水层、隔声层、隔热层等附加构造层。

(2)地面的类型及构造

地面的名称是以面层的材料来命名的。根据面层的材料和施工工艺不同，将地面分为现浇整体地面、块材镶铺地面、卷材类地面及木地面等。

(3)踢脚和墙裙

踢脚是地面与墙面交接处的构造处理，其主要作用是遮盖墙面与地面的接缝，并保护墙面，防止外界的碰撞损坏及清洗地面时的污染。常用的踢脚板有水泥砂浆、水磨石、釉面砖、木板等。

在墙体的内墙面所做的保护处理称为墙裙(又称台度)。一般居室内的墙裙主要起装饰作用，常用木板、大理石板等板材来做，高度为 900～1200 mm。卫生间、厨房的墙裙作用是防水和便于清洗，多用水泥砂浆、釉面瓷砖来做，高度为 900～2000 mm。

2. 顶棚

(1)直接式顶棚

直接式顶棚是指在钢筋混凝土楼板下直接喷刷涂料、抹灰或粘贴饰面材料的构造做法，多用于大量性的民用建筑中。通常有以下几种做法：

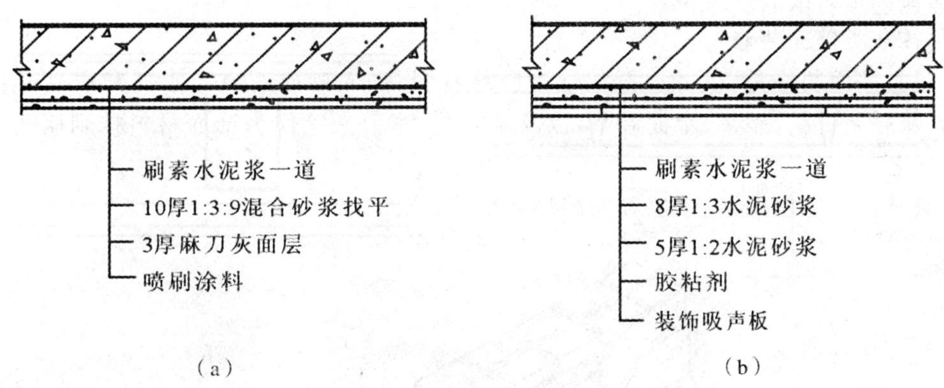

图 3-110　直接式顶棚构造

(a)抹灰顶棚；(b)粘贴顶棚

(2)吊挂式顶棚

吊挂式顶棚简称吊顶，是指顶棚的装修表面与屋面板或楼板之间留有一定距离，这段距离形成的空腔可以将设备管线和结构隐藏起来，也可使顶棚在这段空间高度上产生变化，形成一定的立体感，增强装饰效果。

吊顶一般由吊筋、骨架和面层三部分组成。

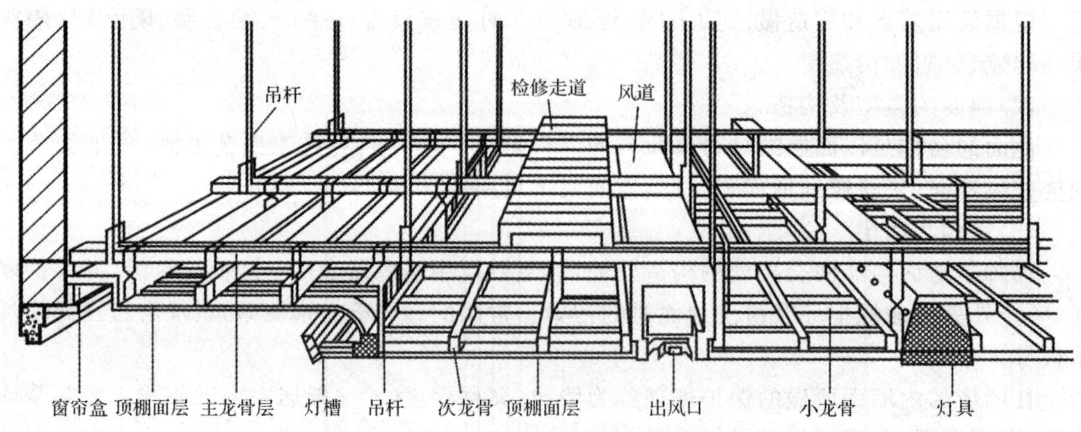

图 3-111　上人吊挂顶棚构造

3. 墙面装饰装修构造

墙面装修分为外墙装修和内墙装修。

外墙装修主要是为了保护墙体不受风、霜、雪、雨的侵袭，提高墙体的防潮、防水、保温、隔热的能力，同时也起到美化建筑的作用。内墙装修是为了改善室内的卫生条件、物理条件，增加室内的美观。墙面装修按所用材料和施工方式的不同可分为抹灰类、贴面类、涂料类、裱糊类和铺钉类五种类型。

(1)抹灰类墙面装修

抹灰类墙面装修是以水泥、石灰膏为胶结材料，加入砂或石渣与水拌和成砂浆或石渣浆，如石灰砂浆、混合砂浆、水泥砂浆，以及纸筋灰、麻刀灰等作为饰面材料抹到墙面上的一种操作工艺。

抹灰装修一般由底层、中层和面层抹灰组成，如图 3-112 所示。

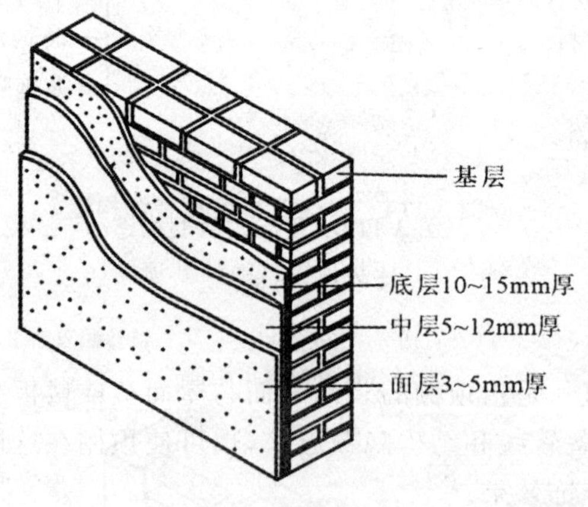

图 3-112　抹灰层组成

(2)贴面类墙面装修

贴面类饰面可用于室内和室外。贴面类墙面装修是利用人造板(砖)及天然石料直接粘贴于基层表面或通过构造连接固定于基层上的装修做法。

这类装修具有耐久性强、施工方便、装饰效果好等优点，但造价较高，一般用于装修要求较高的建筑中。

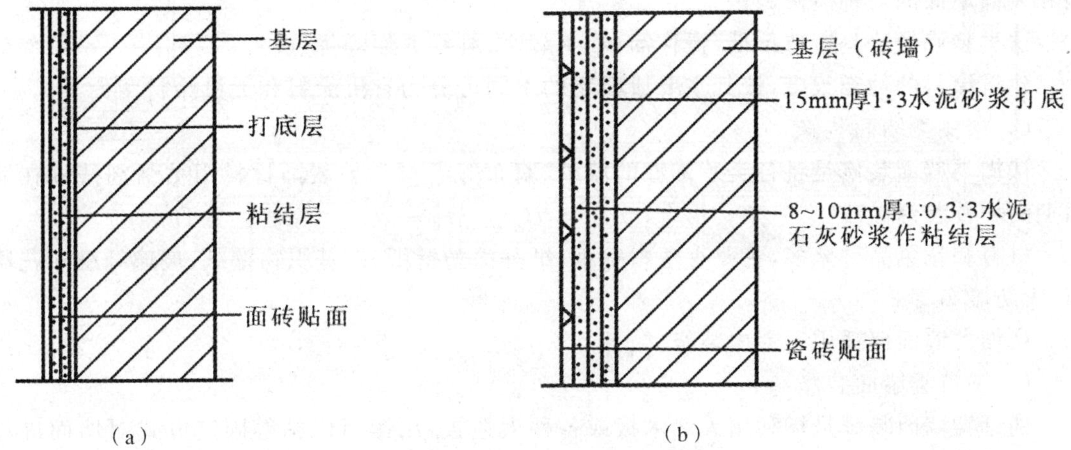

图 3-113　面砖、瓷砖粘贴构造

(a)外墙面砖贴面；(b)瓷砖贴面

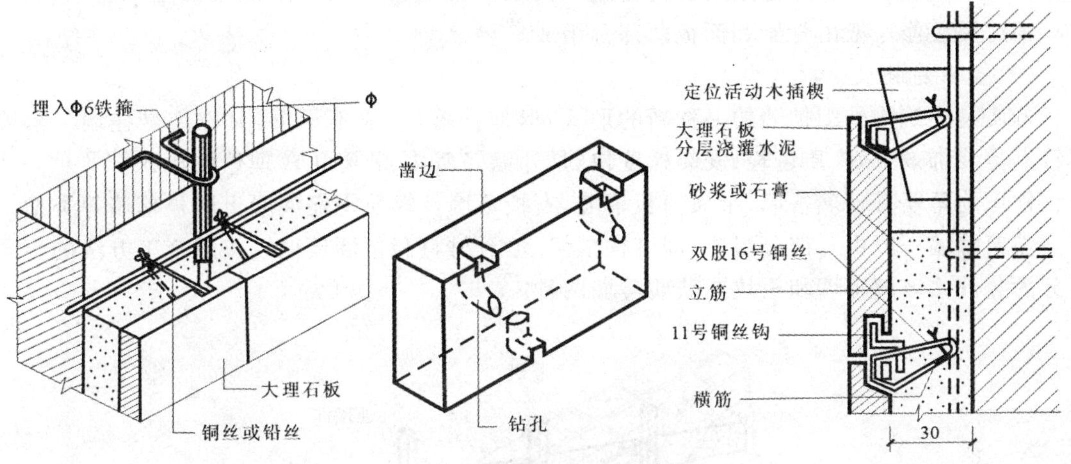

图 3-114　大理石板墙面装饰构造

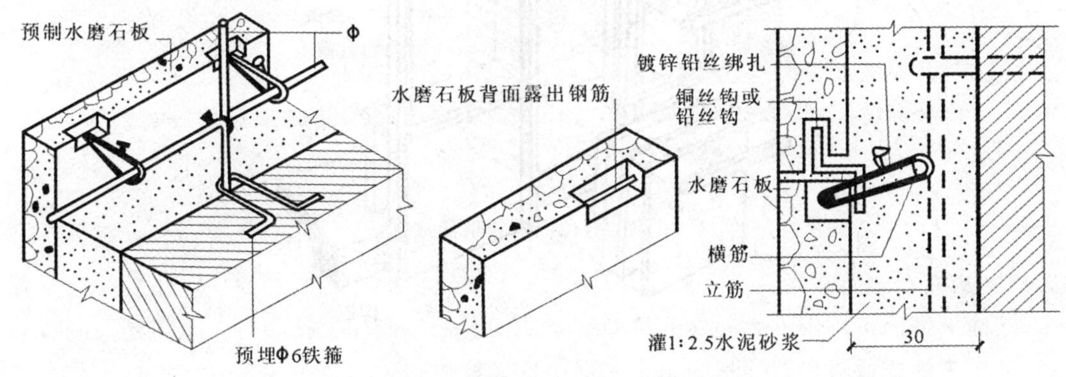

图 3-115　预制水磨石板装修构造

(3)涂料类墙面装修

涂料类墙面装修是将各种涂料喷刷于基层表面而形成牢固的保护膜，从而起到保护墙面和装饰墙面的一种装修做法。

这类装修做法具有造价低、操作简单、工效高、维修方便等优点。

建筑涂料的种类很多，按其主要成膜物的不同可分为有机涂料和无机涂料两大类。

(4)裱糊类墙面装修

裱糊类墙面装修是将各类装饰性的墙纸、墙布等卷材类的装饰材料用粘结剂裱糊在墙面上的一种装修做法。

材料和花色品种繁多，主要有塑料壁纸、纸基涂塑壁纸、纸基织物壁纸、玻璃纤维印花墙布、无纺墙布等。

裱糊类墙面仅适用于室内装修。

(5)铺钉类墙面装修

铺钉类墙面装修是指利用天然木板或各种人造板，用镶、钉、粘等固定方式对墙面进行的装修处理。

这种做法一般不需要对墙面抹灰，故属于干作业范畴，可节省人工，提高工效，一般适用于装修要求较高或有特殊使用功能的建筑中。

铺钉类装修一般由骨架和面板两部分组成。

(6)幕墙装修

幕墙是建筑物外围护墙的一种新的形式，形似挂幕，一般不承重，又称为悬挂墙。幕墙的特点是装饰效果好、质量轻、安装速度快，是外墙轻型化、装配化较理想的形式。

常见的幕墙有玻璃幕墙、金属薄板幕墙、石板幕墙及轻质钢筋混凝土墙板幕墙等类型。

玻璃幕墙一般由三部分组成，即结构框架、填衬材料和幕墙玻璃。按照施工方法的不同可分为分件式玻璃幕墙和板块式玻璃幕墙两种。

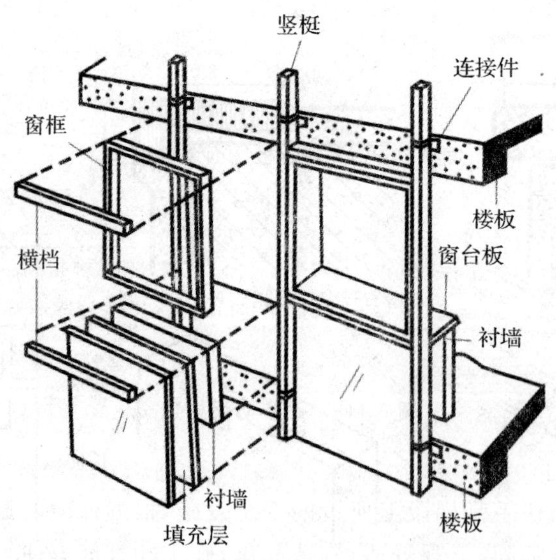

图 3-116　分件式玻璃幕墙

4. 楼梯

(1)踏步面层

楼梯踏步要求面层耐磨、防滑、易于清洁，构造做法一般与地面相同，如水泥砂浆面层、水磨石面层、缸砖贴面、大理石和花岗岩等石材贴面、塑料铺贴或地毯铺贴等(图 3-117)。

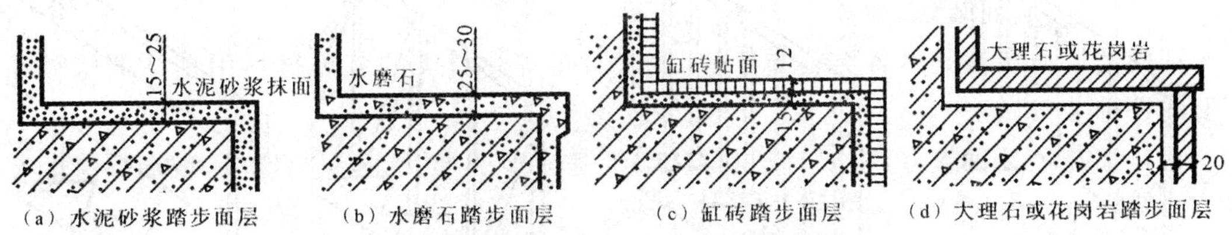

图 3-117　踏步面层构造

在人流集中且拥挤的建筑中，为防止行走时滑跌，踏步表面应采取相应的防滑措施。通常是在踏步口留 2～3 道凹槽或设防滑条，防滑条长度一般按踏步长度每边减去 150 mm。

常用的防滑材料有金刚砂、水泥铁屑、橡胶条、塑料条、金属条、马赛克、缸砖、铸铁和折角铁等(图 3-118)。

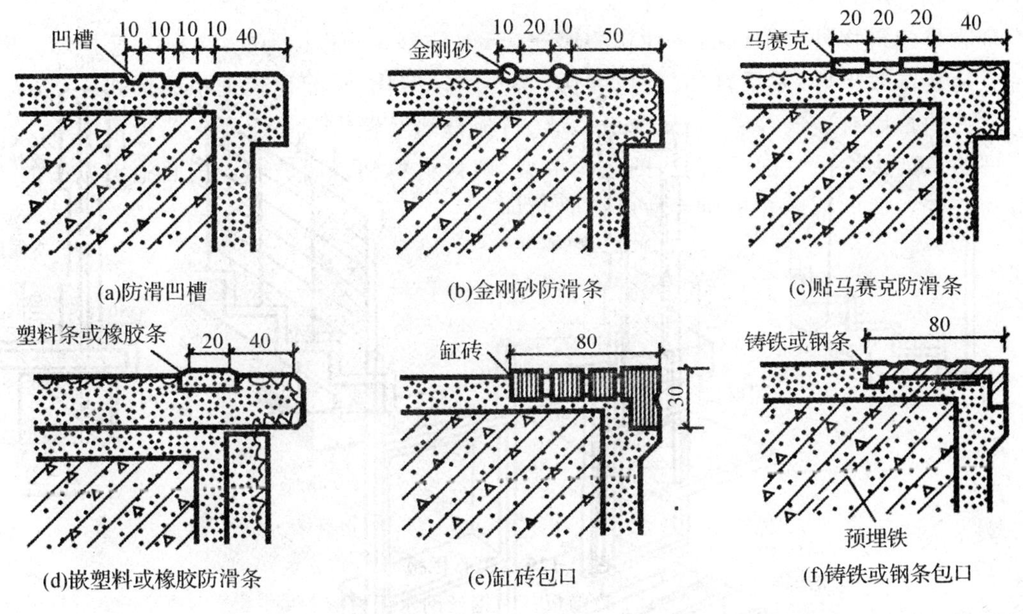

图 3-118　踏步防滑构造

(2)栏杆、栏板和扶手

楼梯的栏杆、栏板和扶手是梯段上所设的安全设施，根据梯段的宽度设于一侧或两侧或梯段的中间，应满足安全坚固，美观舒适，构造简单，施工和维修方便等要求。

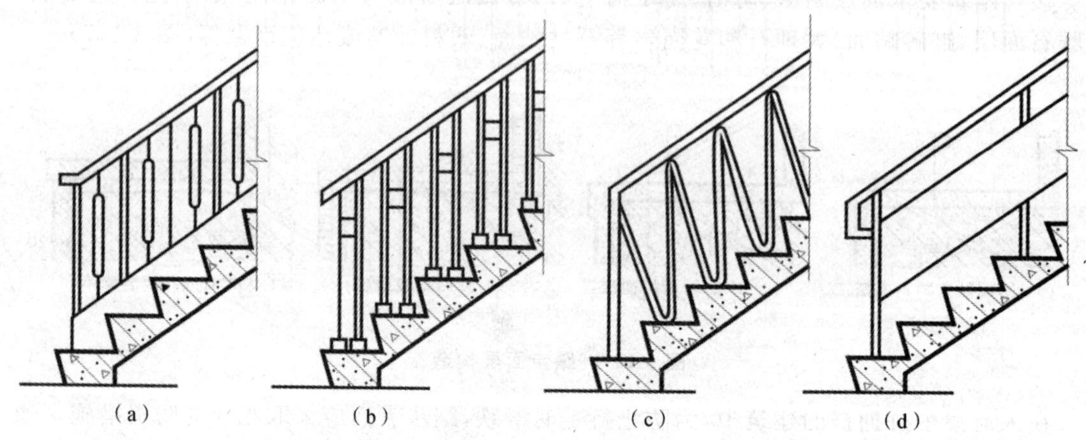

图 3-119 空花栏杆式样

(a)式样一；(b)式样二；(c)式样三；(d)式样四

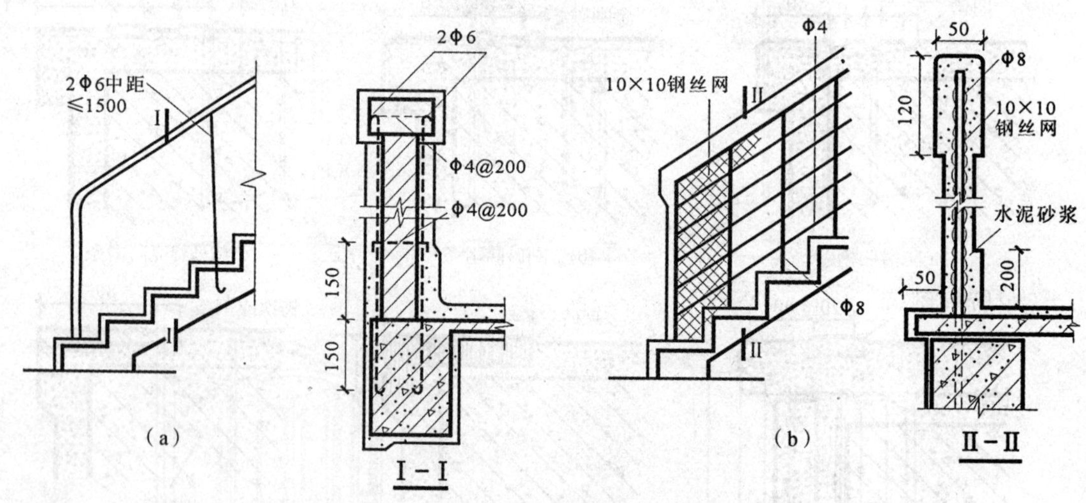

图 3-120 实心栏板

(a)1/4 砖砌板；(b)钢丝网水泥栏板

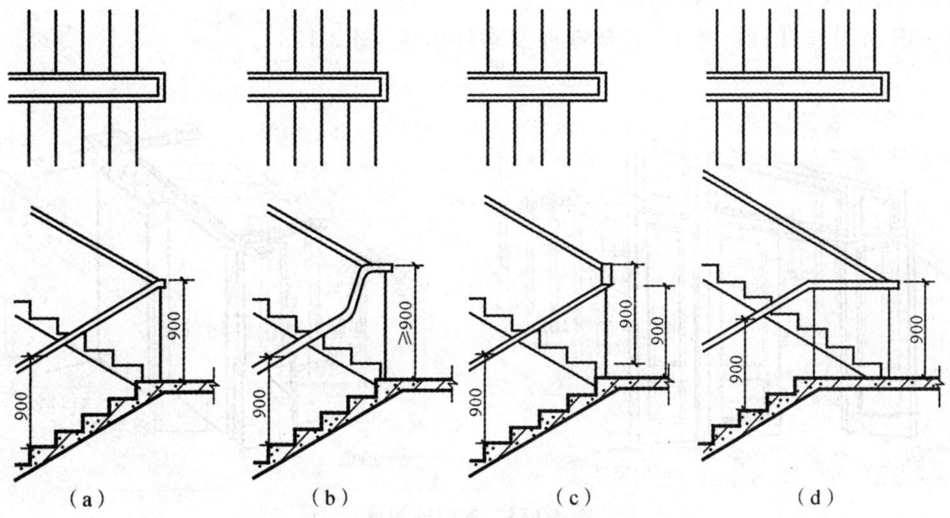

图 3-121　栏杆扶手转折处理

(a)平顺扶手;(b)鹤颈木扶手;(c)斜接扶手;(d)一段水平扶手

5. 门

按开启方式可分为平开门、弹簧门、推拉门、折叠门、卷帘门、转门等。

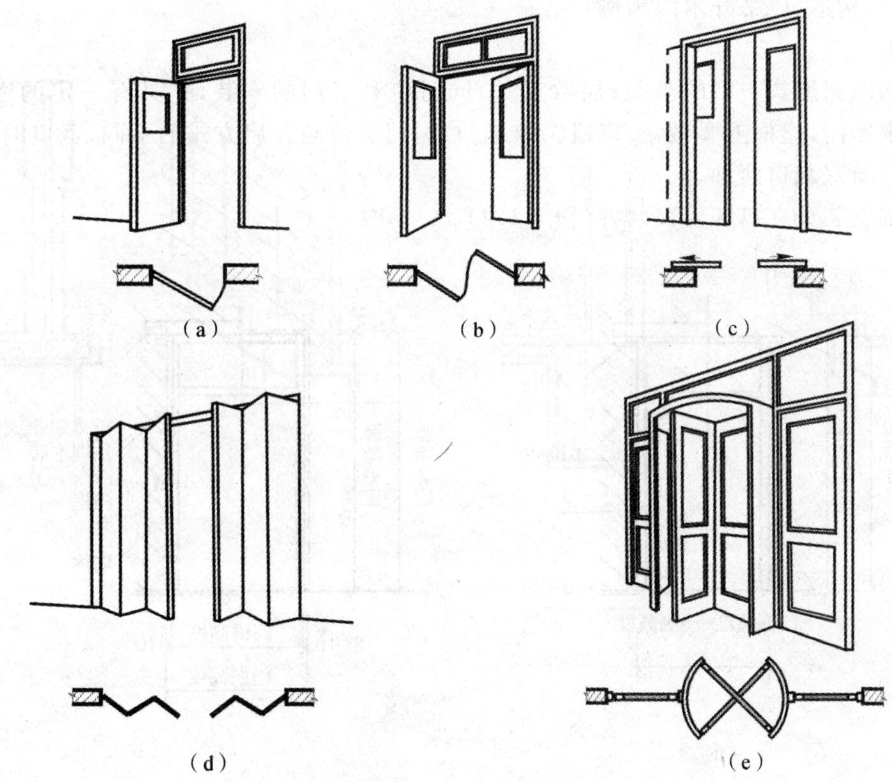

图 3-122　门的开启方式

(a)平开门;(b)弹簧门;(c)推拉门;(d)折叠门;(e)转门

(1)门的组成(以平开木门为例)

门一般由门框、门扇、亮子、五金零件及附件组成(图 3-123)。

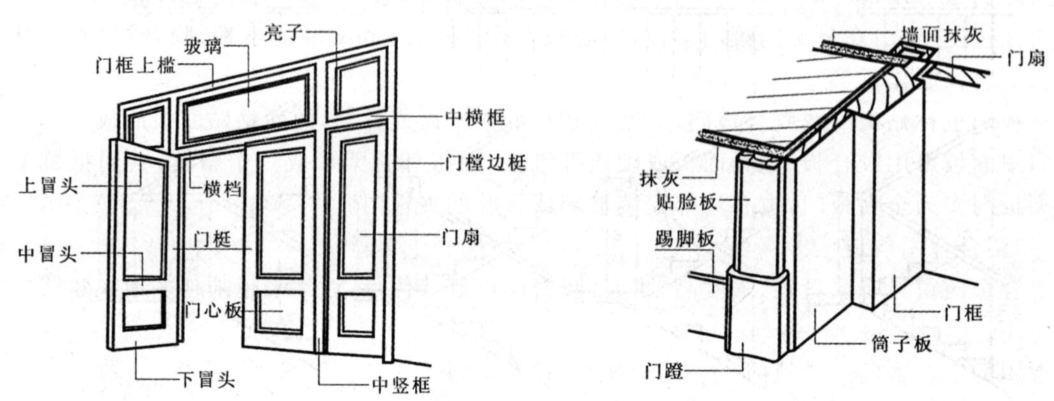

图 3-123　木门的组成

(2)门的尺度

门的尺度通常是指门洞的高宽尺寸。

一般民用建筑门的高度不宜小于 2100 mm。单扇门的宽度为 700～1000 mm,双扇门为 1200～1800 mm。

(3)木门构造(以平开木门为例)

1)门框

门框的断面形式与门的类型、层数有关,同时应利于门的安装,并具有一定的密闭性。为便于门扇密闭,门框上要做裁口(或铲口)。根据门扇数与开启方式的不同,裁口的形式可分为单裁口与双裁口两种。

门框的安装分立口和塞口两种(图 3-124)。

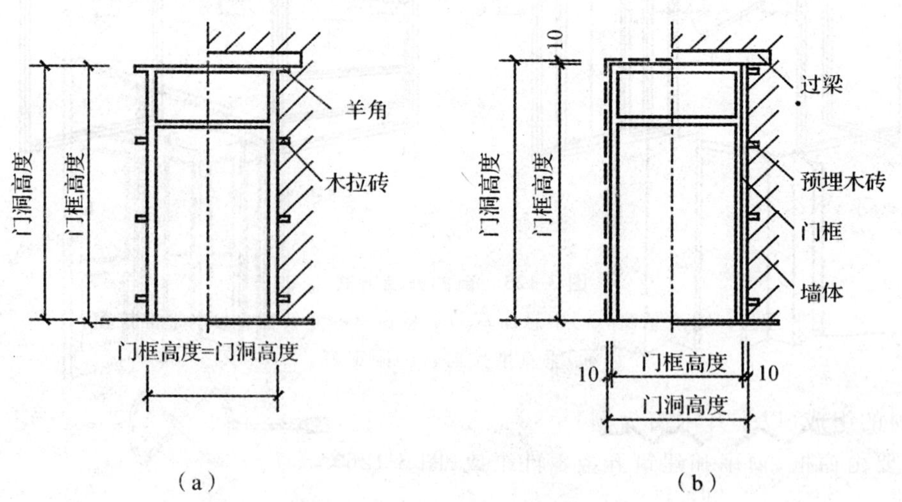

图 3-124　门框的安装方式

2)门扇

常用的木门门扇有镶板门(包括玻璃门、纱门)和夹板门。

镶板门是应用最广的一种门,门扇由骨架和门心板组成。骨架一般由上冒头、中冒头、下冒头及边梃组成,在骨架内镶门心板,门心板常用 10～15 mm 厚的木板、胶合板、硬质纤维板及塑料板制作。

夹板门也称贴板门或胶合板门,用断面较小的方木做成骨架,两面粘贴面板而成。

门扇面板可用胶合板、塑料面板或硬质纤维板,面板和骨架形成一个整体,共同抵抗变形。夹板门多为全夹板门,也有局部安装玻璃或百叶的夹板门。

(4)铝合金门构造

铝合金门窗具有质量轻、强度高、耐腐蚀、密闭性好等优点,近年来越来越多地在建筑中广泛应用。

常用的铝合金门有推拉门、平开门、弹簧门、卷帘门等。

各种铝合金门都是用不同断面型号的铝合金型材、配套零件及密封件加工制作而成的。

6. 窗

窗按开启方式的不同,有以下几种:

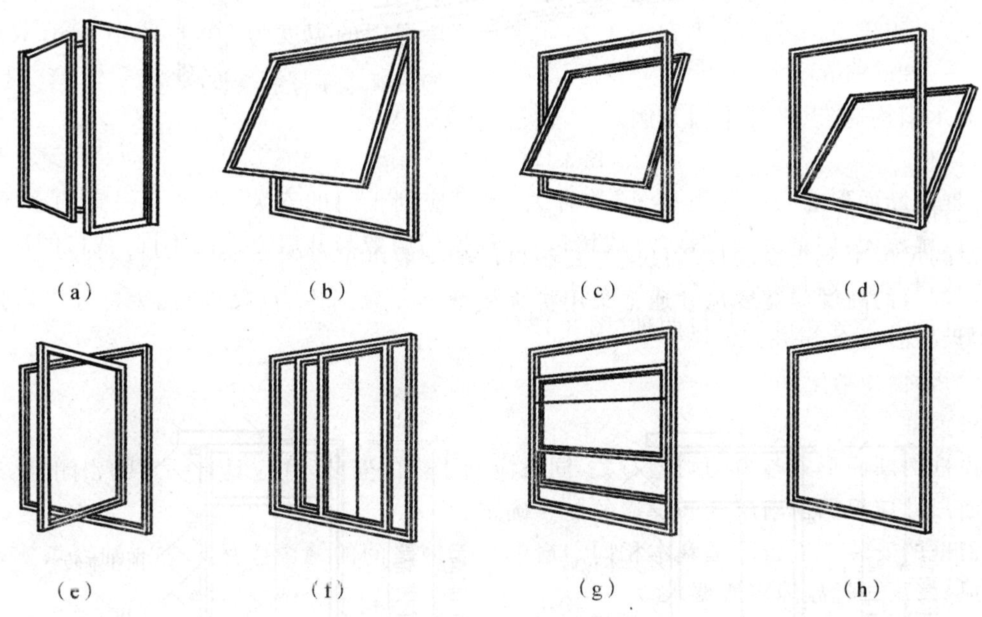

图 3-125　窗的开启方式

(a)平开窗;(b)上悬窗;(c)中悬窗;(d)下悬窗;(e)立转窗;(f)水平推拉窗;(g)垂直推拉窗;(h)固定窗

(1)窗的组成(以平开木窗为例)

窗主要由窗框、窗扇和建筑五金零件组成(图 3-126)。

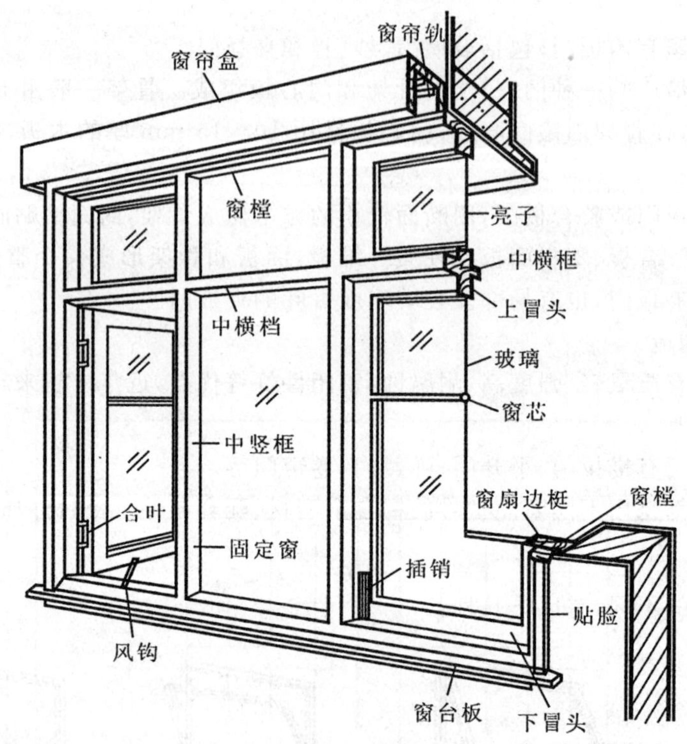

图 3-126 木窗的组成

(2)窗的尺度

窗的尺度主要指窗洞口的尺度。其洞口尺度又取决于房间的采光通风标准。

窗洞口的高度与宽度尺寸通常采用扩大模数 3M 数列作为洞口的标志尺寸,一般洞口高度为 600～3600 mm。

(3)木窗构造

1)窗框

窗框的断面形式与窗的类型有关,同时应利于窗的安装,并应具有一定的密闭性。窗框的断面尺寸应根据窗扇层数和榫接的需要确定。

窗框的安装方法与门框基本相同。窗框与墙体之间的缝隙应用砂浆或油膏填实,以满足防风、挡雨、保温、隔声等要求。

2)窗扇

平开窗常见的窗扇有玻璃窗扇、纱窗扇和百叶窗,其中玻璃窗扇最普遍。一般平开窗的窗扇高度为 600～1200 mm,宽度不宜大于 600 mm。推拉窗的窗扇高度不宜大于 1500 mm,窗扇由上、下冒头和边梃组成,为减少玻璃尺寸,窗扇上常设窗芯分格。

(4)铝合金窗的构造

铝合金窗的特点、铝合金窗的框料系列及铝合金窗的安装与铝合金门基本相同。常见的铝合金窗的类型有推拉窗、平开窗、固定窗、悬挂窗、百叶窗等。

铝合金推拉窗有沿水平方向左右推拉和沿垂直方向上下推拉的窗,常采用水平推拉窗。窗扇采用两组带轴承的工程塑料滑轮,可减轻噪声,使窗扇受力均匀,开关灵活。

7. 楼梯

面层(包括踏步及最后一级踏步宽、休息平台、小于 500 mm 宽的楼梯井)按水平投影面积计算。

通常情况下,当楼梯井宽度≤500 mm 时:

楼梯工程量=楼梯间净宽×(休息平台宽+踏步宽×步数)×(楼层数−1)

当楼梯井宽度>500 mm 时:

楼梯工程量=(楼梯间净宽−楼梯井宽+0.5)×(休息平台宽+踏步宽×步数)×(楼层数−1)

楼梯平面如图 3-127 所示。

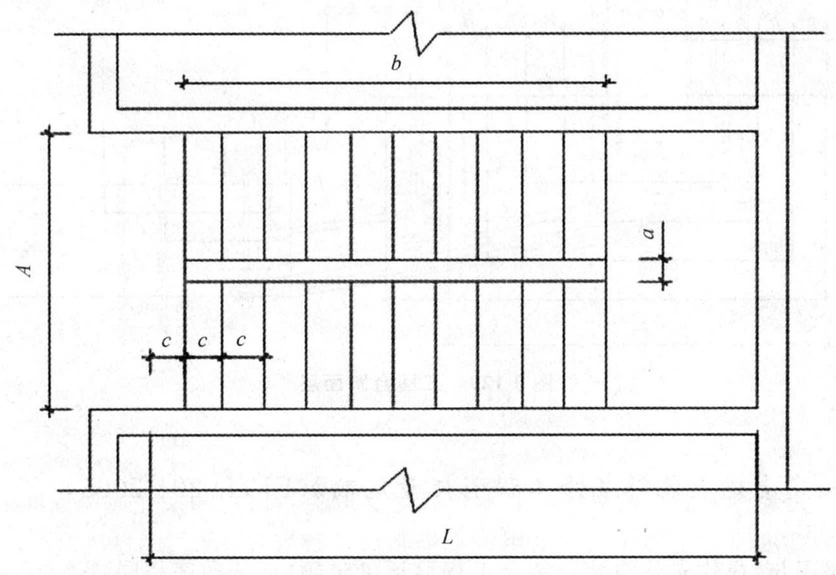

图 3-127　楼梯面层

当 $a \leqslant 500$ mm 时,楼梯面层工程量$=L \times A \times (n-1)$,其中 n 为楼层数;

当 $a > 500$ mm 时,楼梯面层工程量$=[L \times A-(a-0.5) \times b] \times (n-1)$。

8. 台阶

面层(包括踏步及最上一层一个踏步宽)按水平投影面积计算。

台阶工程量=台阶长×踏步宽×步数

台阶如图 3-128 所示,台阶工程量$=L \times B \times 4$。

如果台阶为三面 U 形台阶,也依据此规则计算。三面台阶如图 3-129 所示,台阶工程量$=L \times A-(L-8 \times B) \times (A-4B)$,即工程量为图中虚线条与台阶外边线所围合的面积。

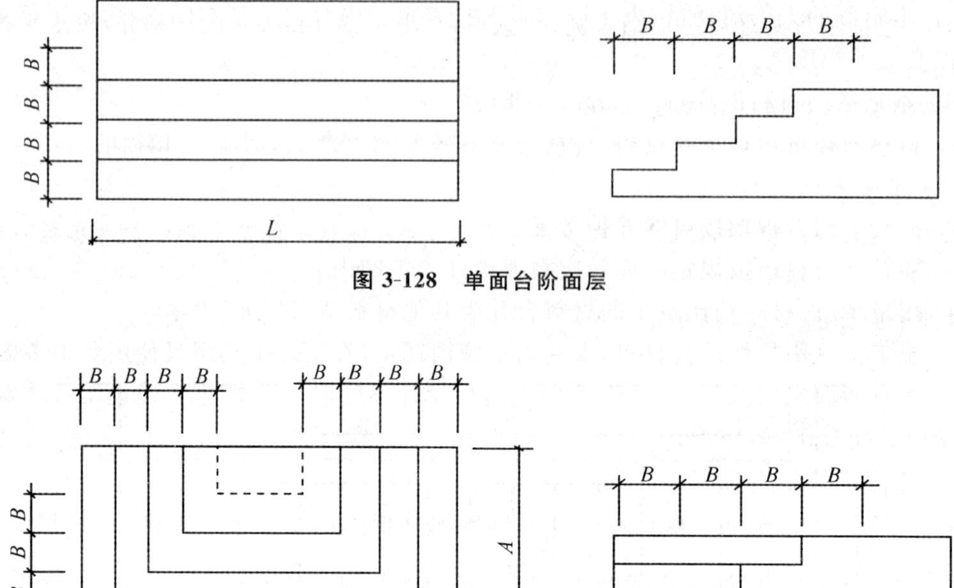

图 3-128　单面台阶面层

图 3-129　三面台阶面层

3.9.2　《福建省建筑装饰装修工程消耗量定额》(FJYD-201-2005)

(以下顺序与《福建省建筑装饰装修工程消耗量定额》章节顺序相同)

总说明

一、《福建省建筑装饰装修工程消耗量定额》(FJYD-201-2005)(以下简称本定额),依据《建设工程工程量清单计价规范》(GB50500-2003)、《全国统一建筑装饰装修工程消耗量定额》(GYD-901-2002),并结合福建省实际情况编制。

二、本定额是福建省完成规定计量单位建筑装饰装修分项工程所需的人工、材料、施工机械台班消耗量标准;是编制建筑装饰装修工程施工图预算、招标标底及确定建筑装饰装修工程造价的依据;是编制建筑装饰装修工程设计概算、投资估算的基础;是编制建筑装饰装修工程企业定额、投标报价的参考。

三、本定额适用于福建省行政区域内新建、扩建和改建的工业与民用建筑、仿古建筑的室内外装饰装修工程。

四、本定额是按照正常的施工条件,目前多数企业具备的机械装备程度,施工中常用的施工方法、施工工艺和劳动组织,以及合理工期和合格工程进行编制的,反映了社会平均消耗水平。

五、本定额是依据国家和省有关现行产品标准、设计规范、施工及验收规范、技术操作规程、质量评定标准和安全操作规程编制的,并参考了有代表性的工程设计、施工资料和其他资料。

六、本定额的人工消耗量：人工以综合工日表示。内容包括基本用工、超运距用工、辅助用工以及人工幅度差。

七、本定额的材料消耗量

1. 材料消耗量包括主要材料、辅助材料和零星材料等，并计算了相应的施工场内运输及施工操作损耗。

2. 混凝土的养护均按自然养护考虑。

3. 周转性材料已按规定的周转次数摊销计入定额内。

4. 用量少、占材料费比重小的材料合并为其他材料费，以“元”表示。

5. 施工工具用具性消耗材料，未列出定额消耗量，在生产工具用具使用费中考虑。

6. 本定额取定的混凝土、砂浆等半成品与设计不同时，按《福建省建设工程混凝土、砂浆等半成品配合比》调整。

八、本定额的施工机械台班消耗量

1. 机械台班消耗量是按正常合理的机械配备和机械施工工效编制的，包括了机械幅度差。

2. 随工作班组配合的中小型机械台班消耗量已列入相应定额项目内。

3. 未列出消耗量的施工机械台班合并为其他机械费，以“元”表示。

九、本定额除另有说明外均已包括材料、半成品、成品从现场集中堆放地点、工地仓库或现场加工地点至操作安装地点的场内水平运输费，以及周转性材料在同一城区内的场外运输费。本定额已包括檐高3.6 m以内的材料垂直运输费用，檐高3.6 m以上的材料垂直运输费用按第八章计算。

十、随主体建筑结构一起发包的建筑装饰装修的超高费按《福建省建筑工程消耗量定额》(2005版)的规定计算。单独发包的建筑装饰装修工程，单层建筑物檐高超过20 m和多层建筑物层数超过6层时，按以下规定计算超高增加费。

1. 部分楼层装饰装修的多层建筑物，根据超高项目所在楼层以超高项目的人工费乘以下表的降效率：

所在楼层	7～10层	11～13层	14～16层	17～19层	20～22层	23～25层	26～28层	29～31层	32～34层	35～37层
降效率(%)	5	6	8	10	13	15	18	22	25	28

2. 全部楼层装饰装修的多层建筑物，根据地上建筑层数以室外地坪以上全部项目的人工费乘以下表的降效率：

建筑层数	10层以内	13层以内	16层以内	19层以内	22层以内	25层以内	28层以内	31层以内	34层以内	37层以内
降效率(%)	1.5	2.5	3.6	4.6	5.7	6.8	8.0	9.4	10.8	12.2

3. 单层建筑物，根据建筑檐高以室外地坪以上全部项目的人工费乘以下表的降效率：

檐高	25 m 以内	30 m 以内	35 m 以内	40 m 以内	45 m 以内
降效率(%)	1.7	2.8	3.8	4.8	6

十一、本定额未包括地下室工程和上部洞体工程施工(非夜间)的人工、机械降效及施工照明费，建筑装饰装修工程的地下室和上部洞体工程非夜间施工的人工、机械降效在相应项目单价中考虑，按定额人工乘以系数 1.08 计算；单独装饰装修工程非夜间施工照明费列入措施项目费，按自然层建筑面积以 3 元/m^2 计算。

十二、本定额所指的“主墙”是指结构厚度在 120 mm 以上(不含 120 mm)的各类墙体。

十三、本定额考虑了产品一般保护费用，建筑构配件及产品有特殊要求加固包装的保护费用另行计算。

十四、本定额的工作内容已说明了主要的施工工序，次要工序虽未说明，但均已在定额内考虑。

十五、本定额中注有“××以内”或“××以下”者，均包括“××”本身；“××以外”或“××以上”者，均不包括“××”本身。

十六、本定额由福建省建设工程造价管理总站负责管理和解释。

第一章　楼地面工程

说明

1. 本章定额子目按照手工操作和机械使用综合考虑。

2. 各种砂浆的种类、配合比和粘结剂与定额取定不同时，可以换算。

3. 砂浆找平层设计厚度与定额取定不同时，按每增减定额子目调整。

4. 砂浆结合层设计厚度与定额取定不同时，砂浆厚度按比例换算。

5. 水泥砂浆整体面层设计厚度和定额取定不同时，砂浆厚度按比例换算。

6. 细石混凝土整体面层设计厚度与定额取定不同时，按细石混凝土找平层每增减定额子目调整。

7. 块料面层规格与定额取定不同时，块料用量应换算。

8. 楼地面整体面层、块料面层定额项目，不包括踢脚板；楼梯面装饰包括踏步、休息平台板，不包括踢脚板、防滑条、侧面及板底抹灰，发生时套相应定额子目。

9. 楼地面铺贴含点缀的石板材面层(点缀是指在大面积铺贴石板材中均匀散贴 0.015 m^2 以内的小块料)，不扣除点缀所占的面积，点缀面积按实计算，套相应定额子目。

10. 楼地面铺贴含圈边的石板材面层，应扣除圈边所占的面积。圈边面积按实计算，套相应定额子目。

11. 踢脚板高度在 300 mm 以内的套踢脚板定额，高度超过 300 mm 时，套相应墙裙定额项目。楼梯梯段踢脚板套相应定额乘以系数 1.15。

12. 台阶面层不包括牵边、侧面装饰，发生时另行计算。

13. 现浇水磨石面层已包括酸洗打蜡，其余项目不包括酸洗打蜡，发生时另行计算。

14. 零星项目适用楼梯、台阶侧面及 0.5 m² 以内少量分散的楼地面装修。

15. 大理石和花岗岩定制板材项目仅适用于按实际放样尺寸定购的项目。

16. 木龙骨基层材料用量与定额取定不同时，材料用量可以换算。

17. 栏杆扶手定额高度按 0.9 m 编制。

18. 靠墙扶手定额不考虑弯头的制安，实际发生时，按实计算。

19. 弧形水泥砂浆踢脚板、弧形块料面层踢脚板、弧形整体面层台阶及弧形块料面层台阶套用相应定额，人工、机械乘以系数 1.15，材料乘以系数 1.05。

20. 砂浆找平层、结合层及粘结层是按照现行图集(闽 97Z09)进行编制，具体采用的砂浆种类、厚度如下：

材料名称	找平层	结合层	
石板材(地面)		2 厚水泥浆＋25 厚 1∶3 水泥砂浆＋水泥浆一道	2 厚粘结剂
石板材(楼面)		2 厚水泥浆＋25 厚 1∶3 水泥砂浆＋水泥浆一道	2 厚粘结剂
面砖(地面)		1 厚水泥浆＋20 厚 1∶2 水泥砂浆＋水泥浆一道	2 厚粘结剂
面砖(楼面)		1 厚水泥浆＋20 厚 1∶2 水泥砂浆＋水泥浆一道	2 厚粘结剂
陶瓷锦砖(地面)		5 厚 1∶1 水泥砂浆	
陶瓷锦砖(楼面)		5 厚 1∶1 水泥砂浆	
石板材踢脚线		10～15 厚 1∶2 水泥砂浆	
缸砖踢脚线	10～12 厚 1∶2.5 水泥砂浆	8 厚 1∶0.2∶2 混合砂浆	

工程量计算规则

1. 地面垫层按设计图示尺寸以体积计算，扣除凸出地面构筑物、设备基础、室内管道、地沟等所占面积，不扣除间壁墙和 0.3 m² 以内的柱、垛、附墙烟囱及孔洞所占面积。门洞、空圈、暖气包槽、壁龛的开口部分不增加面积。

2. 楼地面整体面层、找平层及块料面层均按设计图示尺寸以面积计算，扣除凸出地面构筑物、设备基础、室内管道、地沟等所占面积，不扣除间壁墙和 0.3 m² 以内的柱、垛、附墙烟囱及孔洞所占面积。门洞、空圈、暖气包槽、壁龛的开口部分不增加面积。

3. 楼梯装饰面层(包括整体面层、块料面层、地毯面层)按设计图示尺寸以楼梯(包括踏步、休息平台及 500 mm 以内的楼梯井)水平投影面积计算。楼梯与楼地面相连时，算至梯口梁内侧边沿；无梯口梁者，算至最上一层踏步边沿加 300 mm。

4. 楼地面铺贴复杂拼花石材块料面层按铺贴图案部分的实面积计算。

5. 台阶装饰按设计图示尺寸以台阶(包括最上层踏步边沿加 300 mm)水平投影面积计算。

6. 楼地面零星项目装饰面层按设计图示尺寸以面积计算。

7. 踢脚板按设计图示长度乘以高度以面积计算，定制材踢脚板按设计图示长度计算。

8. 木地板、防静电活动地板及其他粘贴面层按设计图尺寸以面积计算，门洞、空圈、暖气包槽、壁龛的开口并入相应的工程量内。

9. 楼梯不满铺地毯按设计图示展开面积计算。楼梯地毯周边线按设计图示展开长度计算。楼梯、台阶踏步铺地毯的压棍按套计算，压板按设计图示长度计算。

10. 现场制作栏板、栏杆、扶手按设计图示尺寸以扶手中心线长度（包括弯头长度）计算。

11. 成品栏杆、扶手安装按设计图示长度（扣除弯头长度）计算。

12. 成品木扶手、石材扶手弯头以个计算。

13. 栏杆硬木起止步立柱以个计算。

第二章　墙柱面工程

说明

1. 本章定额综合考虑手工和机械操作。

2. 本定额砂浆的种类、配合比和饰面材料及型材的型号规格与设计不同时，可按设计规定调整。

3. 圆弧形（锯齿形）墙面进行抹灰、镶贴陶瓷块料、铺贴饰面板时，均按相应定额子目人工乘以系数 1.15，材料乘以系数 1.05。

4. 外墙面小面积勾缝（包括 3 m^2 内的窗间墙）人工乘以系数 1.20。

5. 粘贴块料面层项目仅包括结合层做法，其找平层应另列项目计算。

6. 砖墙中的钢筋混凝土梁、柱侧面抹灰并入砖墙抹灰定额计算。

7. 花岗岩、大理石块料面层均不包括阳角处的磨边、倒角，设计要求磨边等现场加工按相应定额另行计算。若在购买材料时已磨边等按加工厂价格计算。

8. 定额中外墙面粘贴块料面砖项目按密缝和缝宽 5 mm、10 mm、20 mm 考虑。不同者，块料及灰缝材料（1：1 水泥砂浆）用量可以调整。其他不变。

9. 隔断、隔墙定额内均未包括装饰线（板），如设计要求时，套相应定额子目另行计算。

10. 面板、木龙骨、木基层未包括刷防火涂料，实际发生时套相应定额子目另行计算。

11. 幕墙、隔墙（间壁）、隔断所用的钢龙骨、轻钢龙骨、铝合金龙骨、木龙骨与定额含量不同时可以调整。

12. 零星项目适用于 0.5 m^2 以内少量分散的抹灰或镶贴块料面层。

13. 小型构件项目适用于腰线、窗台板、空调板、门窗套、压顶、扶手、花池等。

14. 装饰线项目适用于一道线宽度在 200 mm 以内的装饰线条。

15. 墙面拼花木饰面仅适用于平面装饰，当平面装饰中采用曲线拼花时人工乘系数 1.15，采用复杂拼花时人工乘系数 1.37；如做立体造形时按墙面拼花木饰面人工乘系数 1.50，材料用量允许换算。

16. 石膏装饰柱高度和直径不同时允许换算。

17. 网塑夹芯板（泰柏板）内隔墙定额内已包括双面底层和面层抹灰。

18. 幕墙三项性能（风压强度、气密性、水密性）试验费、预埋件和螺栓拉拔试验费、胶相溶性试验费、防雷测试费按实际发生的费用另行计算。

19. 幕墙定额不包括预埋件（或穿墙螺栓），实际发生时套相关定额子目另行计算。

20. 石材幕墙、复合板幕墙的钢骨架按建筑工程消耗量定额“金属结构工程”中的相关定额子目计算。

21. 玻璃幕墙上开启窗面积并入幕墙计算，每 1 m^2 开启窗面积另增加人工 0.35 工日，窗型材、窗五金配件相应增加。

22. 砂浆找平层、结合层及粘结剂是按照现行图集（闽 95J05）进行编制的，具体采用的砂浆种类、厚度如下表：

材料名称	水泥砂浆粘贴			粘结剂粘贴	
	找平面		结合层	找平面	结合层
	砖墙面	砼墙面	墙面	墙面	砖墙面
大理石（粘贴）	10 厚 1∶3 水泥砂浆	素水泥浆 1 道（107 胶）＋10 厚 1∶3 水泥砂浆	素水泥浆 1 道（107 胶）＋5 厚 1∶1 水泥砂浆（107 胶）	12 厚 1∶3 水泥砂浆＋6 厚 1∶2.5 水泥砂浆	3 厚粘结剂
花岗岩（粘贴）	14 厚 1∶3 水泥砂浆	素水泥浆 1 道（107 胶）＋10 厚 1∶3 水泥砂浆	素水泥浆 1 道（107 胶）＋5 厚 1∶1 水泥砂浆（107 胶）	12 厚 1∶3 水泥砂浆＋6 厚 1∶2.5 水泥砂浆	3 厚粘结剂
大理石花岗岩（挂贴）			素水泥浆 1 道（107 胶）＋50 厚 1∶2.5 水泥砂浆灌浆		
面砖	14 厚 1∶3 水泥砂浆	素水泥浆 1 道（107 胶）＋5 厚 1∶2.5 水泥砂浆	12 厚 1∶1 水泥砂浆（107 胶）、		2 厚粘结剂
陶瓷锦砖	14 厚 1∶3 水泥砂浆	素水泥浆 1 道（107 胶）＋12 厚 1:3 水泥砂浆	素水泥浆 1 道（107 胶）＋3 厚水泥浆（107 胶）		2 厚粘结剂
石板材（拼碎）	10 厚 1∶3 水泥砂浆	素水泥浆 1 道（107 胶）＋5 厚 1∶0.5∶3 水泥石灰膏砂浆	素水泥浆 1 道（107 胶）＋12 厚 1∶0.2∶2 水泥石灰膏砂浆（107 胶）＋1∶1 水泥砂勾缝	12 厚 1∶3 水泥砂浆＋6 厚 1∶2.5 水泥砂浆	3 厚粘结剂

工程量计算规则

一、墙柱面抹灰

1. 墙面抹灰：按设计图示尺寸以面积计算，扣除墙裙、门窗洞口及单个 0.3 m^2 以外的孔洞面积，不扣除踢脚线、挂镜线和墙与构件交接处的面积，门窗洞口和孔洞的侧壁及顶面不增加面积。附墙柱、梁、垛、烟囱侧壁并入相应的墙面面积内。

(1)外墙抹灰面积按外墙垂直投影面积计算。

(2)外墙裙抹灰面按其长度乘以高度计算。

(3)内墙抹灰面积按主墙间的净长乘以高度计算。无墙裙的，高度按室内楼地面至天棚底面计算；有墙裙的，高度按墙裙顶至天棚底面计算。

(4)内墙裙抹灰面按内墙净长乘以高度计算。

2. 柱(梁)面抹灰：按设计图示柱断面周长乘以高(长)度以面积计算。

3. 零星抹灰、小型构件、装饰线条：按设计图示尺寸以面积计算。

二、墙柱面勾缝、涂刷界面处理剂计算规则同墙柱面抹灰。

三、仿古建筑装饰抹灰按设计图示尺寸以展开面积计算。

四、墙柱面镶贴块料面层按设计图示尺寸以面积计算。

五、墙柱面装饰

1. 基层：按设计图示尺寸以面积计算。

2. 面层：墙面按设计图示墙净长乘以净高以面积计算，扣除门窗洞口及单个 0.3 m^2 以上的孔洞所占面积。柱(梁)面按设计图示饰面外围尺寸以面积计算，柱帽、柱墩并入相应柱饰面工程量内。

3. 石膏装饰柱按套计算。

六、隔断：按设计图示框外围尺寸以面积计算，扣除单个 0.3 以上的孔洞所占面积。浴厕门的材质与隔断相同时，门的面积并入隔断面积内。

七、幕墙：按设计图示框外围尺寸以面积计算，与幕墙同种材质的窗所占面积不扣除。带肋全玻璃幕墙按展开面积计算。

第三章　天棚工程

说明

1. 本章定额除部分项目为龙骨、基层、面层合并列项外，其余均为天棚龙骨、基层、面层分别列项编制。

2. 本章定额龙骨种类、间距、规格和基层、面层材料的型号、规格是按常用材料和常用做法考虑的，如设计要求不同时，材料可以调整，但人工、机械不变。

3. 天棚面层在同一标高者为平面天棚，天棚面层不在同一标高者为跌级(跌级天棚其面层人工乘以系数 1.1)。

4. 轻钢龙骨、铝合金龙骨定额中为单层结构(大、中龙骨在同一水平上)，如为双层结构时(即中、小龙骨紧贴大龙骨底面吊挂)，人工乘 1.15 系数。

5. 本章定额中平面天棚和跌级天棚指一般直线形天棚，不包括灯槽的制作安装。灯光槽制作安装应按本章相应子目执行。艺术造形天棚项目中包括灯光槽的制作安装，其断面示意图见附图(艺术天棚断面示意图)。

6. 龙骨架、基层、面层的防火处理，应按本定额第五章油漆、涂料、裱糊、彩画工程。

7. 天棚检查孔的工料已包括在定额项目内，不另计算。

工程量计算规则

1. 天棚抹灰按设计图示尺寸以水平投影面积计算，不扣除间壁墙、垛、柱、附墙烟囱、检查口和管道所占的面积，带梁天棚、梁两侧抹灰面积并入天棚面积内，板式楼梯梯底面抹灰按斜面积计算，锯齿形楼梯底板抹灰按展开面积计算。

2. 各种吊顶天棚龙骨按设计图示尺寸以水平投影面积计算，不扣除间壁墙、检查口、附墙烟囱、柱垛和管道所占的面积，扣除单个 0.3 m² 以外的孔洞、独立柱及与天棚相连的窗帘盒所占的面积。

3. 天棚基层及面层：按实铺面积以平方米计算，不扣除间壁墙、检查口、附墙烟囱、柱垛和管道所占的面积，扣除单个 0.3 m² 以外的孔洞、独立柱及与天棚相连的窗帘盒所占的面积。

4. 灯光槽按延长米计算。

5. 保温层按实铺面积计算。

6. 本章定额中龙骨、基层、面层合并列项的子目工程量计算规则同第二条。

7. 送风口和回风口按设计图示数量计算。

8. 嵌缝按延长米计算。

第四章　门窗工程

说明

1. 木门窗、钢门窗、铝合金门窗、卷帘门、不锈钢地弹门、塑钢门窗、彩板门窗、花式大门、防火门、防盗门以半成品现场安装形式进行编制。

2. 门窗安装定额已综合单扇、双扇、有亮子、无亮子及各种开启方式。

3. 普通半成品门窗定额中已包括小五金配件，若实际采用不同五金配件时，可以调整。

4. 木门、钢门及铝合金门定额未包括门锁安装，安装门锁另套相应定额。

5. 门锁分类如下：

(1)普通门锁：球型锁、浴室锁、弹子锁。

(2)高级门锁：暗装双舌以上(含双舌)的锁。

(3)豪华门锁：磁卡锁、多功能保险锁。

(4)电脑门锁：指纹锁等。

6. 木门窗、钢门窗、铝合金门窗安装已包括安玻璃、镀锌五金、组合铁件拼装及铁脚。钢门只有部分安玻璃时，套用相应的半截玻璃钢门定额。

7. 半成品门窗仅考虑加工厂内刷防腐或防锈底漆一遍。

8. 带亮子门(窗)只有门(窗)扇安纱门(窗)时，按纱门(窗)定额计算，每平方米扣除纱亮子部分用料：杉枋材 0.0025 m³，铁纱 0.11 m²。

9. 钢铝合金、不锈钢、塑钢及彩板组角钢门窗的安装，定额已包括了软填料塞缝和打密封膏工料，其他门窗的框边砂浆塞缝工料在墙面装饰的相应定额内考虑。

10. 钢材设计用量与定额含量不同时，可以调整。

11. 组合窗、天窗组合缝的填充料、盖口条及安装连接件螺栓等铁件已包括在定额内。

12. 带视窗门指在门上带有一个或多个可透视固定窗，其固定窗面积每个应在 0.2 m² 内，若固定窗面积大于 0.2 m² 的，应套用半玻门定额。

13. 电子感应自动门和转门的规格取定与定额不同时，可以调整。

14. 门扇、门框、门窗套、窗帘盒面层安装装饰线、贴装饰物、镶嵌五金铁件、油漆应按有关章节定额计算。

15. 夹板、石材门套子目中未包括门套的钢架结构，如设计要求门套里做钢架结构时，套用第六章“金属结构工程”有关定额。

16. 铝合金成品门窗的五金配件和附件在铝合金门窗材料中考虑。

17. 窗帘盒的设计规格与定额不同时，板材可以调整，窗帘盒的饰面层和油漆按有关章节定额计算。窗帘盒展开宽度为430 mm，宽度不同时，材料用量可以调整。

18. 古式木门窗的木材定额按一、二类木材考虑。若设计采用三、四类木种的，其制作人工乘以系数1.3，安装人工乘以系数1.15。

19. 古式木门窗安装已包括的除锁外的五金安装人工费、五金材料费按“古式木门窗五金用量表”(详见下表)计算。如设计小五金品种、数量与下表不同时，可以调整。如需装锁，装执手锁和弹簧锁每个增加0.2工日，装弹子锁每个增加人工0.1工日，锁的材料费另计。

20. 古式木窗扇制作：窗扇边梃毛料规格5.5 cm×7.5 cm，与设计规格不同时，木材可以调整。如做固定窗无框者，每平方米窗扇面积增加枋材0.0166 m^2。

21. 古式纱窗：窗扇边梃毛料规格4.5 cm×6.5 cm，与设计规格不同时，木材可以调整。古式纱窗指古式窗嵌书画，上盖纱绸，书画、纱绸未包括在定额内。

22. 长窗框毛料规格：上坎11.5 cm×11.5 cm，下坎11.9 cm×22 cm，抱楸9.5 cm×10.5 cm，与设计规格不同时，木材可进行调整。短窗框毛料规格：上下坎11.5 cm×11.5 cm，抱楸9.5 cm×10.5 cm。以用下连楹为准，如用上下连楹每米增加枋材0.0009 m^3；如全部用短楹，每米扣除枋材0.0006 m^3。

23. 古式直拼库门毛料规格：板厚5.5 cm，过墙板6.5 cm×30 cm。贡式樘子对子门毛料规格：板厚4 cm。单面敲框屏门毛料规格：边梃5 cm×7 cm，板厚1.5 cm。与设计规格不同时，木材可以调整。

24. 将军门边梃毛料规格9.5 cm×15.5 cm，门板厚3.5 cm，桃子7 cm×10.5 cm，过墙板10.5 cm×41.5 cm，与设计规格不同时，木材可以调整。将军门刺规格25 cm×∅6.5 cm，与设计规格不同时，木材可以调整。

古式木门窗五金用量表

单位：每1 m^2扇面积

项目	单位	长窗门扇	短窗扇	库门	贡式宕子
铁门环	只			0.4	
风圈	只	0.8	1	0.4	0.6
鸡骨搭钮	只	0.8	1		
15 cm风钩	只		1		
20 cm风钩	只	0.8			
45 cm插销	只	0.4	0.5		
1.6 cm螺丝	只	4	5		
窗扇门扇数量	扇	0.8	1	0.4	0.6

工程量计算规则

1. 各种半成品木门窗、钢门窗、彩板门及铝合金门窗安装按设计图示洞口面积计算。

2. 普通木门窗上部带有半圆窗的工程量应分别按半圆窗和普通窗计算，其分界线以普通窗和半圆之间的墙框上裁口线为分界线。门连窗的工程量应分别计算，套用相应的门或窗定额，其分界线以门框与窗扇之间的立框边为分界。

3. 实木门框现场制作安装按净长计算。

4. 实木门扇现场制作安装按门扇外围面积计算。遇弧形实木门扇制作安装的，其人工、机械乘以系数1.20。

5. 实木折叠门制作安装按设计图示洞口面积计算。门窗高度超过2.5 m人工乘以系数：3 m以内1.15，4 m以内1.25，6 m以内1.45。

6. 木门实木封边线按净长计算。木格（成品）安装按木格面积计算。

7. 木门扇贴饰面板按实贴面积计算。

8. 古式木门窗按设计图示门框外围尺寸以面积计算。

9. 电动装置推拉门、卷帘门按套计算。

10. 各种卷帘门如设计有规定尺寸时，按规定计算工程量；如设计无规定尺寸时，按以下方法计算工程量：(1)卷帘门在门洞外侧安装时，洞口的高度和宽度分别加50 cm和12 cm，按其面积计算；(2)卷帘门在门洞的墙中安装时，按洞口的面积计算。

11. 无框玻璃门扇及侧亮现场制作安装按门扇外围面积计算。

12. 电子感应自动门、全玻转门按图示数量以樘计算。

13. 花式大门按门扇外围面积计算。

14. 铁窗栅按设计图示面积计算。

15. 门窗套按设计图示面积计算。

16. 门窗贴脸按图示长度计算。

17. 门窗筒子板按展开面积计算。

18. 窗帘盒、窗帘轨按图示长度计算。

19. 窗台板按实铺面积计算。

20. 门窗配件安装分别按个、副、只计算。

21. 木门扇现场制作安装，门扇高度超过2.5 m时，相关定额人工乘以系数：3 m以内1.15，4 m以内1.25，6 m以内1.45。

第五章　油漆、涂料、裱糊工程

说明

一、本章刷涂、油漆、裱糊、彩画均采用手工操作，喷塑、喷涂采用机械操作。

二、油漆项目已综合考虑浅、中、深各种颜色。

三、油漆项目已包括配料、调色油漆人工在内。

四、本定额已综合考虑在同一平面上的分色及门窗内外分色。如需做美术图案者，另行计算。

五、设计要求的喷、涂、刷遍数与定额规定不同时，可按每增加一遍的定额项目进行调整。

六、广（生）漆配合比与设计不同时，可调整相应材料消耗量。

七、喷塑（一塑三油）、底油、装饰漆、面油，其规格划分如下：

1. 大压花：喷点压平，点面积在 1.2 cm^2 以上。

2. 中压花：喷点压平，点面积在 1～1.2 cm^2。

3. 喷中点、幼点：喷点面积在 1 cm^2 以下。

八、线条油漆项目适用于线条单独油漆，直线、曲线已综合考虑。若线条与基面同时油漆，则基面油漆相应项目乘以系数 1.05，但线条油漆不再重算。

九、门窗油漆定额按双面刷油编制，如采用单面刷油，定额乘以系数 0.49。

十、隔墙、护壁、柱、天棚面层及木地板刷防火涂料，可套用其他木材面刷防火涂料定额。

十一、斗拱、牌科、云头、戗角出檐及椽子等零星构件油漆，除已有定额项目外，可套用柱、梁、桁、枋古式构件项目，定额人工乘以系数 1.2。

十二、构架地仗由柱、梁、枋、桁等组成。板、墙、面地仗由大门、街门、迎风板、走马板、木板墙等组成。

十三、和玺加苏画、金线大点金加苏画及各项苏式彩画的规矩活部分，包括绘梁头（或博古）、藻头、卡子及包袱、聚锦线、枋心线、池子线、盒子线及其内外规矩图案的绘制。

十四、贴金（铜）箔项目中每张库金箔规格为 93.3 mm×93.3 mm，每张赤金箔规格为 83.3 mm×83.3 mm，每张铜箔规格为 100 mm×100 mm。若使用的金（铜）箔规格与定额取定不同时，箔的用量可以调整。

十五、匾的油漆、贴金（铜）箔项目包括匾钩、如意钉。木匾托刷素油并入匾计算。

工程量计算规则

一、楼地面、天棚、墙、柱、梁面的喷（刷）涂料、抹灰面油漆工程和裱糊工程按设计图示尺寸以面积计算，线条油漆（刷涂料）按设计图示尺寸以长度计算。

二、木材面油漆的工程量可参考附表相应的工程量系数计算。

三、钢门窗油漆按门窗洞口面积计算，金属构件油漆的工程量按构件重量计算。

四、木门窗油漆项目，其面积若为“框（扇）外围面积”时应转换为“洞口尺寸面积”，洞口尺寸面积可按框（扇）外围面积乘以系数 1.04 计算。

五、定额中的隔墙、护壁、柱、天棚木龙骨及木地板中木龙骨带毛地板，刷防火涂料工程量计算规则如下：

1. 隔墙、护壁木龙骨按其面层正立面投影面积计算。

2. 柱木龙骨按其面层外围面积计算。

3. 天棚木龙骨按其水平投影面积计算。

4. 木地板中木龙骨及木龙骨带毛地板按地板面积计算。

六、木楼梯（不包括底面）油漆按水平投影面积乘以系数 2.3，执行木地板相应子目。

附表

1. 木材面油漆

木门工程量系数表

项目名称	系数	工程量计算方法
单层木门	1.00	按单面洞口面积计算
双层(一板一纱)木门	1.36	
双层(单裁口)木门	2.00	
单层全玻木门	0.83	
单层半玻木门	0.91	
木百叶门、木格门	1.25	
厂库大门	1.10	

木窗工程量系数表

项目名称	系数	工程量计算方法
单层玻璃窗	1.00	按单面洞口面积计算
双层(一玻一纱)木窗	1.36	
双层(单裁口)木窗	2.00	
双层框三层(二玻一纱)木窗	2.60	
单层组合窗	1.00	
双层组合窗	1.50	
木百叶窗	1.50	

木扶手工程量系数表

项目名称	系数	工程量计算方法
木扶手(不带托板)	1.00	长度
木扶手(带托板)	2.60	
窗帘盒	2.04	
封檐板、顺水板、夹堂板、博风板	1.74	
挂衣板、黑板框、单独木线条 100 mm 以外	0.52	
挂镜线、窗帘棍、天棚压条、单独木线条 100 mm 以内	0.35	
瓦口板、眼沿、勒望、里口木	0.45	
木座槛	2.39	

续表

项目名称	系数	工程量计算方法
木板、纤维板、胶合板天棚	1.00	长×宽
木护墙、木墙裙	1.00	
窗台板、筒子板、盖板、门窗套、木地板、木踢脚线	1.00	
清水板条天棚、檐口	1.07	
木方格吊顶天棚	1.20	
吸音板墙面、天棚面	0.87	
暖气罩	1.28	
鱼鳞板墙	2.48	
木间壁、木隔断	1.90	单面外围面积
玻璃间壁露明墙筋	1.65	
木栅栏、木栏杆(带扶手)	1.82	
衣柜、壁柜	1.00	展开面积

其他木材面工程量系数表

项目名称	系数	工程量计算方法
零星木装修	1.10	展开面积
梁、柱饰面	1.00	展开面积
木屋面板(带檩条)	1.11	斜长×宽
木楼梯(不包括底面)	2.30	水平投影面积
木屋架	1.79	跨度(长)×中高×1/2
古式长窗(宫、葵、万、海棠、书条)	1.43	框(扇)外围面积
古式短窗(宫、葵、万、海棠、书条)	1.45	
圆形、多边形窗(宫、葵、万、海棠、书条)	1.44	
古式长窗(冰、乱纹、龟六角)	1.55	
古式短窗(冰、乱纹、龟六角)	1.58	
圆形、多边形窗(冰、乱纹、龟六角)	1.56	
望板、仓填板	0.83	
石库门	1.15	
屏门	1.26	
贡式樘子对子门	1.26	
古式木栏杆(带碰槛)	1.32	长度乘以宽度
吴王靠(美人靠)	1.46	

续表

项目名称	系数	工程量计算方法
木挂落	0.45	长度
飞罩	0.50	
地罩	0.54	框外围长度
竹片面	0.90	长×宽
竹结构	0.83	展开面积

抹灰面油漆、涂料、裱糊

项目名称	系数	工程量计算方法
混凝土花格、栏杆花饰	1.82	单面外围面积
楼地面、天棚、墙、柱、梁面	1.00	展开面积
柱、梁、架、桁、枋仿古构件	1.00	设计图示展开面积
古式栏杆	2.90	设计图示长度乘以宽度
吴王靠	3.21	
挂落	1.00	设计图示长度
封沿板、博风板	0.50	
混凝土座槛	0.55	

2. 金属面油漆

单层钢门窗工程量系数表

项目名称	系数	工程量计算方法
单层钢门窗	1.00	按单面洞口面积计算
双层(一玻一纱)钢门窗	1.48	
百叶钢门	2.74	
半截百叶钢门	2.22	
满钢门或包铁皮门	1.63	
钢折叠门	2.30	
射线防护门	2.96	按框(扇)外围面积
厂房库平门、推拉门	1.70	
铁丝网大门	0.81	
间壁	1.85	长×宽
平板屋面	0.74	斜长×宽
瓦垄板屋面	0.89	
排水、伸缩缝盖板	0.78	按展开面积
吸气罩	1.63	按水平投影面积

其他金属面工程量系数

项目名称	系数	工程量计算方法
钢屋架、天窗架、挡风架、屋架梁、支撑、檩条、钢柱、吊车梁、花式梁柱	1.00	按重量(t)计
墙架(空腹式)	0.50	
墙架(格板式)	0.82	
空花构件	0.63	
操作台、走台、制动梁、钢梁车挡	0.71	
钢栅栏门、栏杆、窗栅	1.71	
钢爬梯	1.18	
轻型屋架	1.42	
踏步式钢扶梯	1.05	
零星铁件	1.32	

金属平板屋面涂刷磷化、锌黄底漆工程量系数表

项目名称	系数	工程量计算方法
平板屋面	1.00	斜长×宽
瓦垄板屋面	1.20	
排水、伸缩缝盖板	1.05	按展开面积
吸气罩	2.20	按水平投影面积
包镀锌铁皮门	2.20	按单面洞口面积

第六章 其他工程

说明

一、柜类、货架

1. 柜类、货架定额含量按附图计算。包含了胶合板(或大芯板)、装饰板、封边线、装饰线条、五金配件和磨边隔层玻璃等全部加工制作费用。材料按实际发生数量计算,当设计做法和使用材料规格不同时,材料用量可以调整。

2. 柜类构造按以下考虑:

(1)结构以胶合板为主:十二夹胶合板用于开间立板、水平隔层板、封面板和抽屉面板;九夹胶合板用于柜背板和抽屉内结构以及柜门内结构龙骨;五夹胶合板用于柜门结构面板。

(2)外饰面板按榉木胶合板。

(3)内饰面板按宝丽板。

(4)封边线按板收边条。

3. 柜类外表面油漆按附表所列含量套用第五章“油漆、涂料、裱糊、彩画工程”相应定额计算。

4. 当遇下列情况时，人工可做调整：

(1)弧形面柜类，人工工日乘以系数1.15。

(2)柜类不设内饰面板时，人工工日乘以系数0.9。

(3)按m^2计量的柜类，当单个柜类正面投影面积小于1 m^2时，人工工日乘以系数1.10；按m计量的柜类，当单件柜类正面投影长度少于1 m时，人工工日乘以系数1.10。

二、镜面玻璃是按成品考虑的，不适用于现场制作安装的镜面玻璃。

三、装饰线条、装饰板、装饰件

1. 本章定额中的装饰线、板、件为成品安装，包含了安装所需的人工、材料、机械费用；若设计采用的成品品种、规格与定额不同时可以调整。

2. 本章装饰板、装饰线条、装饰件定额按立面施工考虑，若在天棚面层上施工，相应定额中的人工、机械乘以系数1.25。

3. 本章的规则装饰板特指矩形板，其余为不规则装饰板。

4. 装饰线与装饰板的划分：按装饰件的宽度划分，宽度在300 mm以内的套用装饰线条定额，宽度在300 mm以上的套用装饰板定额。

5. 金属件焊接定额中按不锈钢考虑，如改用黄铜件焊接则定额人工、机械乘以系数0.95，一般金属件焊接则定额人工、机械乘以系数0.85。以上调整系数同天棚面层施工调整系数为连乘关系。

6. 石材装饰板干挂定额中，若不锈钢挂件的设计用量与定额不同时，数量可以调整。

7. 装饰件安装定额中均未考虑装饰件本身。

四、招牌、灯箱

1. 本章招牌是指独立结构层、面贴饰面材料的招牌。平面招牌是指安装在墙面上的招牌沿雨篷、檐口、阳台走向的立式招牌套用平面招牌异形定额；箱式招牌、竖式招牌是指多面体固定在墙体上的招牌；矩形招牌是指正立在平整无凹凸面的招牌；异形招牌是指正立面有凹凸面或非矩形造形的招牌。

2. 招牌定额中不包括装饰面层、灯片、灯饰，实际发生时套用有关章节的定额执行。

五、美术字不分字体按半成品安装编制。多个字体计算外接矩形面积时，按字体平均每个外接矩形面积套用相应的定额。

六、开孔磨边

1. 本章开孔、磨边、开槽等定额是按现场加工考虑的，若外购品已包括开孔、磨边、开槽，则不能套用本章定额。石材磨边定额按精磨考虑，若是粗磨边(即只磨边不磨光)，按相应的磨边定额乘以系数0.5。

2. 石材开孔定额按石材净料厚度20 mm考虑；木板面、石膏面开孔按板厚9 mm考虑；金属薄板开孔按板厚1 mm考虑编制的，厚度超出时，人工乘以系数1.3计算。

3. 石材按净料厚度20 mm考虑，设计厚度超过20 mm时，人工、机械乘以系数1.3。石材边是异形或曲线时，其人工乘以系数1.5。

4. 玻璃钻孔、切角、磨边定额未包括玻璃破损费用。

七、拆除工程

1. 拆除工程考虑以手工操作为主，机具拆除为辅，且包括所有拆除物运至水平运距30

m以内地点堆放，不考虑旧料回收及垂直运输费用，实际发生时另行计算，但建筑物底层的拆除废渣不能计算垂直搬运费用。

2. 拆除时对建筑物的结构不造成损坏或安全隐患。定额已包括一般支撑加固、搬运料具、搭拆简易脚手架等的费用。

3. 墙体及各种面层的拆除用工已综合考虑了不同强度等级砂浆的影响因素。

4. 各类地面面层的拆除不包括地面垫层的拆除，实际发生时，另行计算。

5. 拆除门窗是按拆除单层门窗考虑的，如果拆除双层门窗，人工乘以系数1.4。

6. 现浇、预制钢筋混凝土屋面板拆综合了普通屋面做法的屋面板、找平层、防水层拆除所需用工，不包括架空隔热层、保温层及上人屋面面层的拆除用工，实际发生时，另行计算。

7. 铲除天沟、檐沟卷材防水层以米为计量单位，其宽度是按1 m以内考虑的，若宽度超过1 m时，另行补充计算。

8. 铲除涂料、塑料、油漆、墙纸不包括其抹灰层拆除，抹灰层拆除另行计算，如果与抹灰层同时拆除时，只计算抹灰层拆除。

9. 吊顶龙骨面板拆除包括基层与面层的拆除，如果实际只拆除面层时，套用无龙骨、各式板面定额。

10. 清除油皮是按单面铲除考虑编制的，如果铲除双面油皮人工乘以系数2.0。

11. 水卫拆除中的管、线、槽板拆除适用于单独拆除的递给额，如果是随墙拆除的管、线、槽板，不能单独计算其拆除费用。浴盆、洗刷盆、大便器、小便器的拆除是指不能破坏原构件的拆除，如果对器具进行破坏性的拆除，不能套用本定额。

12. 拆除定额未包括拆除所需脚手架费用。

工程量计算规则

一、柜类、货架

1. 柜类分为高柜、中柜、低柜及台类。

(1)高柜：高度在1500 mm以外，按正面投影面积计算。

(2)中柜：高度在900 mm以外1500 mm以内，按正面投影面积计算。

(3)低柜：高度在900 mm以内，按正面长度计算。

(4)台类：按正面长度计算。

2. 厨房低柜按正面投影面积计算，附墙书柜、附墙衣柜、附墙酒柜、不锈钢货柜、隔断展示架、靠墙衣架等按长度计算。

3. 收款台、床头柜、自选衣架、试衣间按图示数量计算，吧台大理石台面按台面投影面积计算。

二、浴厕配件

1. 大理石洗漱台按设计图示尺寸以台面外接矩形面积计算(不扣除孔洞、挖弯、削角所占面积，挡板、吊沿板面积并入台面面积内)。

2. 镜面玻璃按设计图示尺寸以外边框外围面积计算，木镜箱按设计图示尺寸以正面投影面积计算，塑料镜箱按图示数量计算。

3. 卫生间其他配件按图示数量计算。

三、装饰线条、装饰板、装饰件

1. 装饰线条、板、件按图示尺寸以定额中的计量单位计算。

2. 装饰板定额的套用与计算：以每件装饰板自身特征，首先确定其施工工艺（乳液粘贴、钉装等），其次再判断是否规则。短边尺寸小于1 m的按长边长度计算工程量，区分短边长度套用以m为计量单位的相应装饰板定额；短边尺寸大于1 m的，按每件装饰板面积计算工程量，套用以m^2为计量单位的相应装饰板定额。

四、旗杆按设计图示尺寸以长度计算。

五、招牌、灯箱

1. 平面招牌按正立面面积计算，复杂形的凹凸造形部分不增加面积。

2. 沿雨篷、檐口或阳台走向的立式招牌按展开面积计算。

3. 箱式招牌和竖式招牌以外围体积计算。

六、美术字、浮雕、霓虹灯

1. 美术字按设计图示数量计算。

2. 方砖雕刻按设计图示尺寸以雕刻部分外接矩形面积计算。

3. 霓虹灯灯管安装按长度计算，变化控制器及继电器安装按图示数量计算。

七、开孔磨边

1. 开孔按实际数量计算。

2. 石材、玻璃磨边加工按长度计算。

八、拆除工程

1. 拆除装饰表面、防水层工程量按展开面积计算。

2. 拆除混凝土及钢筋混凝土构件、砖石砌体按实体积计算。如果装饰面层与构件、砌体同时拆除时，装饰物拆除不得另行计算，但构件、砌体工程量计算厚度应包括装饰面层的厚度；构件、砌体表面装、挂装饰物，且装饰物须单独拆除时，则装饰物拆除应另行计算。

3. 拆除工程的工程量计算，不扣除0.3 m^2以内的面积或0.1 m^3内的体积。

4. 门窗拆除不分类型均按框外围面积计算，框与扇分开拆时，扇拆除按扇的外围面积计算，框拆除按框外围面积计算。

5. 梁面铲除工程按展开面积套用天棚面相应定额。

6. 钢筋混凝土楼梯、雨篷、阳台、木楼梯的拆除按水平投影面积计算。

7. 水卫管道、电气照明管线、栏杆扶手、窗帘盒、踢脚线拆除按拆除长度计算。卫生洁具、灯具拆除分别按图示数量计算。

8. 砖砌浴池、污水斗、厕所蹲位、小水槽的拆除按图示数量计算。

9. 炉灶的拆除按拆除长度计算。

第七章　脚手架及成品保护

说明

一、脚手架定额已包括所需周转性材料的垂直运输和场外运输费用。

二、高度3.6 m以内的墙柱面及天棚装饰所需的简易脚手架费用已考虑在生产工具用具使用费中。墙面装饰或天棚高度超过3.6 m，可计算脚手架费用。

1. 天棚和墙面均装饰时，可计算满堂脚手架费用。

2. 天棚(墙面)为刷浆、勾缝,墙面(天棚)为装饰时,可按满堂脚手架项目的50%计算。

3. 墙面和天棚均为刷浆或勾缝时,可按满堂脚手架项目的20%计算。

4. 墙面装饰、天棚不装饰时,高度在6 m以内按里脚手架项目计算,高度超过6 m按单排脚手架项目的50%计算。

5. 天棚装饰、墙面不装饰时,可按满堂脚手架项目的50%计算。

6. 室外走廊、阳台若符合上述条件,可按上述规定计算脚手架。

三、单独装饰工程,需搭设外脚手架时,按建筑工程消耗量定额的规定计算,定额材料用量乘以系数0.33。

四、成品保护定额适用于施工完毕后,需要对装饰面进行特殊要求的保护,定额已包括成品保护所需的周转材料,不包括装饰面的清理、清洁。施工过程中对材料采取的保护措施不计算成品保护费用。

工程量计算规则

脚手架费用根据施工组织设计的搭设计算。

一、满堂脚手架按搭设的水平投影面积计算,不扣除0.3 m^2以内的空洞、柱、垛所占面积。满堂脚手架的计算高度以设计地面至天棚(下底)净高为准;天棚高度超过5.2 m时,按每增高1.0 m计算一个增加层,但增加层的高度小于0.5 m时不计。

二、吊篮脚手架按实际装饰垂直投影面积计算。

三、地面成品保护按被保护构件的展开面积计算。

四、楼梯成品保护按水平投影面积计算。

五、墙柱面成品按被保护构件的展开面积计算。

第八章　人工搬运

说明

一、本章适用于单独装饰装修工程中不允许利用室内电梯等垂直运输机械而发生的人工搬运费用,不适用使用货梯或其他垂直运输机械设备运输材料或垃圾。

二、人工搬运定额已考虑包装袋的摊销费用。

三、其他问题说明

1. 石板材厚度按20 mm考虑,当石板材厚度不同时,工日数可按厚度比系数调整。

2. 各种胶合板材、石膏板材、埃特板按板材厚度9 mm考虑,当板材厚度不同时,工日数可按厚度比系数调整。

3. 玻璃厚度按5 mm考虑,当玻璃厚度不同时,工日数可按厚度比系数调整;特大面积、特大厚度的单块玻璃的搬运,需采用特殊措施的,其搬运费用可另行计算。

4. 瓷砖、各种金属面板厚度已综合考虑。

工程量计算规则

材料及垃圾搬运按材料及垃圾的计量单位(详定额中的计量单位)计算。

3.9.3　清单工程量计算规则

1. 楼地面工程

(1)整体面层。包括水泥砂浆楼地面、现浇水磨石楼地面、细石混凝土楼地面、菱苦土楼地面,按设计图示尺寸以面积计算。

整体面层	按设计图示尺寸以面积计算
扣除	凸出地面的构筑物、设备基础、室内铁道、地沟等所占面积
不扣除	间壁墙和 0.3m^2 以内的柱、垛、附墙烟囱及孔洞所占面积
不增加面积	门洞、空圈、暖气包槽、壁龛的开口部分面积

(2)块料面层。包括石材楼地面、块料楼地面,按设计图示尺寸以面积计算。

块料面层	按设计图示尺寸以面积计算
扣除	凸出地面的构筑物、设备基础、室内铁道、地沟等所占面积
不扣除	间壁墙和 0.3 m^2 以内的柱、垛、附墙烟囱及孔洞所占面积
不增加面积	门洞、空圈、暖气包槽、壁龛的开口部分面积

(3)橡塑面层。包括橡胶板楼地面、橡胶卷材楼地面、塑料板楼地面、塑料卷材楼地面,按设计图示尺寸以面积计算。门洞、空圈、暖气包槽、壁龛的开口部分并入相应的工程量内。

(4)其他材料面层。包括楼地面地毯、竹木地板、防静电活动地板、金属复合地板,按设计图示尺寸以面积计算。门洞、空圈、暖气包槽、壁龛的开口部分并入相应的工程量内。

(5)踢脚线。包括水泥砂浆踢脚线、石材踢脚线、块料踢脚线、现浇水磨石踢脚线、塑料板踢脚线、木质踢脚线、金属踢脚线、防静电踢脚线,按设计图示长度乘以高度以面积计算。

(6)楼梯装饰。包括石材楼梯面层、块料楼梯面层、水泥砂浆楼梯面、现浇水磨石楼梯面、地毯楼梯面、木板楼梯面,按设计图示尺寸以楼梯(包括踏步、休息平台及 500 mm 以内的楼梯井)水平投影面积计算。楼梯与楼地面相连时,算至梯口梁内侧边沿;无梯口梁者,算至最上一层踏步边沿加 300 mm。楼梯侧面装饰,可按零星项目列项。

(7)扶手、栏杆、栏板装饰。包括金属扶手带栏杆、栏板,硬木扶手带栏杆、栏板,塑料扶手带栏杆、栏板,金属靠墙扶手,硬木靠墙扶手及塑料靠墙扶手,按设计图示扶手中心线以长度(包括弯头长度)计算。

(8)台阶装饰。包括石材台阶面、块料台阶面、水泥砂浆台阶面、现浇水磨石台阶面、剁假石台阶面,按设计图示尺寸以台阶(包括最上层踏步边沿加 300 mm)水平投影面积计算。

(9)零星装饰项目。包括石材零星项目、碎拼石材零星项目、块料零星项目、水泥砂浆零星项目,按设计图示尺寸以面积计算。

2. 墙、柱面工程

(1)墙面抹灰。包括墙面一般抹灰、墙面装饰抹灰、墙面勾缝。

<table>
<tr><td colspan="2">墙面抹灰</td><td>按设计图示尺寸以面积计算</td></tr>
<tr><td colspan="2">扣除</td><td>墙裙、门窗洞口及单个 0.3 m² 以外的孔洞面积</td></tr>
<tr><td colspan="2">不扣除</td><td>踢脚线、挂镜线和墙与构件交界处的面积</td></tr>
<tr><td colspan="2">不增加面积</td><td>门窗洞口和孔洞的侧壁及顶面</td></tr>
<tr><td colspan="2">并入相应的墙面面积内</td><td>附墙柱、梁、垛、烟囱侧壁</td></tr>
<tr><td rowspan="6">墙面
面积</td><td rowspan="2">外墙抹灰</td><td>外墙抹灰面积按外墙垂直投影面积计算</td></tr>
<tr><td>外墙裙抹灰面积按其长度乘以高度计算</td></tr>
<tr><td rowspan="4">内墙抹灰</td><td>内墙抹灰面积按主墙间的净长乘以高度计算</td></tr>
<tr><td>无墙裙的内墙高度按室内楼地面至天棚底面计算</td></tr>
<tr><td>有墙裙的内墙高度按墙裙顶至天棚底面计算</td></tr>
<tr><td>内墙裙抹灰面按内墙净长乘以高度计算</td></tr>
</table>

注意：

①这里一般抹灰包括石灰砂浆、水泥混合砂浆、水泥砂浆、聚合物水泥砂浆、纸筋石灰、石膏灰等。

②装饰抹灰包括水刷石、拉条灰、拉毛灰、喷涂、弹涂等。

③墙面勾缝包括清水砖墙、砖柱的勾缝，及石墙、石柱的勾缝。

④“构件交接处的面积”指的是墙与梁的交接处所面积，不包括墙与楼板的交接。

⑤这里的“主墙”指结构厚度在 120 mm 以上(不含 120 mm)的各类墙体。

(2)柱面抹灰。包括柱面一般抹灰、柱面装饰抹面、柱面勾缝，按设计图示柱断面周长乘以高度以面积计算。这里的柱断面周长指的是结构断面周长。

(3)零星抹灰。包括零星项目一般抹灰、零星项目装饰抹灰，按设计图示尺寸以面积计算。零星抹灰项目适用于小面积(0.5 m² 以内)少量分散的抹灰。

(4)墙面镶贴块料。包括石材墙面、碎拼石材墙面、块料墙面，按设计图示尺寸以面积计算。干挂石材钢骨架按设计图示尺寸以质量计算。

(5)柱面镶贴块料。包括石材柱面、碎拼石材柱面、块料柱面，按设计图示尺寸以实贴面积计算。

(6)零星镶贴块料。包括石材零星项目、碎拼石材零星项目、块料零星项目，按设计图示尺寸以面积计算。零星镶贴块料适用于小面积(0.5 m² 以内)少量分散的镶贴块料面层

(7)墙饰面。主要装饰板墙面，按设计图示墙净长乘以净高以面积计算，扣除门窗洞口及单个 0.3 m² 以上的孔洞所占面积。

(8)柱(梁)饰面。按设计图示饰面外围尺寸以相应面积计算。柱帽、柱墩并入相应柱饰面工程量内。注意这里“饰面外围尺寸”是指的饰面的表面尺寸。

(9)隔断。按设计图示框外围尺寸以面积计算,扣除单个 0.3 m²以上的孔洞所占面积。浴厕门的材质与隔断相同时,门的面积并入隔断面积内。

(10)幕墙。带骨架幕墙按设计图示框外围尺寸以面积计算,与幕墙同种材质的窗所占面积不扣除。全玻幕墙按设计图示尺寸以面积计算。带肋全玻幕墙按展开尺寸以面积计算。

3. 天棚工程

(1)天棚抹灰

天棚抹灰	按设计图示尺寸以水平投影面积计算
不扣除	间壁墙、垛、柱、附墙烟囱、检查口和管道所占的面积
并入天棚面积内	带梁天棚、梁两侧抹灰面积
按斜面积计算	板式楼梯底面抹灰
按展开面积计	锯齿形楼梯底板抹灰

(2)天棚装饰。灯带按设计图示尺寸框外围面积计算。送风口、回风口按设计图示规定数量计算。

(3)天棚吊顶

天棚吊顶	按设计图示尺寸以水平投影面积计算
不展开计算	天棚面中的灯槽及跌级、锯齿形、吊挂式、藻井式天棚面积
不扣除	间壁墙、检查口、附墙烟囱、柱垛和管道所占面积
扣除	单个 0.3 m²以外的孔洞、独立柱及与天棚相连的窗帘盒所占的面积

(4)格栅吊顶、吊筒吊顶、藤条造形悬挂吊顶、网架(装饰)吊顶、织物软雕吊顶按图示尺寸水平投影以面积计算。注意天棚抹灰与天棚吊顶工程量计算规则有所不同:天棚抹灰不扣除柱垛所占面积;天棚吊顶不扣除柱垛所占面积,但应扣除独立柱所占面积。柱垛是指与墙体相连的柱而突出墙体部分。天棚吊顶要扣除与天棚相连的窗帘盒所占的面积。

4. 门窗工程

(1)木门、金属门、金属卷帘门、木窗、金属窗及其他门窗按设计图示数量或设计图示洞口尺寸以面积计算。计量单位是樘或者平方米。

(2)门窗套按设计图示尺寸以展开面积计算,即按其铺钉面积计算。

(3)窗帘盒、窗帘轨按设计图示尺寸以长度计算。如果窗帘盒是弧形时,其长度以中心线计算。

(4)窗台板按设计图示尺寸以长度计算。玻璃、百叶面积占其门扇面积一半以内者应为半玻门或半百叶门,超过一半时应为全玻门或百叶门。

5. 油漆、涂料、裱糊工程

(1)门、窗油漆按设计图示数量计算。

(2)木扶手油漆及其他板条线条油漆按设计图示尺寸以长度计算。

(3)木材面油漆按设计图示尺寸以面积计算。

(4)木地板油漆、木地板烫硬蜡面按设计图示尺寸以面积计算。空洞、空圈、暖气包槽、壁龛的开口部分并入相应的工程量内。

(5)金属面油漆按设计图示构件以质量计算。

(6)抹灰面油漆按设计图示尺寸以面积计算。

(7)抹灰线条油漆按设计图示尺寸以长度计算。

(8)刷喷涂料按设计图示尺寸以面积计算。

(9)空花格、栏杆刷涂料按设计图示尺寸以单面外围面积计算。

(10)线条刷涂料按设计图示尺寸以长度计算。

(11)裱糊按设计图示尺寸以面积计算。

这里要注意的是,楼梯木扶手工程量按中心线斜长计算,弯头的长度应计算在扶手长度内。木材面油漆单面油漆按单面计算,双面油漆按双面计算。

3.10 技术措施项目

3.10.1 相关知识

1. 模板

按材料可以分为木模、钢模、钢木模、木竹胶合板等不同种类。

不同混凝土构件的模板施工方法各不相同,如图 3-130、图 3-131、图 3-132、图 3-133 所示。

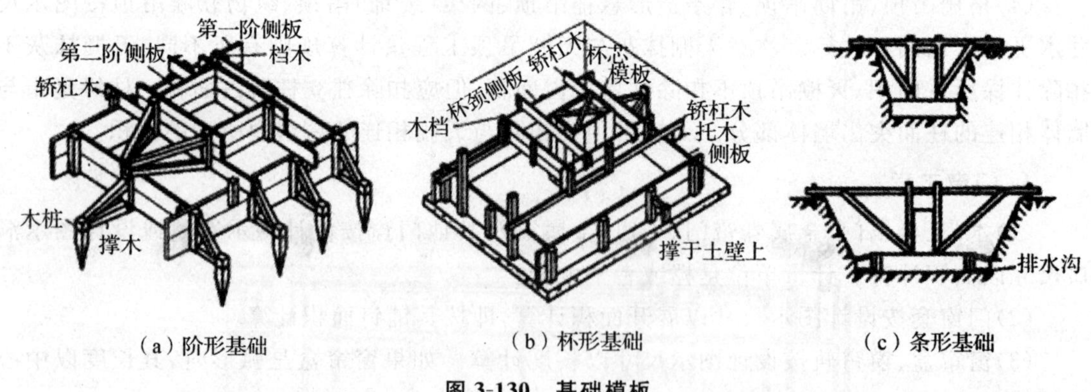

(a)阶形基础　(b)杯形基础　(c)条形基础

图 3-130　基础模板

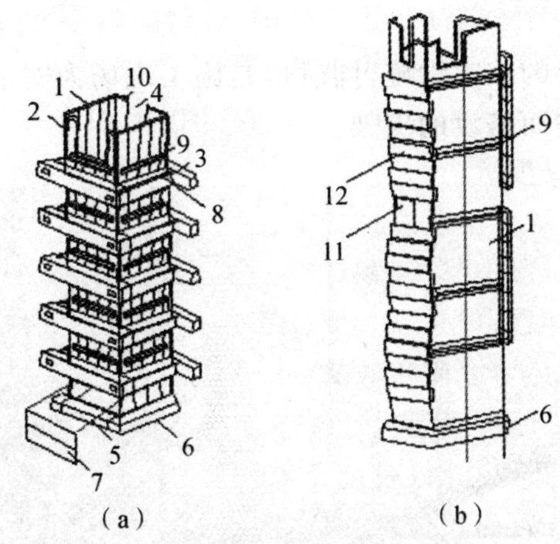

柱模板

（a）拼板柱模板　（b）短横板柱模板

1—内拼板；2—外拼板；3—柱箍；4—梁缺口；5—清理孔；6—木框；7—盖板；8—拉紧螺栓；9—拼条；10—三角木条；11—浇筑孔；12—短横板

图 3-131　柱模板

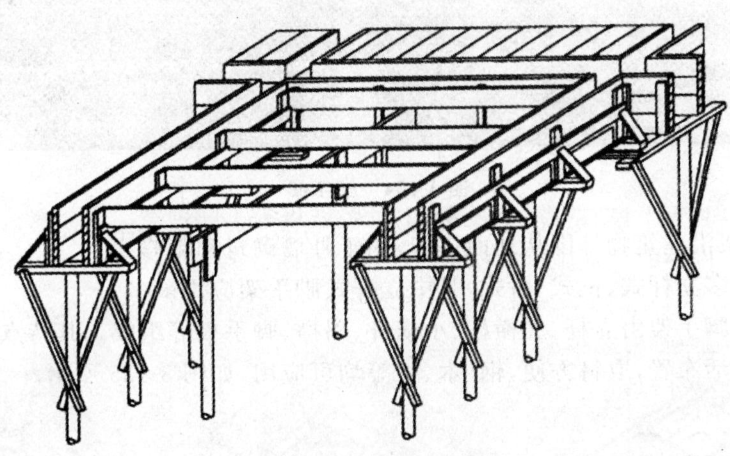

图 3-132　梁、楼板模板

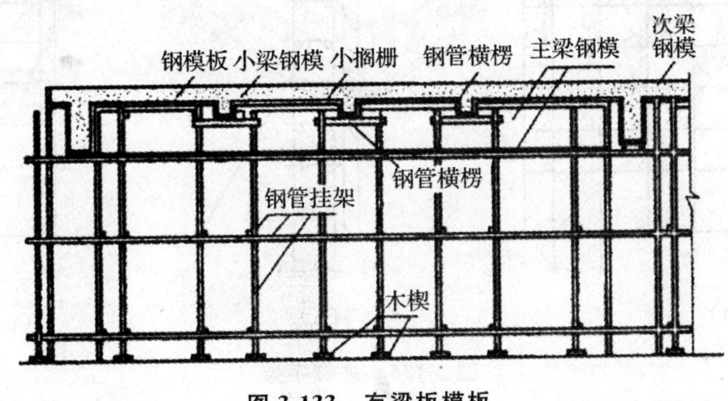

图 3-133　有梁板模板

2. 脚手架

脚手架是建筑施工中重要的临时设施，同时也是施工现场为安全防护、工人操作以及解决楼层间少量垂直和水平运输而搭设的支架。

图 3-134 脚手架

(1)外脚手架沿建筑物外围从地面搭起，用于外墙砌筑和装修。

类型主要有多立杆式、框式、桥式，其中立杆式脚手架应用最多。

多立杆式外脚手架由立杆、大横杆、小横杆、斜撑、脚手板等组成。其特点是每步架高可根据施工需要灵活布置，取材方便，钢、木、竹等均可应用，如图 3-135 所示。

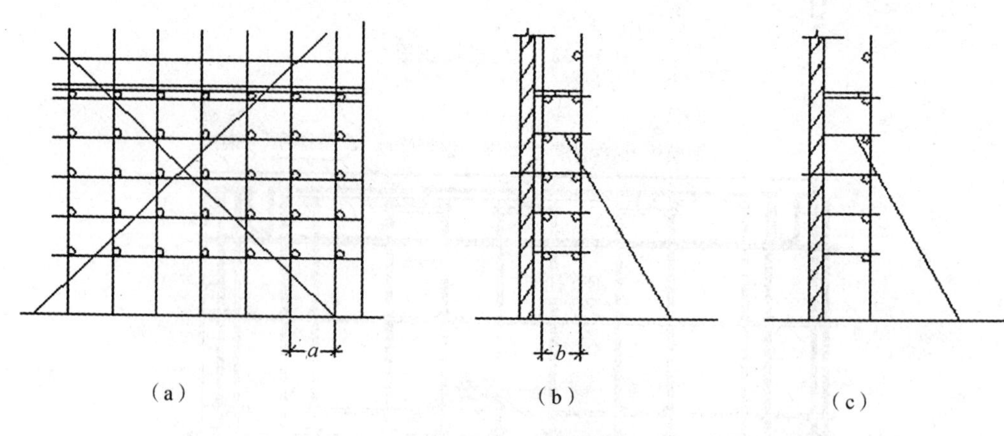

图 3-135 外脚手架

(2)里脚手架搭设于建筑物内部，每砌完一层墙后，即将其转移到上一层楼面，进行新的一层墙体砌筑。里脚手架也用于室内装饰施工。

里脚手架装拆较频繁，要求轻便灵活，装拆方便。通常将其做成工具式的，结构形式有折叠式、支柱式和门架式。如图 3-136 所示。

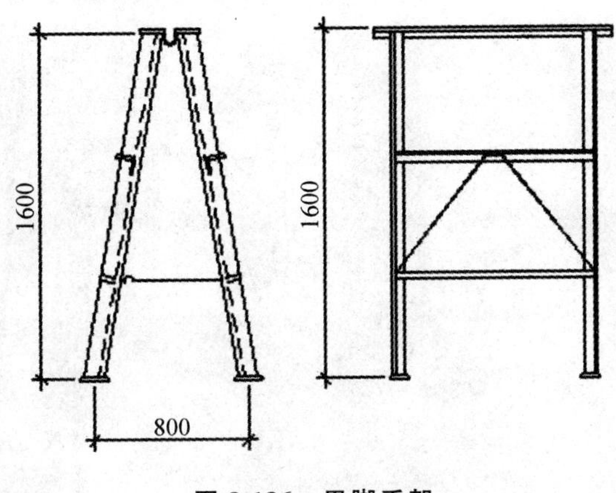

图 3-136　里脚手架

3. 垂直运输设施

垂直运输设施主要是指塔吊和井架。

塔吊的特点是生产效率高，兼可做水平运输，可能的条件下优先选用。如图 3-137 所示。

图 3-137　塔吊

井架是建筑工程常用的垂直运输设备。搭设高度可达 40 m 左右，需要缆风绳保持井架的稳定，可运输手推车和散装材料。如图 3-138 所示。

图 3-138　井架

3.10.2 《福建省建筑工程消耗量定额》(FJYD-101-2005)

（以下顺序安排与《福建省建筑工程消耗量定额》章节顺序相同）

第九章　混凝土与钢筋混凝土模板及支架

说明

一、定额包括了安装模板使用一般简易脚手架的费用。

二、模板包括制作、安装、拆除、场外运输，组合钢模板还包括装箱。

三、现浇混凝土模板

1. 现浇混凝土模板区分不同构件，以胶合板模板（含门架支撑、钢支撑、木支撑）、木模板（含钢支撑、木支撑）编制，模板类型不同时可另行补充。

2. 独立基础（独立桩承台）、满堂基础（满堂桩承台）与带形基础（带形桩承台）的划分：

长宽比在3倍以内且底面积在20 m²以内的为独立基础(独立桩承台),底宽在3 m以上且底面积在20 m²以上的为满堂基础(满堂桩承台),其余为带形基础(带形桩承台)。

3. 箱形基础应分别按无梁式满堂基础、柱、墙、梁、板相应定额项目计算。

4. 满堂基础砖地模水泥砂浆粉刷套装饰定额地沟水泥砂浆粉刷定额子目。

5. 满堂基础中集水坑模板面积并入基础工程量中。

6. 框架设备基础分别按基础、柱、梁、板、墙定额项目计算。

7. 凡四边以内的柱,无论形状如何均套用矩形柱定额项目;四边以上者均套用异形柱定额项目;圆形或带有弧形的柱按圆弧形接触面积计算,套用圆形柱定额项目。

8. 附墙的暗柱、暗梁按墙定额项目计算。

9. 墙柱是指墙与柱构成一体的构件。

10. 若设计墙模板采用止水螺栓,可另行计算,并扣除定额中的拉杆螺栓含量;若设计要求墙模板的拉杆螺栓不能回收,定额中拉杆螺栓的含量乘以系数20,并增加其他材料费0.1元/m²,其他机械费0.4元/m²。

11. 电梯井外侧模板、洞口侧壁模板按墙模板计算。

12. 板

(1)有梁板是指梁与板构成一体的板。

(2)无梁板是指不带梁直接由柱承重的板。

(3)平板是指无柱、无梁由墙承重的板。

13. 有梁板或平板与圈梁相连者,应分别按有梁板、平板和圈梁定额项目计算。有梁板或平板与圈梁的划分以板底为界。

14. 斜屋面有梁板模板以屋面的设计斜度(斜面与水平面的夹角)为依据。对于设计斜度≤15°的坡屋面,按有梁板定额项目计算;对于15°<设计斜度<25°的斜屋面,按底面支模计算,套用有梁板模板定额乘以系数1.05;对于设计斜度>60°的坡屋面,按上下双面支模计算,套用墙模板定额;对于25°≤设计斜度≤60°的斜屋面,按上下双面支模计算,套用斜屋面有梁板模板定额项目。

15. 雨篷与圈梁或梁的划分以梁外侧为界。

16. 有梁式的雨篷按有梁板定额项目计算。

17. 挑出墙面的板宽度>20 cm者按雨篷定额项目计算,每级宽度≤20 cm者按线条定额项目计算。

18. 墙体底座混凝土模板按圈梁定额项目计算。

19. 整体楼梯休息平台为圆(弧)形时,应按圆(弧)形梁、板增加费定额项目计算圆(弧)形增加费,不得按圆(弧)形楼梯定额项目计算。休息平台为悬挑时,应按墙外的水平投影面面积计算。

20. 栏板模板定额适用于高度小于1.6 m且厚度小于120 mm的栏板和女儿墙。如栏板和女儿墙设计高度大于1.6m或厚度大于120 mm,应分别按墙、压顶相应定额项目计算。

21. 屋面檐口斜板包括斜板、压顶、肋板或小柱,按栏板定额项目乘以系数1.15计算。

22. 挑檐、檐沟(天沟)与圈梁或有梁板的划分以梁外侧为界,檐沟包括底板和反口。

23. 压顶定额适用于突出一道线的压顶,突出二道线的压顶按线条定额项目计算。

24. 台阶模板定额适用于无底模的台阶,台阶两端的模板已综合在定额内。有底模的台阶按整体楼梯定额项目计算。

25. 小型构件是指单个体积或单个外形体积在 0.05 m^3 以内,且定额中未列出的项目。

26. 现浇混凝土梁、板、柱、墙、楼梯是按支撑高度 3.6 m 以内编制的,超过 3.6 m 时,另按超过部分模板接触面积计算模板超高支撑增加费。支撑高度按每增加 1 m 计算一个增加层,不足 1 m 按 1 m 计算。但挑出墙面的板支撑高度超过 10.8 m 且宽度不大于 2 m 时,另按水平投影面积计算悬挑构件支撑增加费,不再另算模板超高支撑增加费。

(1)柱支撑高度:自基础面或结构层板面至上层有梁板板面或无梁板柱帽底的高度。

(2)构造柱支撑高度:自基础面或结构层板面至上层梁底的高度。

(3)墙、电梯井壁支撑高度:自基础面或结构层板面至上层板面的高度。墙顶有梁且梁宽大于墙厚时,支撑高度为自基础面或结构层板面至上层梁底的高度。

(4)有梁板、无梁板、平板支撑高度:自设计室外地坪或结构层板面至上层板底的高度,计算模板超高支撑增加费时应包括肋梁或柱帽的模板面积。

(5)单梁支撑高度:自设计室外地坪或结构层板面至上层梁底的高度。

(6)楼梯模板支撑高度为板底垂直高度。支撑高度超过 3.6 m 时,板式楼梯按超过部分的水平投影面积乘以系数 1.15,梁式楼梯按超过部分的水平投影面积乘以系数 1.5,套有梁板模板超高支撑增加费定额项目。

27. 现浇混凝土板厚超过 160 mm 时,另行计算模板支撑增加费。

四、预制混凝土模板部分:预制混凝土模板是按不同构件分别以组合钢模板、复合木模板、木模板、定形钢模、长线台钢拉模,并配制相应的砖地模、砖胎模、长线台混凝土地模编制的,使用其他模板时,可以换算。

五、构筑物混凝土模板部分

1. 构筑物混凝土构件除另有规定外,均按现浇混凝土木模板有关规定编制。

2. 用钢滑升模板施工的项目,定额中已包括坑内积水排除、夜间施工照明、高空安全防护设施、高空施工增加费用。

3. 用钢滑升模板施工的烟囱、倒锥水塔及筒仓是按无井架施工计算的,并综合了操作平台,不再计算脚手架及竖井架。

4. 用钢滑升模板施工的烟囱、水塔、提升模板使用的钢爬杆用量按 100% 摊销计算,筒仓按 50% 摊销计算,设计要求不同时可以换算。

5. 倒锥壳水塔塔身钢滑升模扳项目也适用于一般水塔塔身滑升模板工程。

6. 烟囱钢滑升模板项目已包括烟囱筒身、牛腿、烟道口。水塔钢滑升模板均已包括直筒、门窗洞口等模板用量。

7. 本节模板支撑均已考虑了超高、超厚因素,不得再计算模板超高、超厚支撑增加费。

工程量计算规则

一、现浇混凝土模板

1. 现浇混凝土模板除另有规定者外,应区分模板不同材质,按混凝土与模板接触面以面积计算;不扣除墙、板单孔面积在 1.0 m^2 以内的孔洞面积,洞侧壁模板也不增加;扣除单孔面积在 1.0 m^2 以外的孔洞面积,洞侧壁模板面积并入相应模板项目计算;不扣除柱与梁、梁与梁、梁与墙连接重叠部分面积,但应扣除梁与板、柱与墙、墙与墙连接重叠部分面积。

2. 基础、墙、板、其他构件模板均扣除后浇带模板所占面积。

3. 基础

(1)带形基础、桩承台外墙按基础中心线计算,内墙按基础上口净长度计算。带形基础、桩承台内外墙交接部分面积不扣除,基础端头的模板不另计算。带形基础与独立基础连接时,带形基础的长度按其两端独立基础上口的净长度计算。

(2)独立基础、桩承台与带形基础、桩承台连接部分的面积不扣除。

(3)满堂基础、桩承台按底板与梁模板接触面积之和计算。外墙基础梁长度按中心线长度计算,内墙基础梁长度按净长度计算。基础梁交接部分面积不扣除,基础梁端头的模板不另计算。

(4)基础梁的长度按基础或柱之间的净长度计算。梁与梁交接部分的面积不扣除,梁端头的模板不另计算。

(5)设备基础螺栓套按不同长度以个计算。

4. 柱

(1)柱高:有梁板的柱高应自柱基上表面(或楼板上表面)至上一层楼板上表面之间的高度计算;无梁板的柱高应自柱基上表面(或楼板上表面)至柱帽下表面之间的高度计算;框架柱的柱高应自柱基上表面至柱顶的高度计算;构造柱的柱高应自柱底至柱顶(梁底)的高度计算。

(2)依附柱上牛腿的模板面积并入柱工程量中。

(3)先砌墙的构造柱模板的工程量按图示外露部分的最大宽度乘以柱高计算。

5. 墙

(1)高度:由墙基上表面(或楼板上表面)算至上一层楼板(或梁)下表面。板厚不同时,按板面积最大的板厚扣除。

(2)长度:墙均按净长计算。墙与墙交接部分的长度应扣除,墙端头的模板面积应增加。

6. 梁

(1)长度:梁与柱连接时,梁长算至柱侧面;次梁与主梁交接时,梁长算至主梁侧面。过梁的长度按门(窗)宽洞口的净长度计算。圈梁外墙按中心线、内墙按净长线计算。

(2)梁交接部分的面积不扣除,梁头的面积亦不增加。

(3)梁垫的模板面积并入梁计算。

7. 板、有梁板

(1)有梁板按梁、板模板面积之和计算。

(2)有梁板梁高:按扣除板厚的净高计算。

(3)有梁板梁长:梁与柱连接时,梁长算至柱侧面;次梁与主梁交接时,梁长算至主梁侧面。

(4)无梁板按板、柱帽模板面积之和计算。

(5)梁交接部分的面积不扣除,梁头面积亦不增加。

(6)板周边的侧模已综合在定额内,不得另行计算。

(7)坡屋面(设计斜度在25°至60°之间)有梁板按上下双面支模计算。

(8)圆弧形梁增加费按底模与侧模模面积之和计算。

(9)圆弧形板增加费按弧形边以长度计算。

8. 其他构件

(1)整体楼梯包括休息平台、平台四周的梁、斜梁、楼梯与楼板连接的梁，不分框架结构和混合结构，均按墙内皮的水平投影面积计算，伸入墙内部分不另增加，宽度小于 50 cm 的楼梯井不扣除。室外整体楼梯按墙外的水平投影面积计算。当整体楼梯与现浇楼板无梯梁连接时，以楼梯的最后一个踏步边缘加 300 mm 为界。

(2)台阶不包括梯带，按图示尺寸的水平投影面积计算，台阶端头两侧模板不另计算，台阶两侧的挡墙另行计算。

(3)雨篷按图示外挑部分的水平投影面积计算，板边模板不另增加，雨篷反口模板按反口的净高计算。

(4)挑沿、檐沟按断面模板展开宽度乘以挑沿、檐沟外围的长度以平方米计算，挑沿、檐沟端头的模板不另增加。

(5)压顶按混凝土与模板的接触面以面积计算。

(6)栏板按混凝土与模板的接触面以面积计算，其压顶模板并入计算。

(7)线条按模板展开宽度乘以线条长度以面积计算，线条端头的模板不另增加。

9. 模板支撑增加费

(1)现浇混凝土柱、梁、板、墙模板支撑高度以 3.6 m 以内为准，超过 3.6 m 以上部分，另按超过部分计算模板超高支撑增加费。支撑高度按每增加高 1.0 m 计算一个增加层，不足 1.0 m 按 1.0 m 计算。

(2)混凝土板的厚度以 160 mm 以内为准，超过 160 mm 的，另按其模板工程量计算模板超厚支撑增加费。超厚支撑按每增厚 50 mm 计算一个增加层，不足 50 mm 按 50 mm 计算。

(3)悬挑构件模板支撑增加费按图示外挑部分的水平投影面积以平方米计算。

二、仿古建筑混凝土模板工程量按以下规定计算：

1. 仿古建筑混凝土模板除另有规定者外，按混凝土与模板接触面以面积计算。

2. 圆形桁条、梓桁条、老嫩戗与柱连接时，长度按柱间净距计算。

3. 斗拱、梁垫、蒲鞋头、短机、云头等古式零件按混凝土与模板的接触面以面积计算。

4. 古式栏板按设计图示水平长度乘以高度以单面面积计算。

5. 古式栏杆、吴王靠按设计图示尺寸以长度计算。

三、构筑物混凝土模板工程量按以下规定计算：

1. 构筑物混凝土模板工程量，除另有规定者外，按混凝土与模板接触面以面积计算；不扣除单孔面积在 1.0 m^2 以内的孔洞面积，洞侧壁模板也不增加；扣除单孔面积在 1.0 m^2 以外的孔洞面积，洞侧壁模板面积并入相应模板项目计算；不扣除柱与梁、梁与梁、梁与壁(墙)连接重叠部分面积，但应扣除梁与板(盖)、柱与壁(墙)、壁(墙)与壁(墙)连接重叠部分面积。

2. 池壁的高度应自池底顶面至池盖底面计算。

3. 无梁盖柱柱帽和柱座的模板并入柱模板内，柱高从池底上表面算至池盖下表面。

4. 倒锥壳水塔筒身按设计图示尺寸以混凝土体积计算。倒锥壳水塔水箱按水箱不同容积以混凝土体积计算；倒锥壳水塔水箱提升按水箱提升就位高度及水箱不同容积以座计算。

5. 烟囱、筒仓按设计图示尺寸以混凝土体积计算。

6. 钢滑模制作按钢滑模的制作重量计算。

四、预制混凝土构件模板工程量按以下规定计算：

1. 预制混凝土构件模板工程量，除另有规定者外，按设计图示尺寸以混凝土体积计算。

2. 预制桩尖按虚体积(不扣除桩尖虚体积部分)计算。

3. 长线台混凝土地模、砖地模、砖胎模按混凝土与模板的接触面以面积计算。

第十章　脚手架工程

说明

一、建筑物脚手架分别按单项脚手架计算。同一建筑物高度不同时，应按不同高度分别计算脚手架。

二、本定额已包括搭设脚手架所需周转性材料的垂直运输和场外运输费用，不包括属于安全措施费中的垂直密闭网、安全网、临边、洞口防护。

三、外脚手架定额综合了上料平台、护身栏杆、金属架油漆。不作装饰时，外脚手架定额材料消耗量按乘以系数0.8，其他不变。

四、建筑物墙体(不分内外墙)砌筑脚手架，砌筑高度在1.2 m以内的不计算脚手架，砌筑高度在3.6 m以内的套用里脚手架定额，超过3.6 m的套用单排脚手架定额。

五、旧建筑物加层，外脚手架套用相应高度的双排脚手架定额，材料消耗量按乘以系数0.5计算。

工程量计算规则

建筑物或构筑物脚手架根据施工组织设计的搭设计算，通常按以下方案考虑：

一、计算脚手架时，通常不扣除门窗洞口、空圈洞口等所占面积。

二、建筑物外脚手架可按实际外围搭设长度(一般为外墙外边线)乘以设计室外地坪至檐口高度(女儿墙或桃檐反口超过1.2 m，算至女儿墙或挑檐反口顶面)以面积计算。

三、墙体砌筑脚手架按砌筑墙体垂直投影面积计算，不包括框架柱、梁。

四、现浇钢筋混凝土满堂基础及宽度大于3.0 m的带形基础，可计算满堂基础脚手架。满堂基础脚手架按基础底面积计算，不扣除墙所占面积，也不增加基础外运输道面积。

五、深度超过3 m的框架式深基础，按框架梁结构净长度乘以支座至梁底的净高以面积计算，套用双排脚手架定额，与之相连的框架柱不再计算脚手架费用。

六、与钢筋混凝土楼板整体浇注的柱、墙、梁一般不计算脚手架。独立的柱和钢筋混凝土墙、悬空的单梁和连续梁高度超过1.2 m时，按以下方法计算脚手架：

1. 独立的砖、石、钢筋混凝土柱，按柱结构外围周长加3.6 m乘以柱高以面积计算；高度在3.6 m以下的，套用单排脚手架定额；3.6 m以上的，套用相应高度的双排脚手架定额。

2. 独立的现浇钢筋混凝土墙，按墙结构长度乘以高度以面积计算，套用相应高度的双排脚手架定额。

3. 独立的现浇钢筋混凝土单梁或连续梁按梁结构长度乘以设计室外地坪面(或楼板面)至梁顶面的高度以面积计算，套用相应高度的双排脚手架项目，与之相关联的框架柱不再计算脚手架。梁间距较密的，可按搭设的水平投影面积套用满堂脚手架定额。

七、构筑物脚手架

1. 砖砌构筑物超过或低于设计地坪高度 1.2 m 以上时，按构筑物搭设长度乘以设计地坪至砌筑顶(底)面的高度以面积计算，高度在 3.6 m 以内的，套用里脚手架定额；高度在 3.6 m 以上的，套用单排脚手架定额。

2. 石砌构筑物超过或低于设计外地坪高度 1.2 m 以上时，按构筑物搭设长度乘以设计地坪至砌筑顶(底)面的高度以面积计算，高度在 3.6 m 以内的，套用单排脚手架定额；高度超过 3.6 m 以上的，套用双排脚手架定额。

3. 烟囱带水塔者，水塔脚手架高度按烟囱高度计算，套用水塔脚手架定额。每座水塔只计算一次脚手架费用。

4. 贮水(油)池、大型设备基础，超过或低于室外地坪 1.2 m 以上的可计算双排脚手架。贮水(油)池脚手架按内壁周长度乘以池底至池壁顶面边线之间高度以面积计算，大型设备基础脚手架按其外形周长乘以设备基础高度以面积计算。

5. 非滑升模板施工的钢筋混凝土、砌筑贮仓、筒仓及圆库的脚手架，不分单筒或多筒组合，均按单筒外边线周长乘以设计室外地坪至贮仓上口之间高度以面积计算，套用双排脚手架定额。多筒组合连接部分的面积不扣除，脚手架所需加固的横杆、立杆也不增加。

6. 烟囱脚手架区分不同高度和直径以座计算，高度按设计室外地坪面至烟囱顶部的筒身高度。地面以下部分脚手架已包括在定额内，不另行计算。滑升模板施工的钢筋混凝土烟囱、筒仓及圆库不另计算脚手架。若内衬砌砖或装饰时，按内衬截面平均净面积套用满堂脚手架定额。

7. 水塔脚手架以座计算，高度是指设计室外地坪面至塔顶的全高。

八、室外架空管道脚手架按管道的长度计算，高度从自然地坪算到管道下皮(多层排列管道的，按最上一层管道下皮)。

九、钢管斜道区别不同高度、不同材质以座计算。

第十一章　垂直运输工程

说明

一、本章定额未包括塔式起重机和施工电梯的进出场及安拆费用，以及转弯设备、轨道的铺设、拆除、日常维修和路基压实、修筑、垫层等费用，实际有发生时可另行计算。

二、建筑物檐高或构筑物高度在 3.6 m 以内的，不计算垂直运输机械费用。

三、同一建筑物有多种檐高时，以建筑物的最高檐高套用定额。

四、本章定额中垂直运输机械考虑了一般情况下所需要的机械性能，实际不同可以调整。

五、由于施工工期提前造成的垂直运输机械使用台班数每天大于 1 台班的，定额中的台班消耗量可以根据工期提前情况调整：施工工期较定额工期提前 10%以内，不调整；提前 10%以上，提前率每增加 10%的，相应增加 10%的垂直运输机械台班量。采用泵送商品混凝土时，塔吊台班消耗量乘以系数 0.8，卷扬机台班消耗量乘以系数 0.9。

工程量计算规则

垂直运输机械使用费应根据建筑物高度和外形尺寸，施工组织设计配置的机械种类和数量以及使用时间计算。施工组织设计未明确的，可参考以下一般配置和使用时间计算：

一、垂直运输机械种类和数量

1. 采用卷扬机施工，一个单位工程配置 1～3 台卷扬机。

2. 采用塔式起重机施工，一个单位工程配置 1 台塔吊、1～2 台卷扬机、1 部电梯。

3. 构筑物：一座砖烟囱配置卷扬机 1～2 台，一座混凝土烟囱配置卷扬机 1～3 台，一座水塔配置卷扬机 1～2 台，一座筒仓配置塔吊 1 台、卷扬机 1 台。

二、垂直运输机械使用时间

1. 塔吊的使用时间一般按建筑主体结构的施工工期，未明确的可参考以下使用时间计算：无地下室的可按总施工工期扣除基础工期乘以 50%计算，有地下室的可按总施工工期扣除桩基础工期乘以 60%计算。

2. 卷扬机的使用时间一般按建筑基础以上全部施工工期（不包括基础工期）。

3. 施工电梯的使用时间一般按施工高度超过 20 m 以后的全部施工工期。

第十二章　大型机械设备进出场及安拆

说明

一、进出场费用是指不能或不允许自行行走的施工机械或施工设备整体或分体自停放地点运至施工现场，或由一施工地点运至另一施工地点的运输、装卸、辅助材料及架线等费用。

二、进出场费用定额已包括机械的回程费，未包括以下费用：

1. 机械非正常的解体和组装费；

2. 运输途中发生的桥梁、涵洞和道路的加固费用；

3. 机械进场后行驶的场地加固费；

4. 穿过铁路费用、电车托线费。

三、安拆费用是指施工机械在现场进行安装与拆卸所需的人工、材料、机械和试运转费用及机械辅助设施费用（包括安装机械的基础、底座、固定锚桩、行走轨道枕木等的折旧、搭设、拆除费用）。

四、安拆费用中包括了机械安装完毕后 0.5 台班的试运转费用。

五、自升式塔式起重机安拆定额是按塔高 45 m 考虑的，如塔高超过 45 m 的，每增高 10 m，安拆费增加 20%。

六、轨道式柴油打桩机、走管式柴油打桩机、走管式自由落锤打桩机的机械进出场及安拆费可套用柴油打桩机定额，打桩机械台班替换为本机型号。

七、大型机械在同一工地的工号之间的转移，可计算本机 0.5 台班费用。机械需要重新安拆、搬运或需要铺设轨道和转弯设备的，发生时另行计算。

八、其他章的部分定额中机械综合了不同类型，但其大型机械进出场及安拆费应按实际进场的机械计算。

九、塔式起重机基础及轨道铺设定额按直线形考虑，如为弧线的，定额乘以系数 1.15。塔式起重机基础及轨道铺设定额未包括轨道和枕木之间增加其他型钢或钢板的轨道，发生时另行计算。

十、固定式基础定额按混凝土量 15 m^3 以内考虑，实际基础混凝土大于 15 m^3 的另行计算。固定式基础定额未包括打桩费用和高强螺栓，发生时另行计算。

十一、本章定额未包括自升式塔式起重机行走轨道、不带配重的自升式塔式起重机固定式基础、施工电梯、高速井架和混凝土搅拌站的基础，发生时另行计算。

十二、本章定额未包括大型垂直运输机械（包括塔式起重机）附着所需预埋在建筑物中的铁件，发生时另行计算。

工程量计算规则

一、基础、轨道铺拆费

1. 塔式起重机固定式基础按座计算。

2. 塔式起重机轨道式基础按轨道长度计算。

二、安装、拆卸费根据施工组织设计的机械数量和安装拆卸次数计算。

三、场外运输费根据施工组织设计的机械数量和进出场次数计算。

第十三章　其他工程

说明

本章适用于安全文明施工、施工排水降水、临时支撑等措施项目，根据工程项目合理的施工方案，发生时计算。

一、水平防护架和垂直防护架是指脚手架以外单独搭设的用于车辆通行、人行通道、临街防护和施工与其他物体隔离等的防护。

二、普通钢板桩、拉森钢板桩定额仅适用于打临时性钢板桩，定额包括了钢板桩的打拔损耗，未包括钢板桩的使用费。钢板桩使用费＝钢板桩一次使用量(t)×使用天数(d)×钢板桩使用费标准[元/(t·d)]计算。钢板桩打入有侵蚀性地下水的土质超过一年或基底为基岩的，其拔桩定额另行补充。

三、井点降水费用根据施工组织设计，分别按井管的安装、拆除与使用计算。井管套数一般按如下计算：轻型井点 50 根一套，喷射井点 30 根一套，大口径井点 45 根一套，电渗井点阳极 30 根一套，水平井点 10 根一套。根总数不足一套按一套计，根总数超过一套的，以规定根套倍数的四舍五入按套计算。使用天数应按施工组织设计规定的使用天数计算。一天按每昼夜 24 小时计算。井管间距应根据地质条件和施工降水要求，依施工组织设计确定，施工组织设计没有规定时，可按轻型井点管距 1.5～2.5 m，喷射井点管距 2.5～4 m 确定。

四、临时支撑中的钢支撑仅适用于沟槽等小型支撑。

工程量计算规则

一、安全措施

1. 挑出式安全网按挑出的水平投影面积计算。

2. 立挂式安全网按架网部分的实挂长度乘以实挂高度以面积计算。

3. 水平防护架按实际铺板的水平投影面积计算。

4. 垂直防护架按自然地坪至最上一层横杆之间的搭设高度乘以实际搭设长度以面积计算。

5. 建筑物垂直封闭网按建筑物外围长度乘以设计室外地坪至檐口高度以面积计算。女儿墙或挑檐高度超过1.2 m的，其封闭网高度可算至女儿墙或挑檐顶面。

二、临时支撑：钢板桩按钢材图示尺寸的理论重量计算。（临时支撑：打拔钢板桩按设计图示尺寸以质量计算，钢板桩支撑按所需支撑的支撑面尺寸以面积计算。）

三、施工排水、降水：井点降水区别轻型井点、喷射井点、大口径井点、电渗井点、水平井点及井管深度，井管的安装、拆除以根计算，井管的使用以套天计算。

四、钢屋架、钢托架制作平台摊销按设计图示尺寸以质量计算，不扣除孔眼、切边、切肢的质量，焊条、铆钉、螺栓等不另增加质量，不规则或多边形钢板以其外接矩形面积乘以厚度乘以单位理论质量计算，依附在钢构体上的型钢变量拼入钢构件中。

思考题

3.1　建筑面积是如何定义的？包括几部分？

3.2　单层建筑物、多层建筑物的建筑面积如何计算？

3.3　室内楼梯间、电梯井、提物井、垃圾道、管道井要计算建筑面积吗？如何计算？

3.4　雨篷、走廊、檐廊的建筑面积分别如何计算？

3.5　总结一下，需要按1/2计算建筑面积的范围有哪些？

3.6　平整场地、挖基础土方、回填土的定额工程量如何计算？

3.7　土石方项目的清单和定额工程量计算规则有哪些不同？

3.8　是否可以用统筹法计算土石方工程量？如何计算？

3.9　接桩如何计算工程量？

3.10　混凝土灌注桩的钢筋笼、地下连续墙的钢筋网的制作、安装如何考虑？

3.11　砖墙计算时哪些是应扣除的体积？哪些体积可以不扣除？

3.12　砖基础与墙身如何划分？

3.13　墙身的长度、高度、厚度如何确定？

3.14　一般情况下混凝土工程量计算规则是如何规定的？

3.15　现浇混凝土柱的工程量如何计算？柱高是如何规定的？

3.16　现浇混凝土梁的工程量如何计算？梁长如何确定？

3.17　混凝土板工程量怎么计算？

3.18　钢筋工程总体计算规则是如何规定的？

3.19　现浇混凝土钢筋、预制构件钢筋以及预应力钢筋的工程量计算规则是否相同？

3.20　钢筋的混凝土保护层厚度如何确定？

3.21　如何确定纵向受拉钢筋的搭接长度及锚固长度？

3.22　箍筋长度及根数如何确定？

3.23　什么情况下需要套用找平层项目？

3.24　如何区分整体面层和块料面层项目？工程量计算规则是否相同？

3.25　什么是主墙？主墙间的净面积如何计算？

3.26　楼体面层、台阶面层及踢脚线如何计算工程量？

3.27 如何区分墙柱面一般抹灰、装饰抹灰、镶贴块料、饰面等项目？

3.28 如何计算内墙、外墙抹灰工程量？

3.29 外墙面（裙）一般抹灰面积和装饰抹灰计算规则是否相同？如何计算？

3.30 块料面层如何计算工程量？是否与整体面层相同？

3.31 顶棚抹灰工程量如何计算？是否需要考虑楼梯底面抹灰？

3.32 如何计算门窗工程量？清单与定额计算规则是否相同？

3.33 技术措施项目的清单与定额计算规则是否相同？

3.34 清单中技术措施项目工程量是否需要计算？

3.35 脚手架、模板、垂直运输机械如何套用定额项目？如何计算相应工程量？

第 4 章　工程量清单编制

4.1　工程量清单的概念

工程量清单是表现拟建工程的分部分项工程项目、措施项目、其他项目名称和相应数量的明细清单。工程量清单是按统一规定进行编制的，它体现的核心内容为分项工程项目名称及其相应数量，是招标文件的组成部分。招标人或由其委托的代理机构按照招标要求和施工设计图纸规定将拟建招标工程的全部项目和内容，依据《建设工程工程量清单计价规范》中统一项目编码、项目名称、计量单位和工程量计算规则进行编制，作为承包商进行投标报价的主要参考依据之一。工程量清单是一套注有拟建工程各实物工程名称、性质、特征、单位、数量及措施项目、税费等相关表格组成的文件。在性质上，工程量清单是招标文件的组成部分，是招投标活动的重要依据，一经中标且签订合同，即成为合同的组成部分。因此，无论招标人还是投标人都应该认真对待。

工程量清单是招标投标活动中，对招标人和投标人都具有约束力的重要文件，是招标投标活动的重要依据。

4.2　工程量清单编制依据

工程量清单是建设工程招标的主要文件，应由有编制招标文件能力的招标人或受其委托具有相应资质的工程造价咨询机构、招标代理机构进行编制。

工程量清单的编制依据主要有《建设工程工程量清单计价规范》、工程招标文件、施工图等。

4.2.1　建设工程工程量计价规范

根据《建设工程工程量清单计价规范》及附录 A、B、C、D、E、F，确定拟建工程的分部分项工程项目、措施项目、其他项目的项目名称和相应的数量。

4.2.2　工程招标文件

根据拟建工程特定工艺要求，确定措施项目；根据工程承包、分包的要求，确定总承包服务费项目；根据对施工图范围外的其他要求，确定零星工作项目费等项目。

4.2.3 施工图

施工图是计算分部分项工程量的主要依据。依据《建设工程工程量清单计价规范》中对项目名称、工程内容、计量单位、工程量计算规则的要求，以经汇审通过的施工图为主要依据，计算出分部分项工程量。

4.3 工程量清单编制原则

4.3.1 编制工程量清单应遵循客观、公正、科学、合理的原则

编制人员要有良好的职业道德，要站在客观公正的立场上兼顾建设单位和施工单位双方的利益，严格依据设计图纸和资料、现行的定额和有关文件以及国家制定的建筑工程技术规程和规范进行编制，避免人为地提高或压低工程量，以保证清单的客观公正性。

由于编制实物量是一项技术性专业性都很强的工作，要求编制人员基本功扎实，知识面广。不但要有较强的预算业务知识，而且，应当具备一定的工程设计知识、施工经验，以及建筑材料与设备、建筑机械、施工技术等综合性建筑科学知识，这样才能对工程有一个全面了解，形成整体概念，做到工程量计算不重不漏。

在编制过程中有时由于设计图纸深度不够或其他原因，对工程要求用材标准及设备定型等内容交代不够清楚，应及时向设计单位反映，综合运用建筑科学知识向设计单位提出建议，补足现行定额没有的相应项目，确保清单内容全面符合实际，科学合理。

4.3.2 工程量清单编制四个统一、三个自主、两个分离

1. 四个统一

分部分项工程量清单包括的内容应满足两方面的要求，一是满足方便管理和规范管理的要求，二是满足工程计价的要求。为了满足上述要求，工程量清单编制必须符合四个统一的要求，即项目编码统一、项目名称统一、计量单位统一、工程量计算规则统一。

2. 三个自主

工程量清单计价是市场形成工程造价的主要形式。《建设工程工程量清单计价规范》第4.0.8条指出，“投标报价应根据招标文件中的工程量清单和有关要求、施工现场实际情况及拟定的施工方案或施工组织设计，依据企业定额和市场价格信息进行编制”。这一要求使得投标人在报价时自主确定工料机消耗量，自主确定工料机单价，自主确定措施项目费及其他项目费的内容和费率。

3. 两个分离

两个分离是指量与价分离、清单工程量与计价工程量分离。

量与价分离是从定额计价方式的角度来表达的。因为定额计价的方式采用定额基价计算直接费，工料机消耗量是固定的，工料机单价也是固定的，量价没有分离；而工程量清单计价由于自主确定工料机消耗量，自主确定工料机单价，量价是分离的。

清单工程量与计价工程量分离是从工程量清单报价方式来描述的。我们知道清单工程量是根据《建设工程工程量清单计价规范》编制的，计价工程量是根据所选定的消耗量定额计算的，一项清单工程量可能要对应几项消耗量定额，两者的计算规则也不一定相同，所以，一项清单工程量可能要对应几项计价工程量，其清单工程量与计价工程量要分离。

4.3.3　认真细致逐项计算工程量，保证实物量的准确性

计算工程量的工作是一项枯燥繁琐且花费时间长的工作，需要计算人员耐心细致。一丝不苟，努力将误差减小到最低限度，在计算时首先应熟悉和读懂设计图纸及说明，以工程所在地定额项目划分及其工程量计算规则为依据，根据工程现场情况，考虑合理的施工方法和施工机械，分步分项地逐项计算工程量，定额子目的确定必须明确。对于工程内容及工序符合定额，按定额项目名称；对于大部分工程内容及工序符合定额，只是局部材料不同，而定额允许换算者，应加以注明，如运距、强度等级、厚度断面等；对于定额缺项须补充增加的子目，应根据图纸内容做补充，补充的子目应力求表达清楚以免影响报价。

4.3.4　认真进行全面复核，确保清单内容符合实际科学合理

清单准确与否，关系到工程投资的控制。此清单编制完成后要认真进行全面复核。可采用如下方法：

1. 技术经济指标复核法。将编制好的清单进行套定额计价从工程造价指标、主要材料消耗量指标、主要工程量指标等方面与同类建筑工程进行比较分析。在复核时，或要选择与此工程具有相同或相似结构类型、建筑形式、装修标准、层数等的以往工程，将上述几种技术经济指标逐一比较，如果出入不大，可判定清单基本正确，如果出入较大则其中必有问题，那就按图纸在各分部中查找原因。用技术经济指标可从宏观上判断清单是否大致准确。

2. 利用相关工程量之间的关系复核。如：外墙装饰面积＝外墙面积－外墙门窗面积；内墙装饰面积＝外墙面积＋内墙面积×2－(外门窗＋内门窗面积×2)；地面面积＋楼地面面积＝天棚面积；平屋面面积＝建筑面积偶数。

3. 仔细阅读建筑说明、结构说明及各节点详图，从中可以发现一些疏忽和遗漏的项。

4.4　工程量清单编制内容

4.4.1　编制工程量清单

工程量清单作为招标人编制的招标文件的一部分，是投标人进行投标报价的重要依据，

因此，作为一个合格的计价依据，工程量清单中必须具有完整详细的信息披露。为了达到这一要求，招标人编制的工程量清单应该包括以下内容：

1. 明确的项目设置

工程计价是一个分部组合计价的过程，不同的计价模式对项目的设置规则和结果都是不尽相同的。在业主提供的工程量清单计价中必须明确清单项目的设置情况，除明确说明各个清单项目的名称外，还应阐释各个清单项目的特征和工程内容，以保证清单项目设置的特征描述和工程内容没有遗漏，也没有重叠。当然，这种项目设置可以通过统一的规范编制来解决。实际上，我国 2003 年 7 月 1 日起正式实施的《建设工程工程量清单计价规范》就解决了这一问题。

2. 清单项目的工程数量

在招标人提供的工程量清单中必须列出各个清单项目的工程数量，这也是工程量清单招标与定额招标之间的一个重大区别。

采用定额方式和由投标人自行计算工程量的投标报价，由于设计或图纸的缺陷，不同投标人员理解不一，计算出的工程量也不同，报价相去甚远，容易产生纠纷。而工程量清单报价就为投标者提供一个平等竞争的条件，相同的工程量，由企业根据自身的实力来填报不同的单价，符合商品交换的一般性原则。因为对于每一个投标人来说，计价所依赖的工程数量都是一样的，使得投标人之间的竞争完全属于价格的竞争，其投标报价反映出自身的技术能力和管理能力，也使得招标人的评标标准更加简单明确。

同时，在招标人提供的工程量清单中提供工程数量，还可以实现承发包双方合同风险的合理分担。采用工程量清单报价方式后，投标人只对自己所报的成本、单价等负责，而对工程量的变更或计算错误等不负责任；相应地，对于这一部分风险则应由业主承担，这种格局符合风险合理分担与责权利关系对等的一般原则。

3. 提供基本的表格格式

工程量清单的表格格式是附属于项目设置和工程量计算的，它为投标报价提供一个合适的计价平台，投标人可以根据表格之间的逻辑联系和从属关系，在其指导下完成分部组合计价的过程。从严格意义上说，工程量清单的表格格式可以多种多样，只要能够满足计价的需要就可以了。

工程量清单主要包括三部分内容：一是分部分项工程量清单，二是措施项目清单，三是其他项目清单。它是编制标底和投标报价的依据，是签订工程合同、调整工程量和办理竣工结算的基础。

4.4.2 分部分项工程量清单

分部分项工程量清单的项目设置规则是为了统一工程量清单项目名称、项目编码、计量单位和工程量计算而制定的，是编制工程量清单的依据。在《建设工程工程量清单计价规范》（以下简称《清单计价规范》）中，对工程量清单项目的设置作了明确的规定。

1. 项目编码

分部分项工程量清单项目编码以五级编码设置，用十二位阿拉伯数字表示。一、二、三、

四级编码全国统一;第五级编码由工程量清单编制人区分工程的清单项目特征而分别编制。各级编码代表的含义如下:

(1)第一级表示工程分类顺序码(分二位),建筑工程为 01,装饰装修工程为 02,安装工程为 03,市政工程为 04,园林绿化工程为 05。

(2)第二级表示专业工程顺序码(分二位)。

(3)第三级表示分部工程顺序码(分二位)。

(4)第四级表示分项工程项目顺序码(分三位)。

(5)第五级表示工程量清单项目顺序码(分三位)。

项目编码结构如图 4-1 所示(以装饰装修工程为例)。

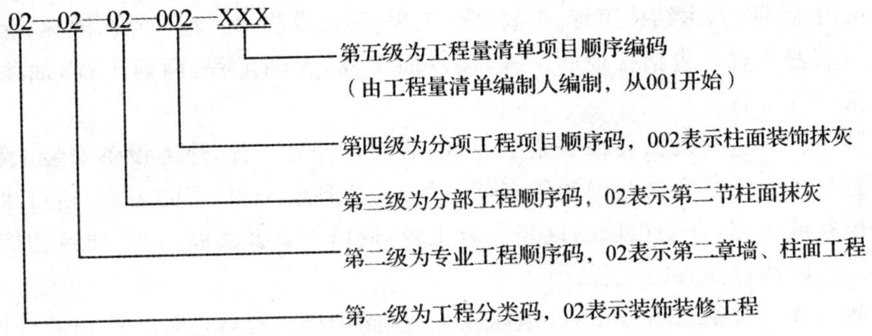

图 4-1　工程量清单项目编码结构

2. 项目名称

《清单计价规范》附录表中的"项目名称"为分项工程项目名称,是形成分部分项工程量清单项目名称的基础,在此基础上增填相应项目特征,即为清单项目名称。分项工程项目名称一般以工程实体而命名,项目名称如有缺项,招标人可按相应的原则进行补充,并报当地工程造价管理部门备案。

3. 项目特征

项目特征是对项目的准确描述,是影响价格的因素和设置工程量清单项目的依据。项目特征按不同的工程部位、施工工艺或材料品种、规格等分别列项。凡项目特征中未描述到的其他独有特征,由清单编制人视项目具体情况确定,以准确描述清单项目为准。

4. 计量单位

计量单位应采用基本单位,除各专业另有特殊规定外均按以下单位计量:

(1)以重量计算的项目:吨或千克(t 或 kg)。

(2)以体积计算的项目:立方米(m^3)。

(3)以面积计算的项目:平方米(m^2)。

(4)以长度计算的项目:米(m)。

(5)以自然计量单位计算的项目:个、套、块、樘、组、台……

(6)没有具体数量的项目:宗、项……

各专业有特殊计量单位的,再另外加以说明。

以"吨"为单位,应保留三位小数,第四位小数四舍五入;以"立方米"、"平方米"、"米"为单位，应保留两位小数，第三位小数四舍五入；以“个”、“项”等为单位，应取整数。

5. 工程量计算

工程量的计算主要通过工程量计算规则计算得到。工程量计算规则是指对清单项目工程量的计算规定。除另有说明外，所有清单项目的工程量应以实体工程量为准，并以完成后的净量计算。投标人投标报价时，应在单价中考虑施工中的各种损耗和需要增加的工程量。

工程量的计算规则按主要专业划分，包括建筑工程、装饰装修工程、安装工程、市政工程和园林绿化工程五个专业部分。

(1)建筑工程。包括土石方工程，桩与地基基础工程，砌筑工程，混凝土及钢筋混凝土工程，厂库房大门、特种门、木结构工程，金属结构工程，屋面及防水工程，防腐、隔热、保温工程。

(2)装饰装修工程。包括楼地面工程，墙柱面工程，天棚工程，门窗工程，油漆、涂料、裱糊工程，其他装饰工程。

(3)安装工程。包括机械设备安装工程，电器设备安装工程，热力设备安装工程，炉窑砌筑工程，静置设备与工艺金属结构制作安装工程，工业管道工程，消防工程，给排水、采暖、燃气工程，通风空调工程，自动化控制仪表安装工程，通信设备及线路工程，建筑智能化系统设备安装工程，长距离输送管道工程。

(4)市政工程。包括土石方工程，道路工程，桥涵护岸工程，隧道工程，市政管网工程，地铁工程，钢筋工程，拆除工程，厂区、小区道路工程。

(5)园林绿化工程。包括绿化工程，园路、园桥、假山工程，园林景观工程。

(6)矿山工程。包括露天工程、井巷工程。

6. 工程内容

工程内容是指完成该清单项目可能发生的具体工程，可供招标人确定清单项目及投标人投标报价参考。以建筑工程的场地平整为例，可能发生的有具体工程挖填、找平、运输等。

凡工程内容中未列全的其他具体工程，由投标人按招标文件或图纸要求编制，以完成清单项目为准，综合考虑到报价中。

4.4.3 措施项目清单

措施项目清单的编制应考虑多种因素，除了工程本身的因素外，还要考虑水文、气象、环境、安全和施工企业的实际情况，为此，《建设工程工程量清单计价规范》提供了“措施项目一览表”(详见表 4-1)作为列项的参考。表中通用项目所列内容是指各专业工程的“措施项目清单”中均可列的措施项目，表中各专业工程中所列的内容是指相应专业的“措施项目清单”中均可列的措施项目。

措施项目清单以“项”为计量单位，相应数量为“1”。

由于影响措施项目设置的因素较多，“措施项目一览表”中没有列出的而实际又发生的项目，工程量清单编制人可作补充。补充项目应列在最后，并在序号栏中以“补”字示之。表 4-1 为措施项目一览表。

表 4-1　措施项目一览表

序号	项目名称
	1 通用项目
1.1	环境保护
1.2	文明施工
1.3	安全施工
1.4	临时设施
1.5	夜间施工
1.6	二次搬运
1.7	大型机械设备进出场及安拆
1.8	混凝土、钢筋混凝土模板及支架
1.9	脚手架
1.10	已完工程及设备保护
1.11	施工排水、降水
	2 建筑工程
2.1	垂直运输机械
	3 装饰装修工程
3.1	垂直运输机械
3.2	室内空气污染测试
	4 安装工程
4.1	组装平台
4.2	设备、管道施工的安全、防冻和焊接保护措施
4.3	压力容器和高压管道的检验
4.4	焦炉施工大棚
4.5	焦炉烘炉、热态工程
4.6	管道安装后的充气保护措施
4.7	隧道内施工的通风、供水、供气、供电、照明及通信设施
4.8	现场施工围栏
4.9	长输管道临时水工保护设施
4.10	长输管道施工便道

续表

序号	项目名称
4.11	长输管道跨越或穿越施工措施
4.12	长输管道地下穿越地上建筑物的保护措施
4.13	长输管道工程施工队伍调遣
4.14	格架式抱杆
5 市政工程	
5.1	围堰
5.2	筑岛
5.3	现场施工围栏
5.4	便道
5.5	便桥
5.6	洞内施工的通风、供水、供气、供电、照明及通信设施
5.7	驳岸块石清理
6 矿山工程	
6.1	特殊安全技术措施
6.2	前期上山道路
6.3	作业平台
6.4	防洪措施
6.5	凿井措施
6.6	临时支护措施

4.4.4 其他项目清单

其他项目清单是指分部分项工程量清单、措施项目清单所包含的内容以外，因招标人的特殊要求而发生的与拟建工程有关的其他费用项目和相应数量的清单。工程建设项目标准的高低、工程的复杂程度、工程的工期长短、工程的组成内容、发包人对工程管理的要求等直接影响其他项目清单中的具体内容。因此，其他项目清单应根据拟建工程的具体情况确定，一般包括预留金、材料购置费、总承包服务费、零星工作项目费等。

1. 暂列金额

暂列金额是指招标人在工程量清单中暂定并包括在合同价款中的一笔款项。用于施工合同签订时尚未确定或者不可预见的所需材料、设备、服务的采购，施工中可能发生的工程变更、合同约定调整因素出现时的工程价款调整以及所发生的索赔、现场签证确认等的费用。

2. 暂估价

暂估价是指招标人在工程量清单中提供的用于支付必然发生但暂时不能确定价格的材料价款以及专业工程金额。暂估价是在招标阶段遇见肯定要发生，但是由于标准尚不明确或者需要由专业承包人来完成，暂时无法确定具体价格时采用的一种价格形式。

3. 计日工

计日工是为了解决现场发生的零星工作的计价而设立的。计日工以完成零星工作所消耗的人工工时、材料数量、机械台班进行计量，并按照计日工表中填报的适用项目的单价进行计价支付。计日工适用的所谓零星工作一般是指合同约定之外的或者因变更而产生的、工程量清单中没有相应项目的额外工作，尤其是那些时间不允许事先商定价格的额外工作。

编制工程量清单时计日工表中的人工应按工种，材料和机械应按规格、型号详细列项。其中人工、材料、机械数量应由招标人根据工程的复杂程度、工程设计质量的优劣及设计深度等因素，按照经验来估算一个比较贴近实际的数量，并作为暂定量写到计日工表中，纳入有效投标竞争，以期获得合理的计日工单价。

4. 总承包服务费

总承包服务费是为了解决招标人在法律、法规允许的条件下进行专业工程发包以及自行采购供应材料、设备时，要求总承包人对发包的专业工程提供协调和配合服务(如分包人使用总包人的脚手架、水电接驳等)，对供应的材料、设备提供收发和保管服务，对施工现场进行统一管理，以及对竣工资料进行统一汇总整理等发生并向总承包人支付的费用。招标人应当预计该项费用并按投标报价向投标人支付该项费用。

4.4.5 规费项目清单的编制

规费是指根据省政府或省级有关权力部分规定必须缴纳，应计入建筑安装工程造价的费用。规费项目清单应按照下列内容列项：

(1)工程排污费；

(2)工程定额测定费；

(3)社会保障费：包括养老保险费、失业保险费、医疗保险费；

(4)住房公积金；

(5)危险作业意外伤害保险。

4.4.6 税金项目清单的编制

税金是指国家税法规定的应计入建筑安装工程造价内的营业税、城市维护建设税及教育费附加等。税金项目清单应包括下列内容：

(1)营业税；

(2)城市维护建设税；

(3)教育费附加。

4.5 工程量清单格式

工程量清单应采用统一格式，应由招标人填写。其核心内容主要包括清单说明和清单表两部分。工程量清单说明主要是招标人解释拟招标工程的清单编制依据及重要作用等，提示投标申请人重视清单。工程量清单表作为清单项目和工程数量的载体，是工程量清单的重要组成部分。合理的清单项目设置和准确的工程数量是清单计价的前提和基础，工程量清单表编制的质量直接影响工程建设的最终结果。

国家标准《建设工程工程量清单计价规范》工程量清单计价表格如下：

______________工程

工程量清单

工程造价

招标人：______________　咨询人：______________

（单位盖章）　（单位资质专用章）

法定代表人　法定代表人

或其授权人：______________　或其授权人：______________

（签字或盖章）　（签字或盖章）

编制人：______________　复核人：______________

（造价人员签字盖专用章）　（造价工程师签字盖专用章）

编制时间：　年　月　日　复核时间：　年　月　日

总说明

工程名称：　　　　　　　　　　　　　　　　　　　　　　　第　页　共　页

工程项目招标控制价/投标报价汇总表

工程名称：　　　　　　　　　　　　　　　　　　　　　　　第　页　共　页

序号	单项工程名称	金额(元)	其中		
			暂估价(元)	安全文明施工费(元)	规费(元)
合计					

注：本表适用于工程项目招标控制价或投标报价的汇总。。

单项工程招标控制价/投标报价汇总表

工程名称：　　　　　　　　　　　　　　　　　　　　　　　　　第　页　共　页

序号	单位工程名称	金额(元)	其中		
			暂估价(元)	安全文明施工费(元)	规费(元)
合计					

注：本表适用于单项工程招标控制价或投标报价的汇总。暂估价包括分部分项工程中的暂估价和专业工程暂估价。

分部分项工程量清单与计价表

工程名称：　　　　　　　　　　　　　　　　　　　　　　　　　第　页　共　页

序号	项目编码	项目名称	项目特征描述	计量单位	工程量	金额(元)		
						综合单价	合价	其中：暂估价
本页小计								
合计								

注：根据建设部、财政部发布的《建筑安装工程费用组成》(建标[2003]206 号)的规定，为计取规费等的使用，可在表中增设“其中：直接费”、“人工费”或“人工费＋机械费”。

工程量清单综合单价分析表

工程名称： 第 页共 页

项目编码			项目名称				计量单位				
清单综合单价组成明细											
定额编号	定额名称	定额单位	数量	单价				合价			
				人工费	材料费	机械费	管理费和利润	人工费	材料费	机械费	管理费和利润
人工单价	小计										
元/工日	未计价材料费										
清单项目综合单价											

	主要材料名称、规格、型号	单位	数量	单价（元）	合价（元）	暂估单价（元）	暂估合价（元）
材料费明细							
	其他材料费			—		—	
	材料费小计			—		—	

注：1. 如不使用省级或行业建设主管部门发布的计价依据，可不填定额项目、编号等。

2. 招标文件提供了暂估单价的材料，按暂估的单价填入表内“暂估单价”栏及“暂估合价”栏。

措施项目清单与计价表(一)

工程名称：　　　　　　　　　　　　　　　　　　　　　　　　第　页　共　页

序号	项目名称	计算基础	费率(%)	金额(元)
1	安全文明施工费			
2	夜间施工费			
3	二次搬运费			
4	冬雨季施工			
5	大型机械设备进出场及安拆费			
6	施工排水			
7	施工降水			
8	地上、地下设施、建筑物的临时保护设施			
9	已完工程及设备保护			
10	各专业工程的措施项目			
11				
12				
13				
14				
合计				

注：1. 本表适用于以“项”计价的措施项目。

2. 根据建设部、财政部发布的《建筑安装工程费用组成》(建标[2003]206 号)的规定，“计算基础”可为“直接费”、“人工费”或“人工费＋机械费”。

措施项目清单与计价表(二)

工程名称：　　　　　　　　　　　　　　　　　　　　　　　　第　页　共　页

序号	项目编码	项目名称	项目特征描述	计量单位	工程量	金额(元)	
						综合单价	合价
本页小计							
合计							

注：本表适用于以综合单价形式计价的措施项目。

其他项目清单与计价汇总表

工程名称：　　　　　　　　　　　　　　　　　　　　　　　　第　页　共　页

序号	项目名称	计量单位	金额(元)	备注
1	暂列金额			明细详见表一 12-1
2	暂估价			
2.1	材料暂估价			明细详见表一 12-2
2.2	专业工程暂估价			明细详见表一 12-3
3	计日工			明细详见表一 12-4
4	总承包服务费			明细详见表一 12-5
5				
合计				—

注：材料暂估单价进入清单项目综合单价，此处不汇总。

暂列金额明细表

工程名称：　　　　　　　　　　　　　　　　　　　　　　第　页　共　页

序号	项目名称	计量单位	暂定金额(元)	备注
1				
2				
3				
4				
5				
6				
7				
8				
9				
10				
11				
合计				—

注：此表由招标人填写，如不能详列，也可只列暂定金额总额，投标人应将上述暂列金额计入投标总价中。

材料暂估单价表

工程名称：　　　　　　　　　　　　　　　　　　　　　　第　页　共　页

序号	材料名称、规格、型号	计量单位	单价(元)	备注

注：1. 此表由招标人填写，并在备注栏说明暂估价的材料拟用在哪些清单项目上，投标人应将上述材料暂估单价计入工程量清单综合单价报价中。

2. 材料包括原材料、燃料、构配件以及按规定应计入建筑安装工程造价的设备。

专业工程暂估价表

工程名称：　　　　　　　　　　　　　　　　　　　　第　页　共　页

序号	工程名称	工程内容	金额(元)	备注
合计				

注：此表由招标人填写，投标人应将上述专业工程暂估价计入投标总价中。

计日工表

工程名称：　　　　　　　　　　　　　　　　　　　　第　页　共　页

编号	项目名称	单位	暂定数量	综合单价	合价
一	人工				
1					
2					
3					
人工小计					
二	材料				
1					
2					
3					
材料小计					
三	施工机械				
1					
2					
3					
施工机械小计					
总计					

注：此表项目名称、数量由招标人填写，编制招标控制价时，单价由招标人按有关计价规定确定；投标时，单价由投标人自主报价，计入投标总价中。

总承包服务费计价表

工程名称：　　　　　　　　　　　　　　　　　　　　第　页　共　页

序号	项目名称	项目价值(元)	服务内容	费率(%)	金额(元)
1	发包人发包专业工程				
2	发包人供应材料				
合计					

思考题

4.1　工程量清单的概念是什么？

4.2　编制工程量清单的依据有哪些？

4.3　编制工程量清单的原则是什么？

4.4　招标人编制工程量清单应包括哪些内容？

4.5　采用 12 位数码表示工程量清单编码，其 12 位编码如何区别清单的分项？

4.6　对工程量清单的计量单位有哪些规定？

4.7　措施项目清单包括哪些内容？其内容的含义是什么？

4.8　规费项目清单包括哪些内容？

4.9　税金项目清单应包括哪些内容？

第 5 章　工程量清单计价

5.1　工程量清单计价的方法

5.1.1　工程量清单计价的基本过程

工程量清单计价的过程可以分为两个阶段：工程量清单编制和工程量清单应用。工程量清单编制程序如图 5-1 所示，工程量清单应用过程如图 5-2 所示。

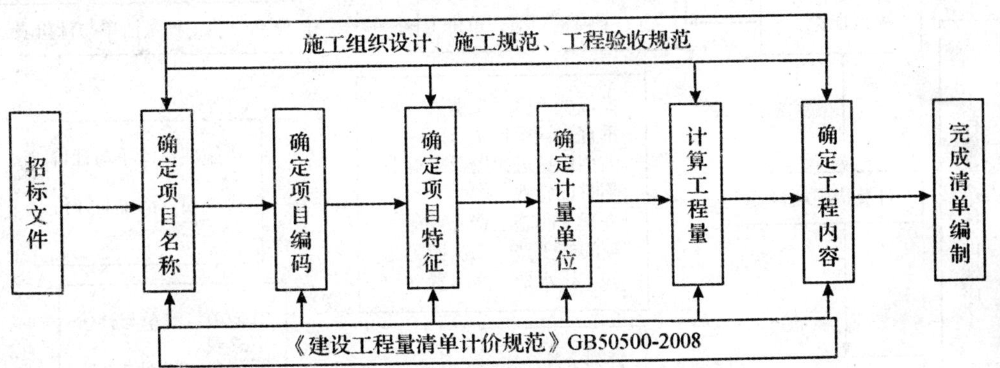

图 5-1　工程量清单编制程序

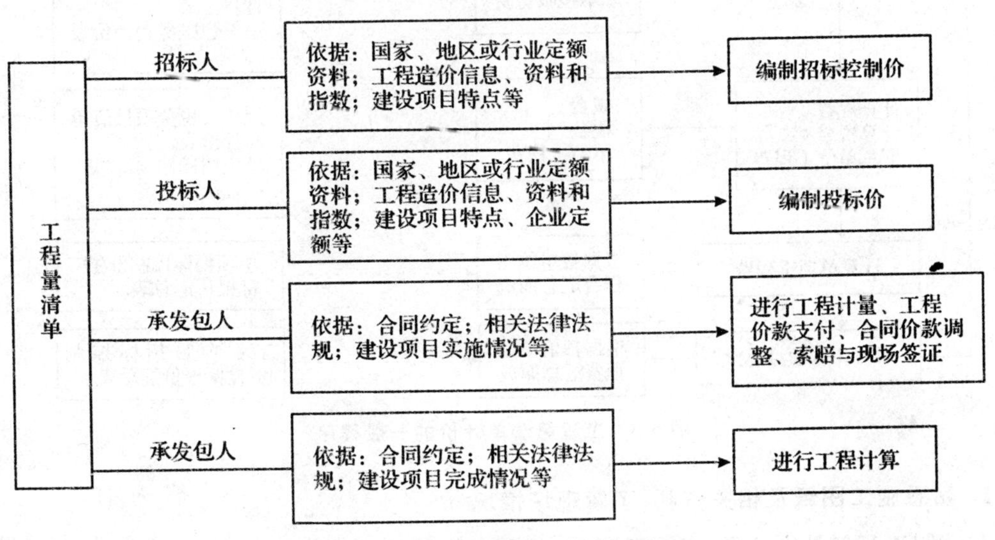

图 5-2　工程量清单计价应用过程

5.1.2 工程量清单计价的一般程序

工程量清单计价的一般程序如图 5-3 所示。

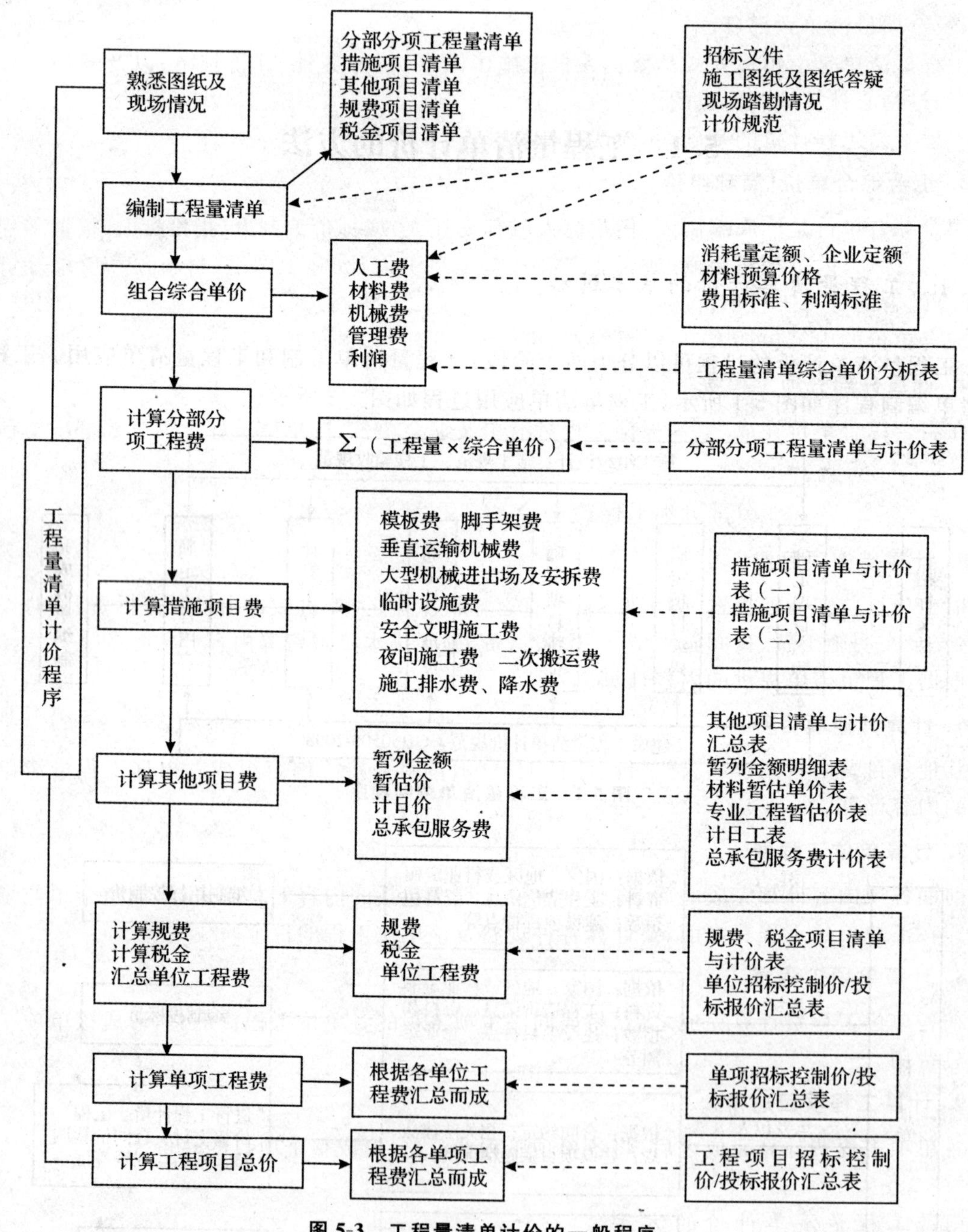

图 5-3 工程量清单计价的一般程序

1. 熟悉施工图纸及相关资料，了解现场情况

在编制工程量清单之前，要先熟悉施工图纸，以及图纸答疑、地质勘探报告，到工程建设地点了解现场实际情况，以便正确编制工程量清单。熟悉施工图纸及相关资料，便于编制分部分项工程项目名称，了解现场便于编制施工措施项目名称。

2. 编制工程量清单

工程量清单包括总说明、分部分项工程量清单、措施项目清单、其他项目清单、规费项目清单、税金项目清单六部分。

工程量清单是由招标人或其委托人根据施工图纸、招标文件、计价规范，以及现场实际情况，经过精心计算编制而成的。

工程量是工程计价的基础，必须认真计算。

3. 组合综合单价(简称组价)

组合综合单价是标底编制人(指招标人或其委托人)或标价编制人(指投标人)根据工程量清单、招标文件、消耗量定额(或企业定额)、施工组织设计、施工图纸、材料预算价格等资料，计算组合的分项工程单价。

综合单价的内容包括人工费、材料费、机械费、管理费、利润五部分。

4. 计算分部分项工程费

在组合综合单价完成之后，根据工程量清单及综合单价，按单位工程计算分部分项工程费用。

$$分部分项工程费 = \sum(工程量 \times 综合单价)$$

5. 计算措施项目费

措施项目费包括模板费、脚手架费、垂直运输机械费、大型机械进出场及安拆费、临时设施费、安全文明施工费、夜间施工费、二次搬运费、施工排水降水费等内容。

根据工程量清单提供的内容计算。

6. 计算其他项目费

其他项目费由暂列金额、暂估价、计日工、总承包服务费等内容组成。根据工程量清单列出的内容计算。

7. 计算单位工程费

前面各项内容计算完成之后，将整个单位工程费包括的内容汇总起来，形成整个单位工程费。在汇总单位工程费之前，要计算各种规费及该单位工程的税金。

8. 计算单项工程费

在各单位工程费计算完成之后，将属同一单项工程的各单位工程费汇总，形成该单项工程的总费用。

9. 计算工程项目总价

各单项工程费计算完成之后，将各单项工程费汇总，形成整个项目的总价。

5.1.3　工程量清单计价的方法

1. 工程造价的计算

采用工程量清单计价，建设工程造价由分部分项工程费、措施项目费、其他项目费、规费和税金组成。在工程量清单计价中，如按分部分项工程单价组成来分，工程量清单计价主要有三种形式：(1)工料单价法；(2)综合单价法；(3)全费用综合单价法。

$$工料单价=人工费+材料费+施工机械使用费 \tag{5-1}$$

$$综合单价=人工费+材料费+施工机械使用费+管理费+利润 \tag{5-2}$$

全费用综合单价=人工费+材料费+施工机械使用费+措施项目费+管理费+规费+利润+税金 (5-3)

《计价规范》规定，分部分项工程量清单应采用综合单价计价。利用综合单价法计价需分项计算清单项目，再汇总得到工程总造价。

$$分部分项工程费=\sum 分部分项工程量\times 分部分项工程综合单价 \tag{5-4}$$

$$措施项目费=\sum 措施项目工程量\times 措施项目综合单价+\sum 单项措施费 \tag{5-5}$$

$$其他项目费=暂列金额+暂估价+计日工+总承包费+其他 \tag{5-6}$$

$$单位工程报价=分部分项工程费+措施项目费+其他项目费+规费+税金 \tag{5-7}$$

$$单项工程报价=\sum 单位工程报价 \tag{5-8}$$

$$总造价=\sum 单项工程报价 \tag{5-9}$$

2. 分部分项工程费计算

根据公式(5-4)，利用综合单价法计算分部分项工程费需要解决两个核心问题，即确定各分部分项工程的工程量及其综合单价。

(1)分部分项工程量的确定

招标文件中的工程量清单标明的工程量是招标人编制招标控制价和投标人投标报价的共同基础，是工程量清单编制人按施工图图示尺寸和清单工程量计算规则计算得到的工程净量。但该工程量不能作为承包人在履行合同义务中应予完成的实际和准确的工程量，发承包双方进行工程竣工结算时的工程量应按发、承包双方在合同中约定应予计量且实际完成的工程量确定，当然该工程量的计算也应严格遵照清单工程量计算规则，以实体工程量为准。

(2)综合单价的编制

《计价规范》中的工程量清单综合单价是指完成一个规定计量单位的分部分项工程量清单项目或措施清单项目所需的人工费、材料费、施工机械使用费和企业管理费与利润，以及一定范围内的风险费用。该定义并不是真正意义上的全费用综合单价，而是一种狭义上的综合单价，规费和税金等不可竞争的费用并不包括在项目单价中。

综合单价的计算通常采用定额组价的方法，即以计价定额为基础进行组合计算。由于“计价规范”与“定额”中的工程量计算规则、计量单位、工程内容不尽相同，综合单价的计算不是简单地将其所含的各项费用进行汇总，而是要通过具体计算后综合而成。综合单价的计算可以概括为以下步骤：

1)确定组合定额子目

清单项目一般以一个“综合实体”考虑，包括较多的工程内容，计价时，可能出现一个清单项目对应多个定额子目的情况。因此，计算综合单价的第一步就是将清单项目的工程内容与定额项目的工程内容进行比较，结合清单项目的特征描述，确定拟组价清单项目应该由哪几个定额子目来组合。如"预制预应力 C20 混凝土空心板"项目，计价规范规定此项目包括制作、运输、吊装及接头灌浆，若定额分别列有制作、安装、吊装及接头灌浆，则应用这 4 个定额子目来组合综合单价；又如"M5 水泥砂浆砌砖基础"项目，按计价规范不仅包括主项"砖基础"子目，还包括附项"混凝土基础垫层"子目。

2)计算定额子目工程量

由于一个清单项目可能对应几个定额子目，而清单工程量计算的是主项工程量，与各定额子目的工程量可能并不一致。即便一个清单项目对应一个定额子目，也可能由于清单工程量计算规则与所采用的定额工程量计算规则之间的差异，而导致二者的计价单位和计算出来的工程量不一致。因此，清单工程量不能直接用于计价，在计价时必须考虑施工方案等各种影响因素，根据所采用的计价定额及相应的工程量计算规则重新计算各定额子目的施工工程量。定额子目工程量应严格按照与所采用的定额相对应的工程量计算规则计算。

3)测算人、材、机消耗量

人、材、机的消耗量一般参照定额进行确定。在编制招标控制价时一般参照政府颁发的消耗量定额；编制投标报价时一般采用反映企业水平的企业定额，投标企业没有企业定额时可参照消耗量定额进行调整。

4)确定人、材、机单价

人工单价、材料价格和施工机械台班单价应根据工程项目的具体情况及市场资源的供求状况进行确定，采用市场价格作为参考，并考虑一定的调价系数。

5)计算清单项目的直接工程费

按确定的分项工程人工、材料和机械的消耗量及询价获得的人工单价、材料单价、施工机械台班单价，与相应的计价工程量相乘得到各定额子目的直接工程费，将各定额子目的直接工程费汇总后算出清单项目的直接工程费。

$$\text{直接工程费} = \sum \text{计价工程量} \times (\sum \text{人工消耗量} \times \text{人工单价} + \sum \text{材料消耗量} \times \text{材料单价} + \sum \text{台班消耗量} \times \text{台班单价}) \quad (5\text{-}10)$$

6)计算清单项目的管理费和利润

企业管理费及利润通常根据各地区规定的费率乘以规定的计价基础得出。通常情况下，计算公式如下：

$$\text{管理费} = \text{直接工程费} \times \text{管理费费率} \quad (5\text{-}11)$$

或

$$\text{管理费} = (\text{人工费} + \text{机械费}) \times \text{管理费费率} \quad (5\text{-}12)$$

$$\text{利润} = (\text{直接工程费} + \text{管理费}) \times \text{利润率} \quad (5\text{-}13)$$

7)计算清单项目的综合单价

将清单项目的直接工程费、管理费及利润汇总得到该清单项目合价，将该清单项目合价除以清单项目的工程量即可得到该清单项目的综合单价。

$$\text{清单综合单价} = (\text{直接工程费} + \text{管理费} + \text{利润}) / \text{清单工程量} \quad (5\text{-}14)$$

$$= \sum (\text{定额综合单价} \times \text{定额工程量}) / \text{清单工程量} \quad (5\text{-}15)$$

定额综合单价确定有以下几个步骤：

第一步：套用定额的消耗量；

第二步：计算人工费、材料费、机械费；

$$人工费=\sum(工日数\times人工单价) \tag{5-16}$$

$$材料费=\sum(材料数量\times材料单价) \tag{5-17}$$

$$机械费=\sum(机械台班数\times机械台班单价) \tag{5-18}$$

第三步：计算管理费及利润；

第四步：汇总形成定额综合单价。

$$定额综合单价=人工费+材料费+机械费+管理费+利润 \tag{5-19}$$

【例 5-1】定额项目"C20 独立基础砼"的定额单位为 m^3，该定额项目人、材、机消耗量及单价如表 5-1 所示，管理费取人工费与机械费之和的 20%，利润取直接工程费与管理费之和的 2%，计算该项目定额综合单价。

表 5-1　C20 独立基础砼定额项目消耗量表

序号	材料编号	材料名称	单位	数量	单价(元)	类别
1	610000100003000	综合工日	工日	1.0722	60	人工
2	402500700001000	草袋	m^2	0.330	1.36	材料
3	403100100363000	水	m^3	0.930	2.15	材料
4	570100100157000	普通混凝土 C20(42.5)碎石 40 mm	m^3	1.015	222.625	材料
5	621100100003000	电动滚筒式混凝土搅拌机(400 L)	台班	0.0324	116.750	机械
6	621100100041000	混凝土振捣器(插入式)	台班	0.0639	8.36	机械

解：(1)直接工程费

人工费：1.0722×60＝64.332(元)

材料费：草袋：0.33×1.36＝0.449(元)

水：0.930×2.15＝2.000(元)

普通混凝土 C20：1.015×222.625＝225.964(元)

材料费小计：0.449＋2.000＋225.964＝228.413

机械费：电动滚筒式混凝土搅拌机：0.0324×116.75＝3.783(元)

混凝土振捣器：0.0639×8.36＝0.534(元)

机械费小计：3.783＋0.534＝4.317

直接工程费：人工费＋材料费＋机械使用费＝64.332＋228.413＋4.317
＝297.062(元)

(2)管理费

(人工费＋机械费)×20%＝(64.332＋4.317)×20%＝13.730(元)

(3)利润

(直接工程费＋管理费)×2%＝(297.062＋13.730)×2%＝6.216(元)

(4)综合单价

直接工程费＋管理费＋利润＝297.062＋13.730＋6.216＝317.01(元)

【例 5-2】清单项目"水泥砂浆楼地面"的按《计价规范》计算的工程量为 45.22 m^2，该清单项目包括 3 个定额子目，定额子目按定额工程量计算规则计算的工程量及综合单价如表 5-2 所示，计算该清单项目的综合单价，并填写"工程量清单综合单价分析表"。

表 5-2　水泥砂浆楼地面定额子目综合单价表

单位：元

序号	定额编号	定额名称	定额单位	工程量	人工费	材料费	机械使用费	企业管理费	利润	综合单价
1	20101007	碎石垫层	m^3	3.17	36.58	80.84	0.36	4.06	2.44	124.28
2	10104001T	C15 垫层砼	m^3	2.71	59.2	234.6	10.4	13.92	6.36	324.48
3	20101030	楼地面 20 mm 水泥砂浆面层	m^2	45.22	7.97	8.93	0.04	0.88	0.36	18.18

解：清单综合单价 $=\sum$(定额综合单价×定额工程量)/清单工程量

$=(124.28\times3.17+324.48\times2.71+18.18\times45.22)/45.22=46.34$(元)

表 5-3　工程量清单综合单价分析表

工程名称：××职业技术学院团委办公楼工程　　标段：　　第　页共　页

项目编码	010101003001	项目名称	水泥砂浆楼地面	计量单位	m^2

清单综合单价组成明细											
定额编号	定额名称	定额单位	数量	单价				合价			
				人工费	材料费	机械费	管理费和利润	人工费	材料费	机械费	管理费和利润
20101007	碎石垫层	m^3	0.07010	36.58	80.84	0.36	6.50	2.564	5.667	0.025	0.456
10104001T	C15 垫层砼	m^3	0.05993	59.20	234.60	10.40	20.28	3.548	14.060	0.623	1.215
20101030	楼地面 20 mm 水泥砂浆面层	m^2	1.00000	7.97	8.93	0.04	1.24	7.970	8.930	0.040	1.240
人工单价		小计						14.082	28.657	0.688	2.911
元/工日		未计价材料费									
清单项目综合单价								46.34			

材料费明细	主要材料名称、规格、型号	单位	数量	单价(元)	合价(元)	暂估单价(元)	暂估合价(元)
	碎石 20～40 mm	m^3	0.0778	61.000	4.75		
	粗砂	m^3	0.0203	45.260	0.92		
	水	m^3	0.0680	2.150	0.15		
	普通混凝土 C15(32.5)碎石 40 mm	m^3	0.0610	231.214	14.10		
	草袋	m^2	0.2200	1.360	0.30		
	水泥砂浆 1∶2(32.5)	m^3	0.0200	384.295	7.69		
	其他材料费			—	0.75	—	
	材料费小计			—	28.66	—	

注：1. 如不使用省级或行业建设主管部门发布的计价依据，可不填定额项目、编号等。

2. 招标文件提供了暂估单价的材料，按暂估的单价填入表内“暂估单价”栏及“暂估合价”栏。

3. 措施项目费计算

措施项目费是指为完成工程项目施工，而用于发生在该工程施工准备和施工过程中的技术、生活、安全、环境保护等方面的非工程实体项目所支出的费用。措施项目清单计价应根据建设工程的施工组织设计，可以计算工程量的措施项目应按分部分项工程量清单的方式采用综合单价计价；其余的措施项目可以以“项”为单位的方式计价，应包括除规费、税金外的全部费用。措施项目清单中的安全文明施工费应按照国家或省级、行业建设主管部门的规定计价，不得作为竞争性费用。

措施项目费的计算方法一般有以下几种：

(1)综合单价法

这种方法与分部分项工程综合单价的计算方法一样，就是根据需要消耗的实物工程量与实物单价计算措施费，适用于可以计算工程量的措施项目，主要是指一些与工程实体有紧密联系的项目，如混凝土模板、脚手架、垂直运输等。与分部分项工程不同，并不要求每个措施项目的综合单价必须包含人工费、材料费、机械费、管理费和利润中的每一项。

(2)参数法计价

参数法计价是指按一定的基数乘系数的方法或自定义公式进行计算。这种方法简单明了，但最大的难点是公式的科学性、准确性难以把握。这种方法主要适用于施工过程中必须发生，但在投标时很难具体分项预测，又无法单独列出项目内容的措施项目。如夜间施工费、二次搬运费、冬雨季施工的计价均可以采用该方法。

(3)分包法计价

在分包价格的基础上增加投标人的管理费及风险费进行计价的方法，这种方法适合可以分包的独立项目，如室内空气污染测试等。

有时招标人要求对措施项目费进行明细分析，这时采用参数法组价和分包法组价都是先计算该措施项目的总费用，这就需人为用系数或比例的办法分摊人工费、材料费、机械费、管理费及利润。

4. 其他项目费计算

其他项目费由暂列金额、暂估价、计日工、总承包服务费等内容构成。

暂列金额和暂估价由招标人按估算金额确定。招标人在工程量清单中提供的暂估价的材料和专业工程，若属于依法必须招标的，由承包人和招标人共同通过招标确定材料单价与专业工程分包价；若材料不属于依法必须招标的，经发、承包双方协商确认单价后计价；若专业工程不属于依法必须招标的，由发包人、总承包人与分包人按有关计价依据进行计价。

计日工和总承包服务费由承包人根据招标人提出的要求，按估算的费用确定。

5. 规费与税金的计算

规费是指政府和有关权力部门规定必须缴纳的费用。建筑安装工程税金是指国家税法规定的应计入建筑安装工程造价内的营业税、城市维护建设税及教育费附加。如国家税法发生变化或地方政府及税务部门依据职权对税种进行了调整，应对税金项目清单进行相应调整。

规费和税金应按国家或省级、行业建设主管部门的规定计算，不得作为竞争性费用。每一项规费和税金的规定文件中，对其计算方法都有明确的说明，故可以按各项法规和规定的计算方式计取。具体计算时，一般按国家及有关部门规定的计算公式和费率标准进行计算。

6. 风险费用的确定

风险具体指工程建设施工阶段承发包双方在招投标活动和合同履约及施工中所面临的涉及工程计价方面的风险。采用工程量清单计价的工程应在招标文件或合同中明确风险内容及其范围（幅度），并在工程计价过程中予以考虑。

5.2　招标控制价与投标价

5.2.1　招标控制价的概念

招标控制价是招标人根据国家以及当地有关规定的计价依据和计价办法、招标文件、市场行情，并按工程项目设计施工图纸等具体条件调整编制的，对招标工程项目限定的最高工程造价，也可称其为拦标价、预算控制价或最高报价等。

招标控制价是《计价规范》修订中新增的专业术语。对于招标控制价及其规定，应注意从以下方面理解：

1. 国有资金投资的工程建设项目实行工程量清单招标，并应编制招标控制价。根据《中华人民共和国招标投标法》的规定，国有资金投资的工程项目进行招标，招标人可以设标底。当招标人不设标底时，为有利于客观、合理地评审投标报价，避免哄抬标价，造成国有资产流失，招标人应编制招标控制价，作为招标人能够接受的最高交易价格。

2. 招标控制价超过批准的概算时，招标人应将其报原概算审批部门审核。因为我国对国有资金投资项目实行的是投资概算审批制度，国有资金投资的工程项目原则上不能超过批准的投资概算。

3. 投标人的投标报价高于招标控制价的，其投标应予以拒绝。国有资金投资的工程项目，招标人编制并公布的招标控制价相当于招标人的采购预算，同时要求其不能超过批准的概算，因此，招标控制价是招标人在工程招标时能接受投标人报价的最高限价，投标人的投标报价不能高于招标控制价，否则，其投标将被拒绝。

4. 招标控制价应由具有编制能力的招标人或受其委托具有相应资质的工程造价咨询人编制。工程造价咨询人不得同时接受招标人和投标人对同一工程的招标控制价和投标报价的编制。

5. 招标控制价应在招标文件中公布，不应上调或下浮，招标人应将招标控制价及有关资料报送工程所在地工程造价管理机构备查。招标控制价的作用决定了招标控制价不同于标底，无需保密。为体现招标的公平、公正，防止招标人有意抬高或压低工程造价，招标人应在招标文件中如实公布招标控制价各组成部分的详细内容，不得对所编制的招标控制价进行上浮或下调。

6. 投标人经复核认为招标人公布的招标控制价未按照《建设工程工程量清单计价规

范》的规定进行编制的，应在开标前5日向招投标监督机构或工程造价管理机构投诉。招标投标监督机构应会同工程造价管理机构对投诉进行处理，发现确有错误的，应责成招标人修改。

5.2.2 招标控制价的计价依据

招标控制价应按下列依据编制：

1.《建设工程工程量清单计价规范》(GB50500-2008)；

2. 国家或省级、行业建设主管部门颁发的计价定额和计价办法；

3. 建设工程设计文件及相关资料；

4. 招标文件中的工程量清单及有关要求；

5. 与建设项目相关的标准、规范、技术资料；

6. 工程造价管理机构发布的工程造价信息，工程造价信息没有发布的参照市场价；

7. 其他的相关资料。

5.2.3 招标控制价的编制内容

采用工程量清单计价时，招标控制价的编制内容包括分部分项工程费、措施项目费、其他项目费、规费和税金。

1. 分部分项工程费的编制

分部分项工程费采用综合单价的方法编制。采用的分部分项工程量应是招标文件中工程量清单提供的工程量；综合单价应根据招标文件中的分部分项工程量清单的特征描述及有关要求、行业建设主管部门颁发的计价定额和计价办法等编制依据进行编制。

为使招标控制价与投标报价所包含的内容一致，综合单价中应包括招标文件中招标人要求投标人承担的风险内容及其范围(幅度)产生的风险费用，可以风险费率的形式进行计算。招标文件提供了暂估单价的材料，应按暂估单价计入综合单价。

2. 措施项目费的编制

措施项目费应依据招标文件中提供的措施项目清单和拟建工程项目的施工组织设计进行确定。可以计算工程量的措施项目，应按分部分项工程量清单的方式采用综合单价计价；其余的措施项目可以以“项”为单位的方式计价，应包括除规费、税金外的全部费用。措施项目费中的安全文明施工费应当按照国家或地方行业建设主管部门的规定标准计价。

3. 其他项目费的编制

(1)暂列金额

暂列金额可根据工程的复杂程度、设计深度、工程环境条件(包括地质、水文、气候条件等)进行估算，一般可以按照分部分项工程费的10%～15%作为参考。

(2)暂估价

暂估价包括材料暂估价和专业工程暂估价。暂估价中的材料单价应按照工程造价管理机构发布的工程造价信息中的材料单价计算，工程造价信息未发布的材料单价，其单价参考市场价格估算;暂估价中的专业工程暂估价应分不同专业,按有关计价规定估算。

(3)计日工

计日工包括计日人工、材料和施工机械。在编制招标控制价时,对计日工中的人工单价和施工机械台班单价应按地方行业建设主管部门或其授权的工程造价管理机构公布的单价计算;材料应按工程造价管理机构发布的工程造价信息计算,工程造价信息未发布材料单价的材料,其价格应按市场调查确定的单价计算。

(4)总承包服务费

编制招标控制价时,总承包服务费应按照省级或行业建设主管部门的规定,并根据招标文件列出的内容和要求估算。在计算时可参考以下标准:

1)招标人仅要求对分包的专业工程进行总承包管理和协调时,按分包的专业工程估算造价的 1.5%计算;

2)招标人要求对分包的专业工程进行总承包管理和协调,并同时要求提供配合服务时,根据招标文件中列出的配合服务内容和提出的要求,按分包的专业工程估算造价的 3%～5%计算;

3)招标人自行供应材料的,按招标人供应材料价值的 1%计算。

4. 规费和税金的编制

规费和税金必须按国家或省级、行业建设主管部门规定的标准计算,不得作为竞争性费用。

5.2.4　编制招标控制价应注意的问题

招标控制价编制时,应该注意以下问题:

1. 招标控制价编制的表格格式等应执行《建设工程工程量清单计价规范》(GB50500-2008)的有关规定。

2. 一般情况下,编制招标控制价,采用的材料价格应是工程造价管理机构通过工程造价信息发布的材料单价,工程造价信息未发布材料单价的材料,其材料价格应通过市场调查确定。另外,未采用工程造价管理机构发布的工程造价信息时,需在招标文件或答疑补充文件中对招标控制价采用的与造价信息不一致的市场价格予以说明,采用的市场价格则应通过调查、分析确定,有可靠的信息来源。

3. 施工机械设备的选型直接关系到基价综合单价水平,应根据工程项目特点和施工条件,本着经济实用、先进高效的原则确定。

4. 应该正确、全面地使用行业和地方的计价定额以及相关文件。

5. 不可竞争的措施项目和规费、税金等费用的计算均属于强制性条款,编制招标控制价时应该按国家有关规定计算。

6. 不同工程项目、不同施工单位会有不同的施工组织方法,所发生的措施费也会有所不同。因此,对于竞争性的措施费用的编制,应该首先编制施工组织设计或施工方案,然后依据经过专家论证后的施工方案,合理地确定措施项目与费用。

5.2.5 招标控制价的编制程序

编制招标控制价时应当遵循如下程序：

1. 了解编制要求与范围；
2. 熟悉工程图纸及有关设计文件；
3. 熟悉与建设工程项目有关的标准、规范、技术资料；
4. 熟悉拟定的招标文件及其补充通知、答疑纪要等；
5. 了解施工现场情况、工程特点；
6. 熟悉工程量清单；
7. 掌握工程量清单涉及计价要素的信息价格和市场价格，依据招标文件确定其价格；
8. 进行分部分项工程量清单计价；
9. 论证并拟定常规的施工组织设计或施工方案；
10. 进行措施项目工程量清单计价；
11. 进行其他项目、规费项目、税金项目清单计价；
12. 工程造价汇总、分析、审核；
13. 成果文件签认、盖章；
14. 提交成果文件。

5.2.6 投标报价的概念

《计价规范》规定，投标价是投标人参与工程项目投标时报出的工程造价。即投标价是指在工程招标发包过程中，由投标人或受其委托具有相应资质的工程造价咨询人按照招标文件的要求以及有关计价规定，依据发包人提供的工程量清单、施工设计图纸，结合工程项目特点、施工现场情况及企业自身的施工技术、装备和管理水平等，自主确定的工程造价。

投标价是投标人希望达成工程承包交易的期望价格，但不能高于招标人设定的招标控制价。投标报价的编制是指投标人对拟承建工程项目所要发生的各种费用的计算过程。作为投标计算的必要条件，应预先确定施工方案和施工进度。此外，投标计算还必须与采用的合同形式相一致。

5.2.7 投标价的编制原则

报价是投标的关键性工作，报价是否合理直接关系到投标工作的成败。工程量清单计价下编制投标报价的原则如下：

1. 投标报价由投标人自主确定，但必须执行《建设工程工程量清单计价规范》的强制性规定。投标价应由投标人或受其委托，具有相应资质的工程造价咨询人编制。

2. 投标人的投标报价不得低于成本。《中华人民共和国招标投标法》规定："中标人的投标应当符合下列条件……(二)能够满足招标文件的实质性要求，并且经评审的投标价格最低，但是投标价格低于成本的除外。"《评标委员会和评标方法暂行规定》规定："在评标过程中，评标委员会发现投标人的报价明显低于其他投标报价或者在设有标底时明显低于标底的，使得其投标报价可能低于其个别成本的，应当要求该投标人做出书面说明并提供相关证明材料。投标人不能合理说明或者不能提供相关证明材料的，由评标委员会认定该投标人以低于成本报价竞标，其投标应作为废标处理。"上述法律法规的规定，特别要求投标人的投标报价不得低于成本。

3. 按招标人提供的工程量清单填报价格。实行工程量清单招标，招标人在招标文件中提供工程量清单，其目的是使各投标人在投标报价中具有共同的竞争平台。因此，为避免出现差错，要求投标人应按招标人提供的工程量清单填报投标价格，填写的项目编码、项目名称、项目特征、计量单位、工程量必须与招标人提供的一致。

4. 投标报价要以招标文件中设定的承发包双方责任划分作为设定投标报价费用项目和费用计算的基础。承发包双方的责任划分不同，会导致合同风险分摊不同，从而导致投标人报价不同。不同的工程承发包模式会直接影响工程项目投标报价的费用内容和计算深度。

5. 应该以施工方案、技术措施等作为投标报价计算的基本条件。企业定额反映企业技术和管理水平，是计算人工、材料和机械台班消耗量的基本依据。要充分利用现场考察、调研成果、市场价格信息和行情资料等编制基础标价。

6. 报价计算方法要科学严谨，简明适用。

5.2.8　投标价编制依据

投标报价应根据下列依据编制：

1.《建设工程工程量清单计价规范》(GB50500-2008)；

2. 国家或省级、行业建设主管部门颁发的计价办法；

3. 企业定额，国家或省级、行业建设主管部门颁发的计价定额；

4. 招标文件、工程量清单及其补充通知、答疑纪要；

5. 建设工程项目的设计文件及相关资料；

6. 施工现场情况、工程项目特点及拟定投标文件的施工组织设计或施工方案；

7. 与建设项目相关的标准、规范等技术资料；

8. 市场价格信息或工程造价管理机构发布的工程造价信息；

9. 其他的相关资料。

5.2.9　投标价的编制内容

在编制投标报价之前，需要先对清单工程量进行复核。因为工程量清单中的各分部分项工程量并不十分准确，若设计深度不够则可能有较大的误差，而工程量的多少是选择施工方法、安排人力和机械、准备材料必须考虑的因素，自然也影响分项工程的单价，因此一定要对工程量进行复核。

投标报价的编制过程，应首先根据招标人提供的工程量清单编制分部分项工程量清单计价表、措施项目清单计价表、其他项目清单计价表及规费、税金项目清单计价表，计算完毕后汇总而得到单位工程投标报价汇总表，再层层汇总，分别得出单项工程投标报价汇总表和工程项目投标总价汇总表。工程项目投标报价的编制过程如图 5-4 所示。

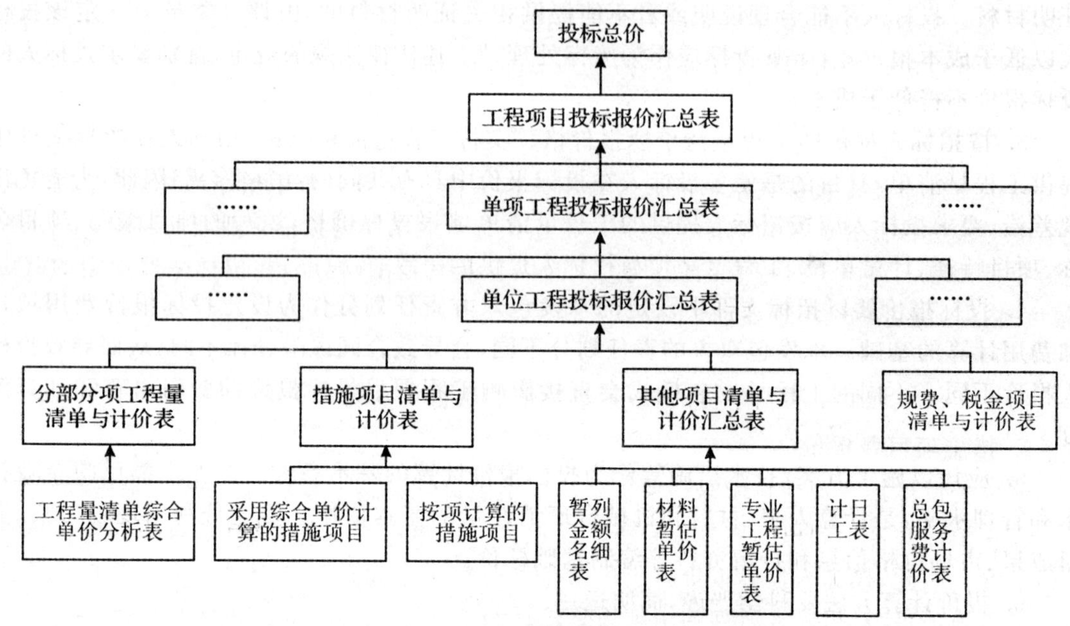

图 5-4 工程项目工程量清单投标报价流程

1. 分部分项工程费报价

投标人应按招标人提供的工程量清单填报价格，填写的项目编码、项目名称、项目特征、计量单位、工程量必须与招标人提供的一致。编制分部分项工程量清单与计价表的核心是确定综合单价。综合单价的确定方法与招标控制价中综合单价的确定方法相同，但确定的依据有所差异，主要体现在：

(1)工程量清单项目特征描述

工程量清单中项目特征的描述决定了清单项目的实质，直接决定了工程的价值，是投标人确定综合单价最重要的依据。在招投标过程中，若出现招标文件中分部分项工程量清单特征描述与设计图纸不符，投标人应以分部分项工程量清单的项目特征描述为准，确定投标报价的综合单价；若施工中施工图纸或设计变更与工程量清单项目特征描述不一致，发、承包双方应按实际施工的项目特征，依据合同约定重新确定综合单价。

(2)企业定额

企业定额是施工企业根据本企业具有的管理水平、拥有的施工技术和施工机械装备水平而编制的，是完成一个规定计量单位的工程项目所需的人工、材料、施工机械台班的消耗标准，是施工企业内部进行施工管理的标准，也是施工企业投标报价确定综合单价的依据之一。投标企业没有企业定额时可根据企业自身情况参照消耗量定额进行调整。

(3)资源可获取价格

综合单价中的人工费、材料费、机械费是以企业定额的人、料、机消耗量乘以人、料、机的实际价格得出的，因此投标人拟投入的人、料、机等资源的可获取价格直接影响综合单价的高低。

(4)企业管理费费率、利润率

企业管理费费率可由投标人根据本企业近年的企业管理费核算数据自行测定，当然也可以参照当地造价管理部门发布的平均参考值。

利润率可由投标人根据本企业当前盈利情况、施工水平、拟投标工程的竞争情况以及企业当前经营策略自主确定。

(5)风险费用

招标文件中要求投标人承担的风险费用投标人应在综合单价中给予考虑，通常以风险费率的形式进行计算。风险费率的测算应根据招标人要求结合投标企业当前风险控制水平进行定量测算。在施工过程中，当出现的风险内容及其范围(幅度)在招标文件规定的范围(幅度)内时，综合单价不得变动，工程款不作调整。

(6)材料暂估价

招标文件中提供了暂估单价的材料，按暂估的单价计入综合单价。

2. 措施项目费报价

投标人可根据工程项目实际情况以及施工组织设计或施工方案，自主确定措施项目费。招标人在招标文件中列出的措施项目清单是根据一般情况确定的，没有考虑不同投标人的具体情况。因此，投标人投标报价时应根据自身拥有的施工装备、技术水平和采用的施工方法确定措施项目，对招标人所列的措施项目进行调整。

措施项目费的计价方式应根据《计价规范》的规定，可以计算工程量的措施项目采用综合单价方式计价；其余的措施项目采用以“项”为计量单位的方式计价，应包括除规费、税金外的全部费用。措施项目费由投标人自主确定，但其中安全文明施工费应按国家或省级、行业建设主管部门的规定确定。

3. 其他项目费报价

投标报价时，投标人对其他项目费应遵循以下原则：

(1)暂列金额应按照其他项目清单中列出的金额填写，不得变动。

(2)暂估价不得变动和更改。暂估价中的材料暂估价必须按照招标人提供的暂估单价计入分部分项工程费用中的综合单价；专业工程暂估价必须按照招标人提供的其他项目清单中列出的金额填写。

(3)计日工应按照其他项目清单列出的项目和估算的数量，自主确定各项综合单价并计算费用。

(4)总承包服务费应根据招标人在招标文件中列出的分包专业工程内容、供应材料和设备情况，由投标人按照招标人提出的协调、配合与服务要求以及施工现场管理需要自主确定。

4. 规费和税金报价

规费和税金应按国家或省级、行业建设主管部门规定计算，不得作为竞争性费用。

5. 投标价的汇总

投标人的投标总价应当与组成工程量清单的分部分项工程费、措施项目费、其他项目费和规费、税金的合计金额相一致，即投标人在进行工程项目工程量清单招标的投标报价时，不能进行投标总价优惠(或降价、让利),投标人对投标报价的任何优惠(或降价、让利)均应反映在相应清单项目的综合单价中。

5.3 工程合同价款的约定与价款支付

5.3.1 工程合同类型的选择

根据合同计价方式的不同,建设工程施工合同一般可以划分为总价合同、单价合同和成本加酬金合同三种类型。根据价款是否可以调整,总价合同可以分为固定总价合同和可调总价合同两种不同形式;单价合同也可以分为固定单价合同和可调单价合同。

具体工程项目选择何种合同计价形式,主要依据设计图纸深度、工期长短、工程规模和复杂程度进行确定。《计价规范》中规定,对使用工程量清单计价的工程,宜采用单价合同,但并不排斥总价合同。工程量清单计价的适用性不受合同形式的影响。实践中常见的单价合同和总价合同两种主要合同形式均可以采用工程量清单计价,区别仅在于工程量清单中所填写的工程量的合同约束力。采用单价合同形式时,工程量清单是合同文件必不可少的组成内容,其中的工程量一般具备合同约束力(量可调),工程款结算时按照合同中约定应予计量并按实际完成的工程量进行调整。而对总价合同形式,工程量清单中的工程量不具备合同约束力(量不可调),工程量以合同图纸的标示内容为准,工程量以外的其他内容一般均赋予合同约束力,以方便合同变更的计量和计价。

总体上,采用单价合同符合工程量清单计价模式的基本要求,并且单价合同在合同管理中具有便于处理工程变更及索赔的特点,在工程量清单计价模式下,宜采用单价合同。而且在实践中最常用的是固定单价合同,即合同约定的工程价款中所包含的工程量清单项目综合单价在约定条件内是固定的,不予调整,工程量允许调整;工程量清单项目综合单价在约定的条件外,允许调整,但调整的方式、方法应在合同中约定。

5.3.2 工程合同价款的约定

工程合同价款的约定是建设工程合同的主要内容。实行招标的工程合同价款应在中标通知书发出之日起 30 天内,由承发包双方依据招标文件和中标人的投标文件在书面合同中约定。合同约定不得违背招投标文件中关于工期、造价、质量等方面的实质性内容。招标文件与中标人投标文件不一致的地方,以投标文件为准。不实行招标的工程合同价款,在承发包双方认可的工程价款的基础上,由承发包双方在合同中约定。承发包双方认可的工程价款的形式可以是承包方或设计人编制的施工图预算,也可以是承发包双方认可的其他形式。

承发包双方应在合同条款中,对下列事项进行约定:

1. 预付工程款的数额、支付时间及抵扣方式

预付工程款是发包人为解决承包人在施工准备阶段资金周转问题提供的协助。如使用的水泥、钢材等大宗材料,可根据工程具体情况设置工程材料预付款。双方应在合同中约定预付款数额:可以是绝对数,如 50 万元、100 万元,也可以是额度,如合同金额的 10%、15% 等;约定支付时间:如合同签订后一个月支付、开工日前 7 天支付等;约定抵扣方式:如在工程进度款中按比例抵扣;约定违约责任:如不按合同约定支付预付款的利息计算、违约责任等。

2. 工程计量与支付工程进度款的方式、数额及时间

双方应在合同中约定计量时间和方式:可按月计量,如每月 28 日;可按工程形象部位(目标)划分分段计量,如±0.000 以下基础及地下室、主体结构 1～3 层、4～6 层等。进度款支付周期与计量周期保持一致。约定支付时间:如计量后 7 天以内、10 天以内支付;约定支付数额:如已完工作量的 70%、80%等;约定违约责任:如不按合同约定支付进度款的利息、违约责任等。

3. 工程价款的调整因素、方法、程序、支付及时间

约定调整因素:如工程变更后综合单价调整,钢材价格上涨超过投标报价时的 3%,工程造价管理机构发布的人工费调整等;约定调整方法:如结算时一次调整,材料采购时报发包人调整等;约定调整程序:承包人提交调整报告交发包人,由发包人现场代表审核签字等;约定支付时间:如与工程进度款支付同时进行等。

4. 索赔与现场签证的程序、金额确定与支付时间

约定索赔与现场签证的程序:如由承包人提出、发包人现场代表或授权的监理工程师核对等;约定索赔提出时间:如知道索赔事件发生后的 28 天内等;约定核对时间:收到索赔报告后 7 天以内、10 天以内等;约定支付时间:原则上与工程进度款同期支付等。

5. 发生工程价款争议的解决方法及时间

约定解决价款争议的办法是协商、调解、仲裁还是诉讼,约定解决方式的优先顺序、处理程序等。如采用调解应约定好调解人员;如采用仲裁应约定双方都认可的仲裁机构;如采用诉讼方式,应约定有管辖权的法院。

6. 承担风险的内容、范围以及超出约定内容、范围的调整办法

约定风险的内容范围:如全部材料、主要材料等;约定物价变化调整幅度:如钢材、水泥价格涨幅超过投标报价的 3%,其他材料超过投标报价的 5%等。

7. 工程竣工价款结算的编制与核对、支付及时间

约定承包人在什么时间提交竣工结算书,发包人或其委托的工程造价咨询企业在什么时间内核对完毕,核对完毕后,什么时间内支付结算价款等。

8. 工程质量保证(保修)金的数额、预扣方式及时间

在合同中约定数额:如合同价款的 3%等;约定支付方式:竣工结算一次扣清等;约定归还时间:如保修期满 1 年退还等。

9. 与履行合同、支付价款有关的其他事项

合同中涉及工程价款的事项较多,能够详细约定的事项应尽可能具体约定,约定的用词应尽可能唯一,如有几种解释,最好对用词进行定义,尽量避免因理解上的歧义造成合同纠纷。

5.3.3 工程款的主要结算方式

工程款结算，是指发包人在工程实施过程中，依据合同中相关付款条款的规定和已完成的工程量，按照规定的程序向承包人支付工程款的一项经济活动。工程款的结算主要有以下几种方式：

1. 按月结算。即先预付部分工程款，在施工过程中按月结算工程进度款，竣工后进行清算的办法。单价合同常采用按月结算的方式。

2. 分段结算。即按照工程的形象进度划分不同阶段进行结算。形象进度一般划分为基础、±0.000 以上的主体结构、装修、室外及收尾等。分段结算可以按月预支工程款。

3. 竣工后一次结算。建设项目或单项工程全部建筑安装工程建设期在 12 个月以内，或者工程承包合同价值在 100 万元以下的，可以实行开工前预付一定的预付款或加上工程款每月预支，竣工后一次结算的方式。

4. 结算双方约定的其他结算方式。

5.3.4 工程预付款的支付与抵扣

1. 工程预付款的支付

工程预付款是发包人为帮助承包人解决施工准备阶段的资金周转问题而提前支付的一笔款项，用于承包人为合同工程施工购置材料、机械设备，修建临时设施以及施工队伍进场等。工程是否实行预付款，取决于工程性质、承包工程量的大小及发包人在招标文件中的规定。工程实行预付款的，发包人应按合同约定的时间和比例(或金额)向承包人支付工程预付款。当合同对工程预付款的支付没有约定时，按照财政部、建设部印发的《建设工程价款结算暂行办法》(财建[2004]369 号)的规定办理。

(1)工程预付款的额度：包工包料的工程原则上预付比例不低于合同金额(扣除暂列金额)的 10%，不高于合同金额(扣除暂列金额)的 30%；对重大工程项目，按年度工程计划逐年预付。实行工程量清单计价的工程，实体性消耗和非实体性消耗部分应在合同中分别约定预付款比例(或金额)。

(2)工程预付款的支付时间：在具备施工条件的前提下，发包人应在双方签订合同后的一个月内或约定的开工日期前的 7 天内预付工程款。若发包人未按合同约定预付工程款，承包人应在预付时间到期后 10 天内向发包人发出要求预付的通知，发包人收到通知后仍不按要求预付，承包人可在发出通知 14 天后停止施工，发包人应从约定应付之日起按同期银行贷款利率计算向承包人支付应付预付款的利息，并承担违约责任。

(3)凡是没有签订合同或不具备施工条件的工程，发包人不得预付工程款，不得以预付款为名转移资金。

2. 工程预付款的抵扣

发包人拨付给承包人的工程预付款属于预支的性质。随着工程进度的推进，拨付的工程进度款数额不断增加，工程所需主要材料、构件的储备逐步减少，原已支付的预付款应以抵扣的方式从工程进度款中予以陆续扣回。预付的工程款必须在合同中约定扣回方式，常用的扣回方式有以下几种：

(1)在承包人完成金额累计达到合同总价一定比例(双方合同约定)后，采用等比率或等额扣款的方式分期抵扣。也可针对工程实际情况具体处理，如有些工程工期较短、造价较低，就无需分期扣还；有些工期较长，如跨年度工程，其预付款的占用时间很长，根据需要可以少扣或不扣。

(2)从未完施工工程尚需的主要材料及构件的价值相当于工程预付款数额时起扣，从每次中间结算工程价款中，按材料及构件比重抵扣工程预付款，至竣工之前全部扣清。其基本计算公式如下：

1)起扣点的计算公式

$$T=P-\frac{M}{N} \tag{5-20}$$

式中，T—起扣点，即工程预付款开始扣回的累计已完工程价值；

P—承包工程合同总额；

M—工程预付款数额；

N—主要材料及构件所占比重。

2)第一次扣还工程预付款数额的计算公式

$$a_1=(\sum_{i=1}^{n}T_i-T)\times N \tag{5-21}$$

式中，a_1—第一次扣还工程预付款数额；

$\sum_{i=1}^{n}T_i$—累计已完工程价值。

3)第二次及以后各次扣还工程预付款数额的计算公式

$$a_i=T_i\times N \tag{5-22}$$

式中，a_i—第 i 次扣还工程预付款数额($i>1$)；

T_i—第 i 次扣还工程预付款时，当期结算的已完工程价值。

【例 5-3】某工程合同总额 200 万元，工程预付款为 24 万元，主要材料、构件所占比重为 60%，问：起扣点为多少万元？

解：按起扣点计算公式：

$$T=P-\frac{M}{N}=200-\frac{24}{60\%}=160(\text{万元})$$

则当工程完成 160 万元时，本项工程预付款开始起扣。

5.3.5　工程计量与进度款支付

1. 工程计量

工程量的正确计量是发包人向承包人支付工程进度款的前提和依据。

(1)工程计量的原则

1)按合同文件中约定的方法进行计量；

2)按承包人在履行合同义务过程中实际完成的工程量计算；

3)对于不符合合同文件要求的工程，承包人超出施工图纸范围或因承包人原因造成返工的工程量，不予计量；

4)若发现工程量清单中出现漏项、工程量计算偏差，以及工程变更引起工程量的增减变化应据实调整，正确计量。

(2)工程量的确认

承包人应按照合同约定，向发包人递交已完工程量报告，发包人应在接到报告后按合同约定进行核对。当承发包双方在合同中对工程量的计量时间、程序、方法和要求未作约定时，按以下规定办理：

1)承包人应在每个月末或合同约定的工程段完成后向发包人递交上月或上一工程段已完工程量报告；

2)发包人应在接到报告后 7 天内按施工图纸(含设计变更)核对已完工程量，并应在计量前 24 小时通知承包人，承包人应提供条件并按时参加核实。

3)计量结果的确认

①如发、承包双方均同意计量结果，则双方应签字确认。

②如承包人收到通知后不参加计量核对，则由发包人核实的计量应认为是对工程量的正确计量。

③如发包人未在规定的核对时间内进行计量核对，承包人提交的工程计量视为发包人已经认可。

④如发包人未在规定的核对时间内通知承包人，致使承包人未能参加计量核对的，则由发包人所作的计量核实结果无效。

⑤对于承包人超出施工图纸范围或因承包人原因造成返工的工程量，发包人不予计量。

⑥如承包人不同意发包人核实的计量结果，承包人应在收到上述结果后 7 天内向发包人提出，申明承包人认为不正确的详细情况。发包人收到后，应在 2 天内重新核对有关工程量的计量，或予以确认，或将其修改。

2. 工程进度款支付

(1)承包人申请付款

承包人应在每个付款周期末，向发包人递交进度款支付申请，并附相应的证明文件。除合同另有约定外，进度款支付申请应包括(但不限于)下列内容：

1)本周期已完成工程的价款；

2)累计已完成的工程价款；

3)累计已支付的工程价款；

4)本周期已完成计日工金额；

5)应增加和扣减的变更金额；

6)应增加和扣减的索赔金额；

7)应抵扣的工程预付款；

8)应扣减的质量保证金；

9)根据合同应增加和扣减的其他金额；

10)本付款周期实际应支付的工程价款。

(2)发包人支付工程进度款

发包人在收到承包人递交的工程进度款支付申请及相应的证明文件后，应在合同约定时间内进行核对，并按合同约定的时间和比例向承包人支付工程进度款。发包人应扣回的工程预付款与工程进度款同期结算抵扣。

当承发包双方未在合同中对工程进度款支付申请的核对时间以及工程进度款支付时间、支付比例作约定时，根据《建设工程价款结算暂行办法》的相关规定办理。

1)发包人应在收到承包人的工程进度款支付申请后14天内核对完毕，否则，从第15天起承包人递交的工程进度款支付申请视为被批准；

2)发包人应在批准工程进度款支付申请的14天内，向承包人按不低于计量工程价款的60%，不高于计量工程价款的90%向承包人支付工程进度款；

3)发包人在支付工程进度款时，应按合同约定的时间、比例(或金额)扣回工程预付款。

(3)发包人未按合同约定支付工程进度款的处理和责任

发包人未在合同约定时间内支付工程进度款，承包人应及时向发包人发出要求付款的通知，发包人收到承包人通知后仍不按要求付款，可与承包人协商签订延期付款协议，经承包人同意后延期支付。协议应明确延期支付的时间和从付款申请生效后按同期银行贷款利率计算应付款的利息。

发包人不按合同约定支付工程进度款，双方又未达成延期付款协议，导致施工无法进行时，承包人可停止施工，由发包人承担违约责任。

5.4　索赔与现场签证

5.4.1　*索赔的方法*

索赔是指在合同履行过程中，对于非己方的过错而应由对方承担责任的情况造成的损失，向对方提出补偿的要求。建设工程施工中的索赔是发、承包双方行使正当权利的行为，承包人可向发包人索赔，发包人也可向承包人索赔。

1. 索赔的成立条件

合同一方向另一方提出索赔时，应有正当的索赔理由和有效证据，并应符合合同的相关约定。由此可看出任何索赔事件成立必须满足其三要素：正当的索赔理由，有效的索赔证据，及在合同约定的时间时限内提出。

索赔证据应满足以下基本要求：真实性、全面性、关联性、及时性和有效性。

2. 索赔处理程序

(1)承包人索赔的处理

若承包人认为非承包人原因发生的事件造成了承包人的经济损失，承包人应在确认该事件发生后，按合同约定向发包人发出索赔通知。发包人在收到最终索赔报告后并在合同约定时间内，未向承包人作出答复，视为该项索赔已经认可。承包人索赔按下列程序处理：

1)承包人在合同约定的时间内向发包人递交费用索赔意向通知书；

2)发包人指定专人收集与索赔有关的资料；

3)承包人在合同约定的时间内向发包人递交费用索赔申请表；

4)发包人指定的专人初步审查费用索赔申请表,符合索赔条件时予以受理；

5)发包人指定的专人进行费用索赔核对,经造价工程师复核索赔金额后,与承包人协商确定并由发包人批准；

6)发包人指定的专人应在合同约定的时间内签署费用索赔审批表,并可要求承包人提交有关索赔的进一步详细资料。

若承包人的费用索赔与工程延期索赔要求相关联时,发包人在作出费用索赔的批准决定时,应结合工程延期的批准,综合作出费用索赔和工程延期的决定。发、承包双方确认的索赔费用与工程进度款同期支付。

(2)发包人索赔的处理

若发包人认为由于承包人的原因造成额外损失,发包人应在确认引起索赔的事件后,按合同约定向承包人发出索赔通知。承包人在收到发包人索赔通知后并在合同约定时间内,未向发包人作出答复,视为该项索赔已经认可。

当合同中对此未作具体约定时,按以下规定办理：

1)发包人应在确认引起索赔的事件发生后 28 天内向承包人发出索赔通知,否则,承包人免除该索赔的全部责任。

2)承包人在收到发包人索赔报告后的 28 天内,应作出回应,表示同意或不同意并附具体意见,如在收到索赔报告后的 28 天内,未向发包人作出答复,视为该项索赔报告已经认可。

3. 索赔的计算方法

(1)索赔费用的组成

索赔费用的组成与建筑安装工程造价的组成相似,一般包括以下几个方面：

1)人工费。包括增加工作内容的人工费、停工损失费和工作效率降低的损失费等累计,其中增加工作内容的人工费应按照计日工费计算,而停工损失费和工作效率降低的损失费按窝工费计算,窝工费的标准双方应在合同中约定。

2)设备费。可采用机械台班费、机械折旧费、设备租赁费等几种形式。当工作内容增加引起的设备费索赔时,设备费的标准按照机械台班费计算。因窝工引起的设备费索赔,当施工机械属于施工企业自有时,按照机械折旧费计算索赔费用;当施工机械是施工企业从外部租赁时,索赔费用的标准按照设备租赁费计算。

3)材料费。包括索赔事件引起的材料用量增加、材料价格大幅度上涨、非承包人原因造成的工期延误而引起的材料价格上涨和材料超期存储费用。

4)管理费。此项又可分为现场管理费和企业管理费两部分,由于二者的计算方法不一样,所以在审核过程中应区别对待。

5)利润。对工程范围、工作内容变更等引起的索赔,承包人可按原报价单中的利润百分率计算利润。

6)迟延付款利息。发包人未按约定时间进行付款的,应按银行同期贷款利率支付迟延付款的利息。

(2)索赔费用的计算方法

索赔费用的计算方法主要有实际费用法、总费用法和修正总费用法。

1)实际费用法

实际费用法是工程索赔时最常用的一种方法。该方法是按照各索赔事件所引起损失的费用项目分别分析计算索赔值，然后将各个项目的索赔值汇总，即可得到总索赔费用值。这种方法以承包商为某项索赔工作所支付的实际开支为根据，但仅限于由于索赔事件引起的、超过原计划的费用，故也称额外成本法。在这种计算方法中，需要注意的是不要遗漏费用项目。

2)总费用法

即发生了多起索赔事件后，重新计算该工程的实际费用，再减去原合同价，其差额即为承包人索赔的费用。计算公式为：

$$\text{索赔金额}=\text{实际总费用}-\text{投标报价估算费用} \tag{5-23}$$

但这种方法对业主不利，因为实际发生的总费用中可能有承包人的施工组织不合理因素；承包人在投标报价时为竞争中标而压低报价，中标后通过索赔可以得到补偿。所以这种方法只有在难以采用实际费用法时采用。

3)修正总费用法

即在总费用计算的原则上，去掉一些不合理的因素，使其更合理。修正的内容包括：

①将计算索赔款的时段局限于受到外界影响的时间，而不是整个施工期；

②只计算受到影响时段内的某项工作所受影响的损失，而不是计算该时段内所有施工工作所受的损失；

③对投标报价费用重新进行核算，按受影响时段内该项工作的实际单价进行核算，乘以完成的该项工作的工程量，得出调整后的报价费用。

按修正后的总费用计算索赔金额的公式为：

$$\text{索赔金额}=\text{某项工作调整后的实际总费用}-\text{该项工作的报价费用} \tag{5-24}$$

5.4.2　现场签证的方法

现场签证，是指发、承包双方现场代表(或其委托人)就施工过程中涉及的责任事件所作的签认证明。

1. 现场签证的范围

现场签证的范围一般包括：

(1)适用于施工合同范围以外零星工程的确认；

(2)在工程施工过程中发生变更后需要现场确认的工程量；

(3)非施工单位原因导致的人工、设备窝工及有关损失；

(4)符合施工合同规定的非施工单位原因引起的工程量或费用增减；

(5)确认修改施工方案引起的工程量或费用增减；

(6)工程变更导致的工程施工措施费增减等。

2. 现场签证的程序

承包人应发包人要求完成合同以外的零星工作或非承包人责任事件发生时，承包人应按合同约定及时向发包人提出现场签证。当合同对现场签证未作具体约定时，按照《建设工程价款结算暂行办法》的规定处理。

(1)承包人应在接受发包人要求的 7 天内向发包人提出签证，发包人签证后施工。若没有相应的计日工单价，签证中还应包括用工数量和单价、机械台班数量和单价、使用材料品种及数量和单价等。若发包人未签证同意，承包人施工后发生争议的，责任由承包人自负。

(2)发包人应在收到承包人的签证报告 48 小时内给予确认或提出修改意见，否则视为该签证报告已经认可。

(3)发、承包双方确认的现场签证费用与工程进度款同期支付。

3. 现场签证费用的计算

现场签证费用的计价方式包括两种：第一种是完成合同以外的零星工作时，按计日工作单价计算。此时提交现场签证费用申请时，应包括下列证明材料：

(1)工作名称、内容和数量；

(2)投入该工作所有人员的姓名、工种、级别和耗用工时；

(3)投入该工作的材料类别和数量；

(4)投入该工作的施工设备型号、台数和耗用台时；

(5)监理人要求提交的其他资料和凭证。

第二种是完成其他非承包人责任引起的事件，应按合同中的约定计算。

5.5 工程价款调整与竣工结算

5.5.1 工程价款调整的规定

1. 招标工程以投标截止日前 28 天，非招标工程以合同签订前 28 天为基准日，其后国家的法律、法规、规章和政策发生变化影响工程造价的，应按省级或行业建设行政主管部门或其授权的工程造价管理机构发布的规定调整合同价款。

2. 若施工中出现施工图纸(含设计变更)与工程量清单项目特征描述不符的，发、承包双方应按新的项目特征确定相应工程量清单项目的综合单价。

3. 因分部分项工程量清单漏项或非承包人原因的工程变更，造成增加新的工程量清单项目，其对应的综合单价按下列方法确定：

(1)合同中已有适用的综合单价，按合同中已有的综合单价确定；

(2)合同中有类似的综合单价，参照类似的综合单价确定；

(3)合同中没有适用或类似的综合单价，由承包人提出综合单价，经发包人确认后执行。

4. 因分部分项工程量清单漏项或非承包人原因的工程变更，引起措施项目发生变化，造成施工组织设计或施工方案变更，原措施费中已有的措施项目，按原措施费的组价方法调整；原措施费中没有的措施项目，由承包人根据措施项目变更情况，提出适当的措施费变更，经发包人确认后调整。

5. 因非承包人原因引起的工程量增减，该项工程量变化在合同约定幅度以内的，应执行原有的综合单价；该项工程量变化在合同约定幅度以外的，其综合单价及措施项目费应予以调整。若合同未作约定，按以下原则办理：

(1)当工程量清单项目工程量的变化幅度在 10%以内时，其综合单价不作调整，执行原有综合单价。

(2)当工程量清单项目工程量的变化幅度在 10%以外，且其影响分部分项工程费超过 0.1%时，其综合单价以及对应的措施费(如有)均应作调整。调整的方法是由承包人对增加的工程量或减少后剩余的工程量提出新的综合单价和措施项目费，经发包人确认后调整。

6. 若施工期内市场价格波动超出一定幅度，应按合同约定调整工程价款；合同没有约定或约定不明确的，应按省级或行业建设主管部门或其授权的工程造价管理机构的规定调整。

7. 因不可抗力事件导致的费用，发、承包双方应按以下原则分别承担并调整工程价款：

(1)工程本身的损害、因工程损害导致第三方人员伤亡和财产损失以及运至施工场地用于施工的材料和待安装的设备的损害，由发包人承担；

(2)发包人、承包人人员伤亡由其所在单位负责，并承担相应费用；

(3)承包人的施工机械设备损坏及停工损失，由承包人承担；

(4)停工期间，承包人应发包人要求留在施工场地的必要的管理人员及保卫人员的费用，由发包人承担；

(5)工程所需清理、修复费用，由发包人承担。

8. 工程价款调整报告应由受益方在合同约定时间内向合同的另一方提出，经对方确认后调整合同价款。受益方未在合同约定时间内提出工程价款调整报告的，视为不涉及合同价款的调整。收到工程价款调整报告的一方应在合同约定时间内确认或提出协商意见，否则，视为工程价款调整报告已经确认。

9. 经发、承包双方确定调整的工程价款，作为追加(减)合同价款与工程进度款同期支付。

【例 5-4】某独立土方工程，招标文件中估计工程量为 100 万 m^3。合同规定：土方工程单价为 5 元/m^3，当实际工程量超过估计工程量 15%时，调整单价，单价调为 4 元/m^3。工程结束时实际完成土方工程量为 130 万 m^3，则土方工程款为多少万元？

解：合同约定范围内(15%以内)的工程款为：

$$100\times(1+15\%)\times5=115\times5=575(\text{万元})$$

超过 15%之后部分工程量的工程款为：

$$(130-115)\times4=60(\text{万元})$$

则土方工程款合计＝575＋60＝635(万元)。

5.5.2　工程变更价款的确定方法

建设工程项目建设的周期长，涉及的关系复杂，受自然条件和客观因素的影响大，导致项目的实际施工情况与招标投标时的情况相比往往会有一些变化，出现工程变更。工程变更包括工程量变更、工程项目的变更(如发包人提出增加或者删减原项目内容)、进度计划的变更、施工条件的变更等。如果按照变更的起因划分,变更的种类有很多,如:发包人的变更指令(包括发包人对工程有了新的要求、发包人修改项目计划、发包人削减预算、发包人对项目进度有了新的要求等);由于设计错误,必须对设计图纸作修改;工程环境变化;由于产生了新的技术和知识,有必要改变原设计、实施方案或实施计划;法律法规或者政府对建设工程项目有了新的要求等。

1. 工程变更的程序

(1)发包人对原设计进行变更。施工中发包人如果需要对原工程设计进行变更,应提前14天以书面形式向承包人发出变更通知。承包人对于发包人的变更通知没有拒绝的权利,这是合同赋予发包人的一项权利。因为发包人是工程的出资人、所有人和管理者,对将来工程的运行承担主要的责任,只有赋予发包人这样的权利才能减少更大的损失。但是,变更超过原设计标准或批准的建设规模时,发包人应报规划管理部门和其他有关部门重新审查批准,并由原设计单位提供变更的相应图纸和说明。承包人按照工程师发出的变更通知及有关要求变更。

(2)承包人原因对原设计进行变更。施工中承包人不得为了施工方便而要求对原工程设计进行变更,承包人应当严格按照图纸施工,不得随意变更设计。施工中承包人提出的合理化建议涉及对设计图纸或者施工组织设计的更改及对原材料、设备的更换,须经工程师同意。工程师同意变更后,也须经原规划管理部门和其他有关部门审查批准,并由原设计单位提供变更的相应图纸和说明。

未经工程师同意承包人擅自更改或换用,承包人应承担由此发生的费用,并赔偿发包人的有关损失,延误的工期不予顺延。工程师同意采用承包人的合理化建议,所发生费用和获得收益的分担或分享,由发包人和承包人另行约定。

(3)其他变更。从合同角度看,除设计变更外,其他能够导致合同内容变更的都属于其他变更,如双方对工程质量要求的变化(如涉及强制性标准的变化)、双方对工期要求的变化、施工条件和环境的变化导致施工机械和材料的变化等。这些变更的程序,首先应当由一方提出,与对方协商一致后,方可进行变更。

2. 工程变更价款的确定程序

(1)承包人在工程变更确定后14天内,可提出变更涉及的追加合同价款要求的报告,经工程师确认后相应调整合同价款。如果承包人在双方确定变更后的14天内,未向工程师提出变更工程价款的报告,视为该项变更不涉及合同价款的调整。

(2)工程师应在收到承包人的变更合同价款报告后14天内,对承包人的要求予以确认或作出其他答复。工程师无正当理由不确认或答复时,自承包人的报告送达之日起14天后,视为变更价款报告已被确认。

(3)工程师确认增加的工程变更价款作为追加合同价款,与工程进度款同期支付。工程师不同意承包人提出的变更价款,按合同约定的争议条款处理。

因承包人自身原因导致的工程变更,承包人无权要求追加合同价款。如由于承包人原因实际施工进度滞后于计划进度,某工程部位的施工与其他承包人的施工发生干扰,工程师发布指示改变了他的施工时间和顺序导致施工成本的增加或效率降低,承包人无权要求补偿。

3. 工程变更价款的确定方法

工程变更价款的确定按照下列方法进行：

(1)合同中已有适用于变更工程的价格，按合同已有的价格变更合同价款；

(2)合同中只有类似于变更工程的价格，可以参照类似价格变更合同价款；

(3)合同中没有适用或类似于变更工程的价格，由承包人或发包人提出适当的变更价格，经对方确认后执行。

如双方不能达成一致意见，双方可提请工程所在地工程造价管理机构进行咨询或按合同约定的争议或纠纷解决程序办理。因此，在变更后合同价款的确定上，首先应当考虑使用合同中已有的、能够适用或者能够参照适用的，其原因在于在合同中已经订立的价格(一般是通过招标投标)是较为公平合理的，因此应当尽量采用。

采用合同中工程量清单的单价或价格有几种情况：一是直接套用，即从工程量清单上直接拿来使用；二是间接套用，即依据工程量清单，通过换算后采用；三是部分套用，即依据工程量清单，取其价格中的其一部分使用。

5.5.3　工程价款中的价差调整方法

工程建设项目中合同周期较长，经常要受到物价浮动等多种因素的影响，其中主要是人工费、材料费、施工机械费、运费等的动态影响。因此应把多种动态因素纳入到工程价款结算过程中加以计算，对工程价款进行调整，使其能够反映工程项目的实际消耗费用。发、承包双方应在合同中明确价格调整的范围、承包人承担的价差波动幅度以及价格调整的方法。对物价波动引起的价格调整，通常有如下几种方法：

1. 按实际价格调整法

在我国，由于建筑材料需市场采购的范围大，有些地区规定对钢材、木材、水泥三大材的价格采取按实际价格结算的办法。工程承包人可凭发票按实报销。这种方法方便。但由于是实报实销，因而承包人对降低成本不感兴趣，为了避免副作用，造价管理部门要定期公布最高结算限价，同时合同文件中应规定建设单位或监理工程师有权要求承包人选择更廉价的供应来源。

2. 按工程造价指数调整法

这种方法是发、承包双方采用合同签订时的预算(或概算)定额单价计算出承包合同价，待竣工时，根据合理的工期及当地工程造价管理部门所公布的该月度(或季度)的工程造价指数，对原承包合同价予以调整，重点调整那些由于人工费、材料费、施工机械费等费用上涨及工程变更因素造成的价差。

3. 采用造价信息调整价格差额法

施工期内，因人工、材料、设备和机械台班价格波动影响合同价格时，人工、机械使用费按照国家或省、自治区、直辖市建设行政管理部门、行业建设管理部门或其授权的工程造价管理机构发布的人工成本信息、机械台班单价或机械使用费系数进行调整。需要进行价格调整的材料，其单价和采购数量应由监理人复核，监理人确认需调整的材料单价及数量，作为调整工程合同价格差额的依据。该方法适用于使用的材料品种较多，相对而言，每种材料使用量较小的房屋建筑与装饰工程等。

4. 调值公式法

《标准施工招标文件》中的通用合同条款约定，可按以下公式计算差额并调整合同价格：

$$\Delta P=P_0[A+(B_1\times\frac{F_{t1}}{F_{01}}+B_2\times\frac{F_{t2}}{F_{02}}+B_3\times\frac{F_{t3}}{F_{03}}+\cdots B_n\times\frac{F_{tn}}{F_{0n}})-1] \qquad (5\text{-}25)$$

式中，ΔP—需调整的价格差额。

P_0—约定的付款证书中承包人应得到的已完成工程量的金额，此项金额应不包括价格调整，不计质量保证金扣留和支付、预付款的支付和扣回；约定的变更及其他金额已按现行价格计价的，也不计在内。

A—不调价部分的权重。

$B_1,B_2,B_3,\cdots,B_n$—各可调因子的权重，为各可调因子在投标函投标总报价中所占的比例。

$F_{t1},F_{t2},F_{t3},\cdots,F_{tn}$—各可调因子的现行价格指数，指约定的付款证书相关周期最后一天的前 42 天的各可调因子的价格指数。

$F_{01},F_{02},F_{03},\cdots,F_{0n}$—各可调因子的基本价格指数，指基准日期的各可调因子的价格指数。

以上价格调整公式中的各可调因子和不可调因子的权重，以及基本价格指数及其来源在投标函附录价格指数和权重表中约定。价格指数应首先采用有关部门提供的价格指数，缺乏上述价格指数时，可采用有关部门提供的价格代替。

采用上述价格指数调整价格差额时应注意以下事项：

(1)暂时确定调整差额。在计算调整差额时得不到现行价格指数的，可暂用上一次价格指数计算，并在以后的付款中再按实际价格指数进行调整。

(2)权重的调整。约定的变更导致原定合同中的权重不合理时，由监理人与承包人及发包人协商后进行调整。

(3)承包人工期延误后的价格调整。由于承包人原因未在约定的工期内竣工的，则对原约定竣工日期后继续施工的工程，在使用价格调整公式时，应采用原约定竣工日期与实际竣工日期的两个价格指数中较低的一个作为现行价格指数。

该方法适用于使用的材料品种较少，但每种材料使用量较大的土木工程，如公路、水坝等工程。

【例 5-5】某工程合同总价为 1000 万元。其组成为：土方工程费 100 万元，占 10%；砌体工程费 400 万元，占 40%；钢筋混凝土工程费 500 万元，占 50%。这 3 个组成部分的人工费和材料费占工程价款 85%，人工材料费中各项费用比例如下：

(1)土方工程：人工费 50%，机具折旧费 26%，柴油 24%。

(2)砌体工程：人工费 53%，钢材 5%，水泥 20%，骨料 5%，空心砖 12%，柴油 5%。

(3)钢筋混凝土工程：人工费 53%，钢材 22%，水泥 10%，骨料 7%，木材 4%，柴油 4%。

假定该合同的基准日期为 2010 年 1 月 4 日，2010 年 9 月完成的工程价款占合同总价的 10%，有关月报的工资、材料物价指数如表 5-4 所示(注：$F_{t1},F_{t2},F_{t3}\cdots F_{tn}$ 等应采用 8 月份的物价指数)。求 2010 年 9 月实际价款的变化值。

表 5-4　工资、物价指数表

费用名称	代号	2010 年 1 月指数	代号	2010 年 8 月指数
人工费	F_{01}	100.0	F_{t1}	116.0
钢材	F_{02}	153.4	F_{t2}	187.6
水泥	F_{03}	154.8	F_{t3}	175.0
骨料	F_{04}	132.6	F_{t4}	169.3
柴油	F_{05}	178.3	F_{t5}	192.8
机具折旧	F_{06}	154.4	F_{t6}	162.5
空心砖	F_{07}	160.1	F_{t7}	162.0
木材	F_{08}	142.7	F_{t8}	159.5

解:该工程其他费用,即不调值的费用占工程价款的 15%,计算出各项参加调值的费用占工程价款的比例如下:

人工费:(50%×10%+53%×40%+53%×50%)×85%≈45%

钢材:(5%×40%+22%×50%)×85%≈11%

水泥:(20%×40%+10%×50%)×85%≈11%

骨料:(5%×40%+7%×50%)×85%≈5%

柴油:(24%×10%+5%×40%+4%×50%)×85%≈5%

机具折旧:26%×10%×85%≈2%

空心砖:12%×40%×85%≈4%

木材:4%×50%×85%≈2%

不调值费用占工程价款的比例为:15%

根据公式(5-25),得

$$\Delta P = 10\% \times 1000[0.15 + (0.45 \times 116/100 + 0.11 \times 187.6/153.4 + 0.11 \times 175.0/154.8 + 0.05 \times 169.3/132.6 + 0.05 \times 192.8/178.3 + 0.02 \times 162.5/154.4 + 0.04 \times 162.0/160.1 + 0.02 \times 159.5/142.7) - 1]$$
$$= 10.33(\text{万元})$$

5.5.4　竣工结算的概念

竣工结算是指建设工程项目完工并经验收合格后,对所完成的项目进行的全面工程结算。工程完工后,发、承包双方应在合同约定时间内办理工程竣工结算。工程竣工结算由承包人或受其委托具有相应资质的工程造价咨询人编制,由发包人或受其委托具有相应资质的工程造价咨询人核对。

5.5.5 竣工结算的程序

1. 承包人递交竣工结算书

承包人应在合同约定时间内编制完成竣工结算书，并在提交竣工验收报告的同时递交给发包人。承包人未在合同约定时间内递交竣工结算书，经发包人催促后仍未提供或没有明确答复的，发包人可以根据已有资料办理结算。

2. 发包人进行结算审核

发包人在收到承包人递交的竣工结算书后，应按合同约定时间核对。合同中对核对时间没有约定或约定不明的，根据《建设工程价款结算暂行办法》规定，按表5-5中的时间进行核对并提出核对意见。

表5-5 工程竣工结算核对时间表

	工程竣工结算书金额	核对时间
1	500万元以下	从接到竣工结算书之日起20天
2	500万～2000万元	从接到竣工结算书之日起30天
3	2000万～5000万元	从接到竣工结算书之日起45天
4	5000万元以上	从接到竣工结算书之日起60天

发包人或受其委托的工程造价咨询人收到承包人递交的竣工结算书后，在合同约定时间内，不核对竣工结算或未提出核对意见的，视为承包人递交的竣工结算书已经认可，发包人应向承包人支付工程结算价款。

承包人在接到发包人提出的审对意见后，在合同约定时间内，不确认也未提出异议的，视为发包人提出的审对意见已经认可。竣工结算办理完毕，发包人应将工程竣工结算书报送工程所在地造价管理机构备案。竣工结算书作为工程竣工验收备案、交付使用的必备文件。

同一工程竣工结算核对完成，发、承包双方签字确认后，禁止发包人又要求承包人与另一个或多个工程造价咨询人重复核对竣工结算。

3. 工程竣工结算价款的支付

竣工结算办理完毕，发包人应根据确认的竣工结算书在合同约定时间内向承包人支付工程竣工结算价款。

发包人未在合同约定时间内向承包人支付工程结算价款的，承包人可催告发包人支付结算价款。如达成延期支付协议的，发包人应按同期银行同类贷款利率支付拖欠工程价款的利息。如未达成延期支付协议的，承包人可以与发包人协商将该工程折价，或申请人民法院将该工程依法拍卖，承包人就改该工程折价或拍卖的价款优先受偿。

5.5.6 竣工结算的依据

结合《建设工程工程量清单计价规范》(GB50500-2008)和《建设项目工程结算编审规

程》CECA/GC3-2007 的规定，工程竣工结算的主要依据有：

1. 国家有关法律、法规、规章制度和相关的司法解释；

2.《建设工程工程量清单计价规范》(GB50500-2008)；

3. 施工承发包合同、专业分包合同及补充合同，有关材料、设备采购合同；

4. 招标文件(包括招标答疑文件)、投标文件、中标报价书等；

5. 工程竣工图纸、施工图、施工图会审记录，经批准的施工组织设计，以及设计变更、工程洽商和相关会议纪要；

6. 经批准的开、竣工报告或停、复工报告；

7. 双方确认的工程量；

8. 双方确认追加(减)的工程价款；

9. 双方确认的索赔、现场签证事项及价款；

10. 其他依据。

5.5.7　竣工结算的编制

1. 竣工结算的编制方法

竣工结算的编制应区分合同类型，采用相应的编制方案。

(1)采用总价合同的，应在合同价基础上对设计变更、工程洽商以及工程索赔等合同约定可以调整的内容进行调整。

(2)采用单价合同的，应计算或核定竣工图或施工图以内的各个分部分项工程量，依据合同约定的方式确定分部分项工程项目价格，并对设计变更、工程洽商、施工措施以及工程索赔等内容进行调整。

(3)采用成本加酬金合同的，应依据合同约定的方法计算各个分部分项工程以及设计变更、工程洽商、施工措施等内容的工程成本，并计算酬金及有关税费。

2. 竣工结算的编制内容

采用工程量清单计价，竣工结算编制的主要内容有：

(1)工程项目的所有分部分项工程量，以及实施工程项目采用的措施项目工程量；为完成所有工程量并按规定计算的人工费、材料费、设备费、机械费、间接费、利润和税金。

(2)分部分项工程和措施项目以外的其他项目所需计算的各项费用。

(3)工程变更费用、索赔费用、合同约定的其他费用。

3. 竣工结算的计算方法

工程量清单计价法通常采用单价合同的合同计价方式，竣工结算的编制采取合同价加变更签证的方式进行。

$$\text{工程项目竣工结算价} = \sum \text{单项工程竣工结算价} \tag{5-26}$$

$$\text{单项工程竣工结算价} = \sum \text{单位工程竣工结算价} \tag{5-27}$$

$$\text{单位工程竣工结算价} = \text{分部分项工程费} + \text{措施费} + \text{其他项目费} + \text{规费} + \text{税金} \tag{5-28}$$

(1)分部分项工程费的计算

分部分项工程费应依据发、承包双方确认的工程量、合同约定的综合单价计算。如发生调整的,以发、承包双方确认调整的综合单价计算。

(2)措施项目费的计算

1)采用综合单价计价的措施项目,应依据发、承包双方确认的工程量和综合单价计算。如发生调整的,以发、承包双方确认调整的综合单价计算。

2)以"项"计价的措施项目,应依据合同约定的措施项目和金额或发、承包双方确认调整后的金额计算。

3)措施项目费中的安全文明施工费应按照国家或省级、行业建设主管部门的规定计算。如果施工过程中,相关规定进行了调整,安全文明施工费也应作相应调整。

(3)其他项目费用的计算

1)计日工应按发包人实际签证确认的事项计算。

2)暂估价中的材料单价应按发、承包双方最终确认价在综合单价中调整,专业工程暂估价应按中标价或发包人、承包人与分包人最终确认价计算。

3)总承包服务费应依据合同约定金额计算。如发生调整的,以发、承包双方确认调整的金额计算。

4)索赔费用应依据发、承包双方确认的索赔事项和金额计算。

5)现场签证费用应依据发、承包双方签证资料确认的金额计算。

6)暂列金额应减去工程价款调整与索赔、现场签证金额计算,如有余额归发包人,如有差额则由发包人补足并反映在相应项目的工程价款中。

(4)规费和税金的计算

规费和税金应按照国家或省级、行业建设主管部门规定的计取标准计算。

5.5.8 竣工结算的审查

1. 竣工结算的审查方法

竣工结算的审查应依据合同约定的结算方法进行,根据合同类型,采用不同的审查方法。

(1)采用总价合同的,应在合同价的基础上对设计变更、工程洽商以及工程索赔等合同约定可以调整的内容进行审查;

(2)采用单价合同的,应审查施工图以内的各个分部分项工程量,依据合同约定的方式审查分部分项工程价格,并对设计变更、工程洽商、工程索赔等调整内容进行审查;

(3)采用成本加酬金合同的,应依据合同约定的方法审查各个分部分项工程以及设计变更、工程洽商等内容的工程成本,并审查酬金及有关税费的取定。

除非已有约定,竣工结算应采用全面审查的方法,严禁采用抽样审查、重点审查、分析对比审查和经验审查的方法,避免审查疏漏现象发生。

2. 竣工结算的审查内容

(1)审查结算的递交程序和资料的完备性

1)审查结算资料的递交手续、程序的合法性,以及结算资料具有的法律效力;

2)审查结算资料的完整性、真实性和相符性。

(2)审查与结算有关的各项内容

1)建设工程发承包合同及其补充合同的合法性和有效性;

2)施工发承包合同范围以外调整的工程价款;

3)分部分项、措施项目、其他项目工程量及单价;

4)发包人单独分包工程项目的界面划分和总包人的配合费用;

5)工程变更、索赔、奖励及违约费用;

6)取费、税金、政策性调整以及材料差价计算;

7)实际施工工期与合同工期发生差异的原因和责任,以及对工程造价的影响程度;

8)其他涉及工程造价的内容。

5.6　工程计价争议处理

5.6.1　计价依据争议的处理

在工程计价中,对工程造价计价依据、办法以及相关政策规定发生争议事项的,由工程造价管理机构负责解释。

5.6.2　质量争议的处理

发包人以对工程质量有异议,拒绝办理工程竣工结算的,已竣工验收或已竣工未验收但实际投入使用的工程,其质量争议按该工程保修合同执行,竣工结算按合同约定办理;已竣工未验收且未实际投入使用的工程以及停工、停建工程的质量争议,双方应就有争议的部分委托有资质的检测鉴定机构进行检测,根据检测结果确定解决方案,或按工程质量监督机构的处理决定执行后办理竣工结算,无争议部分的竣工结算按合同约定办理。

5.6.3　争议的解决办法

《计价规范》中规定发、承包双方发生工程造价合同纠纷时,应通过下列办法解决:

(1)双方协商;

(2)提请调解,工程造价管理机构负责调解工程造价问题;

(3)按合同约定向仲裁机构申请仲裁或向人民法院起诉。

在合同纠纷案件处理中,需作工程造价鉴定的,应委托具有相应资质的工程造价咨询人进行。

1. 协商

协商是指争议双方的当事人直接进行接触、磋商,自行解决争议的一种方法。协商是一种省时省力又不伤和气的解决方式，在双方互相做出一定的让步的基础上，消除争议，达成和解，使问题得以快速解决。对于争议的处理应努力通过友好协商解决。

2. 调解

调解是指没有利益关系的第三方受当事人委托作为调解人，根据法律法规、规章、政策以及惯例等，就双方的争议问题给出客观、公正的解决意见。第三方可以为工程师、法律专家或工程造价机构。一般情况下可由争议双方形成书面材料，各自阐述自己的意见和理由，一同提交当地造价管理机构进行调解。用调解的方法解决争端，一般花费不大，解决问题也较快。但由于调解决定需要双方自愿履行，其约束力和强制性均较差。

3. 仲裁

仲裁是指通过仲裁组织，按照仲裁程序，由仲裁员对争议问题作出裁判。对于那些涉及金额巨大或者后果严重，双方均不愿作出较大让步，经过长时期反复地协商、调解仍无法解决的争端，或一方态度恶劣，无解决问题诚意的争议，可提请仲裁机构进行裁决。

根据仲裁法的有关规定，当事人采用仲裁方式解决纠纷，双方应自愿达成仲裁协议，没有仲裁协议的，仲裁委员会不予受理。

4. 诉讼

诉讼是指当事人依法请求人民法院行使审判权，审理双方之间发生的合同争议，作出由国家强制保证实现其合法权益，从而解决合同纠纷的审判活动。

诉讼不必以当事人的互相同意为依据，只要不存在有效的仲裁协议，任何一方都有权向管辖区的法院起诉。但当事人达成仲裁协议，选择由仲裁机构仲裁的，一方向人民法院起诉的，人民法院不再予受理。

5.6.4 竣工结算争议的处理流程

在竣工结算的审核上，双方会产生很多的分歧和争议，解决这些争议的一般流程如下：

1. 竣工结算办理过程中，对达不成共识的争议问题，审核人员应先进行整理，争议事项应取得被审核单位的认可。

2. 审核人员与被审核人员就争议事项各自发表意见，找出意见的分歧点，审核人员与被审核人员对争议金额的准确性进行核定，确定争议具体金额。

3. 双方应收集支持自己意见的相关资料，并进行整理。

4. 审核人员应将争议问题及双方的分歧意见进行汇报，集体讨论后确定争议问题的处理原则。

5. 审核人员根据确定的争议处理原则与被审核单位进行沟通协调，并将沟通协调结果进行汇报。

6. 如沟通协调不能达成共识，应召集相关单位部门就争议问题进行开会协调，会议上各方陈述自己的理由，形成一致意见。

7. 如协调会议依然不能达成一致意见，对相关问题可以进一步采取其他争议解决办法，如形成书面材料双方一同前往造价主管部门进行调解。

8. 调解不成，可以根据合同约定的处理方式进行仲裁或诉讼。

5.7　投标报价编制实例

××职业技术学院团委办公楼建筑面积为 196 m²，其主要使用功能为办公楼，二层框架结构，建筑高度为 6.85 m。根据建设方提供的土建施工图、工程量清单等一系列招标文件编制投标报价。

5.7.1　建筑及结构设计说明

1. 建筑室内外高差为 450 mm。

2. 一层办公室地面做法为：70 mm 厚碎石垫层，60 mm 厚 C15 砼垫层，600×600 陶瓷地砖面层(水泥砂浆粘结)。一层其他地面做法为：70 mm 厚碎石垫层，60 mm 厚 C15 砼垫层，20 mm 厚 1∶2 水泥砂浆面层。

3. 二层办公室楼面做法为 600×600 陶瓷地砖面层(水泥砂浆粘结)。二层其他楼面(含楼梯)做法为 20 mm 厚 1∶2 水泥砂浆面层。

4. 办公室采用缸砖踢脚板(水泥砂浆结合层)，其他房间(含楼梯)采用水泥砂浆面层踢脚板(底 12 mm 面 8 mm)，高度均为 150 mm。

5. 墙体均采用 M5 混合砂浆砌 600×200×200 加气砼砌块。

6. 外墙面采用 95×95 面砖饰面(10 灰缝，水泥砂浆粘结)，基层为 14 mm 厚 1∶3 水泥砂浆。

7. 内墙面采用中级抹灰，刷乳胶漆两遍。

8. 天棚面采用中级抹灰，刷乳胶漆两遍。

9. 走廊及屋面拦板采用 C20 砼，拦板内侧为 20 mm 厚 1∶2 水泥砂浆抹面。

10. 屋面做法为：20 mm 厚 1∶3 水泥砂浆找平层，3 mm 厚 SBS 改性沥青防水卷材(檐口弯起高度为 400 mm)，30 mm 厚挤塑板，40 mm 厚 C25 细石混凝土保护层。

11. 台阶采用 C20 砼，20 mm 厚 1∶2 水泥砂浆面层。

12. 散水采用 60 mm 厚 C20 砼，宽度为 600 mm。

13. 楼梯栏杆采用型钢栏杆、钢管扶手，高度为 900 mm，刷防锈漆一道、银粉漆两遍。

14. 门窗详门窗统计表，胶合板门刷调和漆两遍、磁漆一遍。

15. 过梁采用 C20 砼，高度为 200 mm，宽度同墙宽，每边伸入墙内 250 mm。

16. 基础垫层采用 C15 砼，屋面梁板采用 C30 砼，其他未说明强度等级的砼为 C25。

17. Ⅰ级钢筋为圆钢，Ⅱ级钢筋为螺纹钢，柱纵向钢筋采用电渣压力焊。

5.7.2　××职业技术学院团委办公楼土建施工图

建施 5 张，结施 9 张。

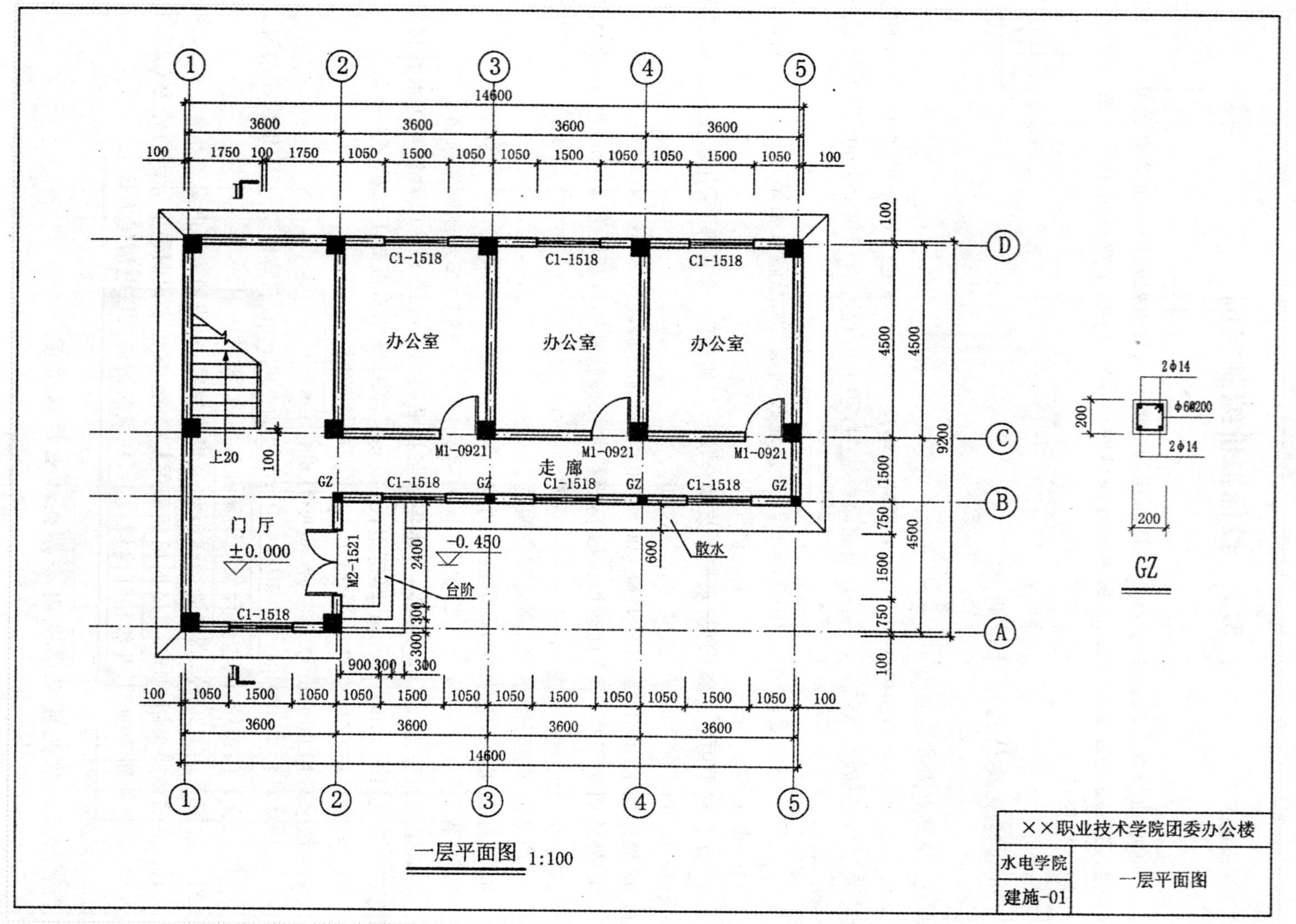
一层平面图 1:100
××职业技术学院团委办公楼
水电学院
一层平面图
建施-01
办公室
办公室
办公室
走廊
门厅
±0.000
-0.450
台阶
散水
上20
C1-1518
M1-0921
M2-1521
GZ
2Φ14
Φ6@200
200
14600
9200
3600
4500

C1-1518
1.600
办公室
办公室
3.200
办公室
3.200
3.150
M1-0921
走 廊
GZ
门 厅
9×300=2700
1700
14600
3600
1050
1500
100
4500
9200
750
3.150
φ6@250
φ6@200
980
3.200
2.900
φ8@150
φ6@150
现浇梁
1500
××职业技术学院团委办公楼
水电学院
建施-02
二层平面图

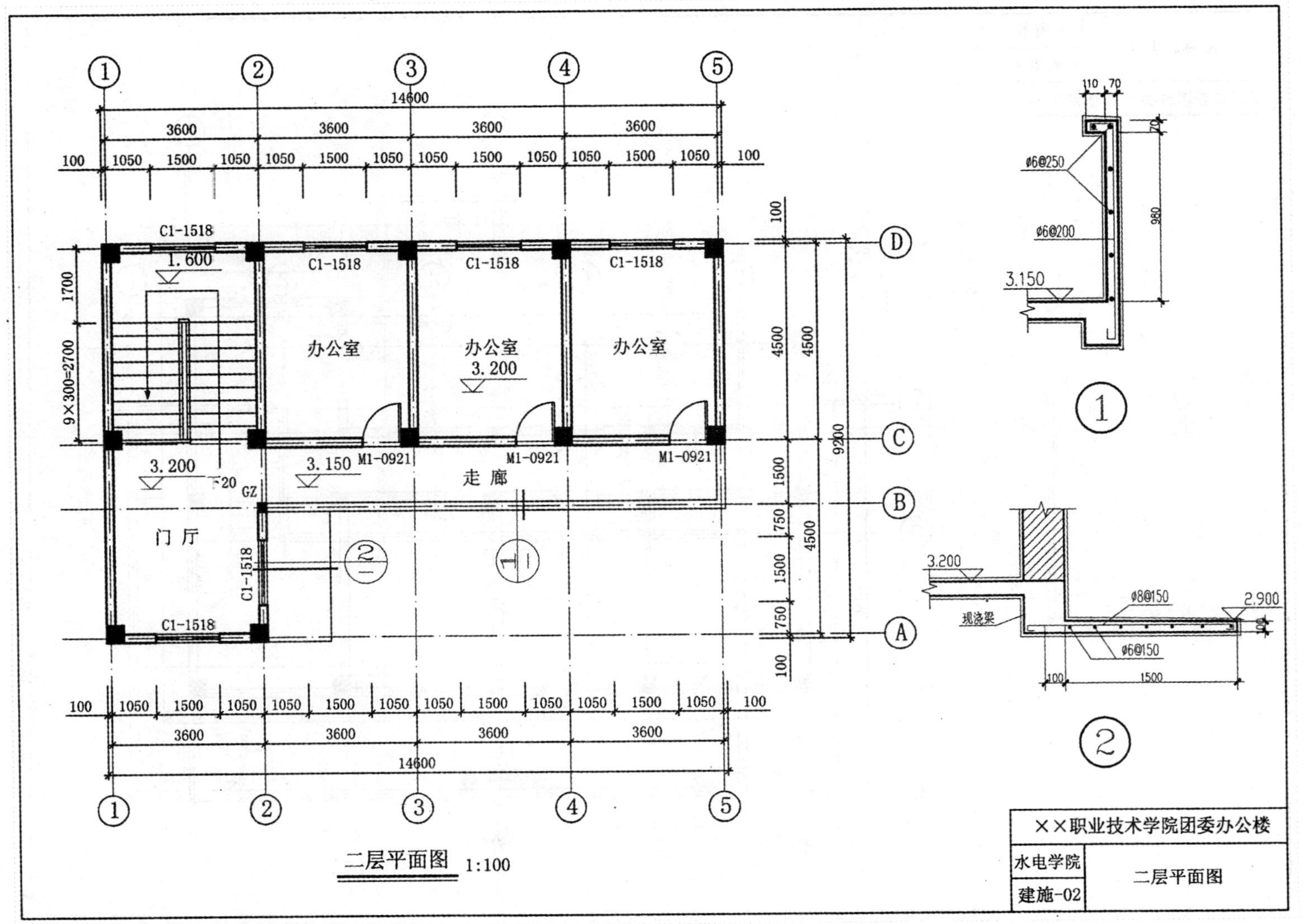

二层平面图 1:100

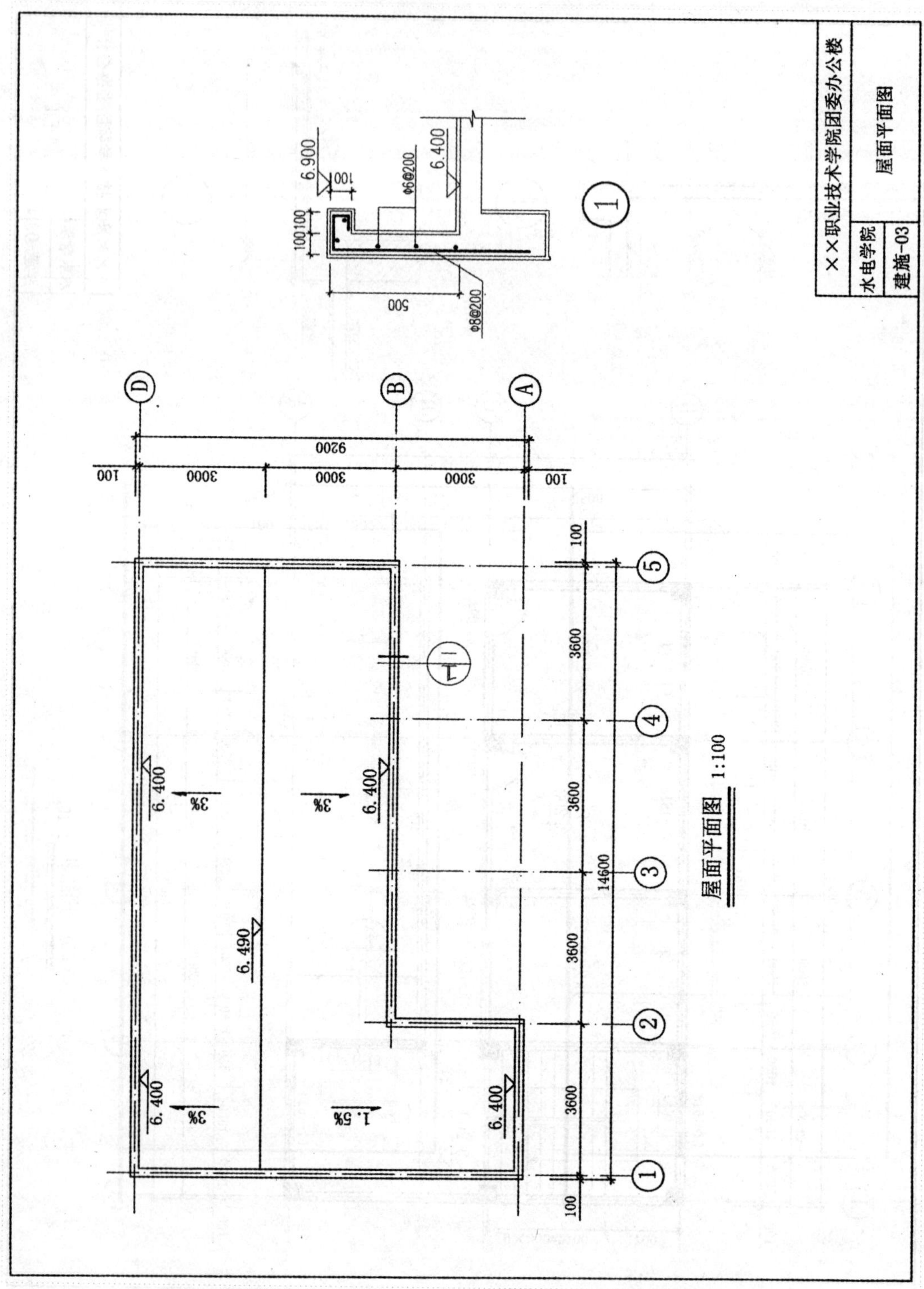
××职业技术学院团委办公楼
水电学院
屋面平面图
建施-03
屋面平面图 1:100
9200
3000
3000
3000
100
3600
3600
3600
3600
14600
6.400
6.490
3%
1.5%
500
6.900
φ6@200
φ8@200

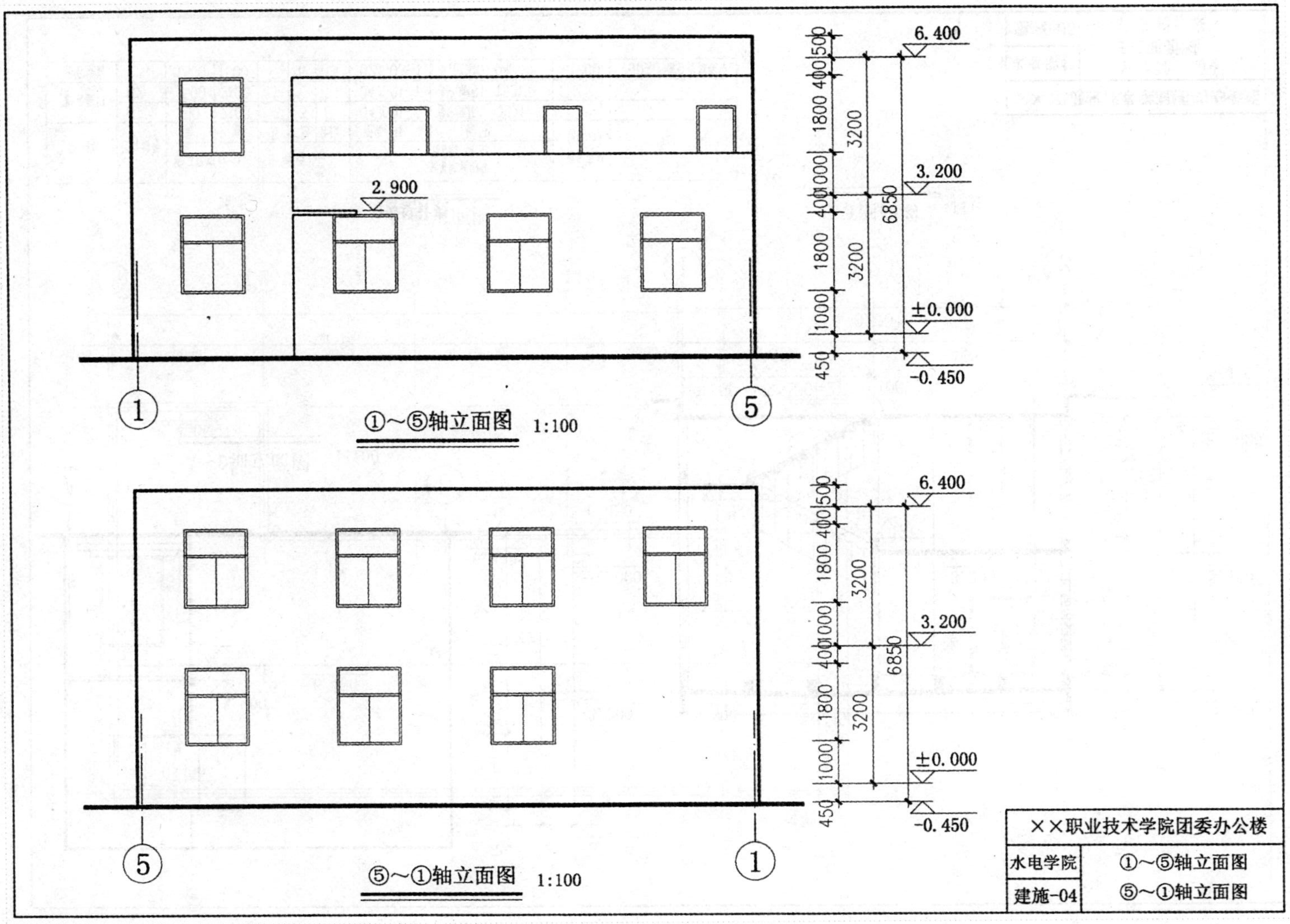
6.400
3.200
2.900
±0.000
-0.450
500
400
1800
1000
400
1800
1000
450
3200
3200
6850
①～⑤轴立面图　1:100
⑤～①轴立面图　1:100
××职业技术学院团委办公楼
水电学院
①～⑤轴立面图
建施-04
⑤～①轴立面图

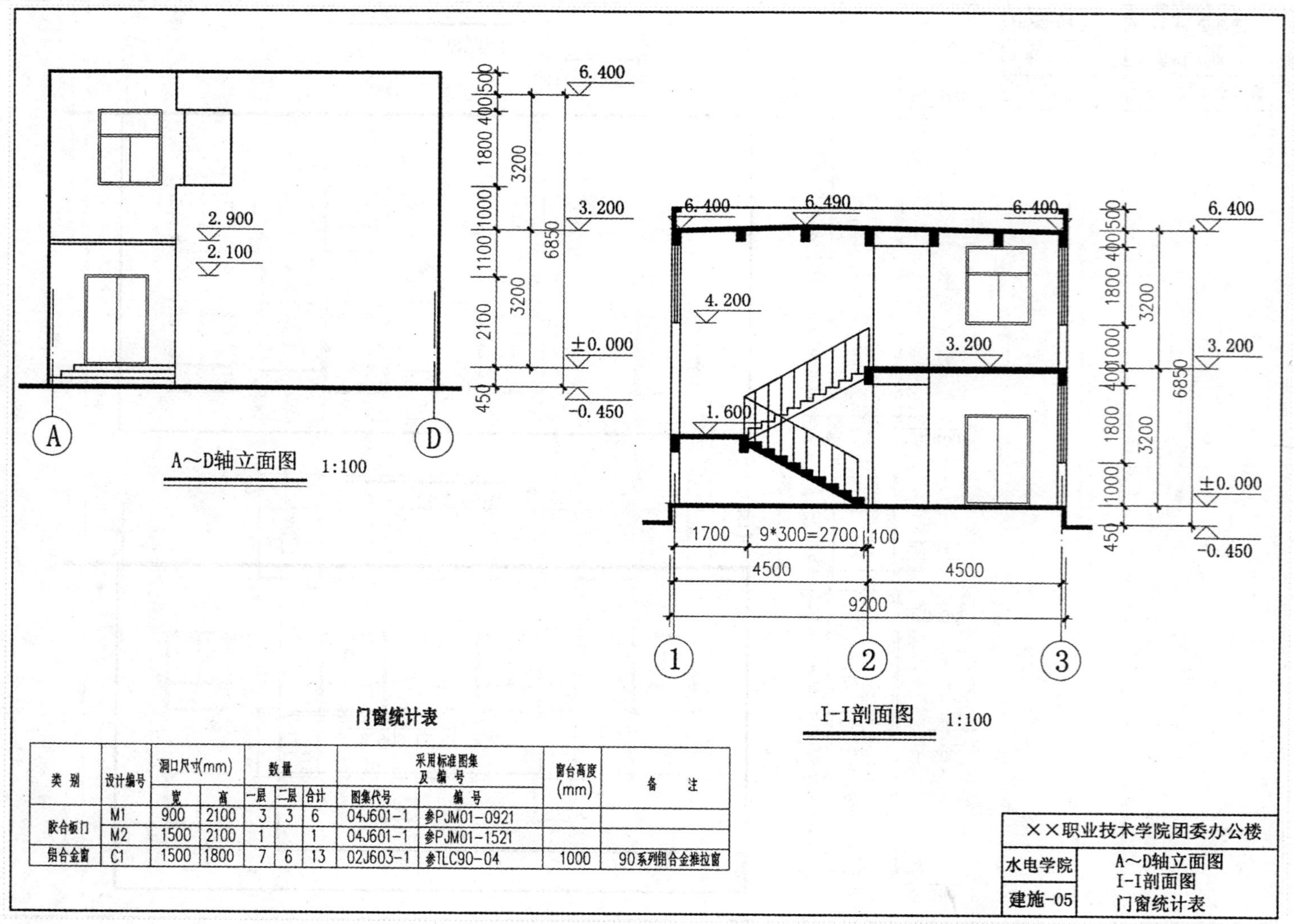

门窗统计表

类别	设计编号	洞口尺寸(mm) 宽	洞口尺寸(mm) 高	数量 一层	数量 二层	数量 合计	采用标准图集及编号 图集代号	采用标准图集及编号 编号	窗台高度(mm)	备注
胶合板门	M1	900	2100	3	3	6	04J601-1	参PJM01-0921		
	M2	1500	2100	1		1	04J601-1	参PJM01-1521		
铝合金窗	C1	1500	1800	7	6	13	02J603-1	参TLC90-04	1000	90系列铝合金推拉窗

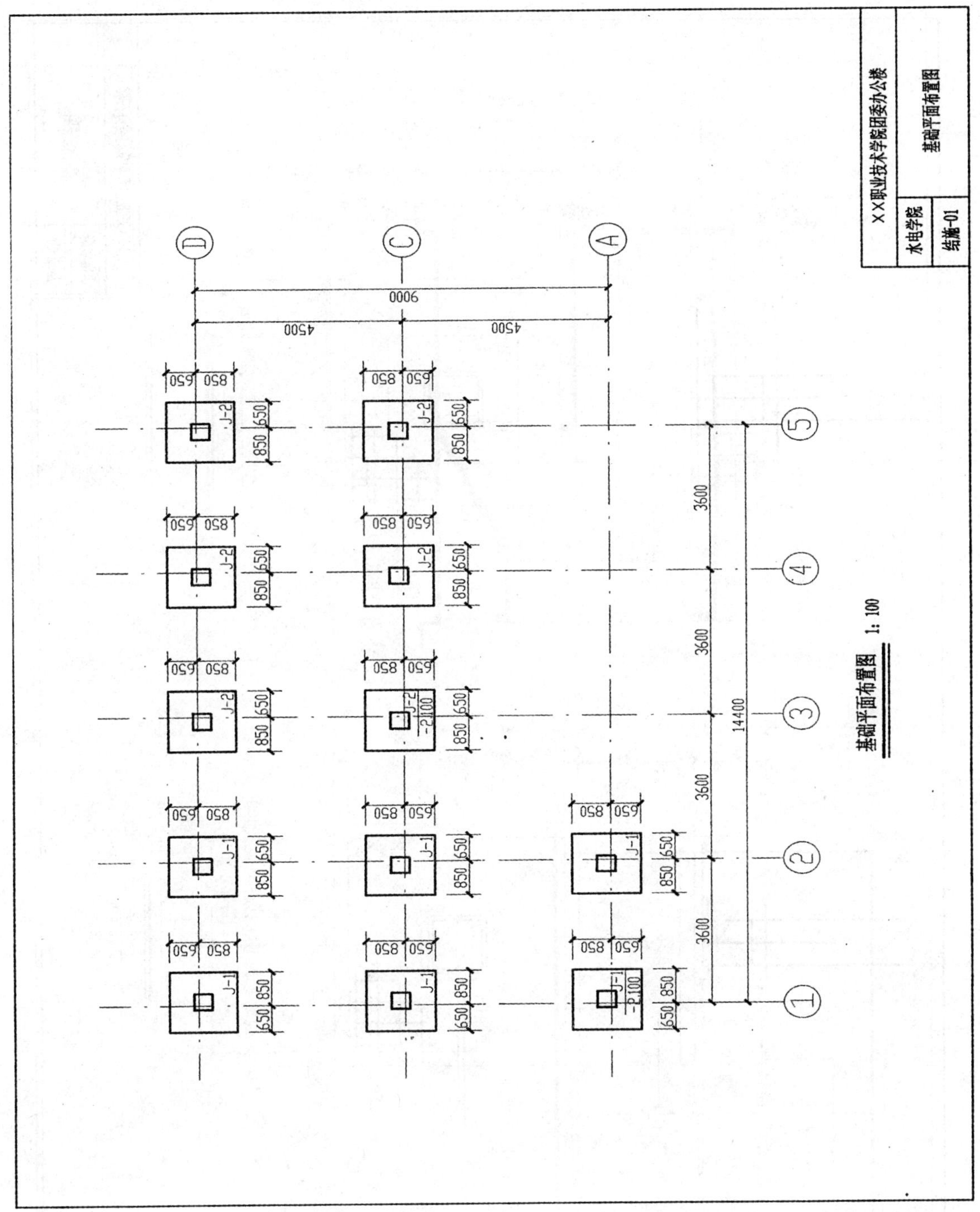
XX职业技术学院团委办公楼
水电学院
基础平面布置图
结施-01
基础平面布置图 1:100
9000
4500
4500
3600
3600
3600
3600
14400
J-1
J-2
-2.100
650
850

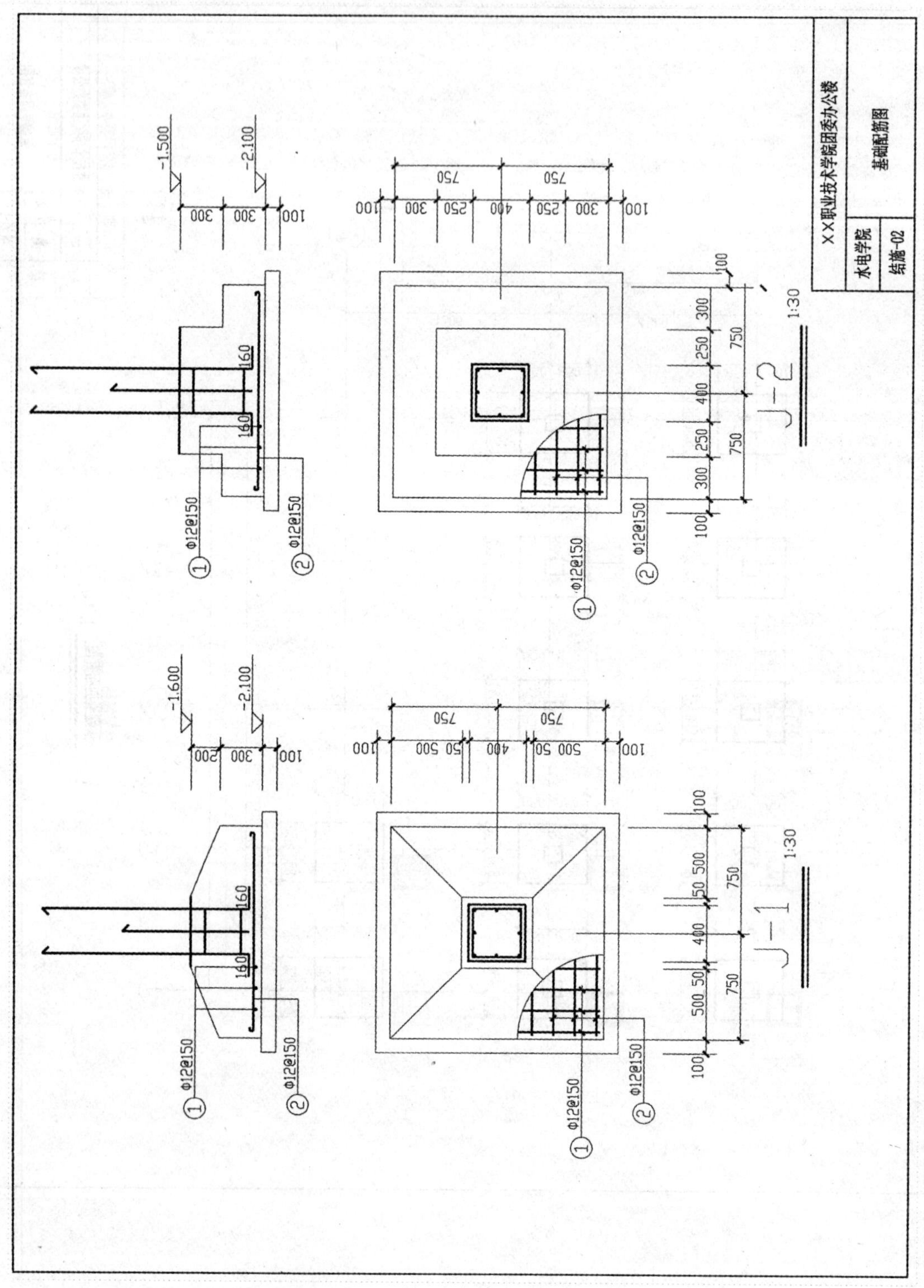
XX职业技术学院团委办公楼
水电学院
基础配筋图
结施-02
J-2 1:30
J-1 1:30
-1.500
-2.100
-1.600
-2.100
Φ12@150
Φ12@150
160
160
100
300
250
400
750

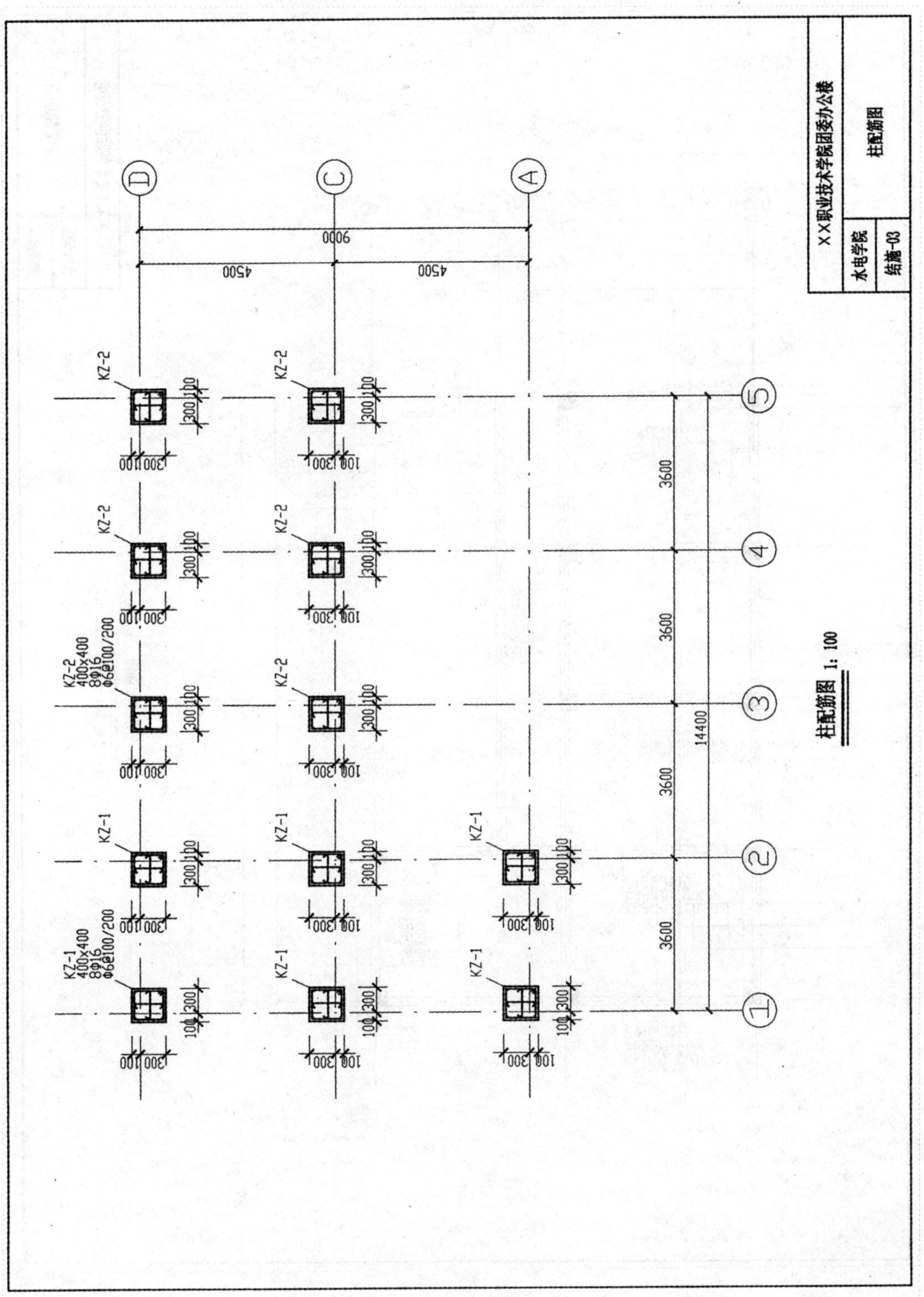
××职业技术学院团委办公楼
柱配筋图
水电学院
结施-03
柱配筋图 1:100
KZ-1
400×400
8Φ16
Φ6@100/200
KZ-2
400×400
8Φ16
Φ6@100/200
9000
4500
4500
3600
3600
3600
3600
14400

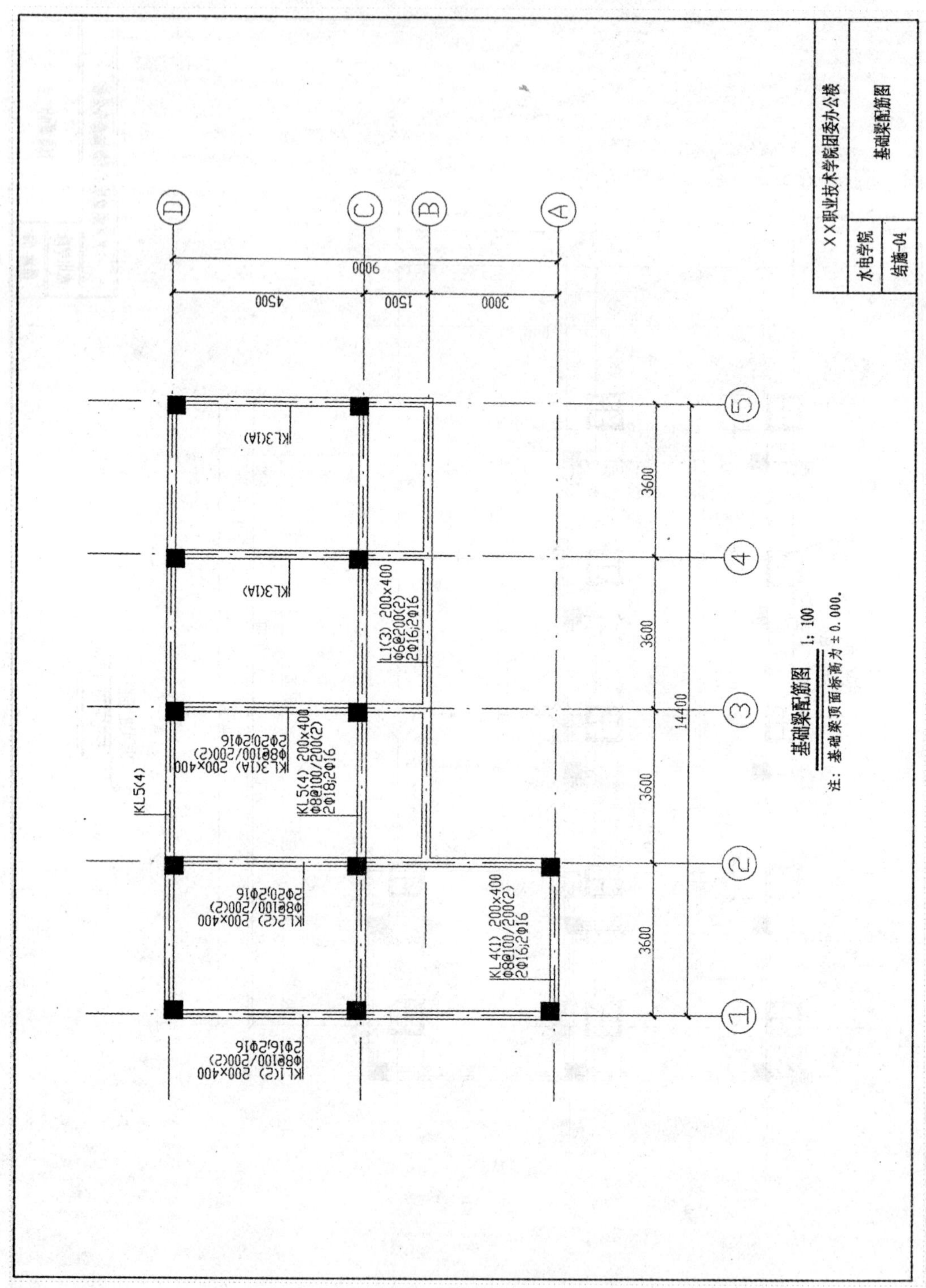
XX职业技术学院团委办公楼
基础梁配筋图
水电学院
结施-04
基础梁配筋图 1:100
注：基础梁顶面标高为±0.000.
9000
4500
1500
3000
3600
3600
3600
3600
14400
KL3(1A)
KL3(1A)
L1(3) 200×400
Φ6@200(2)
2Φ16;2Φ16
KL3(1A) 200×400
Φ8@100/200(2)
2Φ20;2Φ16
KL5(4) 200×400
Φ8@100/200(2)
2Φ18;2Φ16
KL5(4)
KL2(2) 200×400
Φ8@100/200(2)
2Φ20;2Φ16
KL4(1) 200×400
Φ8@100/200(2)
2Φ16;2Φ16
KL1(2) 200×400
Φ8@100/200(2)
2Φ16;2Φ16

XX职业技术学院团委办公楼
二层梁配筋图
水电学院
结施-05
A
B
C
D
1
2
3
4
5
9000
1500
1500
1500
1500
3000
3600
3600
3600
3600
14400
KL12(4) 200×400
Φ8@100/200(2)
2Φ14;2Φ14
KL11(4) 200×400
Φ8@100/200(2)
2Φ20;2Φ14
L3(3) 200×300
Φ6@150(2)
2Φ14;2Φ14
L3(3)
L2(3) 200×350
Φ6@200(2)
2Φ14;2Φ14
(-0.050)
KL10(1) 200×400
Φ8@100/200(2)
2Φ14;2Φ14
KL9(1A) 200×400
Φ8@100/200(2)
2Φ22
KL8(1A) 200×400
Φ8@100/200(2)
2Φ22
KL8(1A)
KL7(2) 200×400
Φ8@100/200(2)
2Φ20;2Φ16
KL6(2) 200×400
Φ8@100/200(2)
2Φ20
2Φ16
N2Φ12
2Φ14
(-0.050)
2Φ20
3Φ22
2Φ14
2Φ16

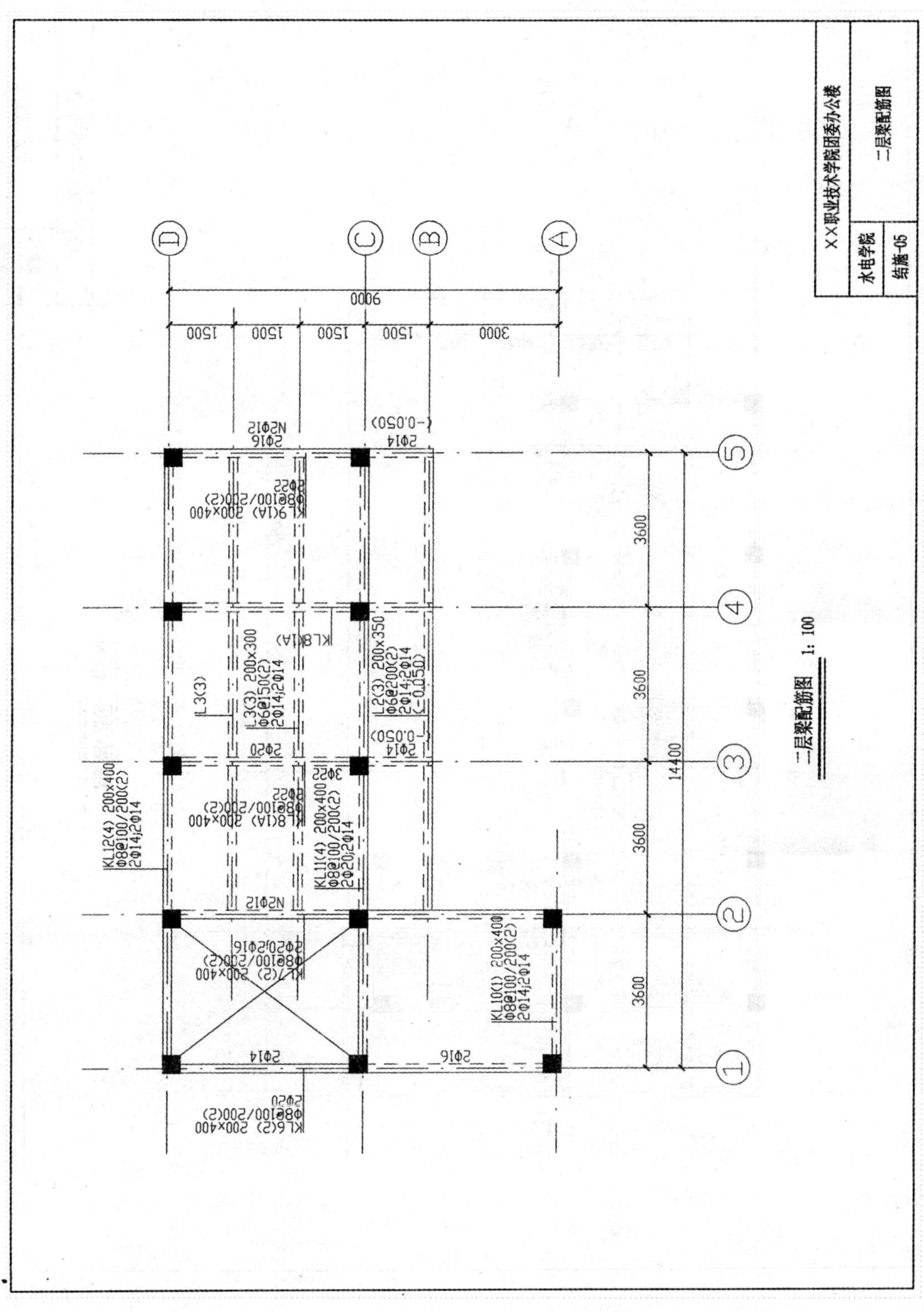

二层梁配筋图　1:100

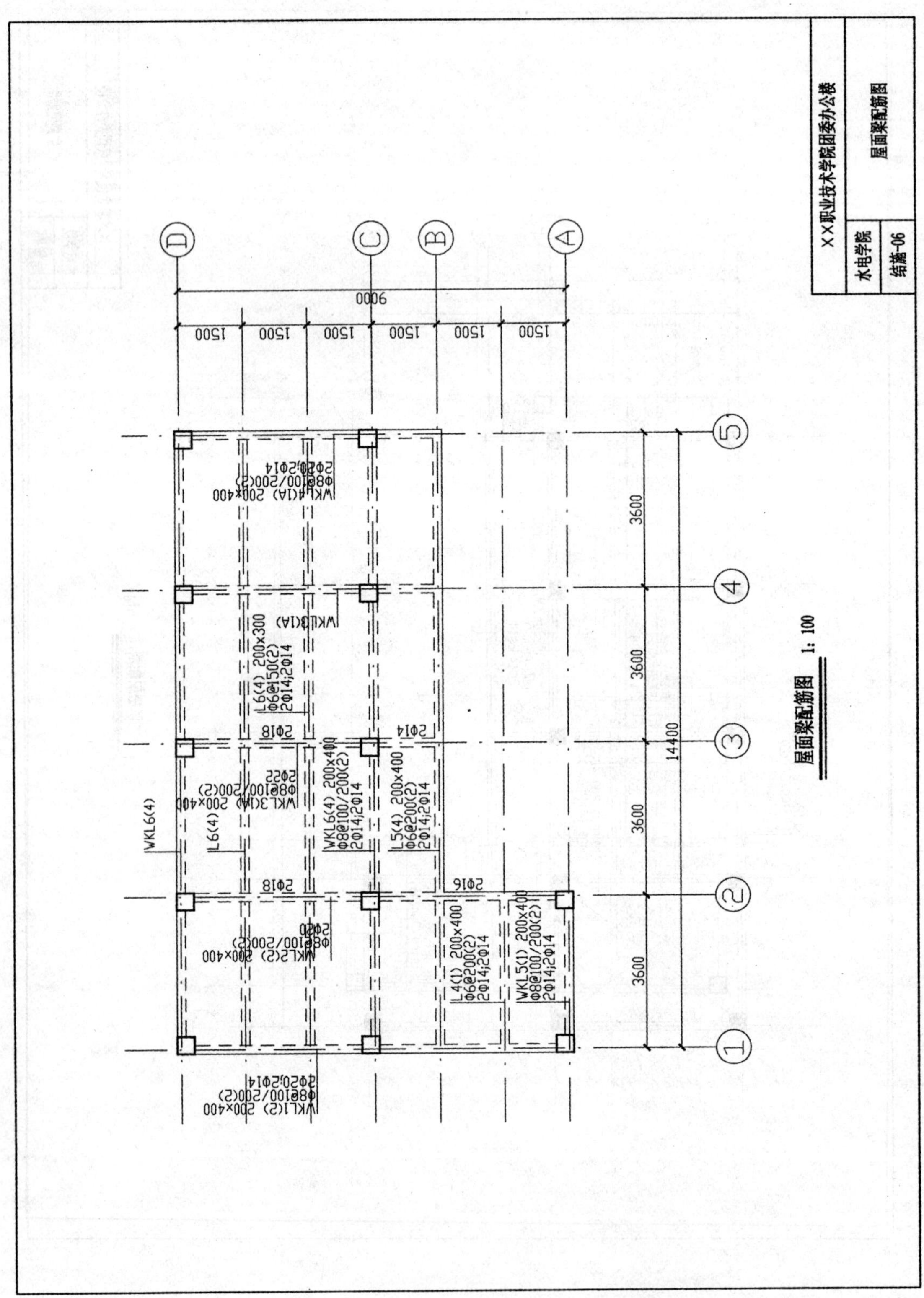
××职业技术学院团委办公楼
水电学院
屋面梁配筋图
结施-06
屋面梁配筋图 1:100
WKL1(2) 200×400
Φ8@100/200(2)
2Φ20;2Φ14
WKL2(2) 200×400
WKL3(1A) 200×400
WKL4(1A) 200×400
WKL5(1) 200×400
WKL6(4) 200×400
L4(1) 200×400
L5(4) 200×400
L6(4) 200×300
9000
1500
3600
14400

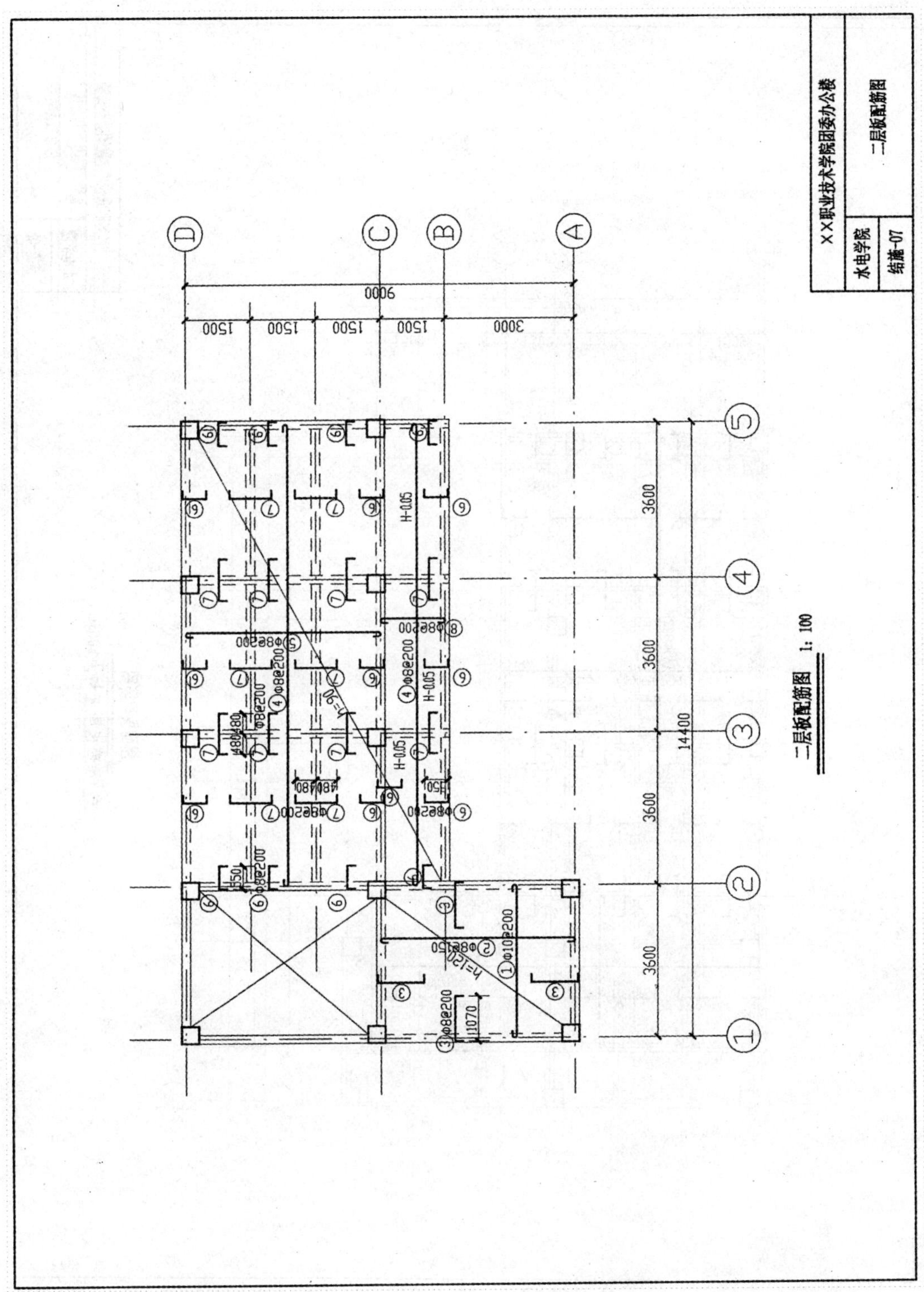
XX职业技术学院团委办公楼
二层板配筋图
水电学院
结施-07
9000
1500
3000
3600
14400
二层板配筋图 1:100

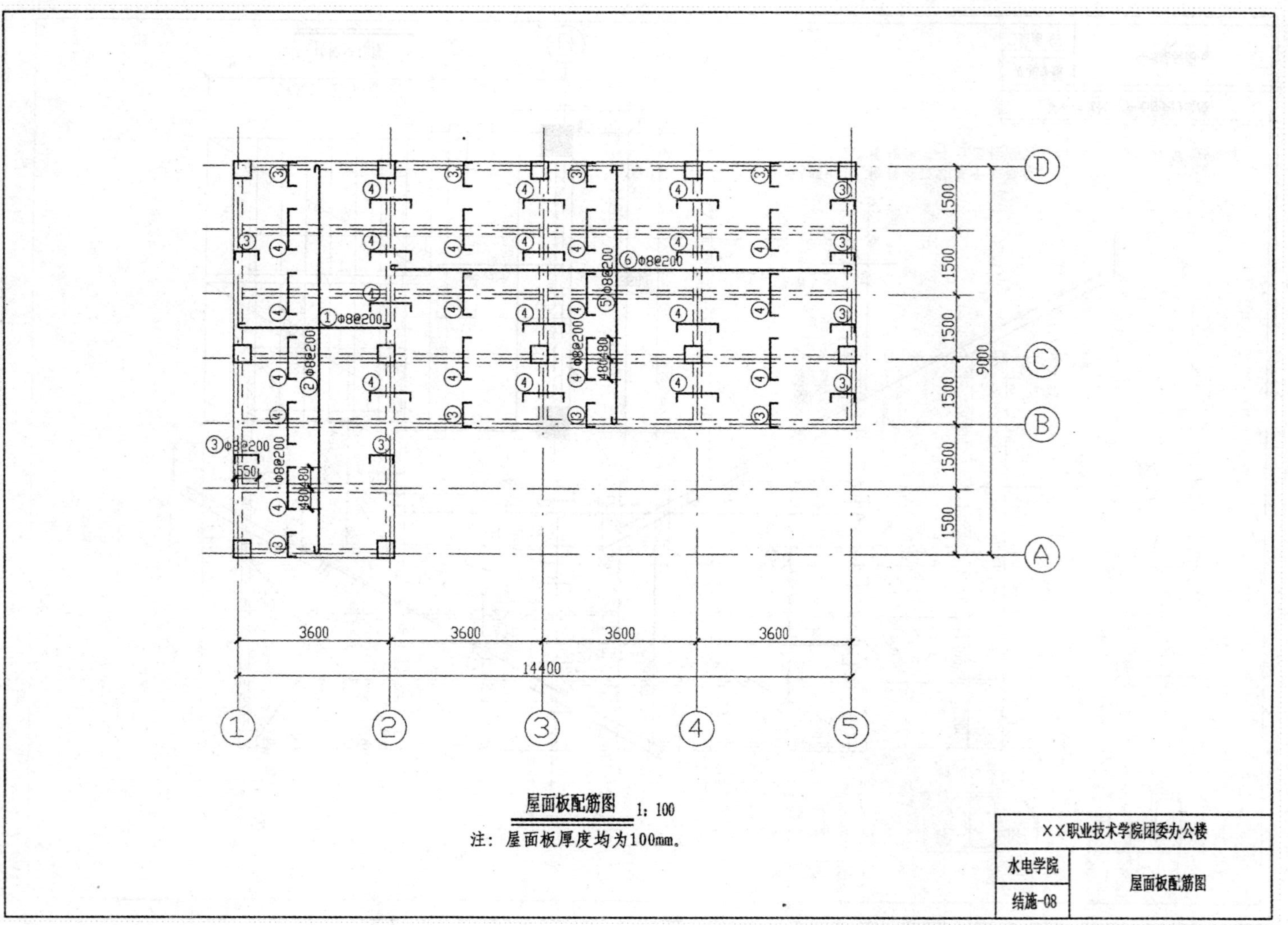
XX职业技术学院团委办公楼
水电学院
屋面板配筋图
结施-08
屋面板配筋图 1:100
注：屋面板厚度均为100mm。
9000
1500
3600
14400
Φ8@200
480
550
A
B
C
D
1
2
3
4
5

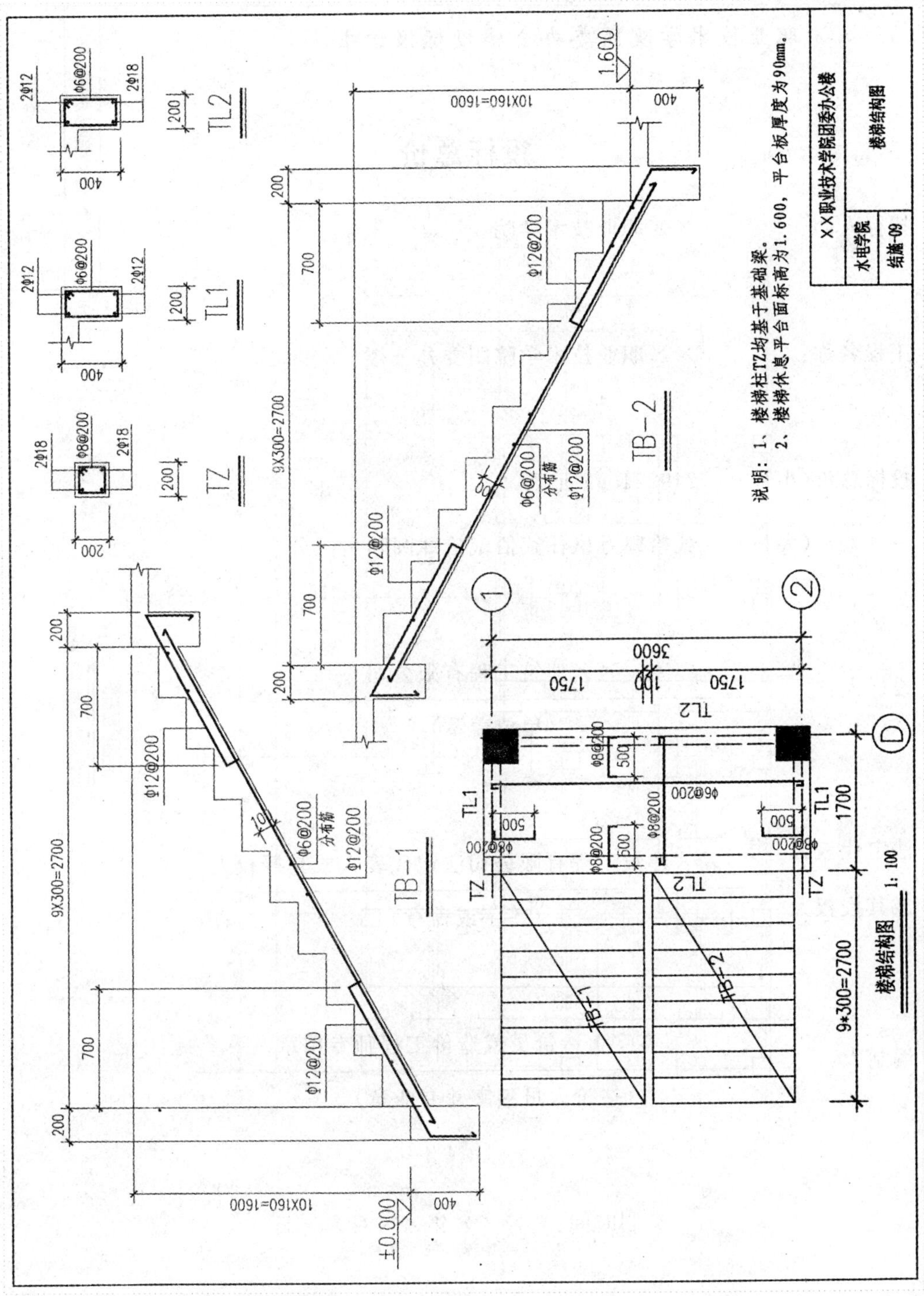
说明：1、楼梯柱TZ均基于基础梁。
2、楼梯休息平台面标高为1.600，平台板厚度为90mm。
XX职业技术学院团委办公楼
水电学院
楼梯结构图
结施-09
楼梯结构图 1:100
TB-1
TB-2
TZ
TL1
TL2
9X300=2700
10X160=1600
9*300=2700
3600
1750
1750
1700
±0.000
1.600

5.7.3 ××职业技术学院团委办公楼投标报价书

投标总价

招标人： ××职业技术学院

工程名称： ××职业技术学院团委办公楼

投标总价(小写)： 249224.65元

(大写)： 贰拾肆万玖仟贰佰贰拾肆圆陆角伍分

投标人： ××建筑工程有限公司

(单位盖章)

法定代表人或其授权人： ××建筑工程有限公司法定代表人或其授权人

(签字或盖章)

编制人： ××签字盖造价员或造价工程师专用章

(造价人员签字盖专业章)

编制时间：××××年××月××日

总说明

工程名称：××职业技术学院团委办公楼　　　　第 1 页共 1 页

1. 工程概况：该工程建筑面积 196 m^2，其主要使用功能为办公楼，层数二层，框架结构，建筑高度 6.85 m。招标工期计划 90 天，投标工期 90 天。

2. 投标报价包括范围：该楼土建工程。

3. 编制依据：

3.1　建设方提供的××职业技术学院团委办公楼土建施工图、招标控制价等一系列招标文件；

3.2　《建设工程工程量清单计价规范》(GB50500-2008)；

3.3　《福建省建设工程综合单价计价办法》；

3.4　《福建省建筑工程消耗量定额》(FJYD-101-2005)；

3.5　《福建省建筑装饰装修工程消耗量定额》(FJYD-201-2005)；

3.6　《福建省建筑安装工程费用定额》(2003 版)；

3.7　安全文明施工、企业管理费、利润等费率按相关文件进行调整；

3.8　材料价格采用永安市 2011 年 08 月材料信息价，机械台班采用福建省 2011 年 2 季度机械台班；

3.9　人工预算单价按闽建筑[2007]15 号文件进行调整；

3.10　规费中劳动保险费按乙类计算。

4. 编制说明：

4.1　按建设方招标书中发布的“工程量清单”中的工程量进行报价。

4.2　公司编制的该工程施工方案，基本与标底的施工方案相似，所以措施项目与标底采用一致。

工程项目造价汇总表

工程名称：××职业技术学院团委办公楼　　第1页共1页

序号	单项工程名称	金额(元)	其中	
			安全文明施工费(元)	规费(元)
1	单项工程	249224.65	7036.14	8909.39
合计		249224.65	7036.14	8909.39

单项工程造价汇总表

工程名称：××职业技术学院团委办公楼　　第1页共1页

序号	单项工程名称	金额(元)	其中	
			安全文明施工费(元)	规费(元)
1	建筑工程	249224.65	7036.14	8909.39
合计		249224.65	7036.14	8909.39

单位工程造价汇总表

工程名称：××职业技术学院团委办公楼(建筑工程)　　　　第 1 页共 1 页

序号	汇总内容	金额(元)
1	分部分项工程费	165167.92
1.1	一般土建	97451.63
1.2	装饰	67716.29
2	措施项目费	36488.03
2.1	安全施工	2312.35
2.2	文明施工	2477.51
2.3	临时设施	2246.28
2.4	环境保护	
3	其他项目费	30359.45
3.1	暂列金额	26000.00
3.2	计日工	3759.45
3.3	总承包服务费	600.00
4	规费	8909.39
5	税金	8299.86
合计＝1＋2＋3＋4＋5		249224.65

分部分项工程量清单与计价表

工程名称：××职业技术学院团委办公楼(建筑工程)　　　　第1页共5页

序号	项目编码	项目名称	项目特征描述	计量单位	工程量	金额(元)	
						综合单价	合价
			一般土建				
1	010101001001	平整场地	(1)土壤类别：三类土	m²	101.920	1.83	186.51
2	010101003001	挖基础土方	(1)土壤类别：三类土 (2)基础类型：独立基础 (3)挖土深度：1.75 m	m³	60.690	46.43	2817.84
3	010103001001	土(石)方回填	(1)部位：基础回填 (2)夯填(碾压)：人工夯填	m³	44.250	31.16	1378.83
4	010103001002	土(石)方回填	(1)部位：室内回填 (2)夯填(碾压)：人工夯填	m³	26.350	6.15	162.05
5	010304001001	空心砖墙、砌块墙	(1)墙体厚度：200 (2)墙体类型：内、外墙 (3)砂浆强度等级、配合比：混合砂浆 M5 (4)空心砖、砌块品种、规格、强度等级：加气混凝土砌块 600*200*200	m³	53.160	349.77	18593.77
6	010401002001	独立基础	(1)混凝土强度等级：C25 (2)混凝土拌和料要求：现场搅拌	m³	10.860	318.95	3463.80
7	010401006001	垫层	(1)混凝土强度等级：C15 (2)混凝土拌和料要求：现场搅拌	m³	3.470	309.99	1075.67
8	010402001001	矩形柱	(1)混凝土强度等级：C25 (2)混凝土拌和料要求：现场搅拌 (3)柱截面尺寸：框架柱 400*400	m³	15.260	382.45	5836.19
9	010402001002	矩形柱	(1)混凝土强度等级：C25 (2)混凝土拌和料要求：现场搅拌 (3)柱截面尺寸：构造柱及楼梯柱 200*200	m³	0.660	382.45	252.42

分部分项工程量清单与计价表

工程名称：××职业技术学院团委办公楼(建筑工程)　　第 2 页共 5 页

序号	项目编码	项目名称	项目特征描述	计量单位	工程量	金额(元)	
						综合单价	合价
10	010403001001	基础梁	(1)混凝土强度等级:C25 (2)混凝土拌和料要求:现场搅拌	m^3	5.650	323.31	1826.70
11	010403002001	矩形梁	(1)混凝土强度等级:C25 (2)混凝土拌和料要求:现场搅拌 (3)梁截面尺寸:200＊400	m^3	0.550	346.84	190.76
12	010403005001	过梁	(1)混凝土强度等级:C20 (2)混凝土拌和料要求:现场搅拌 (3)梁截面:200＊200	m^3	0.360	396.81	142.85
13	010405001001	有梁板	(1)混凝土强度等级:C25 (2)混凝土拌和料要求:现场搅拌	m^3	12.610	329.78	4158.53
14	010405001002	有梁板	(1)混凝土强度等级:C30 (2)混凝土拌和料要求:现场搅拌 (3)板底标高:6.3 m (4)板厚度:100 mm	m^3	15.920	348.70	5551.30
15	010405006001	栏板	(1)部位:走廊栏板 (2)混凝土强度等级:C20 (3)混凝土拌和料要求:现场搅拌	m^3	0.980	400.39	392.38
16	010405006002	栏板	(1)部位:屋面栏板 (2)混凝土强度等级:C20 (3)混凝土拌和料要求:现场搅拌	m^3	2.790	400.39	1117.09
17	010405008001	雨篷、阳台板	(1)部位:雨篷 (2)混凝土强度等级:C25 (3)混凝土拌和料要求:现场搅拌	m^3	0.450	416.20	187.29

分部分项工程量清单与计价表

工程名称：××职业技术学院团委办公楼(建筑工程)　　第3页共5页

序号	项目编码	项目名称	项目特征描述	计量单位	工程量	金额(元)	
						综合单价	合价
18	010406001001	直形楼梯	(1)混凝土强度等级:C25 (2)混凝土拌和料要求:现场搅拌	m^2	15.300	83.11	1271.58
19	010407001001	其他构件	(1)混凝土强度等级:C20 (2)混凝土拌和料要求:现场搅拌 (3)构件的类型:台阶	m^2	3.240	163.16	528.64
20	010407002001	散水、坡道	(1)混凝土强度等级:C20 (2)混凝土拌和料要求:现场搅拌	m^2	27.360	28.74	786.33
21	010416001001	现浇混凝土钢筋	(1)钢筋种类:圆钢、螺纹钢	t	6.654	5887.73	39176.96
22	010702001001	屋面卷材防水	(1)防护材料种类:40 mm厚C25细石混凝土保护层 (2)卷材品种、规格:3 mm厚SBS改性沥青防水卷材 (3)20 mm厚1∶3水泥砂浆找平层	m^2	92.560	62.03	5741.50
23	010702001002	屋面卷材防水	(1)部位:弯起部分 (2)卷材品种、规格:3 mm厚SBS改性沥青防水卷材	m^2	18.400	29.31	539.30
24	010803001001	保温隔热屋面	(1)保温隔热部位:屋面 (2)保温隔热方式(内保温、外保温、夹心保温):外保温 (3)保温隔热面层材料品种、规格、性能:30 mm厚挤塑板	m^2	92.560	22.40	2073.34
25	020101001001	水泥砂浆楼地面	(1)垫层材料种类、厚度:70 mm碎石垫层、60 mm C15砼垫层 (2)面层厚度、砂浆配合比:20 mm厚1∶2水泥砂浆	m^2	45.220	43.03	1945.82

分部分项工程量清单与计价表

工程名称：××职业技术学院团委办公楼(建筑工程)　　　　第 4 页共 5 页

序号	项目编码	项目名称	项目特征描述	计量单位	工程量	金额(元)	
						综合单价	合价
26	020101001002	水泥砂浆楼地面	(1)面层厚度、砂浆配合比：20 mm 厚 1：2 水泥砂浆	m^2	33.160	16.32	541.17
27	020102002001	块料楼地面	(1)垫层材料种类、厚度：70 mm 厚碎石垫层、60 mm厚 C15 砼垫层 (2)结合层厚度、砂浆配合比:20 mm 厚 1：2 水泥砂浆 (3)面层材料品种、规格、品牌、颜色：陶瓷地砖 600 *600	m^2	43.860	112.70	4943.02
28	020102002002	块料楼地面	(1)结合层厚度、砂浆配合比:20 mm 厚 1：2 水泥砂浆 (2)面层材料品种、规格、品牌、颜色：陶瓷地砖 600 *600	m^2	43.860	85.99	3771.52
29	020105001001	水泥砂浆踢脚线	(1)面层厚度、砂浆配合比:8 mm 水泥砂浆 1：2 (2)踢脚线高度：150 mm	m^2	12.190	31.13	379.47
30	020105003001	块料踢脚线	(1)踢脚线高度：150 mm (2)底层厚度、砂浆配合比：12 mm 水泥砂浆 1：2.5	m^2	13.050	64.32	839.38
31	020106003001	水泥砂浆楼梯面层	(1)面层厚度、砂浆配合比：20 mm 厚 1：2 水泥砂浆	m^2	15.300	49.77	761.48
32	020107001001	金属扶手带栏杆、栏板	(1)楼梯型钢栏杆钢管扶手 (2)油漆品种、刷漆遍数：防锈漆一道银粉漆两遍	m	8.180	155.70	1273.63
33	020108003001	水泥砂浆台阶面	(1)面层厚度、砂浆配合比：20 mm 厚 1：2 水泥砂浆	m^2	3.240	33.88	109.77

分部分项工程量清单与计价表

工程名称：××职业技术学院团委办公楼(建筑工程)　　　　第5页共5页

序号	项目编码	项目名称	项目特征描述	计量单位	工程量	金额(元)	
						综合单价	合价
34	020109004001	水泥砂浆零星项目	(1)部位:楼梯侧面 (2)面层厚度、砂浆配合比:20 mm厚1∶2水泥砂浆	m^2	1.060	36.34	38.52
35	020201001001	墙面一般抹灰	(1)墙体类型:内墙 (2)装饰面材料种类:中级抹灰	m^2	479.330	16.29	7808.29
36	020201001002	墙面一般抹灰	(1)部位:栏板抹灰 (2)面层厚度、砂浆配合比:20 mm厚1∶2水泥砂浆	m^2	53.650	24.03	1289.21
37	020204003001	块料墙面	(1)面层材料品种、规格、品牌、颜色:95*95方砖 (2)底层厚度、砂浆配合比:14 mm 1∶3水泥砂浆	m^2	287.430	69.55	19990.76
38	020204003002	块料墙面	(1)部位:窗洞口侧壁 (2)面层材料品种、规格、品牌、颜色:95*95方砖 (3)底层厚度、砂浆配合比:14 mm 1∶3水泥砂浆	m^2	8.580	69.55	596.74
39	020301001001	天棚抹灰	(1)基层类型:混凝土 (2)抹灰厚度、材料种类:中级抹灰	m^2	215.780	14.57	3143.91
40	020401004001	胶合板门	(1)油漆品种、刷漆遍数:调和漆两遍、磁漆一遍 (2)门类型:胶合板门	樘/m^2	14.490	158.31	2293.91
41	020406001001	金属推拉窗	(1)框材质、外围尺寸:铝合金 (2)窗类型:推拉窗	m^2	35.100	283.20	9940.32
42	020506001001	抹灰面油漆	(1)油漆品种、刷漆遍数:乳胶漆两遍	m^2	695.110	11.58	8049.37
合计							165167.92

分部分项工程量清单综合单价分析计算表

工程名称：××职业技术学院团委办公楼(建筑工程)　　　　第 1 页共 12 页

序号	项目编码	项目名称及特征描述	计量单位	工程内容				综合单价组成							综合单价
				定额编号	定额名称	定额单位	工程量	人工费	材料费	机械使用费	企业管理费	风险费	利润	小计	
一般土建															
1	010101001001	平整场地 (1)土壤类别：三类土	m^2	10101001	人工平整场地	m^2	1.000	1.74			0.05		0.04	1.83	1.83
					小计			1.74			0.05		0.04	1.83	
2	010101003001	挖基础土方 (1)土壤类别：三类土 (2)基础类型：独立基础 (3)挖土深度：1.75 m	m^3	10101026	人工挖基坑(三类土深度 2 m 以内)	m^3	2.903	44.19			1.34		0.90	46.43	46.43
					小计			44.19			1.34		0.90	46.43	
3	010103001001	土(石)方回填 (1)部位：基础回填 (2)夯填(碾压)：人工夯填	m^3	10101210	人工填土夯实槽、坑	m^3	3.611	29.53	0.11		0.90		0.61	31.15	31.15
					小计			29.53	0.11		0.90		0.61	31.15	
4	010103001002	土(石)方回填 (1)部位：室内回填 (2)夯填(碾压)：人工夯填	m^3	10101209	人工填土夯实平地	m^3	1.000	5.83	0.03		0.17		0.12	6.15	6.15
					小计			5.83	0.03		0.17		0.12	6.15	
5	010304001001	空心砖墙、砌块墙 (1)墙体厚度：200 (2)墙体类型：内、外墙 (3)砂浆强度等级、配合比：	m^3	10103071	200 mm 厚加气砼砌块墙	m^3	1.000	38.94	297.16	0.16	6.65		6.86	349.77	349.77
					小计			38.94	297.16	0.16	6.65		6.86	349.77	

分部分项工程量清单综合单价分析计算表

工程名称：××职业技术学院团委办公楼(建筑工程)　　　　第 2 页共 12 页

序号	项目编码	项目名称及特征描述	计量单位	工程内容				综合单价组成							综合单价
				定额编号	定额名称	定额单位	工程量	人工费	材料费	机械使用费	企业管理费	风险费	利润	小计	
		混合砂浆 M5 (4)空心砖、砌块品种、规格、强度等级：加气混凝土砌块 600＊200＊200													
6	010401002001	独立基础 (1)混凝土强度等级：C25 (2)混凝土拌和料要求：现场搅拌	m^3	10104005T	C25 独立基础砼(现场搅拌)(碎石)	m^3	1.000	51.47	245.75	4.32	11.16		6.25	318.95	318.95
					小计			51.47	245.75	4.32	11.16		6.25	318.95	
7	010401006001	垫层 (1)混凝土强度等级：C15 (2)混凝土拌和料要求：现场搅拌	m^3	10104001T	C15 垫层砼(现场搅拌)(碎石)	m^3	1.000	47.36	234.6	10.40	11.55		6.08	309.99	309.99
					小计			47.36	234.6	10.40	11.55		6.08	309.99	
8	010402001001	矩形柱 (1)混凝土强度等级：C25 (2)混凝土拌和料要求：现场搅拌 (3)柱截面尺寸：框架柱 400＊400	m^3	10104013T	C25 柱砼(现场搅拌)(碎石)	m^3	1.000	92.05	256.19	6.92	19.79		7.50	382.45	382.45
					小计			92.05	256.19	6.92	19.79		7.50	382.45	

分部分项工程量清单综合单价分析计算表

工程名称：××职业技术学院团委办公楼(建筑工程)　　第3页共12页

序号	项目编码	项目名称及特征描述	计量单位	工程内容				综合单价组成							综合单价
				定额编号	定额名称	定额单位	工程量	人工费	材料费	机械使用费	企业管理费	风险费	利润	小计	
9	010402001002	矩形柱 (1)混凝土强度等级:C25 (2)混凝土拌和料要求:现场搅拌 (3)柱截面尺寸:构造柱及楼梯柱 200＊200	m^3	10104013T	C25 柱砼(现场搅拌)(碎石)	m^3	1.000	92.05	256.20	6.92	19.79		7.50	382.45	382.45
					小计			92.05	256.20	6.92	19.79		7.50	382.46	
10	010403001001	基础梁 (1)混凝土强度等级:C25 (2)混凝土拌和料要求:现场搅拌	m^3	10104014T	C25 基础梁砼(现场搅拌)(碎石)	m^3	1.000	51.92	246.30	6.97	11.78		6.34	323.31	323.31
					小计			51.92	246.30	6.97	11.78		6.34	323.31	
11	010403002001	矩形梁 (1)混凝土强度等级:C25 (2)混凝土拌和料要求:现场搅拌 (3)梁截面尺寸:200＊400	m^3	10104015T	C25 梁砼(现场搅拌)(碎石)	m^3	1.000	66.05	252.38	6.96	14.62		6.80	346.81	346.81
					小计			66.05	252.38	6.96	14.62		6.80	346.81	

分部分项工程量清单综合单价分析计算表

工程名称：××职业技术学院团委办公楼(建筑工程)　　　　第 4 页共 12 页

序号	项目编码	项目名称及特征描述	计量单位	工程内容				综合单价组成							综合单价
				定额编号	定额名称	定额单位	工程量	人工费	材料费	机械使用费	企业管理费	风险费	利润	小计	
12	010403005001	过梁 (1)混凝土强度等级:C20 (2)混凝土拌和料要求:现场搅拌 (3)梁截面:200 * 200	m^3	10104017	C20 过梁砼(现场搅拌)(碎石)	m^3	1.000	110.28	248.33	6.97	23.44		7.78	396.80	396.80
					小计			110.28	248.33	6.97	23.44		7.78	396.80	
13	010405001001	有梁板 (1)混凝土强度等级:C25 (2)混凝土拌和料要求:现场搅拌	m^3	10104021T	C25 有梁板砼(现场搅拌)(碎石)	m^3	1.000	51.47	253.17	6.98	11.69		6.47	329.78	329.78
					小计			51.47	253.17	6.98	11.69		6.47	329.78	
14	010405001002	有梁板 (1)混凝土强度等级:C30 (2)混凝土拌和料要求:现场搅拌 (3)板底标高:6.3 m (4)板厚度:100 mm	m^3	10104021T	C30 有梁板砼(现场搅拌)(碎石)	m^3	1.000	51.47	271.72	6.98	11.69		6.84	348.70	348.70
					小计			51.47	271.72	6.98	11.69		6.84	348.70	
15	010405006001	栏板 (1)部位:走廊栏板 (2)混凝土强度等级:C20 (3)混凝土拌和料要求:现场搅拌	m^3	10104023	C20 栏板砼(现场搅拌)(碎石)	m^3	1.000	105.66	252.42	11.11	23.35		7.85	400.39	400.39
					小计			105.66	252.42	11.11	23.35		7.85	400.39	

分部分项工程量清单综合单价分析计算表

工程名称：××职业技术学院团委办公楼（建筑工程）　　　　第 5 页共 12 页

序号	项目编码	项目名称及特征描述	计量单位	工程内容				综合单价组成							综合单价
				定额编号	定额名称	定额单位	工程量	人工费	材料费	机械使用费	企业管理费	风险费	利润	小计	
16	010405006002	栏板 (1)部位:屋面栏板 (2)混凝土强度等级:C20 (3)混凝土拌和料要求:现场搅拌	m^3	10104023	C20 栏板砼(现场搅拌)(碎石)	m^3	1.000	105.66	252.42	11.11	23.35		7.85	400.39	400.39
					小计			105.66	252.42	11.11	23.35		7.85	400.39	
17	010405008001	雨篷、阳台板 (1)部位:雨篷 (2)混凝土强度等级:C25 (3)混凝土拌和料要求:现场搅拌	m^3	10104025T	C25 雨篷砼(现场搅拌)(碎石)	m^3	1.000	102.33	271.93	11.09	22.69		8.16	416.20	416.20
					小计			102.33	271.93	11.09	22.69		8.16	416.20	
18	010406001001	直形楼梯 (1)混凝土强度等级:C25 (2)混凝土拌和料要求:现场搅拌	m^2	10104026T	C25 板式整体楼梯砼(现场搅拌)(碎石)	m^2	1.000	20.52	54.14	2.26	4.56		1.63	83.11	83.11
					小计			20.52	54.14	2.26	4.56		1.63	83.11	
19	010407001001	其他构件 (1)混凝土强度等级:C20 (2)混凝土拌和料要求:现场搅拌 (3)构件的类型:台阶	m^2	10104030	C20 台阶砼(现场搅拌)(碎石)	m^3	0.460	33.11	114.12	5.10	7.64		3.20	163.17	163.17
					小计			33.11	114.12	5.10	7.64		3.20	163.17	

分部分项工程量清单综合单价分析计算表

工程名称：××职业技术学院团委办公楼(建筑工程)　　　　第 6 页共 12 页

序号	项目编码	项目名称及特征描述	计量单位	工程内容				综合单价组成							综合单价
				定额编号	定额名称	定额单位	工程量	人工费	材料费	机械使用费	企业管理费	风险费	利润	小计	
20	010407002001	散水、坡道 (1)混凝土强度等级：C20 (2)混凝土拌和料要求：现场搅拌	m^2	10104279T	C20 墙角护坡(碎石)	m^2	1.000	8.14	17.22	0.99	1.83		0.56	28.74	28.74
					小计			8.14	17.22	0.99	1.83		0.56	28.74	
21	010416001001	现浇混凝土钢筋 (1)钢筋种类：圆钢、螺纹钢	t	10104326	圆钢筋制作安装(Φ10 以内)	t	0.408	278.28	2164.84	16.00	58.86		50.36	2568.34	5887.73
				10104328	螺纹钢筋制作安装(Φ20 以内)	t	0.559	181.56	2829.06	17.41	39.79		61.36	3129.18	
				10104329	螺纹钢筋制作安装(Φ20 以外)	t	0.033	6.85	166.54	0.54	1.48		3.51	178.92	
				10104368	电渣压力焊接	个	3.840	1.15	5.84	3.19	0.88		0.23	11.29	
					小计			467.84	5166.28	37.14	101.01		15.46	5887.73	
22	010702001001	屋面卷材防水 (1)防护材料种类：40 mm 厚 C25 细石混凝土保护层 (2)卷材品种、规格：3 mm 厚 SBS 改性沥青防水卷材 (3)20 mm 厚 1∶3 水泥砂浆找平层	m^2	20101016	20 mm 水泥砂浆找平层(在砼或硬基层面上)	m^2	1.000	4.96	7.21	0.04	0.55		0.26	13.02	62.03
				10107178	SBS 改性沥青防水卷材热熔满贴玻璃布胎	m^2	1.000	3.16	24.76	0.24	0.58		0.57	29.31	

分部分项工程量清单综合单价分析计算表

工程名称:××职业技术学院团委办公楼(建筑工程)　　　　第7页共12页

序号	项目编码	项目名称及特征描述	计量单位	工程内容				综合单价组成							综合单价
				定额编号	定额名称	定额单位	工程量	人工费	材料费	机械使用费	企业管理费	风险费	利润	小计	
				20101028T	40 mm 厚 C25 细石砼保护层	m^2	1.000	7.08	11.00	0.41	0.82		0.39	19.70	
					小计			15.20	42.97	0.69	1.95		1.22	62.03	
23	010702001002	屋面卷材防水 (1)部位:弯起部分 (2)卷材品种、规格:3 mm 厚 SBS 改性沥青防水卷材	m^2	10107178	SBS 改性沥青防水卷材热熔满贴玻璃布胎	m^2	1.000	3.16	24.76	0.24	0.58		0.57	29.31	29.31
					小计			3.16	24.76	0.24	0.58		0.57	29.31	
24	010803001001	保温隔热屋面 (1)保温隔热部位:屋面 (2)保温隔热方式(内保温、外保温、夹心保温):外保温 (3)保温隔热面层材料品种、规格、性能:30 mm 厚挤塑板	m^2	10108195T	30 厚屋面挤塑板	m^2	1.000	1.37	20.36		0.23		0.44	22.40	22.40
					小计			1.37	20.36		0.23		0.44	22.40	

分部分项工程量清单综合单价分析计算表

工程名称：××职业技术学院团委办公楼(建筑工程)　　　　第 8 页共 12 页

序号	项目编码	项目名称及特征描述	计量单位	工程内容				综合单价组成							综合单价
				定额编号	定额名称	定额单位	工程量	人工费	材料费	机械使用费	企业管理费	风险费	利润	小计	
25	020101001001	水泥砂浆楼地面 (1)垫层材料种类、厚度：70 mm碎石垫层、60 mm C15砼垫层 (2)面层厚度、砂浆配合比：20 mm厚1∶2水泥砂浆	m²	20101007	碎石垫层(干铺)	m³	0.070	2.05	5.67	0.03	0.23		0.16	8.13	43.03
				10104001T	C15垫层砼(现场搅拌)(碎石)	m³	0.060	2.84	14.06	0.62	0.69		0.36	18.58	
				20101030	楼地面20 mm水泥砂浆面层	m²	1.000	6.33	8.93	0.04	0.70		0.32	16.32	
					小计			11.22	28.66	0.69	1.62		0.84	43.03	
26	020101001002	水泥砂浆楼地面 (1)面层厚度、砂浆配合比：20 mm厚1∶2水泥砂浆	m²	20101030	楼地面20 mm水泥砂浆面层	m²	1.000	6.33	8.93	0.04	0.70		0.32	16.32	16.32
					小计			6.33	8.93	0.04	0.70		0.32	16.32	
27	020102002001	块料楼地面 (1)垫层材料种类、厚度：70 mm厚碎石垫层、60 mm厚C15砼垫层 (2)结合层厚度、砂浆配合比:20 mm厚1∶2水泥砂浆 (3)面层材料品种、规格、品牌、颜色：陶瓷地砖600 * 600	m²	20101007	碎石垫层(干铺)	m³	0.070	2.05	5.66	0.03	0.23		0.16	8.12	112.70
				10104001T	C15垫层砼(现场搅拌)(碎石)	m³	0.060	2.84	14.07	0.62	0.69		0.36	18.59	
				20101148	周长2400 mm以内陶瓷地砖楼地面(水泥砂浆结合层)	m²	1.000	16.19	65.96	0.33	1.82		1.69	85.99	
					小计			21.08	85.69	0.98	2.74		2.21	112.70	

分部分项工程量清单综合单价分析计算表

工程名称：××职业技术学院团委办公楼(建筑工程)　　　　第 9 页共 12 页

序号	项目编码	项目名称及特征描述	计量单位	工程内容				综合单价组成							综合单价
				定额编号	定额名称	定额单位	工程量	人工费	材料费	机械使用费	企业管理费	风险费	利润	小计	
28	020102002002	块料楼地面 (1)结合层厚度、砂浆配合比:20 mm 厚 1∶2 水泥砂浆 (2)面层材料品种、规格、品牌、颜色:陶瓷地砖 600 * 600	m^2	20101148	周长 2400 mm 以内陶瓷地砖楼地面(水泥砂浆结合层)	m^2	1.000	16.19	65.96	0.33	1.82		1.69	85.99	85.99
					小计			16.19	65.96	0.33	1.82		1.69	85.99	
29	020105001001	水泥砂浆踢脚线 (1)面层厚度、砂浆配合比:8 mm 水泥砂浆 1∶2 (2)踢脚线高度:150 mm	m^2	20101040	踢脚板水泥砂浆面层(底 12 mm 面 8 mm)	m^2	1.000	21.11	7.04	0.04	2.33		0.61	31.13	31.13
					小计			21.11	7.04	0.04	2.33		0.61	31.13	
30	020105003001	块料踢脚线 (1)踢脚线高度:150 mm (2)底层厚度、砂浆配合比:12 mm 水泥砂浆 1∶2.5	m^2	20101208	缸砖踢脚板(水泥砂浆结合层)	m^2	1.000	37.43	21.25	0.24	4.14		1.26	64.32	64.32
					小计			37.43	21.25	0.24	4.14		1.26	64.32	
31	020106003001	水泥砂浆楼梯面层 (1)面层厚度、砂浆配合比:20 mm 厚 1∶2 水泥砂浆	m^2	20101034	整体楼梯 20 mm 水泥砂浆面层	m^2	1.000	32.20	12.98	0.06	3.55		0.98	49.77	49.77
					小计			32.20	12.98	0.06	3.55		0.98	49.77	

分部分项工程量清单综合单价分析计算表

工程名称：××职业技术学院团委办公楼(建筑工程)　　　　第 10 页共 12 页

序号	项目编码	项目名称及特征描述	计量单位	工程内容				综合单价组成							综合单价
				定额编号	定额名称	定额单位	工程量	人工费	材料费	机械使用费	企业管理费	风险费	利润	小计	
32	020107001001	金属扶手带栏杆、栏板 (1)楼梯型钢栏杆钢管扶手 (2)油漆品种、刷漆遍数：防锈漆一道，银粉漆两遍	m	20101327	型钢栏杆钢管扶手	m	1.000	20.06	98.09	10.11	3.32		2.63	134.21	155.70
				20105194	金属面红丹防锈漆一遍	t	0.031	1.73	2.01		0.19		0.08	4.01	
				20105195	金属面银粉漆两遍	t	0.031	10.48	5.51		1.15		0.34	17.48	
					小计			32.27	105.61	10.11	4.66		3.05	155.70	
33	020108003001	水泥砂浆台阶面 (1)面层厚度、砂浆配合比：20 mm 厚 1∶2 水泥砂浆	m²	20101037	台阶 20 mm 水泥砂浆面层	m²	1.000	17.95	13.23	0.06	1.98		0.66	33.88	33.88
					小计			17.95	13.23	0.06	1.98		0.66	33.88	
34	020109004001	水泥砂浆零星项目 (1)部位：楼梯侧面 (2)面层厚度、砂浆配合比：20 mm 厚 1∶2 水泥砂浆	m²	20101039	零星项目水泥砂浆面层	m²	1.000	24.28	8.63	0.04	2.68		0.71	36.34	36.34
					小计			24.28	8.63	0.04	2.68		0.71	36.34	
35	020201001001	墙面一般抹灰 (1)墙体类型：内墙 (2)装饰面材料种类：中级抹灰	m²	20102005	内墙面、墙裙中级抹灰(砖墙)	m²	1.000	9.74	5.10	0.05	1.08		0.32	16.29	16.29
					小计			9.74	5.10	0.05	1.08		0.32	16.29	

分部分项工程量清单综合单价分析计算表

工程名称：××职业技术学院团委办公楼(建筑工程)　　　　第11页共12页

序号	项目编码	项目名称及特征描述	计量单位	工程内容				综合单价组成							综合单价
				定额编号	定额名称	定额单位	工程量	人工费	材料费	机械使用费	企业管理费	风险费	利润	小计	
36	020201001002	墙面一般抹灰 (1)部位：栏板抹灰 (2)面层厚度、砂浆配合比：20 mm厚1：2水泥砂浆	m^2	20102049	栏板水泥砂浆抹面	m^2	1.000	14.03	7.94	0.04	1.55		0.47	24.03	24.03
					小计			14.03	7.94	0.04	1.55		0.47	24.03	
37	020204003001	块料墙面 (1)面层材料品种、规格、品牌、颜色：95＊95方砖 (2)底层厚度、砂浆配合比：14 mm 1：3水泥砂浆	m^2	20102022	14 mm厚水泥砂浆基层(砖墙面)	m^2	1.000	7.31	5.26	0.03	0.81		0.27	13.68	69.55
				20102154	95＊95面砖(水泥砂浆粘贴)墙面灰缝(5 mm)	m^2	1.000	23.04	28.96	0.21	2.56		1.10	55.87	
					小计			30.35	34.22	0.24	3.37		1.37	69.55	
38	020204003002	块料墙面 1)部位：窗洞口侧壁(2)面层材料品种、规格、品牌、颜色：95＊95方砖 (3)底层厚度、砂浆配合比：14 mm 1：3水泥砂浆	m^2	20102022	14 mm厚水泥砂浆基层(砖墙面)	m^2	1.000	7.31	5.26	0.03	0.81		0.27	13.68	69.55
				20102154	95＊95面砖(水泥砂浆粘贴)墙面灰缝(5 mm)	m^2	1.000	23.04	28.96	0.21	2.56		1.10	55.87	
					小计			30.35	34.22	0.24	3.37		1.37	69.55	

分部分项工程量清单综合单价分析计算表

工程名称：××职业技术学院团委办公楼(建筑工程)　　　　第12页共12页

序号	项目编码	项目名称及特征描述	计量单位	工程内容				综合单价组成							综合单价
				定额编号	定额名称	定额单位	工程量	人工费	材料费	机械使用费	企业管理费	风险费	利润	小计	
39	020301001001	天棚抹灰 (1)基层类型:混凝土 (2)抹灰厚度、材料种类:中级抹灰	m^2	20103005	天棚石灰砂浆中级抹灰(砼面)	m^2	1.000	7.80	5.59	0.03	0.86		0.29	14.57	14.57
					小计			7.80	5.59	0.03	0.86		0.29	14.57	
40	020401004001	胶合板门 (1)油漆品种、刷漆遍数:调和漆两遍、磁漆一遍 (2)门类型:胶合板门	m^2	20104008	不带纱全胶合板门	m^2	1.000	11.61	107.00	0.01	1.28		2.40	122.30	158.30
				20104188	普通门锁安装	个	0.483	2.24	6.02	0.47	0.30		0.18	9.21	
				20104195	磁性门碰	只	0.483	0.84	1.03		0.09		0.04	2.00	
				20105001	木门油漆(底油一遍、刮腻子调和漆两遍、磁漆一遍)	m^2	1.000	13.20	9.65		1.45		0.49	24.79	
					小计			27.89	123.70	0.48	3.12		3.11	158.30	
41	020406001001	金属推拉窗 (1)框材质、外围尺寸:铝合金 (2)窗类型:推拉窗	m^2	20104179	铝合金推拉窗	m^2	1.000	24.73	249.32	0.79	2.81		5.55	283.20	283.20
					小计			24.73	249.32	0.79	2.81		5.55	283.20	
42	020506001001	抹灰面油漆 (1)油漆品种、刷漆遍数:乳胶漆两遍	m^2	20105235	抹灰面(乳胶漆两遍)	m^2	1.000	5.91	4.79		0.65		0.23	11.58	11.58
					小计			5.91	4.79		0.65		0.23	11.58	

措施项目清单与计价表(一)

工程名称:××职业技术学院团委办公楼(建筑工程)　　　　第 1 页共 1 页

序号	项目名称	计算基础	费率(%)	金额(元)
1	文明施工	165167.92	1.500	2477.51
2	安全施工	165167.92	1.400	2312.35
3	临时设施	165167.92	1.360	2246.28
4	夜间施工	165167.92	0.100	165.17
5	已完工程及设备保护	165167.92	0.030	49.55
6	风雨季施工增加费	165167.92	0.150	247.75
7	生产工具用具使用费	165167.92	0.070	115.62
8	工程点交、场地清理费	165167.92	0.150	247.75
9	缩短工期措施费			
10	优良工程增加费			
11	非夜间施工照明增加费			
合计				7861.98

措施项目清单与计价表(二)

工程名称:××职业技术学院团委办公楼(建筑工程)　　　　第1页共1页

序号	项目编码	项目名称	计量单位	工程量	金额(元)	
					综合单价	合价
一般土建						
1	0102	混凝土、钢筋混凝土模板及支架	项	1.000	18186.67	18186.67
1.1	10109001	现浇砼胶合板模板(垫层)	m^2	8.160	15.49	126.40
1.2	10109004	现浇砼胶合板模板(独立基础)	m^2	28.080	23.30	654.26
1.3	10109008	现浇砼胶合板模板(有底模基础梁)	m^2	70.600	25.33	1788.30
1.4	10109014	现浇砼胶合板模板(矩形柱)	m^2	165.760	28.11	4659.51
1.5	10109024	现浇砼胶合板模板(过梁)	m^2	4.140	34.15	141.38
1.6	10109025	现浇砼胶合板模板(有梁板)	m^2	288.710	25.74	7431.40
1.7	10109031	现浇砼胶合板模板(板式楼梯)	m^2	15.300	79.31	1213.44
1.8	10109034	现浇砼胶合板模板(台阶)	m^2	3.240	20.43	66.19
1.9	10109035	现浇砼胶合板模板(雨篷)	m^2	4.500	33.57	151.07
1.10	10109038	现浇砼胶合板模板(栏板)	m^2	78.220	24.99	1954.72
2	0103	脚手架	项	1.000	10439.38	10439.38
2.1	10110015	里脚手架	m^2	323.330	2.78	898.86
2.2	10110048	外墙扣件式钢管脚手架　双排　建筑物高度30 m以内	m^2	326.060	29.26	9540.52
合计						28626.05

措施项目清单(二)综合单价分析表

工程名称:××职业技术学院团委办公楼(建筑工程)　　　　第1页共1页

序号	项目编码(定额编号)	措施项目名称(定额名称)	单位	工程量	综合单价组成						综合单价	合价
					人工费	材料费	机械使用费	企业管理费	风险费	利润		
一般土建												
1	0102	混凝土、钢筋混凝土模板及支架	项	1.000	8351.70	7945.09	555.26	979.20		355.44	18186.67	18186.67
1.1	10109001	现浇砼胶合板模板(垫层)	m^2	8.160	4.05	10.15	0.49	0.50		0.30	15.49	126.40
1.2	10109004	现浇砼胶合板模板(独立基础)	m^2	28.080	10.49	10.05	1.03	1.27		0.46	23.30	654.26
1.3	10109008	现浇砼胶合板模板(有底模基础梁)	m^2	70.600	10.48	12.22	0.88	1.25		0.50	25.33	1788.30
1.4	10109014	现浇砼胶合板模板(矩形柱)	m^2	165.760	12.29	13.03	0.80	1.44		0.55	28.11	4659.51
1.5	10109024	现浇砼胶合板模板(过梁)	m^2	4.140	16.84	13.64	1.03	1.97		0.67	34.15	141.38
1.6	10109025	现浇砼胶合板模板(有梁板)	m^2	288.710	11.87	11.18	0.80	1.39		0.50	25.74	7431.40
1.7	10109031	现浇砼胶合板模板(板式楼梯)	m^2	15.300	37.13	33.90	2.37	4.35		1.56	79.31	1213.44
1.8	10109034	现浇砼胶合板模板(台阶)	m^2	3.240	10.30	8.10	0.45	1.18		0.40	20.43	66.19
1.9	10109035	现浇砼胶合板模板(雨篷)	m^2	4.500	18.90	10.80	1.02	2.19		0.66	33.57	151.07
1.10	10109038	现浇砼胶合板模板(栏板)	m^2	78.220	13.60	8.69	0.64	1.57		0.49	24.99	1954.72
2	0103	脚手架	项	1.000	1878.39	7773.56	341.30	244.11		202.02	10439.38	10439.38
2.1	10110015	里脚手架	m^2	323.330	1.09	1.09	0.39	0.16		0.05	2.78	898.86
2.2	10110048	外墙扣件式钢管脚手架　双排　建筑物高度30 m以内	m^2	326.060	4.68	22.76	0.66	0.59		0.57	29.26	9540.52

其他项目清单与计价汇总表

工程名称:××职业技术学院团委办公楼(建筑工程)　　第 1 页共 1 页

序号	项目名称	计量单位	金额(元)	备注
1	暂列金额	项	26000.00	
2	计日工		3759.45	
3	总承包服务费		600.00	
合计			30359.45	

暂列金额明细表

工程名称:××职业技术学院团委办公楼(建筑工程)　　第 1 页共 1 页

序号	项目名称	计量单位	暂定金额(元)	备注
1	政策性调整和材料价格风险	项	6000.00	
2	工程量清单中工程量变更和设计变更	项	8000.00	
3	其他	项	12000.00	
合计			26000.00	

计日工表

工程名称：××职业技术学院团委办公楼（建筑工程）　　第 1 页共 1 页

编号	项目名称	单位	暂定数量	综合单价	合价
一	人工				
1	土石方用工	工日	10	45	450
2	建筑装饰工程用工	工日	5	73	365
3					
人工小计					815
二	材料				
1	水泥 32.5	t	0.5	5200	2600
2	中砂	m^3	2	105	210
3	碎石(5～40 mm)	m^3	1	61	61
4					
材料小计					2871
三	施工机械				
1	灰浆搅拌机 200L	台班	5	14.69	73.45
2					
施工机械小计					73.45
合计					3759.45

总承包服务费计价表

工程名称：××职业技术学院团委办公楼（建筑工程）　　　　第 1 页共 1 页

序号	项目名称	项目价值(元)	服务内容	费率(%)	金额(元)
1	发包人发包专业工程	20000.00	1. 按专业工程承包人的要求提供施工并对施工现场统一管理，对竣工资料统一汇总整理 2. 为专业工程承包人提供垂直运输机械和焊接电源接入点，并承担运输费和电费	3.000	600.00
合计				600.00	

规费、税金项目清单与计价表

工程名称：××职业技术学院团委办公楼（建筑工程）　　　　第 1 页共 1 页

序号	项目名称	计算基础	费率(%)	金额(元)
1	规费			8909.39
1.1	工程排污费			
1.2	劳保费用	232015	3.650	8468.56
1.3	工程定额测定费			
1.4	危险作业意外伤害保险费	232015	0.190	440.83
2	税金	240925	3.445	8299.86
合计＝1＋2				17209.25

主要材料项目与价格表

工程名称：××职业技术学院团委办公楼(建筑工程)　　　　第 1 页共 5 页

序号	材料编码	材料名称	规格、型号等特殊要求	单位	单价(元)
1	610000100009000	土石方、拆除、搬运工日		工日	36
2	610000100003000	综合工日		工日	48
3	610000100001000	综合工日	装饰工	工日	58
4	400101300001000	白水泥		kg	0.604
5	400100300003000	水泥	42.5	kg	0.525
6	400100300001000	水泥	32.5	kg	0.52
7	430100900001000	扁钢		kg	4.62
8	430100700005000	螺纹钢筋	∅20 以外	t	4900
9	430100700003000	螺纹钢筋	∅20 以内	t	4935
10	430100700001000	螺纹钢筋		kg	4.921
11	430100300005000	圆钢	∅10 以内	t	5155
12	430100300001000	圆钢筋		kg	5.163
13	420101300107000	锯木屑		m^3	10.98
14	420101300007000	松木锯材		m^3	869
15	420101300001000	杉木锯材		m^3	976
16	420101100021000	竹脚手板		m^2	8
17	420100300009000	杉枋材		m^3	1246
18	420100300005000	杉板材		m^3	1246
19	420100100013000	杉圆木		m^3	835
20	400501700007000	滑石粉		kg	0.3
21	400501500003000	粘土膏		m^3	30
22	400501500001000	石灰膏		m^3	210
23	400500700051000	碎石	20～40 mm	m^3	61
24	400500700045000	碎石	5～40 mm	m^3	61
25	400500700041000	碎石	5～20 mm	m^3	61
26	400500700039000	碎石	5～16 mm	m^3	61
27	400500500049000	中(细)砂	损耗 2%＋膨胀 1.18	m^3	105
28	400500500047000	中(粗)砂	损耗 2%＋膨胀 1.18	m^3	105
29	400500500021000	粗砂		m^3	45.26
30	400500100005000	红砖	240 mm×115 mm×53 mm	块	0.48

主要材料项目与价格表

工程名称:××职业技术学院团委办公楼(建筑工程)　　第 2 页共 5 页

序号	材料编码	材料名称	规格、型号等特殊要求	单位	单价(元)
31	570100300191000	普通混凝土 C30(42.5) 碎石 40 mm 塌落度 30～50 mm		m^3	263.907
32	570100300189000	普通混凝土 C25(42.5) 碎石 40 mm 塌落度 30～50 mm		m^3	245.627
33	570100300185000	普通钢筋混凝土 C20 (42.5) 碎石 40 mm 塌落度 30～50 mm		m^3	239.37
34	570100300157000	普通混凝土 C25(42.5) 碎石 20 mm 塌落度 30～50 mm		m^3	261.899
35	570100300155000	普通混凝土 C20(42.5) 碎石 20 mm 塌落度 30～50 mm		m^3	242.522
36	570100300141000	普通混凝土 C20(42.5) 碎石 16 mm 塌落度 30～50 mm		m^3	251.872
37	570100100159000	普通混凝土 C25(42.5) 碎石 40 mm 塌落度 10～30 mm		m^3	239.709
38	570100100063000	普通混凝土 C15(32.5) 碎石 40 mm 塌落度 10～30 mm		m^3	231.214
39	570700900093000	107 胶素水泥浆		m^3	796.085
40	570700900087000	素水泥浆		m^3	781.685
41	570700900077000	纸筋石灰筋		m^3	230.655
42	570700900037000	石灰砂浆 1∶3		m^3	179.79
43	570700700029000	混合砂浆 1∶2∶8		m^3	242.03
44	570700700013000	混合砂浆 1∶0.3∶3		m^3	329.56
45	570700700009000	混合砂浆 1∶0.2∶2		m^3	369.42
46	570700500009000	水泥砂浆 1∶3(32.5)		m^3	317.825
47	570700500007000	水泥砂浆 1∶2.5(32.5)		m^3	359.945
48	570700500005000	水泥砂浆 1∶2(32.5)		m^3	384.295
49	570700500001000	水泥砂浆 1∶1(32.5)		m^3	462.005
50	570700300003000	砌筑混合砂浆 M5(32.5)		m^3	208.838
51	500500100177000	拉杆螺栓		kg	4.3
52	481300100013000	乙炔气		m^3	25.5
53	481100500009000	107 胶		kg	1.2

主要材料项目与价格表

工程名称：××职业技术学院团委办公楼(建筑工程)　　　　　　第 3 页共 5 页

序号	材料编码	材料名称	规格、型号等特殊要求	单位	单价(元)
54	480300700039000	酒精		kg	5.9
55	480300700009000	催干剂		kg	6.7
56	480100500087000	熟桐油		kg	13.15
57	480100500083000	石油液化气		瓶	43.86
58	480100500045000	清油		kg	18.3
59	480100500013000	防腐油		kg	9.8
60	480100300023000	油漆溶剂油	200＃	kg	4.67
61	480100300021000	油漆溶剂油		kg	4.67
62	470900100185000	橡胶石棉垫圈	δ4	kg	7.12
63	470500100005000	醇酸漆稀释剂		kg	5.35
64	470103300123000	玻璃胶	350 g	支	8.8
65	470103300105000	银粉		kg	32.4
66	470103300053000	无光调和漆		kg	10.59
67	470103300015000	防锈漆(红丹)		kg	12
68	470103300001000	漆片	各种规格	kg	19.5
69	470100900003000	醇酸磁漆		kg	11.56
70	452103700121000	地脚螺栓		个	0.79
71	440100100001000	焊接钢管		kg	4.83
72	430500300007000	钢丝绳	∅8	kg	5.89
73	410500900131000	铝合金推拉窗(不含玻璃)		m^2	216
74	403100100421000	其他材料费		元	1
75	403100100363000	水		m^3	2.15
76	403100100291000	羧甲基纤维素		kg	6.1
77	403100100169000	隔离剂		kg	1.07
78	403100100125000	大白粉		kg	0.44
79	403100100117000	不干胶带		m^2	20
80	402900700045000	嵌缝料		kg	7
81	402900700029000	改性沥青乳胶		kg	2.2
82	402900700019000	密封油膏(塑料油膏)		kg	1.68
83	402900700009000	嵌缝油膏	CSPE330 mL	支	7

主要材料项目与价格表

工程名称:××职业技术学院团委办公楼(建筑工程)　　　　第4页共5页

序号	材料编码	材料名称	规格、型号等特殊要求	单位	单价(元)
84	402900300017000	SBS玻璃布胎改性沥青卷材(铝箔)		m^2	13.98
85	402700500089000	焊剂		kg	3
86	402700100003000	电焊条		kg	3.8
87	402500700001000	草袋		m^2	1.36
88	402500500043000	纸筋		kg	0.46
89	402500100061000	砂布	1.5#	张	0.67
90	402500100043000	豆包布(白布)	0.9 m宽	m	4
91	402500100011000	棉纱头		kg	3.68
92	402302100479000	小五金费用		元	1
93	402302100455000	石料切割锯片		片	12
94	402302100409000	门架(1260*914)		榀	32
95	402302100217000	连接棒		个	1.8
96	402302100215000	门架(1260*1930)		榀	56
97	402302100195000	砂纸		张	0.28
98	402302100193000	交叉支撑		副	14
99	402302100191000	可调托座		个	20
100	402302100189000	固定底座		个	20
101	402301900023000	合金钢钻头	∅10	个	4.65
102	402300900013000	普通门锁		把	9.8
103	402300900009000	磁性门碰		套	2.1
104	402300300239000	扣件、底座使用费		个·月	0.3
105	402300300237000	钢管使用费		t·月	105
106	402300300127000	铁钉		kg	4.28
107	402300100047000	铁砂布	0#～2#	张	0.6
108	402300100033000	镀锌铁丝	22#	kg	6.5
109	402300100003000	镀锌铁丝	8#	kg	3.42
110	402100700553002	挤塑板	30 mm厚	m^2	18
111	401700700043000	聚氨酯乙料		kg	17
112	401700700041000	聚氨酯甲料		kg	17
113	401700700021000	乳胶漆		kg	14

主要材料项目与价格表

工程名称：××职业技术学院团委办公楼(建筑工程)　　　　第 5 页共 5 页

序号	材料编码	材料名称	规格、型号等特殊要求	单位	单价(元)
114	401700100011000	聚醋酸乙烯乳液		kg	7.2
115	401500700183000	胶合板(18 厚、一级、酚醛)		m^2	35
116	401302100003000	石膏粉		kg	0.66
117	401100100003000	平板玻璃	5 厚	m^2	34
118	401100100001000	平板玻璃	3 厚	m^2	15
119	400902900025000	陶瓷面砖	95 * 95	m^2	25
120	400902900017000	陶瓷地面砖	600 * 600	m^2	55
121	400900500007000	缸砖	150 * 150	m^2	12.888
122	400703500013000	杉木胶合板门		m^2	90
123	400300300049000	加气混凝土砌块	600 * 200 * 200	块	6.336
124	622300100389000	其他机械费		元	1
125	621700100093000	电渣焊机		台班	145.78
126	621700100071000	直流弧焊机	32 kW	台班	75.25
127	621700100031000	交流电焊机	30 kV·A	台班	61.01
128	621700100023000	对焊机	75 kV·A	台班	90.99
129	621300100245000	石料切割机		台班	18.48
130	621300100115000	木工圆锯机	∅500	台班	19.7
131	621300100069000	电锤	520 kW	台班	7.46
132	621300100015000	管子切断机	∅60	台班	15.73
133	621300100013000	钢筋弯曲机	∅40	台班	19.36
134	621300100011000	钢筋切断机	∅40	台班	33.41
135	621100100041000	混凝土振捣器	插入式	台班	8.36
136	621100100039000	混凝土振捣器	平板式	台班	9.32
137	621100100015000	灰浆搅拌机	200 L	台班	14.69
138	621100100003000	电动滚筒式混凝土搅拌机	400 L	台班	116.75
139	620900100013000	单筒慢速电动卷扬机	5 t	台班	101.94
140	620700100063000	平板振动器		台班	9.15
141	620700100017000	载重汽车	6 t	台班	385.61
142	620100100087000	电动夯实机	20～62 kg·m	台班	16.37

思考题

5.1 工程量清单计价的一般程序是什么？

5.2 简述工程量清单计价的方法。

5.3 应从哪几方面去理解招标控制价及其规定？

5.4 招标控制价的计价依据是什么？

5.5 招标控制价的编制包括哪些内容？编制招标控制价应注意哪些问题？

5.6 编制招标控制价有哪些程序？

5.7 编制投标价的原则是什么？

5.8 应根据哪些依据编制投标价？

5.9 编制投标价包括哪些内容？

5.10 承发包双方在合同条款中对哪些事项应进行约定？

5.11 工程款的主要结算方式有哪几种？如何进行工程预付款的支付？

5.12 索赔处理有哪些程序？如何进行索赔的计算？

5.13 工程变更价款的确定方法有哪几种？

5.14 工程竣工结算的主要依据有哪些？竣工结算的程序是什么？

5.15 竣工结算有哪几种审查方法？审查内容包括哪些？

5.16 工程计价出现争议时，有哪几种解决办法？

第 6 章　工程造价软件应用

6.1　国内工程造价软件发展概况

计算机和网络技术的迅速发展，不但为工程造价信息的采集和共享创造了有利条件，而且也推动了工程招标投标和工程造价管理工作模式的不断完善。尽管西方发达国家经历了上百年的市场经济历程，在工程造价计价和管理上具有很成熟的模式和规则，但由于工程计价计算机技术的应用和普及的时间较晚，还由于他们注重工程建设最终数据分析和行业的控制与指导，而国内软件发展重点在于完善工程定额数据库和工程概预算的编制过程，注重工程建设概预算编制基础的完善，所以国内在工程造价编制方面的软件应用存在着一定优势。

在 20 世纪 60 年代，一些经济发达国家开始使用计算机完成部分工程造价编制工作，而我国最早是 1973 年由华罗庚教授领衔的应用数学小分队在沈阳进行的应用计算机编制工程预算试点。随后华罗庚向当时的国家建委建议在北京设立一台中心计算机，负责全国的建筑工程概预算工作的构想，揭开了中国计算机辅助编制工程预算的序幕。然而，由于当时计算机技术还不成熟，计算机软硬件设施都非常昂贵，在一段时间内，只有一些大型建筑公司有限地运用了一些初级应用软件。

到 20 世纪 80 年代初期，部分省市造价管理机构开始编制当地的工程概预算软件，一些大型的建筑公司也开始开发一些成本管理系统，如中建总公司的 E921 系统。20 世纪 90 年代后，一些专业从事造价软件开发的公司相继成立，大大促进了造价软件业的发展。如武汉海文、海口神机、北京广联达、福建晨曦等软件公司相继研发的工程概预算软件、工程量自动计算软件、钢筋统计软件等基本上解决了工程预算定额计价模式下的工程量计算及工程预算编制问题，并逐渐在全国各地得到广泛应用。

20 世纪 90 年代以来，信息技术得到了空前发展。一方面，硬件的计算能力、存储容量以摩尔定律即每 18 个月翻一番的速度发展，低价拥有高性能的个人电脑成为可能；另一方面，软件工具功能也不断强大，数据库技术、开发工具的发展提高了数据存储和处理的能力及软件制作水平，太大改善了用户界面。同时，数据库技术在联机事务分析上的进步，使得可以利用信息技术收集积累大量已完工程数据，特别是互联网在全球的迅速普及震撼了各个行业，极大改善了人机界面和信息获取的手段，也解决了工程造价管理中信息量大、不易采集等问题。计算机和网络技术的迅速发展，为造价信息的采集和共享创造了条件，以网络为平台的工程招标投标和工程造价管理的工作模式也都发生了日新月异的变化。从 21 世纪初开始，随着新的计价模式和管理体制的逐步建立和完善，迫切需要工程造价管理信息化，工程计价与管理软件出现了新的需求。

综上所述，信息技术的进步和发展，使提高工程预(决)算编制精度成为可能。同时，信息技术的应用为工程管理、定额数据库、工程量计算，相关信息的收集、分析、处理以及信息网构成等创造了有利条件。目前，国内可供选择的工程造价软件有工程预(决)算软件、定额管理软件、工程量计算软件、钢筋抽样和钢筋用量软件、指标搜集与分析系统等。

6.2 工程造价软件的应用

工程造价软件包括钢筋抽样软件、算量软件和计价软件。

现以晨曦清单计价 2008 软件为例，介绍计价软件的具体操作流程。

6.2.1 概述

晨曦清单计价 2008 根据《建设工程工程量清单计价规范》(GB50500-2008)、福建省 2005 消耗量定额、2002 安装定额及相关配套文件编制完成。在继承晨曦计价系列软件优点的基础上，界面更加简洁合理，功能更加实用灵活，数据计算更加准确快速。

1. 兼容多种数据

可以导入晨曦算量数据、XML 文件、Excel 文件和清单计价 2005 工程文件等常用算量和计价数据，包含“清单计价”和“定额计价”两种模式，提供“清单计价”转为“定额计价”的功能。

2. 多级目录管理

继承晨曦计价系统多级目录管理的特色，在一个项目中可以完成所有单位工程的编制，各级数据可以跨工程自由复制、粘贴，使工程数据管理更加方便灵活。

3. 调价准确灵活

(1)系统内置多种常用造价模板，工程造价模板自由编辑；

(2)简单设置取费条件，一步完成整个工程所有费用的取费工作，大大提高工作效率；

(3)不同时期的政策规定，可以灵活设置是否执行，让计价过程如鱼得水；

(4)材料价格可以采用多选、分类、批量调整。

4. 投标安全快速

(1)导入招标单位提供的多种标准数据(清单或控制价)；

(2)投标报价和控制价自动对比，低于标准时自动提示，大大降低废标的几率；

(3)不可竞争费用保持高于最低标准，让调价无后顾之忧；

(4)系统和工程计算规则分开，每个工程都可以单独设置计算规则。

5. 报表多样输出

(1)灵活的报表方案管理，可自定义报表方案；

(2)多样的输出条件设置,快速实现不同格式报表生成,满足各种需求;

(3)所有报表的小数位统一设置,报表打印没有一“点”烦恼。

6.2.2　资源

1. 系统要求

运行平台:Windows XP/2000/2003/Vista/Win7。

CPU:处理器 800 MHz 以上。

内存:64 MB 以上。

硬盘:200 MB 以上的硬盘空间。

显示:最小 800×600(建议使用 1024×768 以上)屏幕分辨率。

Internet:部分辅助功能需要互联网接入。

2. 软件安装

将晨曦清单计价(GB50500-2008)安装盘放入光驱中,点击启动界面中的链接,打开软件安装欢迎界面(图 6-1)。

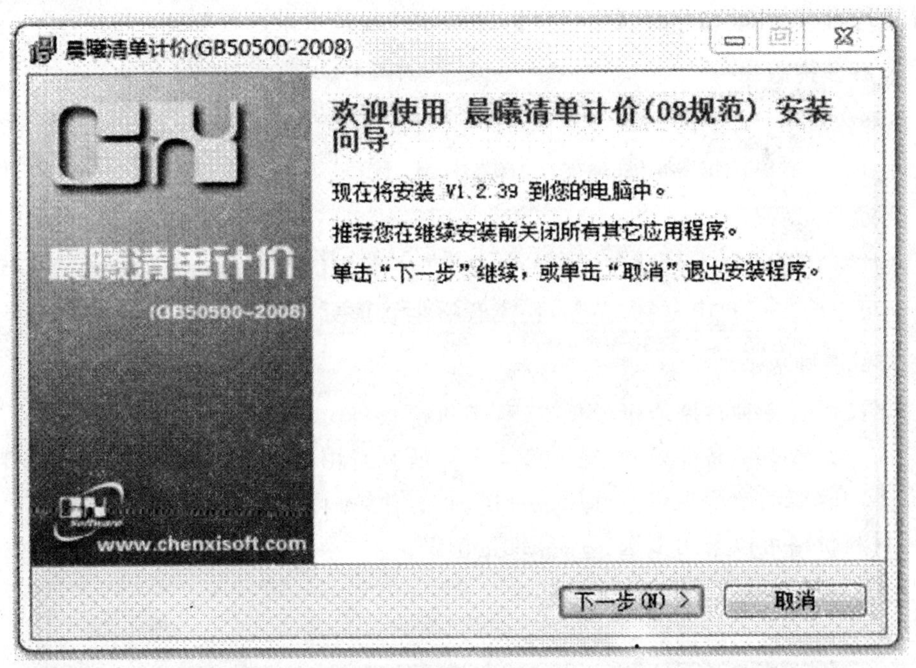

图 6-1　软件安装欢迎界面

点击【下一步】,进入用户许可协议界面(图 6-2)。

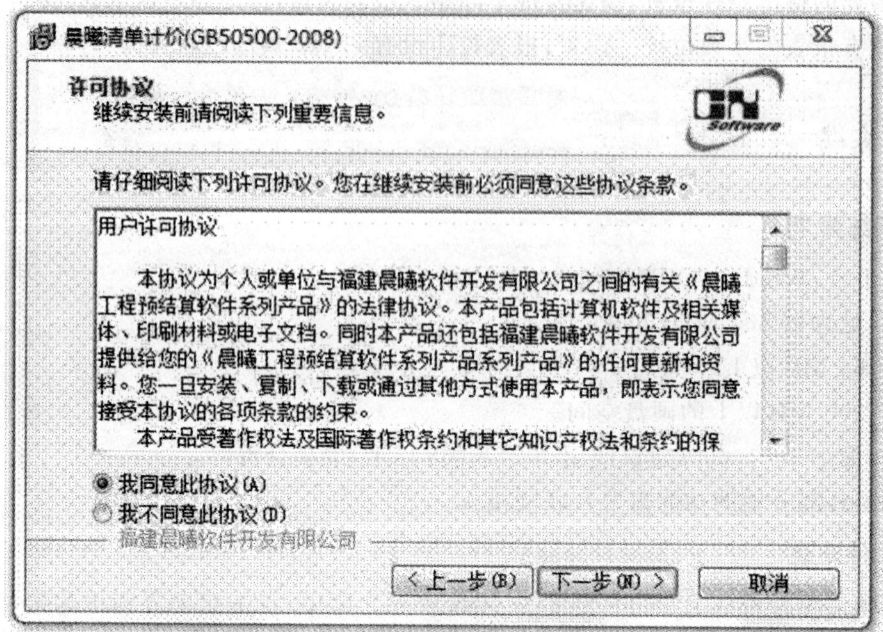

图 6-2 用户许可协议界面

选择【我同意此协议】,点击【下一步】,进入软件安装目录选择界面(图 6-3)。

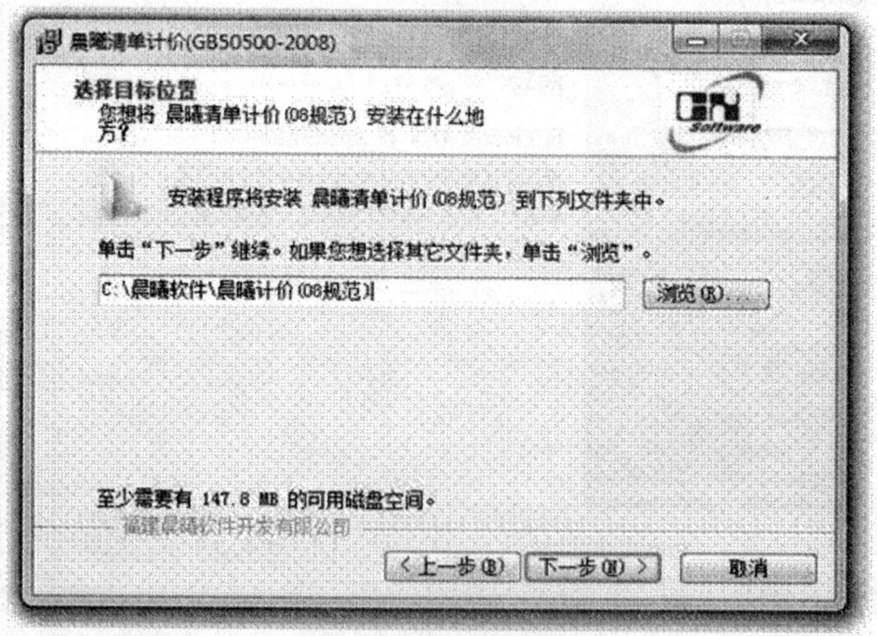

图 6-3 软件安装目录选择

为了避免由于系统崩溃导致工程数据丢失,建议将软件安装在非系统盘上。

在安装目录地址栏中可以直接修改安装地址,点击【浏览】可以选择软件安装位置。

设置软件安装目录后点击【下一步】,根据安装步骤提示执行即可完成软件安装(图 6-4)。

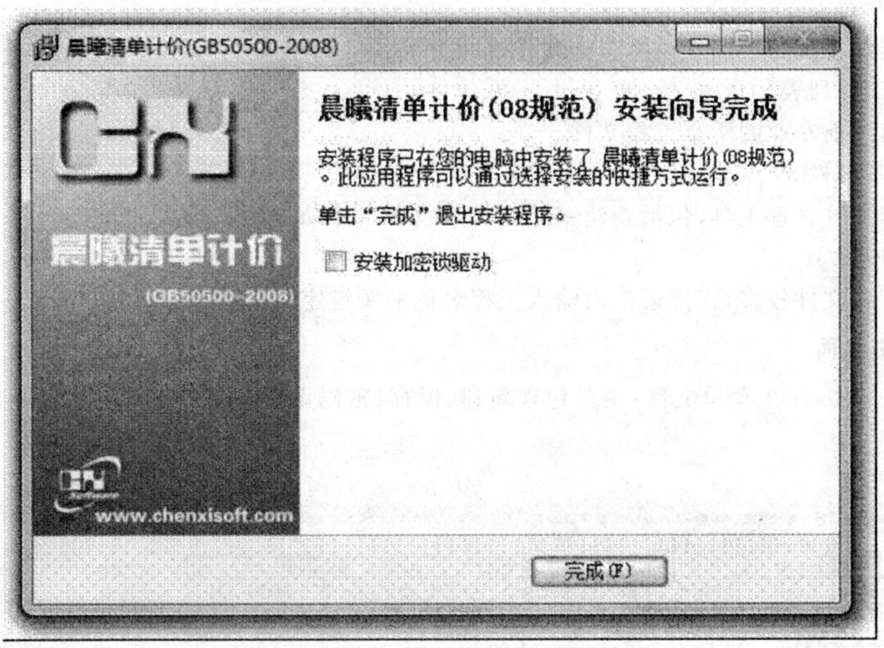

图 6-4　安装向导完成

6.2.3　软件简介

1. 工程台账

界面如图 6-5 所示：

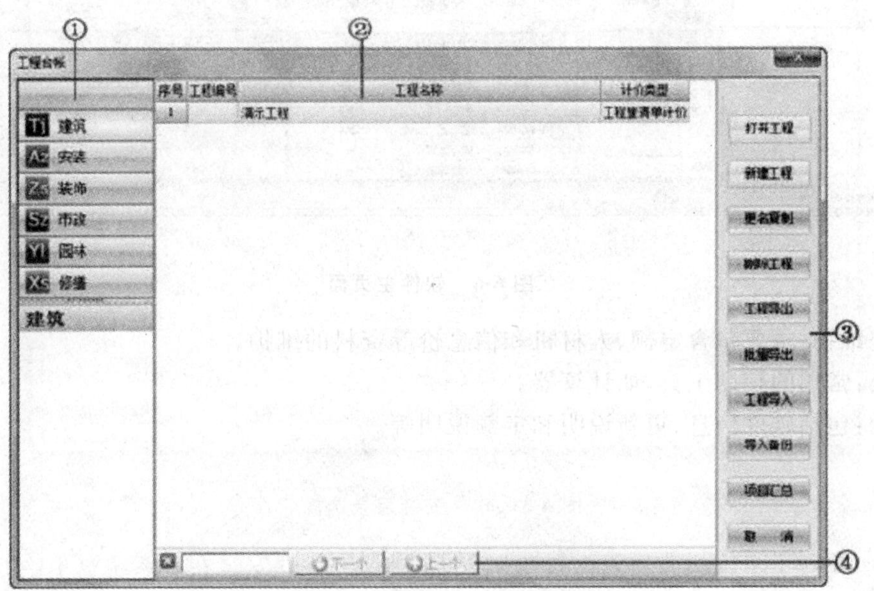

图 6-5　工程台账

(1)专业①

根据消耗量定额按专业将工程文件进行分类。

(2)工程列表②

列出当前专业的所有工程文件。

(3)工具栏③

工程文件管理工具,包括新建、删除、导入及导出等功能。

(4)搜索④

当工程文件较多,在搜索框内输入工程名称的关键字来进行搜索。

2. 主界面

图 6-6 中,①主菜单文件:主要包含新建、保存、密码设置及文件数据导出等功能。

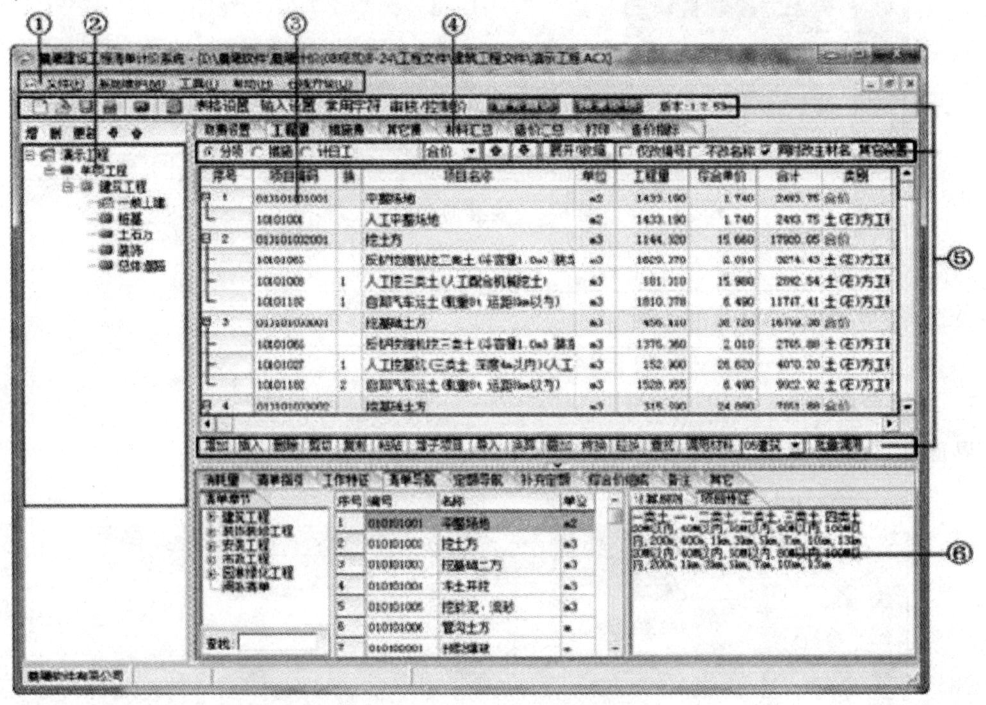

图 6-6　软件主页面

系统维护:主要包含定额、人材机和信息价等资料的维护。

工具:常用的辅助工具,如计算器。

帮助:包括软件信息、更新说明和定额说明等。

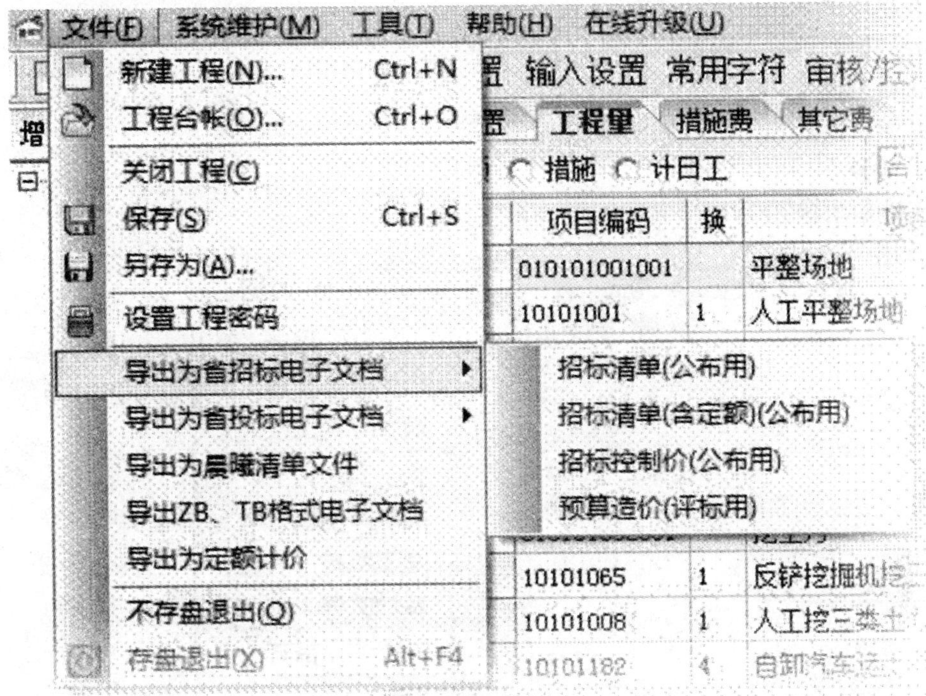

图 6-7　主菜单文件

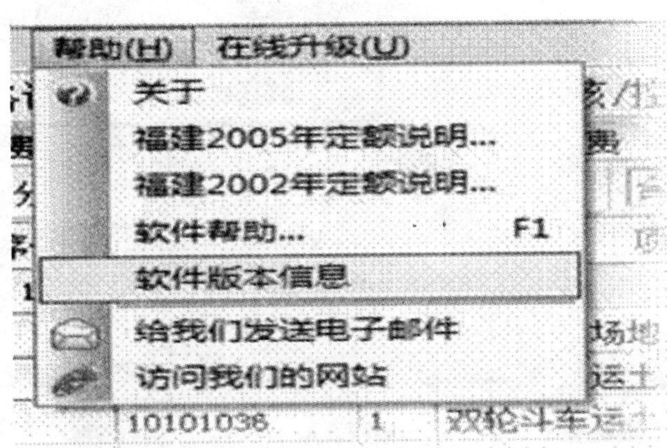

图 6-8　帮助

在线升级:通过在线升级,完成软件版本和信息价升级。

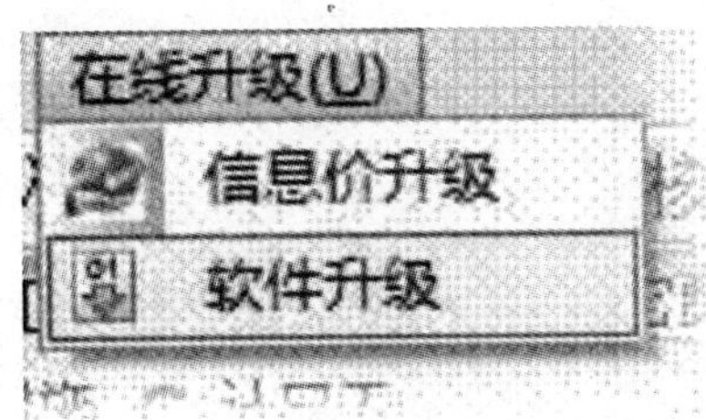

图 6-9　在线升级

②工程目录。

单击鼠标右键对工程的目录进行各种调整。

③数据编辑区。

④界面切换。

⑤工具栏。

⑥属性编辑区。

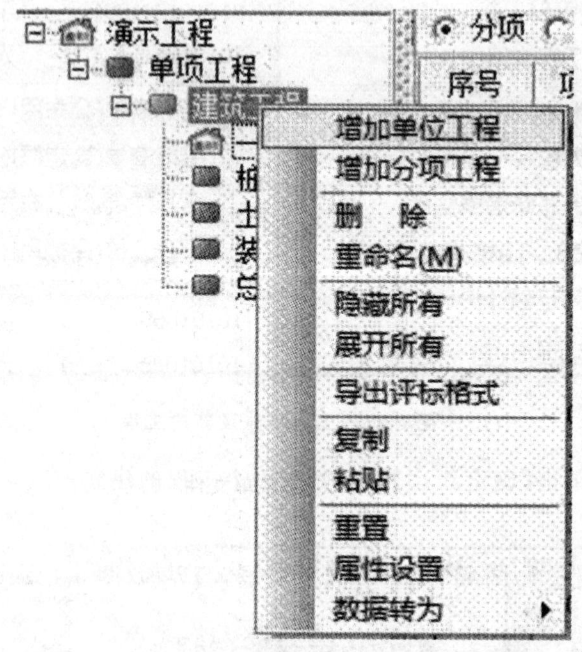

图 6-10　工程目录

3. 工作流程

图 6-11　工作流程

6.2.4　快速入门

1. 创建工程

通过双击桌面快捷图标(或从【开始】→【程序】→【晨曦软件】)运行本系统，进入工程台账界面(图 6-12)。

单击【新建工程】可以打开【新建工程】界面，在【新建工程】界面选择对应的专业，输入和

图 6-12　工程台账及新建工程

设置工程相关信息，单击【确定新建】即可完成一个工程的建立。

2. 取费设置

单击【取费设置】选项卡，可以进入到【取费设置】界面(图 6-13)。

取费设置　工程量　措施费　其它费　材料汇总　造价汇总　打印　造价指标

造价模板　工程量清单计价规范GB50500-2008

通用取费　增加 插入 重置 删除

序号	编号	名称	费率	合价	计算式	变量
1	1	人工费		22.42		RGF
2	2	材料费				CLF
3	3	机械使用费				JXF
4	4	企业管理费	23	0.66	[1+3]*费率	ZHF
5	5	风险费			[1+2+3+4]*费率	FXF
6	6	利润	2.5	0.46	[1+2+3+4]*费率	LIRU
7	7	综合单价		23.54	1+2+3+4+5+6	ZHPY

费用条件设置

序号	名称	内容	设定取费范围
1	工程类别	二类	本单位工程
2	劳保等级	甲类	本单位工程
3	核定劳保等级	甲类	本单位工程
4	单独施工类别	非单独装饰及单独土石方	本单位工程
5	外墙装饰	有外墙装饰	本单位工程
6	缩短工期		本单位工程
7	工程所在地	福州地区	本单位工程
8	税金区域	市区(含县级市)	本单位工程

按设定范围取费　统一费用设置

使用系统费率　应用于本单位工程　% 管理费调整

序号	类别	系统费率(%)	费率(%)	默认
1	土(石)方工程	3	3	默认
2	桩基工程	8	8	默认
3	砌筑工程一类	22	22	
4	砌筑工程二类	20	20	默认
5	砌筑工程三类	17	17	
6	混凝土工程一类	26	26	
7	混凝土工程二类	23	23	默认
8	混凝土工程三类	20	20	
9	木结构工程	17	17	默认
10	金属结构一类	18	18	
11	金属结构二类	15	15	默认
12	金属结构三类	13	13	
13	屋面及防水	17	17	默认
14	防腐隔热	17	17	默认
15	模板及支架一类	15	15	
16	模板及支架二类	13	13	默认
17	模板及支架三类	11	11	
18	脚手架一类	15	15	
19	脚手架二类	13	13	默认

自定义类别：定额类别不在上面表格时，取自定义类别

①
②

图 6-13　取费设置

根据工程的实际信息在【取费条件设置】①中选择工程取费参数，在【取费条件设置】中选择取费条件后，系统自动完成管理费、利润、措施费、规费和税金等费率的计取。

在右边的【管理费和利润管理】②中可以对管理费和利润的费率进行修改，请修改“费率(%)”列的数值，“系统费率(%)”作为参照用，修改不起作用。

3. 项目输入

单击【工程量】选项卡，可以进入到【工程量】界面(图 6-14)。

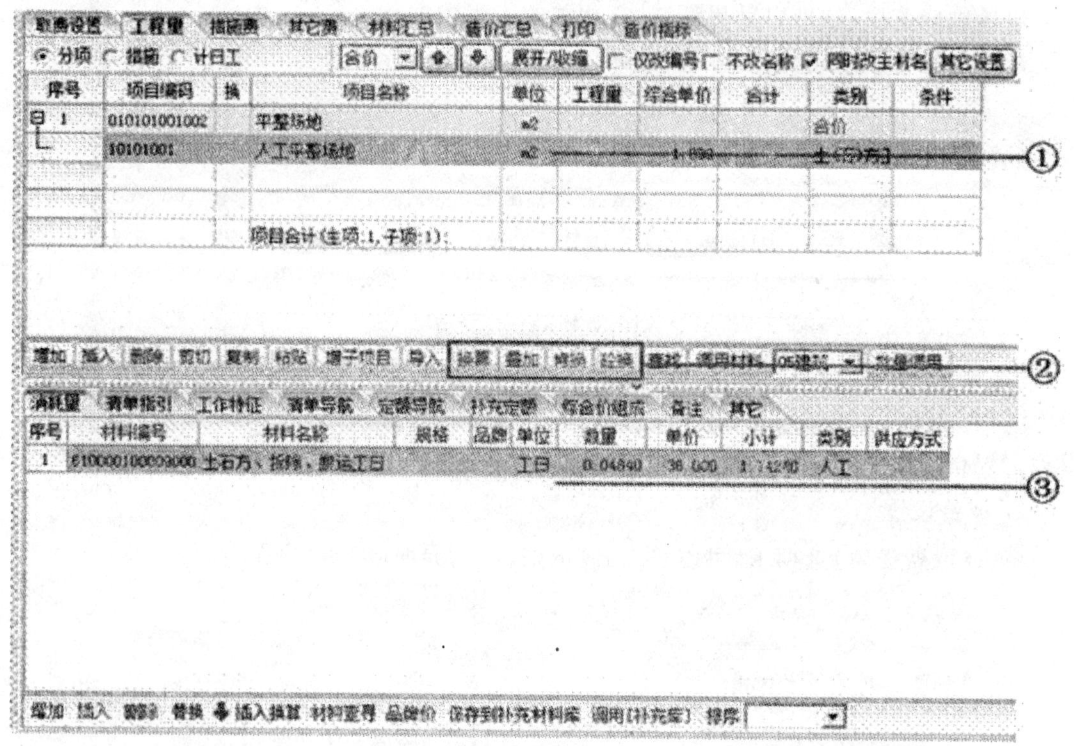

图 6-14　工程量界面

在【清单/定额编辑区】①完成清单/定额的输入及编辑。

在“项目编号”列输入清单/定额编号，系统自动调用出对应的清单/定额的详细信息；在“工程量”列输入对应的工程量，系统会自动完成清单/定额的综合单价和合计的计算。

通过点击表头如“项目名称”来改变该列内容的编辑状态，表头字体为黑色说明该列的内容可以进行编辑，蓝色则为锁定状态不能进行编辑。

通过【定额常用换算功能】②完成对定额的换算。

换算：点击【换算】可以打开换算窗口，包含定额基本系数换算、换算记录查看及换算恢复等功能。

叠加：通过【叠加】功能可以对该定额的叠加换算。

肯换：通过【肯算】功能可以完成标准定额规定的基本换算。

砼换：通过【砼换】功能可以完成对定额的混凝土及砂浆的换算。

在【项目属性】区③，可以查看到清单、定额项目的详细组成信息，也可以通过清单导航和定额导航完成项目的调用工作。

4. 价格调整

单击【材料汇总】，可以进入到【材料汇总】界面对各种材料市场价进行调整。

点击需要修改价格的材料所对应的“市场价”列，输入市场价即可完成该材料的市场价格调整。

市场价修改后，软件自动更新、计算相关的工程数据。

被修改的材料市场价以“红色”字体显示加以区别。

取费设置　工程量　措施费　其它费　材料汇总　造价汇总　打印　造价指标

材料分类：◉ 所有 ○ 人工 ○ 材料 ○ 机械 ○ 半成品 ○ 主材 ○ 设备 ○ 浮动价 ○ 单价=0 ○ 甲供 ○ 甲定 ☑ 显示造价

原造价 1175.75　当前造价 1175.75　修改价差 0.00　累计价差 0.00

序号	材料编号	材料名称	规格	单位	信息价	市场价	数量	合计	打印
1	610000100003000	综合工日		工日	48.000	48.000	4.418	212.05	☑
2	400100300003000	水泥	42.5	kg	0.432	0.432	685.125	295.97	☑
3	400100300001000	水泥	32.5	kg	0.399	0.42	194.030	81.49	☑
4	430100700001000	螺纹钢筋		kg	4.727	4.727	0.142	0.67	☑
5	430100300011000	圆钢	Φ10以内	kg	4.550	4.550	0.124	0.56	☑
6	420101300007000	松木锯材		m3	1292.000	1292.000	0.008	10.47	☑
7	400500700045000	碎石	5～40mm	m3	67.500	67.500	3.624	244.64	☑
8	400500500049000	中(细)砂	损耗2%+膨胀1.1	m3	66.000	66.000	0.000	0.01	☑
9	400500500047000	中(粗)砂	损耗2%+膨胀1.1	m3	66.000	66.000	1.955	129.05	☑
10	570100100157000	普通混凝土C20(42.5)		m3	189.321	189.321	3.045	576.48	☑
11	570100100061000	普通混凝土C10(32.5)		m3	170.540	174.572	1.010	176.32	☑
12	570700500005000	水泥砂浆1:2(32.5)		m3	281.589	293.139	0.000	0.06	☑
13	470900100185000	橡胶石棉垫圈	δ4	kg	7.000	7.000	0.070	0.49	☑
14	403100100421000	其他材料费		元	1.000	1.000	0.800	0.80	☑
15	403100100363000	水		m3	2.530	2.530	3.989	10.09	☑
16	403100100169000	隔离剂		kg	1.050	1.050	0.200	0.21	☑
17	402700500089000	焊剂		kg	22.000	22.000	0.563	12.38	☑
18	402700100003000	电焊条		kg	5.800	5.800	0.011	0.06	☑
19	402500700001000	草袋		m2	1.500	1.500	1.080	1.62	☑
20	402300300127000	铁钉		kg	6.100	6.100	0.154	0.94	☑
21	402300100003000	镀锌铁丝	8#	kg	7.120	7.120	0.004	0.03	☑
22	401500700183000	胶合板（18厚、一级、		m2	37.000	37.000	0.320	11.84	☑
23	621700100093000	电渣焊机		台班	144.580	144.580	0.024	3.53	☑
24	621700100065000	直流电焊机	32kW	台班	74.470	74.470	0.001	0.06	☑

图 6-15　材料汇总

5. 打印

单击【打印】选项卡，可以进入到【打印】界面进行各种报表打印输出。

在【打印方案】②区域选择需要使用的报表方案，系统会在【报表列表】③区域列出该方案下的所有报表，选择报表后单击工具栏①或点击鼠标右键中的【预览】、【打印】和【Excel】可完成报表的预览和输出。

在【打印设置】④区域的【格式】、【空项】和【小数位】里可以完成对报表格式的设置。

格式:设置报表的显示格式。

空项:一些为“0”或空的项目,设置是否将其打印出来。

小数位:统一设置所有报表数据的小数位。

图 6-16 打印界面

6.2.5 工程编制

1. 新建工程

通过以下几种方法进入到【新建工程】的界面:

单击【工程台账】中的【新建工程】按钮;

单击【文件】下拉菜单 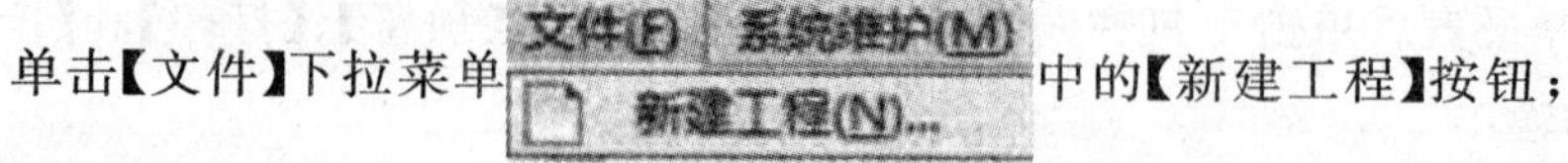

中的【新建工程】按钮;

也可以利用快捷键【Ctrl＋N】来完成调用【新建工程】界面。

(1)专业选择

选择工程的专业。

新建工程后可以增加其他专业的单位工程，在一个工程文件里可以包含所有专业的单位工程。

通过切换默认专业可以调用其他专业的定额。

(2)工程信息设置

输入工程名称、编号，选择计价模式、信息价等工程信息。

工程信息设置完成后，点击【确定新建】即可完成工程的新建。

设置密码：为了保证工程数据的安全，通过点击【设置密码】来为工程文件设置一个安全密码。

存为默认：通过【存为默认】可以将"计价模式"、"地区"等信息设置为默认。

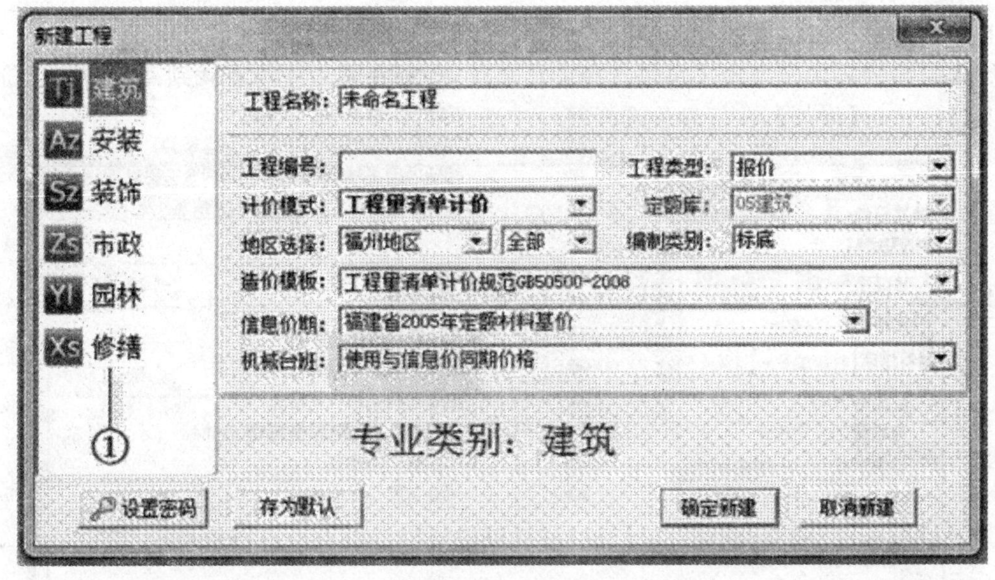

图 6-17　新建工程界面

2. 工程概况

在工程概况里输入工程项目相关的信息。

3. 计价依据

选择单位工程节点，点击【计价依据】选显卡可以进入到信息价和文件调整界面。

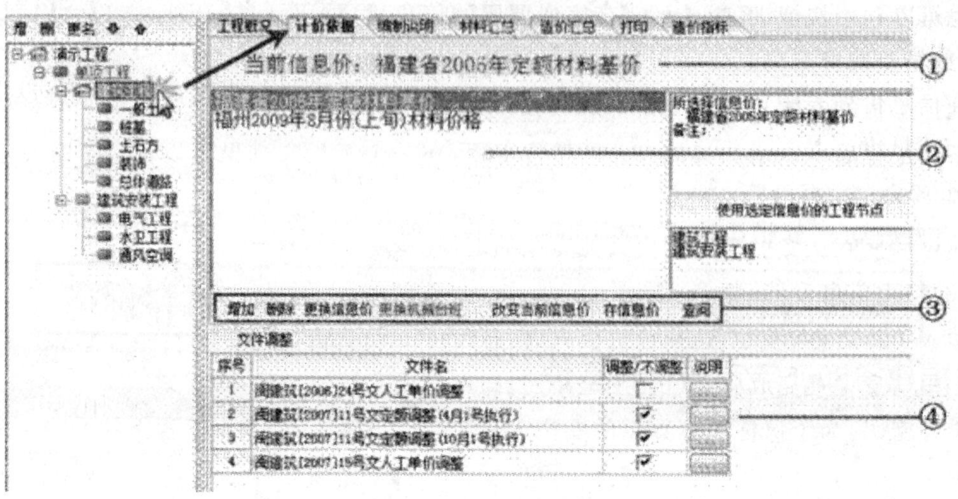

图 6-18 计价依据

(1)信息价设置

在当前信息价处①查看到当前选择的单位工程采用哪期的材料信息价。

在信息价列表中②列出了可供选择的信息价,如果在列表中没有找到需要的信息价,点击工具栏③中的【增加】,在信息价选择窗口中选择所需要的信息价。

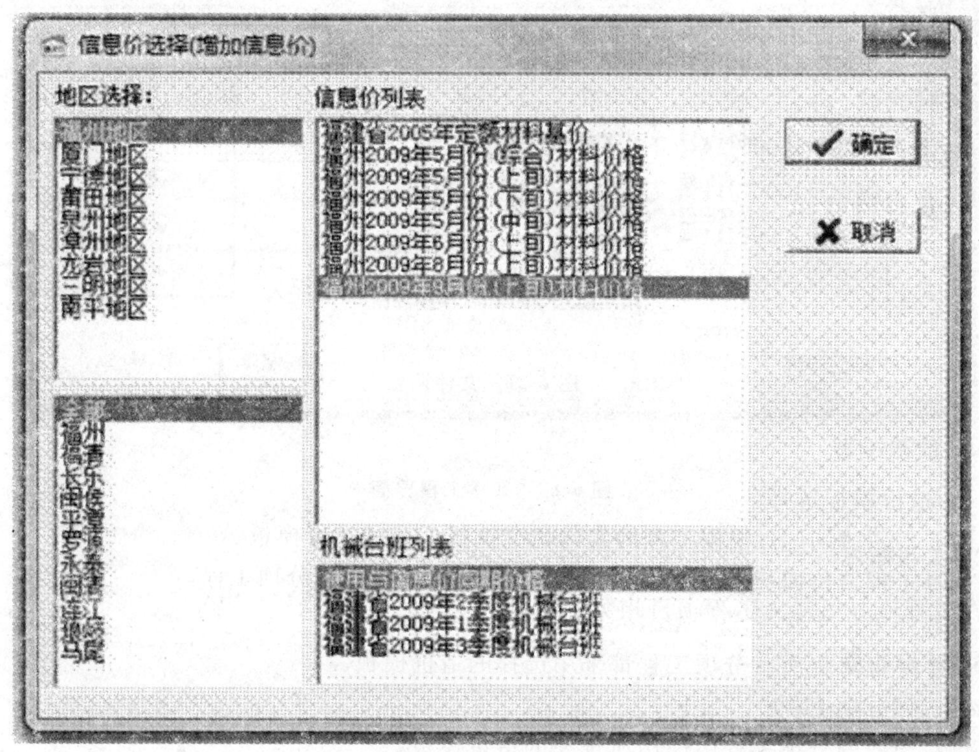

图 6-19 信息价选择

选择信息价后点击【确定】即可将信息价增加到信息价列表中。

如果在信息价选择窗口中没有找到需要的信息价，可以通过【在线升级】→【信息价升级】下载最新的材料信息价。

在信息价列表中选择信息价后点击【改变当前信息价】，可以把选中的信息价设为工程使用的信息价。

图 6-20　把选中的信息价设为工程使用的信息价

(2)文件调整

造价管理部门会根据实际需要对消耗量定额、费用定额和信息价等行进调整，根据需要再选择是否调整。

文件调整

序号	文件名	调整/不调整	说明
1	闽建筑[2006]24号文人工单价调整	☐	...
2	闽建筑[2007]11号文定额调整(4月1号执行)	☑	...
3	闽建筑[2007]11号文定额调整(10月1号执行)	☑	...
4	闽建筑[2007]15号文人工单价调整	☑	...

图 6-21　文件调整

4. 取费设置

(1)造价模板选择

图 6-22 中所示①，根据工程的实际情况选择适合的造价模板。

选择工程造价模板时可以设置其应用范围：单位工程和分项工程。

1)选择单位工程

整个单位工程所有分项工程都采用选择的造价模板。

2)选择分项工程

仅在当前的分项工程中应用所选择的造价模板。

(2)综合单价计算程序修改

图 6-22 中所示②，当默认的综合单价计算程序不能满足实际需要时，自行修改综合单价程序来实现。

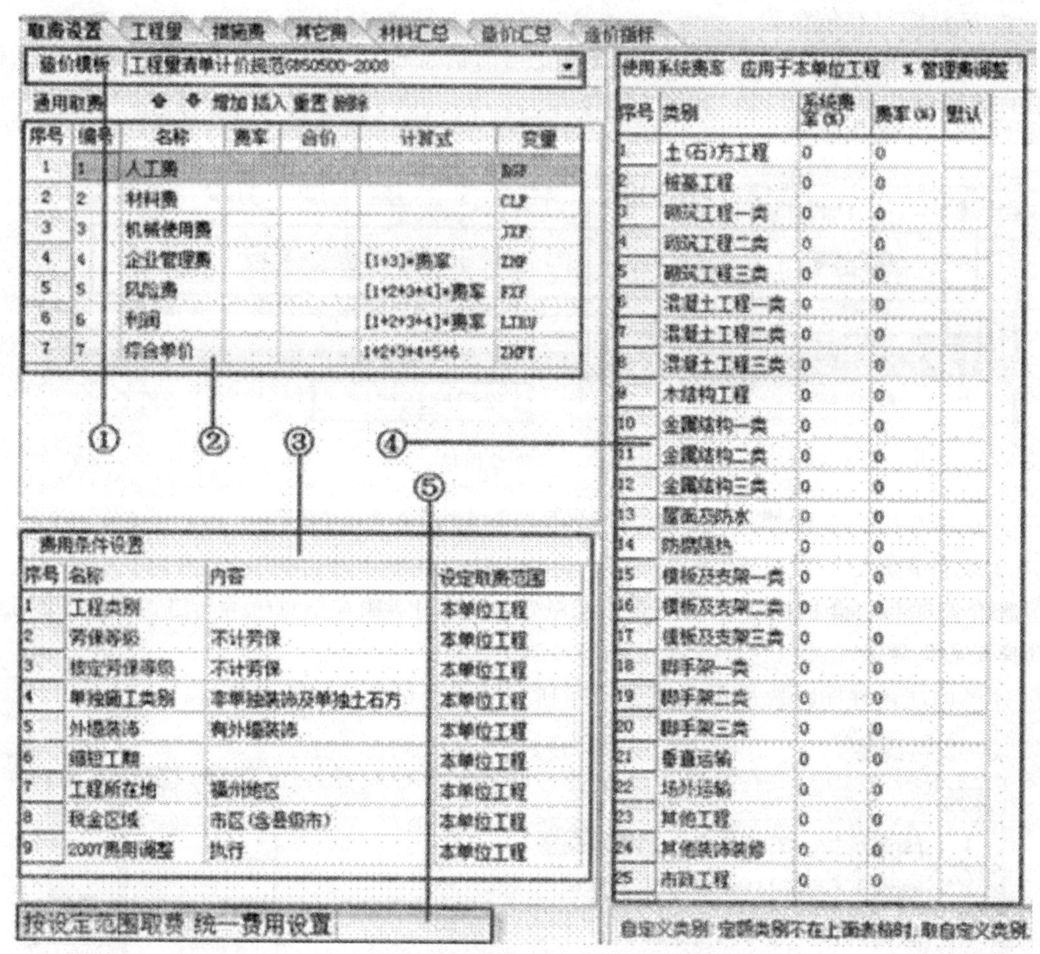

图 6-22　取费设置

造价模板　工程量清单计价规范GB50500-2008

通用取费

工程量清单计价规范GB50500-2008

工程量清单计价规范GB50500-2008(含核定劳保)

工程量清单计价规范GB50500-2008(甲供材料不计风险费)

不计费计税

不计费不计税

工程量清单计价规范GB50500-2008(含厦门两贴)

序号	编号
1	1
2	2

图 6-23　综合单价计算程序修改

在合适的位置插入费用项(如图 6-24 所示第 7 项)。

序号	编号	名称	费率	合价	计算式	变量
1	1	人工费				RGF
2	2	材料费				CLF
3	3	机械使用费				JXF
4	4	企业管理费			[1+3]*费率	ZHF
5	5	风险费	0.5		[1+2+3+4]*费率	FXF
6	6	利润			[1+2+3+4]*费率	LIRU
7	7	演示费用	2		[1+2+3+4+5+6]*费率	YSFY
8	8	综合单价			1+2+3+4+5+6+7	ZHFY

图 6-24　修改费用项

设置好该费用的信息:编号、名称、费率、计算式和变量等信息。

修改综合单价的计算式:让增加的费用汇总人综合单价。

费率修改:计算程序中的管理费和利润的费率将通过实际定额的分类情况取定,在此处修改无效,风险费费率可以在计算程序直接修改。

综合单价计算程序将应用于当前分项除独立取费项目之外的所有项目。

(3)取费条件设置

图 6-22 中所示③,只要在取费条件设置区设置好各种取费条件,即可一次性完成费用定额规定的各项费用的取费(包含管理费、利润、各项措施费、规费和税金等)。

(4)管理费、利润设置

图 6-22 中所示④,取费条件设置完成后,在右边可以看到各项管理费和利润的费率。

1)费率修改

在"费率(%)"列可以修改各项管理费和利润的费率,费率被修改后将以红色字体加以区分显示(图 6-25);"系统费率(%)"中的数值为费用定额中规定的费率,作为修改费率时参照用,不能对其进行修改。

使用系统费率　应用于本单位工程　※管理费调整

序号	类别	系统费率(%)	费率(%)	默认
1	土(石)方工程	3	3	默认
2	桩基工程	8	8	默认
3	砌筑工程一类	22	22	
4	砌筑工程二类	20	15	默认
5	砌筑工程三类	17	17	
6	混凝土工程一类	26.	26	
7	混凝土工程二类	23	23	默认
8	混凝土工程三类	20	20	

图 6-25　费率修改

2)费率批量修改

当管理费类别较多的时候,点击【管理费调整】来完成批量修改。

在【管理费调整】中输入固定值或百分比,点击【固定费率】或【%管理费调整】来完成管理费的批量调整。

在【管理费调整】中设置管理费和利润费率的小数位。

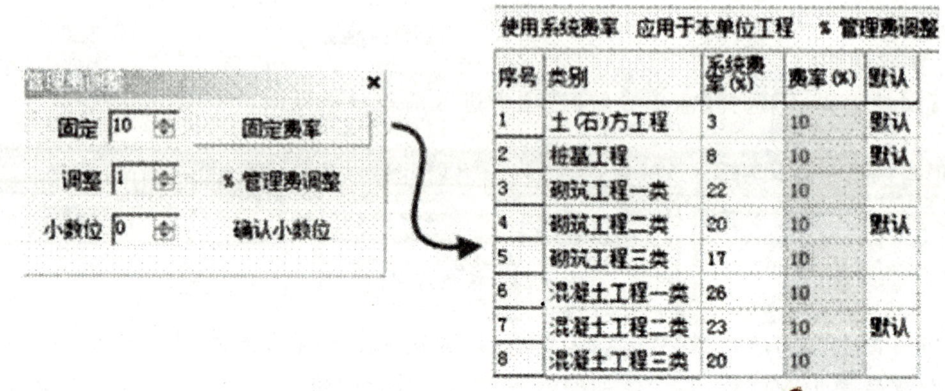

图 6-26　费率批量修改

3)应用范围

通过点击【应用于本单位工程】将上面所设置的管理费和利润应用到整个单位工程中。

4)费率恢复

当发现费率修改不当的时候,可以点击【使用系统费率】一次性将所有费率恢复成系统费率。

(5)应用范围设置

图 6-22 中所示⑤设置应用范围,并通过【统一费用设置】(图 6-27)将综合单价计算程序、取费条件设置和管理费利润费率的设置应用到整个单位工程。

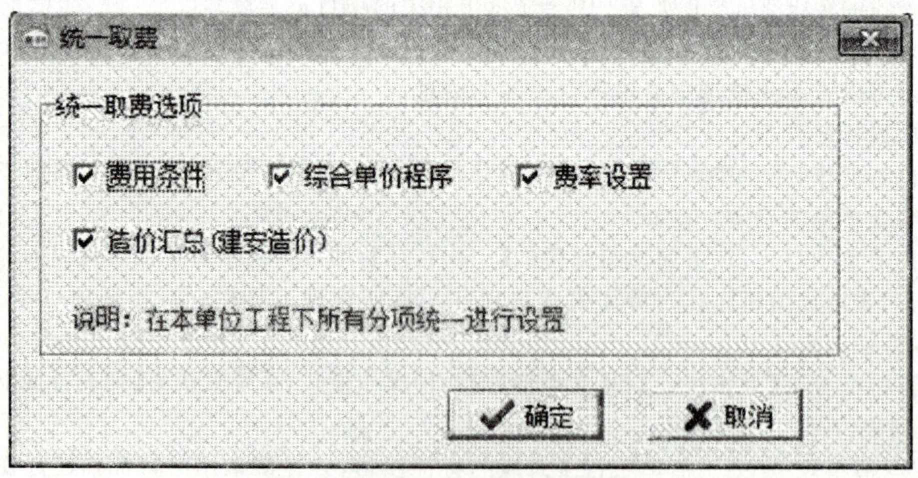

图 6-27　统一取费窗口

5. 工程量

(1)清单项目管理

1)清单项目输入

a. 直接输入

在【项目编号】中直接输入清单编号,如 010101001,软件自动根据清单编码调出该清单的相关信息(项目名称、单位、工作特征和清单指引等)。

b. 导航调用

在【属性编辑区】选择【清单导航】选项卡进入清单导航界面。

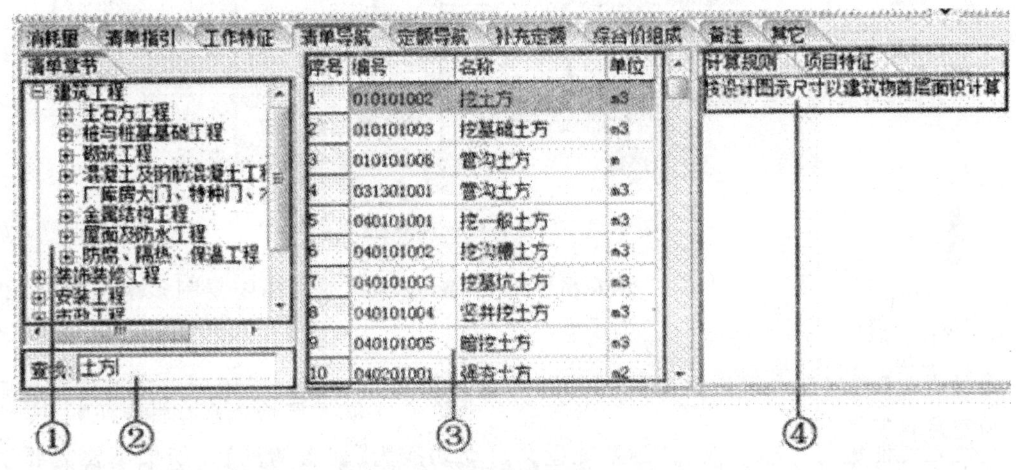

图 6-28　清单导航调用

在清单章节①中选择需要的章节后,在清单列表③中会显示出该章节所包含的清单项目,双击需要的清单项目即可完成清单项目的调用。

如果知道清单项目中的部分名称,可以通过查找快速完成项目调用,在查找编辑框②输入需要查找的关键字,清单列表③中会显示出相关的项目。

输入多个关键字可以大大提高项目查找速度,多个关键字间用半角逗号隔开。

在④可以查看到被选中清单项目更多的信息。

2)项目特征管理

项目特征作为清单项目的重要组成部分,项目特征描述是否准确直接关系到工程量清单项目综合单价的确定。

选择清单项目后,点击属性编辑区的【工作特征】,即可进入项目特征管理界面:

①:列表特征编辑区;②:特征模式选项;③:特征管理工具栏;④:特征项目是否输出;⑤:文本特征编辑区。

项目特征分为【列表特征】和【文本特征】两种操作模式,系统默认为【列表特征】模式。

a. 列表特征

根据《清单规范》列出清单项目所对应的特征项目,并提供常用的特征描述。在特征描述下拉菜单选择需要的特征描述,也可以直接在特征描述处输入所需要的内容。

b. 文本特征

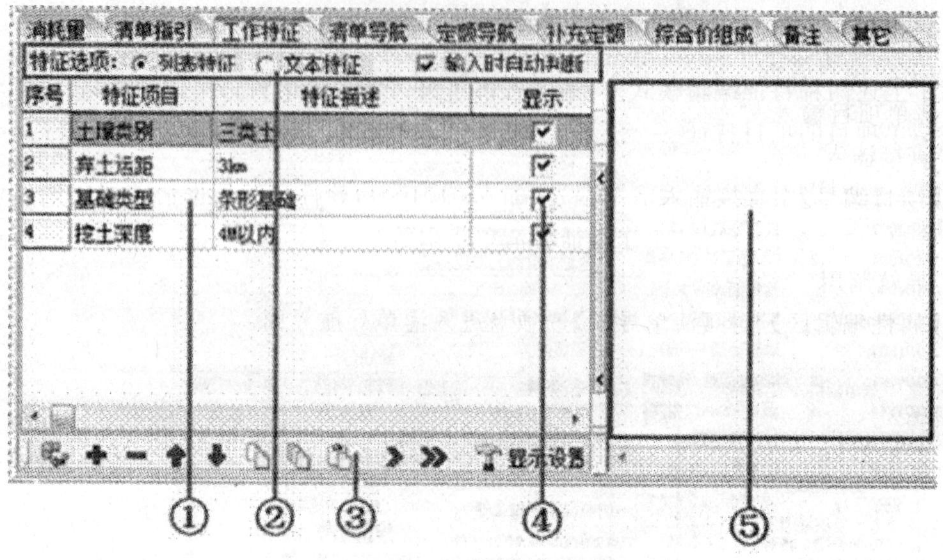

图 6-29　项目特征管理界面

【文本特征】为一种纯文本的特征编辑模式，当需要从其他文档中复制多条项目特征时，采用【文本特征】可以大大提高的工作效率。

c. 特征模式转换

当在文本特征编辑区输入内容时，系统会自动将特征模式切换为【文本特征】。当然如果又到列表特征编辑区输入内容后，系统也会自动切换为【列表特征】。如果不要需要系统自动转换特征模式，可以将【输入时自动判断】前的打钩去除。

注：特征模式只能采用一种，只有被选中模式下的特征内容才有效，才能被打印或输入到其他格式的文档中。

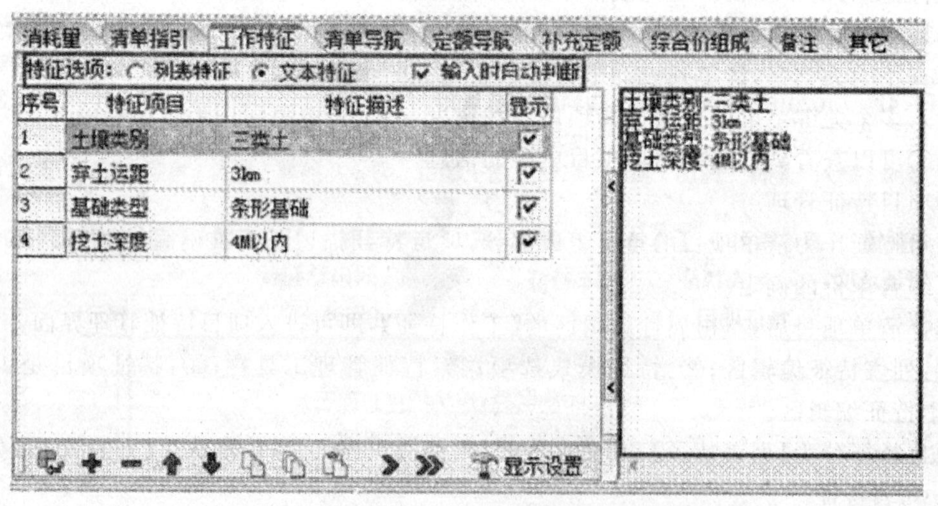

图 6-30　特征模式转换

d. 是否显示特征项目

在特征列表中【显示】打钩，特征项目的内容将会被打印或在将工程数据转换成其他文档时输出。点击工具栏中的【显示设置】可以进行批量设置。

e. 定额项目转为特征

除了上述两种特征编辑模式外，系统提供了另一种快捷的特征生成功能，将定额名称转为所在清单项目的项目特征。

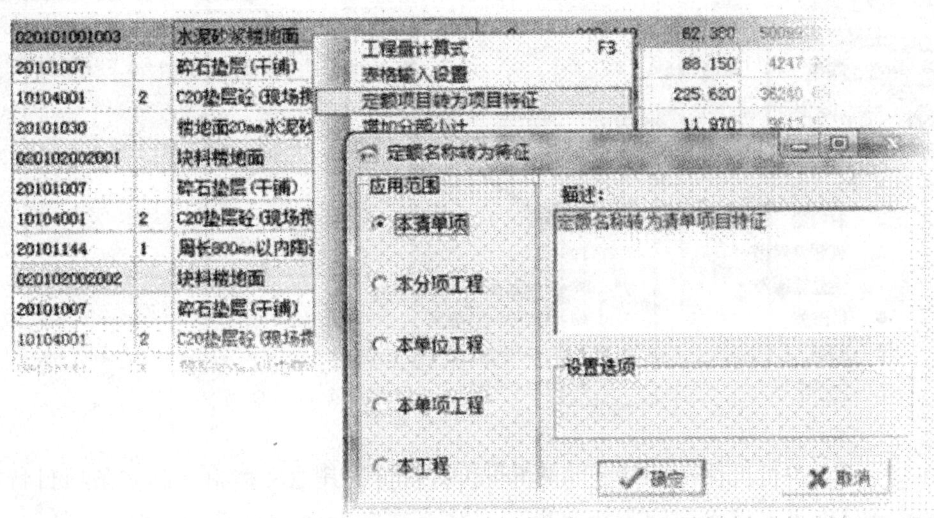

图 6-31　定额名称转为项目特征

选择需要的清单项目，单击鼠标右键选择【定额项目转为项目特征】，在弹出窗口中选择对应的应用范围后点击【确定】即完成将定额名称为转为清单项目特征。

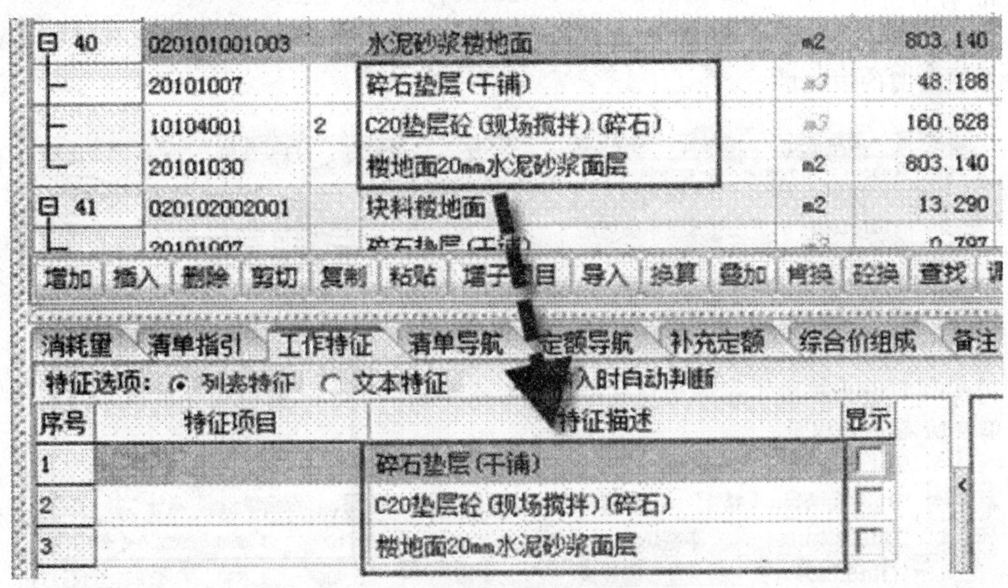

图 6-32　定额名称转换项目特征示例

3）单价组成

在【综合价组成】中查看构成清单项目综合单价的各项费用的详细数据。

序号	项目编码	换	项目名称	单位	工程量	综合单价	合计
3	010101003001		挖基础土方	m3	456.410	38.720	17672.20
	10101065		反铲挖掘机挖三类土(斗容量1.0m3 装	m3	1376.06	2.120	2917.25
	10101027	1	人工挖基坑(三类土 深度4m以内)(人工	m3	15[illegible].900	28.110	4298.02
	10101182	2	自卸汽车运土(载重8t 运距3km以内)	m3	1528.955	6.840	10458.05

增加 插入 删除 剪切 复制 粘贴 增子项目 导入 换算 叠加 砼换 查找 调用材料 05建筑

消耗量 清单指引 工作特征 清单导航 定额导航 补充定额 综合价组成 备注 其它

序号	编号	名称	费率%	合价	计算式
1	1	人工费		9.55	
2	2	材料费		0.07	
3	3	机械使用费		27.10	
4	4	企业管理费		1.09	[1+3]*费率
5	5	风险费		0.18	[1+2+3+4]*费率
6	6	利润		0.74	[1+2+3+4]*费率
7	7	综合单价		38.72	1+2+3+4+5+6

图 6-33　清单项目综合单价明细

清单项目的综合单价由系统从子项汇总计算得出，不能对其做任何修改。将组价方式改成议价可以直接修改清单项目的综合单价。

a. 组价方式

清单项目的组价方式分为合价、单价和议价三种方式。

b. 合价组价

清单项目的合计等于定额项目合计的汇总。合价组价下定额的工程量为完成清单项目全部数量所需的工程量。

序号	项目编码	换	项目名称	单位	工程量	综合单价	合计	类别
1	010101001001		平整场地	m2	1433.190	1.830	2622.74	合价
	10101001		人工平整场地	m2	1433.190	1.830	2622.74	土(石)方工

图 6-34　清单项目的合价组价

c. 单价组价

清单项目的单价等于定额项目合计的汇总。单价组价下定额的工程量为完成清单项目 1 个单位所需的工程量。

序号	项目编码	换	项目名称	单位	工程量	综合单价	合计	类别
1	010101001001		平整场地	m2	1433.190	1.830	2622.74	单价
	10101001		人工平整场地	m2	1.000	1.830	1.83	土(石)方工

图 6-35　清单项目的单价组价

d. 议价组价

选择议价组价方式，清单的金额不由定额项目汇总得出，可以自行输入清单单价。

序号	项目编码	换	项目名称	单位	工程量	综合单价	合计	类别
日 1	010101001001		平整场地	m2	1433.190	2.600	3726.29	议价
└	10101001		人工平整场地	m2	1433.190	1.830	2622.74	土(石)方]

图 6-36　清单项目的议价组价

e. 组价方式切换

系统默认的组价方式为合价，如果需要采用其他的组价方式，可以通过简单的设置来完成。

f. 批量修改

在【工程量】界面的工具栏中下拉选择组价方式，在弹出确认窗口点击【确定】即可完成组价方式转换。

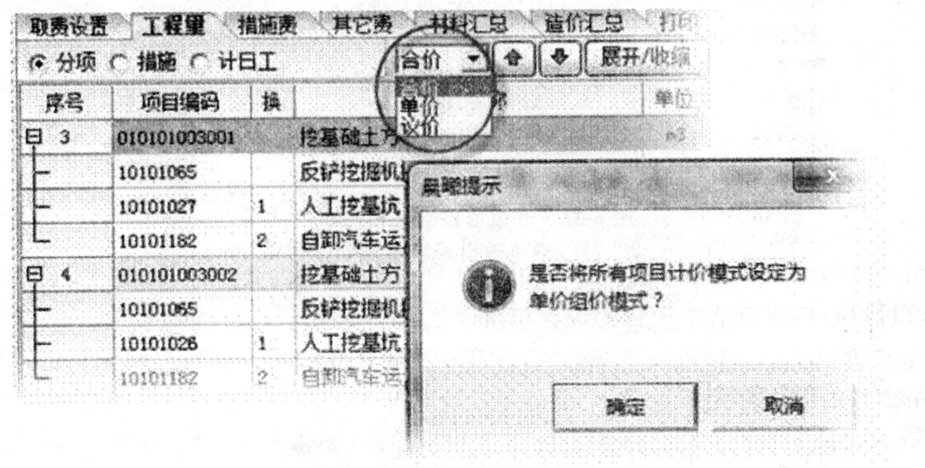

图 6-37　组价方式批量修改

注：通过上述方法将修改整个分项工程所有清单项目的组价方式。

g. 单条修改

在每条清单项目的【类别】中可以单独修改组价方式，下拉选择即可。

项目编码	换	项目名称	单位	工程量	综合单价	合计	类别
010101003001		挖基础土方	m3	456.410	38.720	17672.20	合价
10101065		反铲挖掘机挖三类土(斗容!	m3	1376.060	2.120	2917.25	合价
10101027	1	人工挖基坑(三类土 深度4r	m3	152.900	28.110	4298.02	单价 议价
10101182	2	自卸汽车运土(载重8t 运距	m3	1528.955	6.840	10458.05	土(石)方工程

图 6-38　组价方式单条修改

(2)定额项目管理

1)定额输入

a. 指引输入

编制的工程为清单计价时，可以通过【清单指引】来完成定额项目的调用：在工程量界面中选择一条清单项目后，点击属性编辑区的【清单指引】，在左边选择【工作内容】①，在右边会列出该工作内容所对应的定额项目②，双击需要的定额项目即可完成该定额的调用。

图 6-39　清单指引完成定额项目调动

b. 直接输入

在清单项目下一行输入定额编码，如 10101001，软件自动根据定额编码调出定额名称、单位、消耗量组成等定额信息。

在输入定额编码时只输入后面 5 位章节和顺序码，如输入 01001，软件自动补上当前的专业码。

选择清单项目后点击【增子项目】或按下小键盘上面的“+”都可以增加清单项目子项。

c. 导航调用

在【属性编辑区】选择【定额导航】选项卡进入定额导航界面。

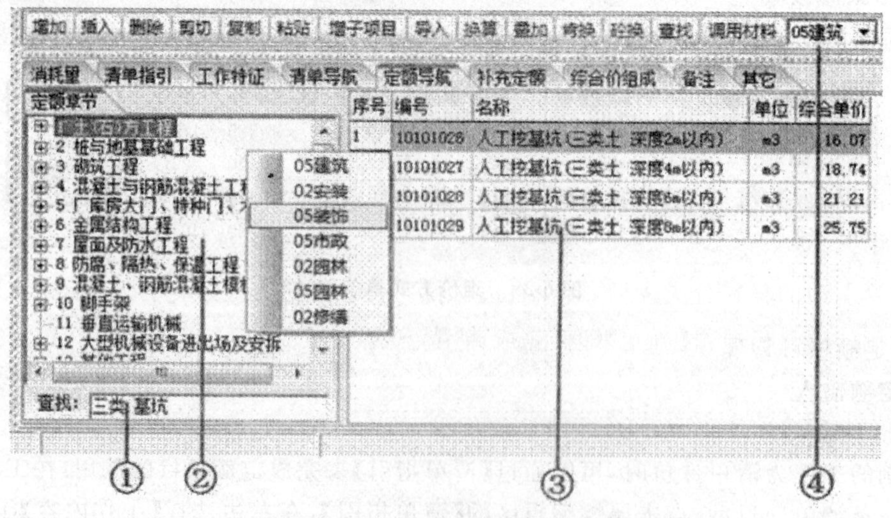

图 6-40　定额导航窗口

在定额章节②中选择需要的章节后，在定额项目列表③中会显示出该章节所包含的定额项目，双击需要的定额项目即可完成定额项目的调用。

如果知道定额项目中的部分名称，可以通过查找快速完成项目调用，在查找编辑框①输入需要查找的关键字，定额列表③中会显示出相关的项目。

输入多个关键字可以大大提高项目查找速度，多个关键字间用半角逗号隔开。

在专业选择④可以切换定额专业，在定额章节区点击鼠标右键同样可以看到相关的操作。

2)消耗量管理

消耗量作为定额项目的重要组成部分，主要包括构成定额单价的基本组成部分：人工、材料和机械详细信息，选择定额后，点击【属性编辑区】的消耗量选显卡即可进入【消耗量】界面。

消耗量　清单指引　工作特征　清单导航　定额导航　补充定额　综合价组成　备注　其它

序号	材料编号	材料名称	规格	品牌	单位	数量	单价	小计	类别	供应方式
1	610000100003000	综合工日			工日	1.07220	48.000	51.46560	人工	
2	402500700001000	草袋			m2	0.33000	1.240	0.40920	材料	
3	403100100363000	水			m3	0.93000	2.006	1.86558	材料	
－4	570100100161000	普通混凝土C30(42.5)			m3	1.01500	193.502	196.40453	半成品	
	400100300003000	水泥	42.5		kg	298.00000	0.410	122.18000	材料	
	400500700045000	碎石	5~40mm		m3	0.88100	41.952	36.95971	材料	
	400500500047000	中(粗)砂	损耗2%+膨胀1.18		m3	0.43900	77.520	34.03128	材料	
	403100100363000	水			m3	0.16500	2.006	0.33099	材料	
5	621100100003000	电动滚筒式混凝土搅拌	400L		台班	0.03240	99.275	3.21651	机械	
6	621100100041000	混凝土震捣器	插入式		台班	0.06390	7.914	0.50570	机械	

增加　插入　删除　替换　插入换算　材料查寻　品牌价　保存到补充材料库　调用[补充库]　排序

图 6-41　消耗量界面

定额消耗量中的人工、材料和机械等信息都是根据标准定额及其相关的配套文件进行编制的。在工程编制过程中根据实际情况对其进行调整。

a. 增加人材机

点击【增加】或【插入】，在【材料查询】查询选择需要的人材机后点击【确定】，即可调用到消耗量中。

选择左边的材料分类①后，会在右边材料列表③中列出该分类中所包含的人材机，选择需要调用的项目后单击【确定】即可完成调用。

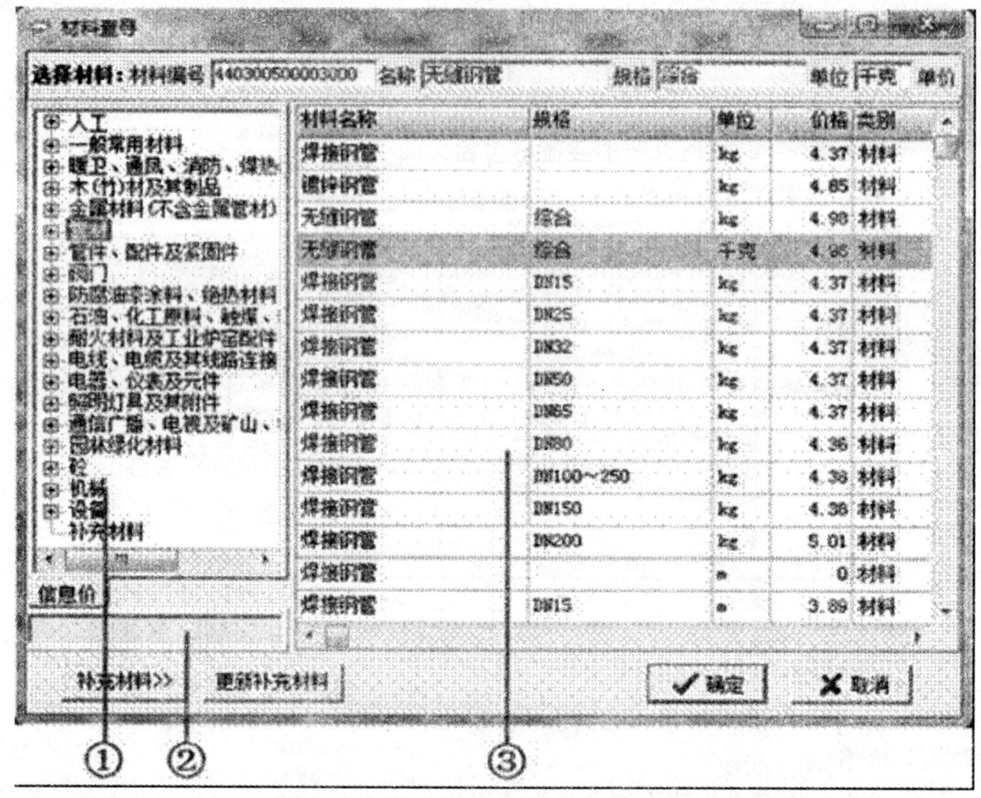

图 6-42　人材机调用

材料分类前有"＋"符号的表示该分类含有子分类，可以点击展开。

可以通过在查找框②中输入关键字快速查找人材机。

人材机调用后记得为其添加数量。

b. 修改信息

人材机的名称、规格、品牌、单位、数量及单价等都可以在该界面中修改，所有的修改信息将保存到换算记录中。

单价修改后可以选择不同的应用范围。

- 仅在本单项中单独使用①

修改的单价仅在当前选择的定额中使用，其他定额中的材料单价不变。

- 在本工程中所有项目使用②

所有定额中的该材料都采用修改的单价，新调用定额里的材料也会自动采用修改的材料单价。

- 通过定额的目标综合单价计算材料单价③

如果希望通过修改该材料的单价使定额的综合单价达到某个值，在目标综合单价后面输入希望值，点击计算材料单价，软件会自动反算出材料所需的单价，然后点击使用范围即可完成材料单价的修改。

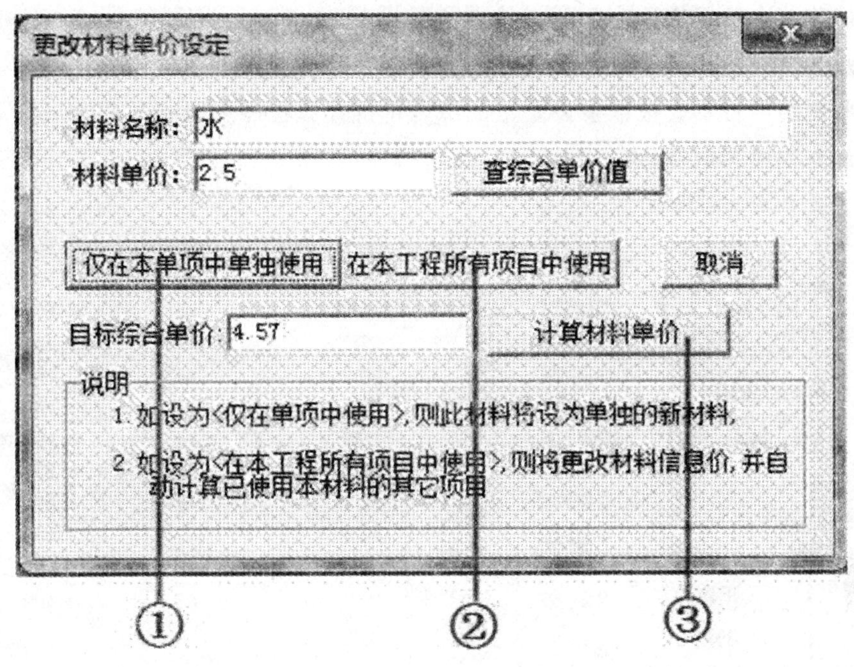

图 6-43　更改材料单价设定窗口

3)综合价组成

在综合价组成中查看构成定额项目综合单价的所有费用组成，也可以单独对某条定额的计算过程进行修改。在图 6-44 中：①通过综合价组成的工具栏对各项费用项目进行增、删、改和移动等操作；②在费率列修改各项费用的费率；③修改各项费用的计算式。

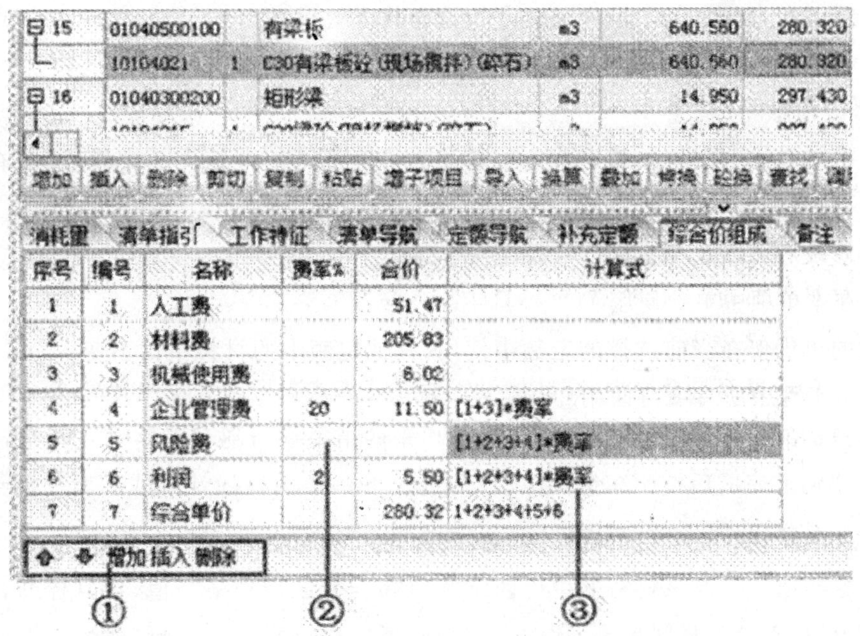

图 6-44　综合价组成窗口

单独修改综合价组成后定额变成独立取费状态(图 6-45),定额编号的底色也以黄色显示加以区别,计算程序修改完成后,软件根据新的计算程序重新计算出工程造价。

独立取费的项目不会被取费设置里的综合单价计算程序和取费所影响。如果需要恢复成正常的计算程序和取费,点击【取消独立取费】即可(图 6-45)。

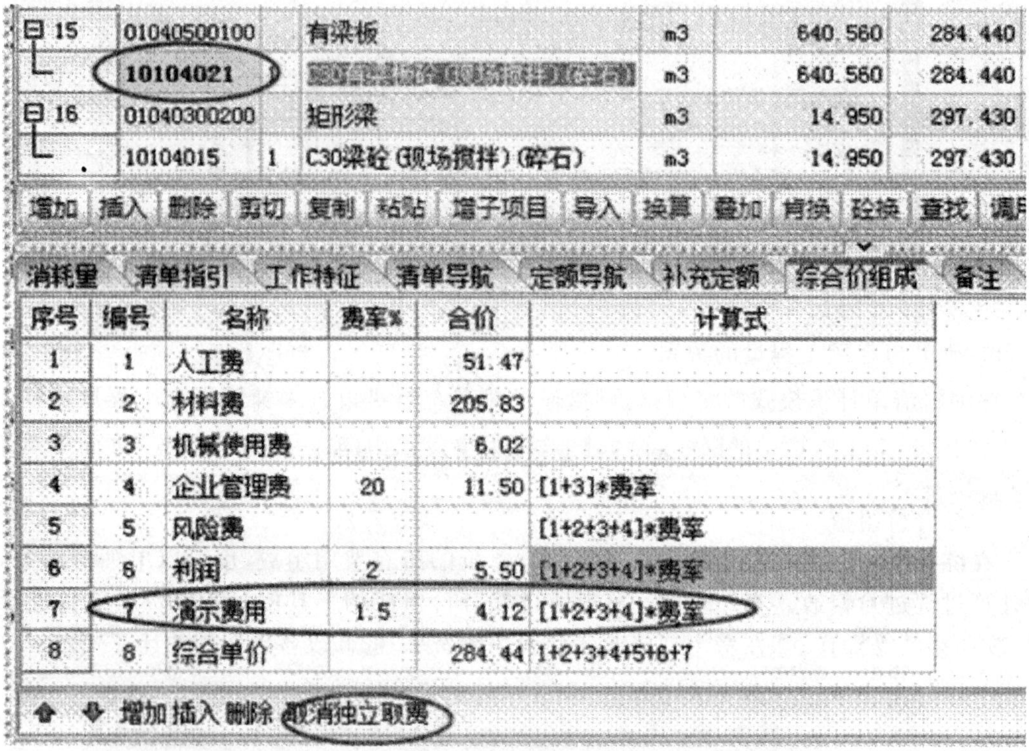

15	01040500100		有梁板	m3	640.560	284.440
	10104021		[illegible]	m3	640.560	284.440
16	01040300200		矩形梁	m3	14.950	297.430
	10104015	1	C30梁砼(现场搅拌)(碎石)	m3	14.950	297.430

增加 插入 删除 剪切 复制 粘贴 增子项目 导入 换算 叠加 肯换 砼换 查找 调用

消耗量 清单指引 工作特征 清单导航 定额导航 补充定额 综合价组成 备注

序号	编号	名称	费率%	合价	计算式
1	1	人工费		51.47	
2	2	材料费		205.83	
3	3	机械使用费		6.02	
4	4	企业管理费	20	11.50	[1+3]*费率
5	5	风险费			[1+2+3+4]*费率
6	6	利润	2	5.50	[1+2+3+4]*费率
7	7	演示费用	1.5	4.12	[1+2+3+4]*费率
8	8	综合单价		284.44	1+2+3+4+5+6+7

增加 插入 删除 取消独立取费

图 6-45 单独修改综合价组成后的独立取费状态显示

(3)工程量输入

1)直接输入

在工程量界面的“工程量”列可以直接输入需要的数值。

a. 通过计算式输入

点击工程量界面工具栏中的【其他设置】→【计算式】,可以调用出计算式编辑器,在这里输入工程量的详细计算式;系统自动将计算出来的结果返回到工程量中。

计算式输入完成后按回车键,系统自动进入下一条项目的计算式编辑。计算式的计算过程会一直被保存,随时可以打开计算式编辑器来查看。

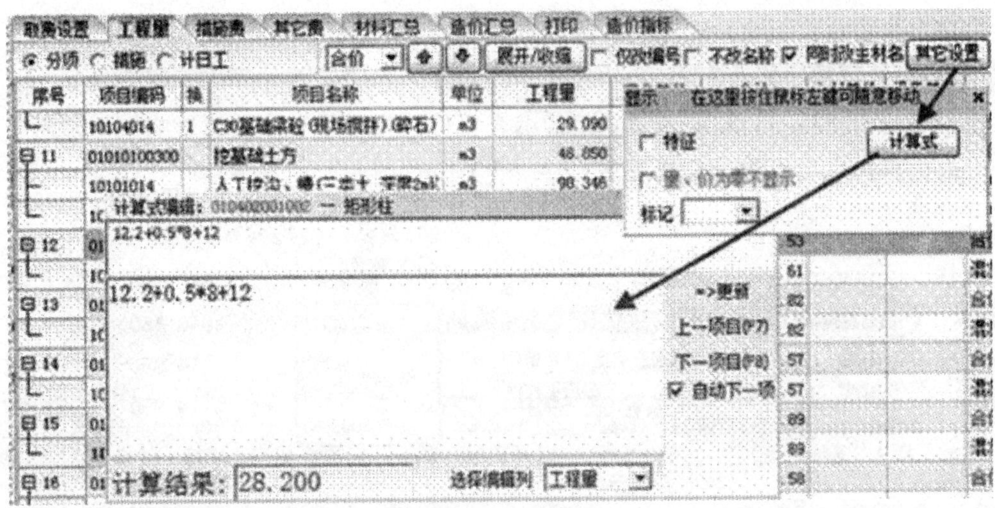

图 6-46　计算式输入

b. 清单与定额工程量的关系

在编辑清单计价模式的工程报价时,通过对系统行进设置来辅助提高工程量的输入速度,点击图 6-47 工具栏中的【输入设置】①,在用户设置中的“一般输入设置”页面中对工程量的输入进行设置。

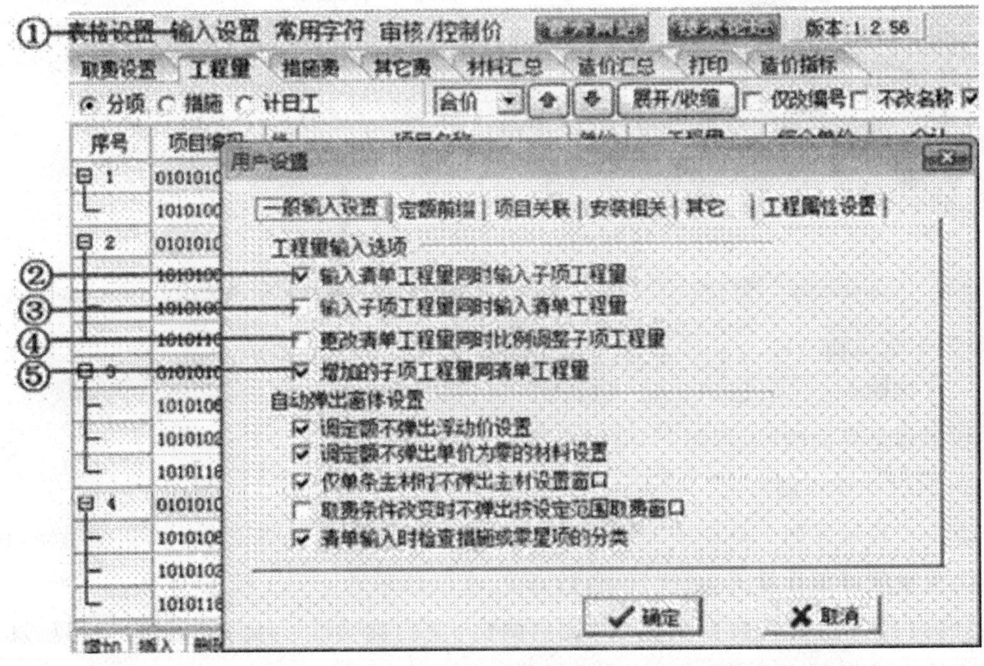

图 6-47　工程量输入

图 6-47 中②输入清单工程量同时输入子项工程量。当输入清单项目工程量的时候,系统自动将输入的数据作为该清单项目的子项工程量输入。

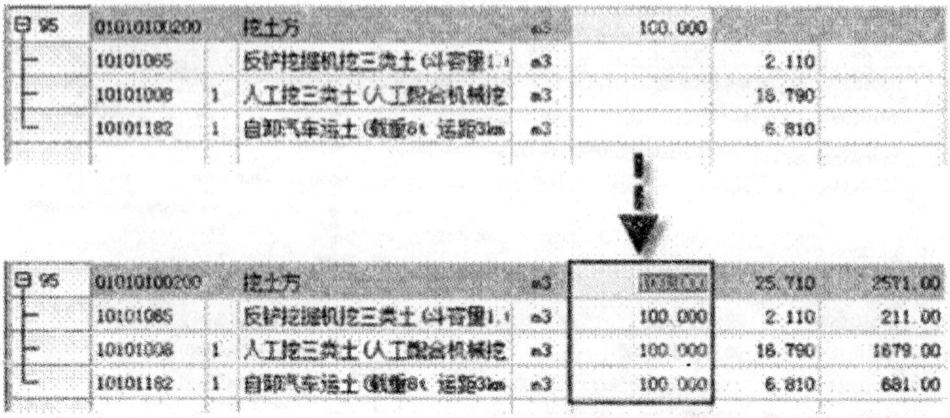

95	01010100200		挖土方	m3	100.000		
	10101065		反铲挖掘机挖三类土(斗容量1.	m3		2.110	
	10101008	1	人工挖三类土(人工配合机械挖	m3		16.790	
	10101182	1	自卸汽车运土(载重8t 运距3km	m3		6.810	

95	01010100200		挖土方	m3	[illegible]	25.710	2571.00
	10101065		反铲挖掘机挖三类土(斗容量1.	m3	100.000	2.110	211.00
	10101008	1	人工挖三类土(人工配合机械挖	m3	100.000	16.790	1679.00
	10101182	1	自卸汽车运土(载重8t 运距3km	m3	100.000	6.810	681.00

图 6-48　自动输入子项工程量

注：子项工程不为空时不会被修改。

图 6-47 中③输入子项工程量同时输入清单工程量。跟上一条设置相反，当输入子项(定额项目)工程量的时候，自动将输入的数据作为该子项项目所在的清单项目的工程量输入。

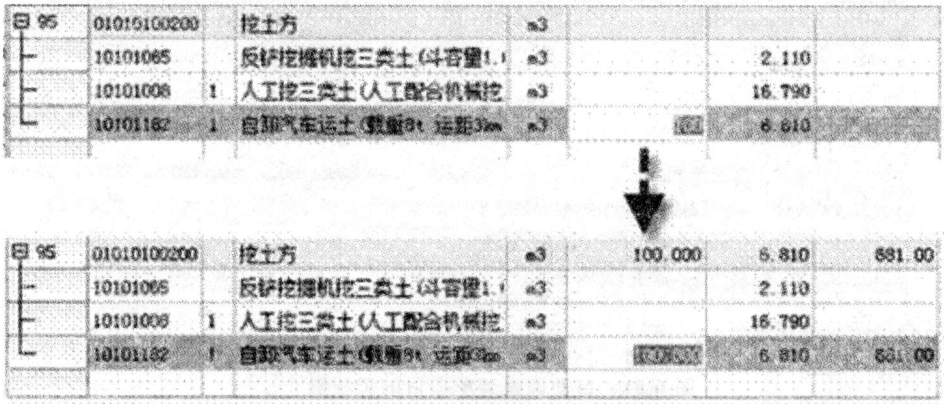

95	01010100200		挖土方	m3			
	10101065		反铲挖掘机挖三类土(斗容量1.	m3		2.110	
	10101008	1	人工挖三类土(人工配合机械挖	m3		16.790	
	10101182	1	自卸汽车运土(载重8t 运距3km	m3	[illegible]	6.810	

95	01010100200		挖土方	m3	100.000	6.810	681.00
	10101065		反铲挖掘机挖三类土(斗容量1.	m3		2.110	
	10101008	1	人工挖三类土(人工配合机械挖	m3		16.790	
	10101182	1	自卸汽车运土(载重8t 运距3km	m3	[illegible]	6.810	681.00

图 6-49　自动输入清单项目工程量

注：清单项目工程量不为空时不会被修改。

图 6-47 中④更改清单工程量同时比例调整子项工程量。当清单项目的工程量发生改变时，系统自动根据清单项目工程量的调整比例作为定额项目工程量的比例并对其进行调整。

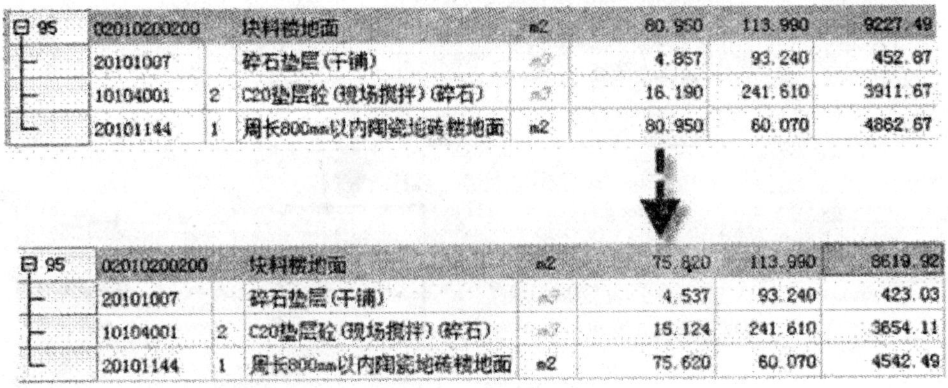

日 95	02010200200		块料楼地面	m2	80.950	113.990	9227.49
├	20101007		碎石垫层(干铺)	m3	4.857	93.240	452.87
├	10104001	2	C20垫层砼(现场搅拌)(碎石)	m3	16.190	241.610	3911.67
└	20101144	1	周长800mm以内陶瓷地砖楼地面	m2	80.950	60.070	4862.67

日 95	02010200200		块料楼地面	m2	75.620	113.990	8619.92
├	20101007		碎石垫层(干铺)	m3	4.537	93.240	423.03
├	10104001	2	C20垫层砼(现场搅拌)(碎石)	m3	15.124	241.610	3654.11
└	20101144	1	周长800mm以内陶瓷地砖楼地面	m2	75.620	60.070	4542.49

图 6-50　自动比例调整子项工程量

图 6-47 中⑤增加的子项工程量同清单工程量。调用清单项目子项(定额)的时候,如果清单项目的工程量有值,自动将清单项目的工程量作为定额项目的工程量输入。

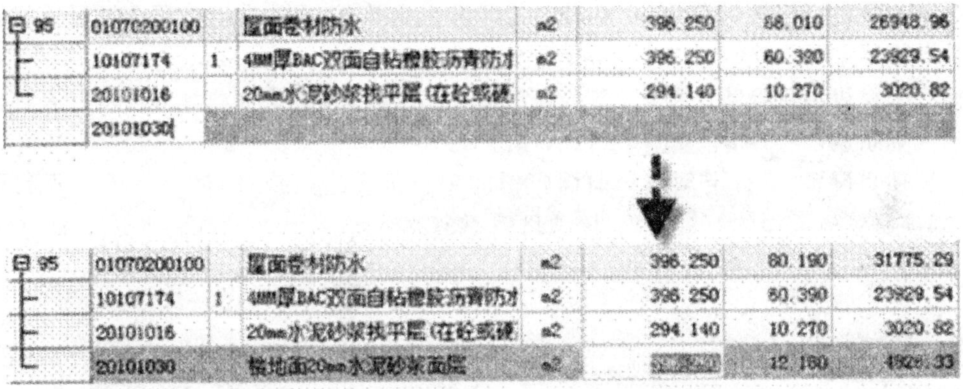

日 95	01070200100		屋面卷材防水	m2	396.250	68.010	26948.96
├	10107174	1	4MM厚BAC双面自粘橡胶沥青防水	m2	396.250	60.390	23929.54
└	20101016		20mm水泥砂浆找平层(在砼或硬	m2	294.140	10.270	3020.82
	20101030						

日 95	01070200100		屋面卷材防水	m2	396.250	80.190	31775.29
├	10107174	1	4MM厚BAC双面自粘橡胶沥青防水	m2	396.250	60.390	23929.54
├	20101016		20mm水泥砂浆找平层(在砼或硬	m2	294.140	10.270	3020.82
└	20101030		楼地面20mm水泥砂浆面层	m2	[illegible]	12.180	4826.33

图 6-51　自动调整清单项目的工程量

(4)换算

1)基本换算

当需要对定额项目的人材机的系数进行调整时,可以选择定额后点击工程量界面中间工具栏中的【换算】按钮,进入换算窗口。

图 6-52 中,①换算表达式输入区,在这里输入换算表达式后,系统自动重新计算工程造价;②换算前后的数据即时对比;③保存换算记录,并可以通过点击【恢复】来完成换算的撤销。

当需要对多条项目进行换算,可以同时选择多条项目,然后点击【换算】进入块换算窗口。

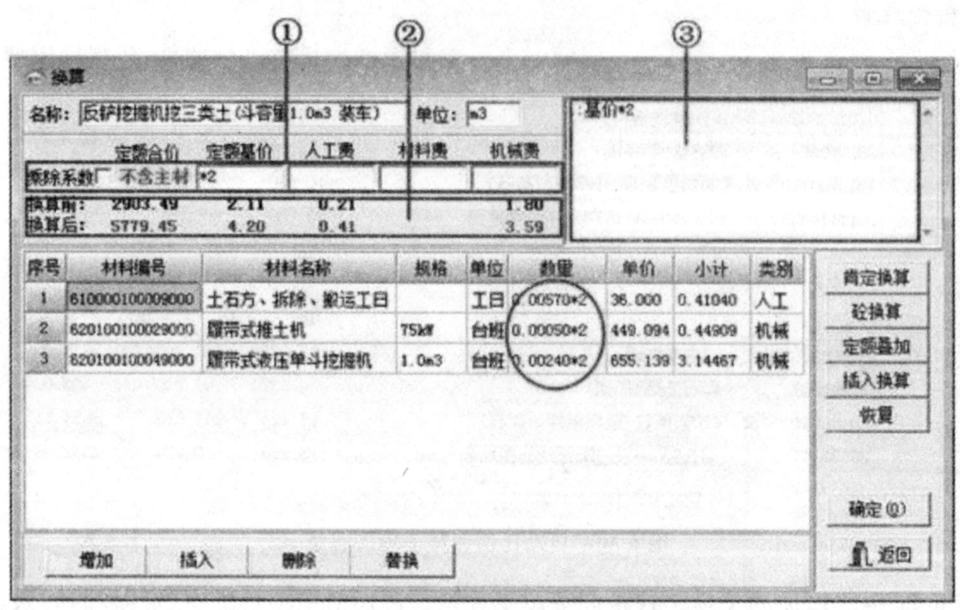

图 6-52　换算窗口

图 6-53 中所示：

①输入人材机含量换算系数后，点击确定即可完成换算，系统自动将所选项目人材机的消耗量乘上换算系数。

②输入人材机单价换算系数后，点击确定即可完成换算，系统自动将所选项目人材机的单价乘上换算系数。

③换算项目设置，所有定额编号前面打钩的项目都会进行换算；如果有项目不需要换算，将定额项目编码前面的打钩去除，该项目就不会被换算。

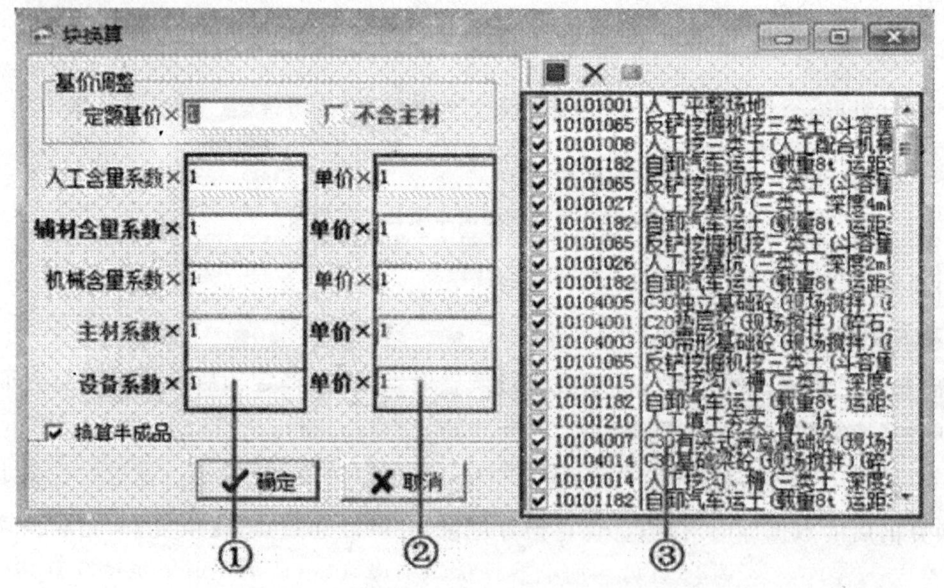

图 6-53　块换算窗口

2)肯定换算

在标准定额说明中,规定了在不同情况下需要对定额消耗量进行调整,在软件中通过肯定换算简单的操作即可完成。

选择需要换算的定额项目,单击工程量界面中间工具栏的【肯换】,在肯定换算窗口中,选择需要换算的选项点击【换算】即可完成换算。

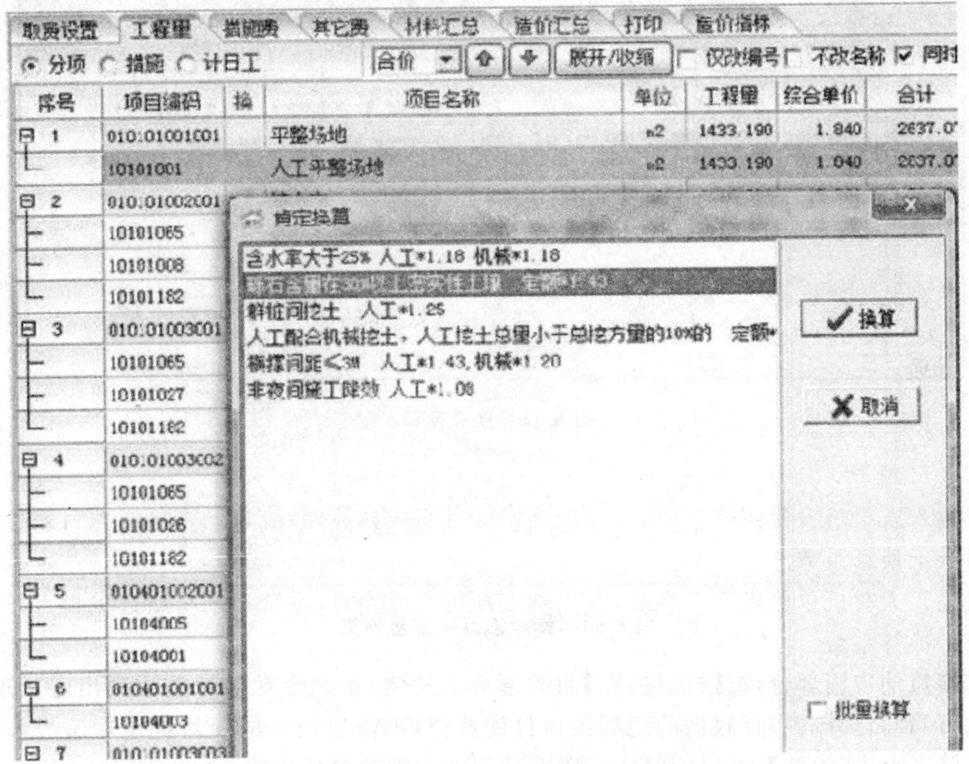

图 6-54　肯定换算窗口

序号	项目编码	换	项目名称	单位	工程量	综合单价	合计
1	010101001001		平整场地	m2	1433.190	2.620	3754.96
	10101001	1	人工平整场地(砾石>30%)	m2	1433.190	2.620	3754.96
2	010101002001		挖土方	m3	1144.320	12.920	14784.61
	10101065		反铲挖掘机挖三类土(斗容量1.0m3 装车)	m3	1629.070	2.120	3453.63
	10101000	1	人工挖三类土(人工配合机械挖土)	m3	181.010	16.870	3053.64
	10101182	4	自卸汽车运土(载重8t 运距3km以内)	m3	1810.078	4.570	8272.06

增加 插入 删除 剪切 复制 粘贴 增子项目 导入 换算 叠加 肯换 砼换 查找 调用材料 05建筑

消耗量 清单指引 工作特征 清单导航 定额导航 补充定额 综合价组成 备注 其它

序号	材料编号	材料名称	规格	品牌	单位	数量	单价	小计	类别
1	6100001000090000	土石方、拆除、搬运工			工日	4840*1.43	36.000	2.49156	人工

图 6-55　换算完成显示

换算完成后,系统会在项目名称加上换算标识加以区别,在消耗量里也可以看到详细的计算过程。同时换算过程也会保存至换算记录中,点击换算可以查看和恢复。

如果有多条同类型项目需要换算，可以通过批量换算一次进行多条定额项目的换算，同样选择项目点击【肯换】进入到肯定换算窗口。

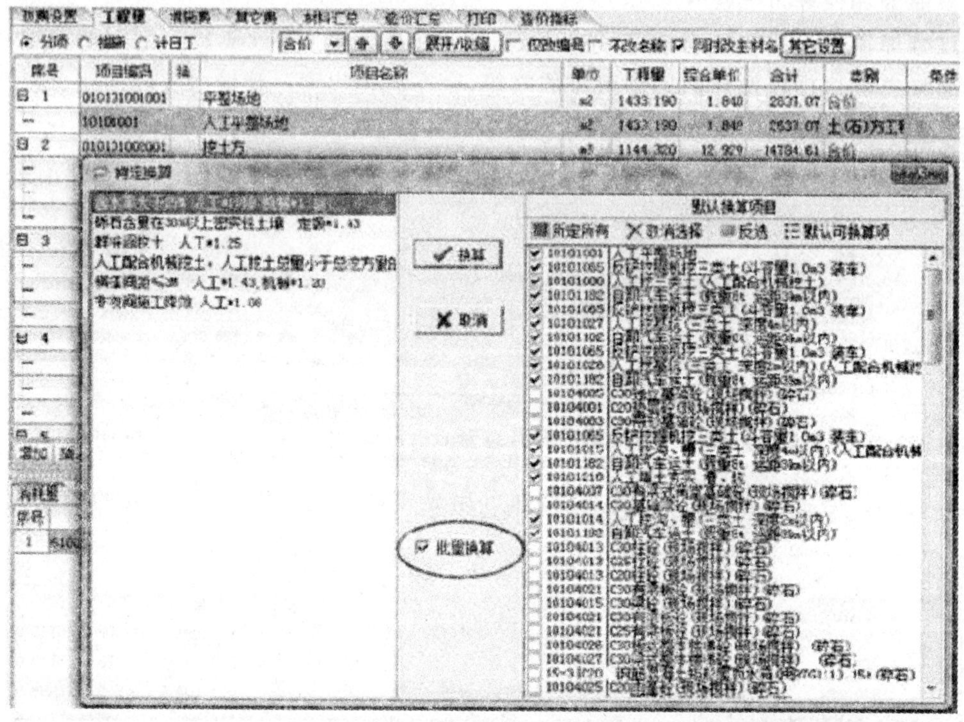

图 6-56　肯定换算—批量换算

在窗口的中间部分，把【批量换算】前的选择框打钩，系统会在窗口右边列出定额项目，并将含有当前选择的换算选项的定额项目打钩选中，不需要换算的项目把定额编号前面的打钩去除。点击【换算】，可以同时完成所有选中的定额项目的换算。

序号	项目编码	换	项目名称	单位	工程量	综合单价
1	010101001001		平整场地	m2	1433.190	2.170
	10101001	1	人工平整场地(含水率>25%)	m2	1433.190	2.170
2	010101002001		挖土方	m3	1144.320	15.220
	10101065	1	反铲挖掘机挖三类土(斗容量1.0m3 装车)(含水率>25%)	m3	1629.070	2.490
	10101008	1	人工挖三类土(人工配合机械挖土)(含水率>25%)	m3	181.010	19.920
	10101182	4	自卸汽车运土(载重8t 运距3km以内)(含水率>25%)	m3	1810.078	5.390
3	010101003001		挖基础土方	m3	456.410	42.020
	10101065	2	反铲挖掘机挖三类土(斗容量1.0m3 装车)(含水率>25%)	m3	1376.080	2.490
	10101027	1	人工挖基坑(三类土 深度4m以内)(含水率>25%)	m3	152.900	22.110
	10101182	2	自卸汽车运土(载重8t 运距3km以内)(含水率>25%)	m3	1528.955	8.090
4	010101003002		挖基础土方	m3	315.590	30.980
	10101065	3	反铲挖掘机挖三类土(斗容量1.0m3 装车)(含水率>25%)	m3	867.887	2.490
	10101026	1	人工挖基坑(三类土 深度2m以内)(人工配合机械挖土)(含	m3	74.210	26.450
	10101182	2	自卸汽车运土(载重8t 运距3km以内)(含水率>25%)	m3	742.097	8.090

图 6-57　批量换算完成显示示例

换算完成后看到所有被换算的定额项目名称后都加上了换算标识，也可以到消耗量或换算窗口中查看详细的换算过程。

3)智能叠加换算

通过叠加换算可以快速完成项目的运距、厚度和高度等换算。

当输入可以执行该换算的定额项目的时候，会系统弹出窗口让输入实际运距、厚度或高度等信息。

序号	项目编码	换	项目名称	单位	工程量	综合单价	合计
1	010101001001		平整场地	m2	1433.190	8.140	11666
	10101001	1	人工平整场地（含水率>25%）	m2	1433.190	2.170	3110.0
	10101036		双轮斗车运土（运距50m以内）	m3	1433.190	5.970	8556.1
2	010101002001		双轮斗车运土（运距50m以内）? 换算	m3	1144.320	15.220	17416
	10101065	1	5%)	m3	1629.070	2.490	4056

在此输入实际数据

图 6-58　执行换算时数据输入

输入实际数据后按回车或点击【换算】即可完成换算，系统自动根据输入的数据完成定额叠加工作。

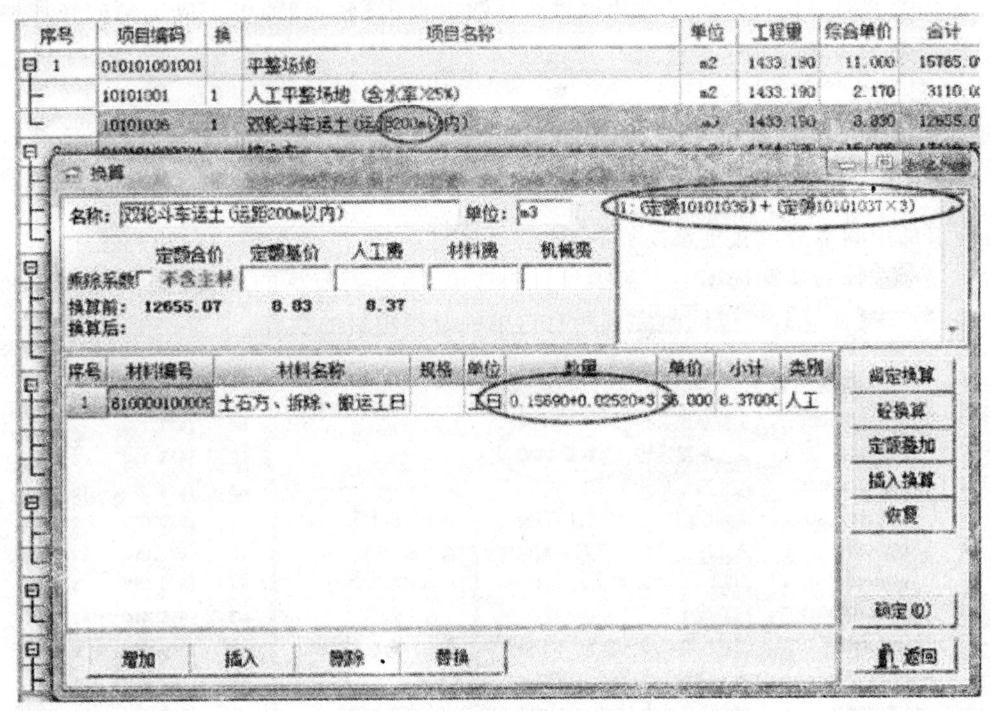

图 6-59　换算完成显示示例

换算完成后系统会自动修改定额项目名称，在消耗量或换算窗口中查看到详细的换算信息或进行换算恢复。

说明：图 6-59 实例中，10101036 定额为运距 50 m 以内，实际运距为 200 m，结果系统自动完成 10101036＋10101037＊3 的定额叠加；10101037 为运距 50 m 以外每增加 50 m 叠加

1 次，所以从换算表达式可以得出：50＋50＊3＝200，与我们输入的数据相符。

也可以手动完成定额叠加换算，选择需要换算的定额，点击工程量界面中间工具栏中的【叠加】，进入到定额叠加换算窗口。

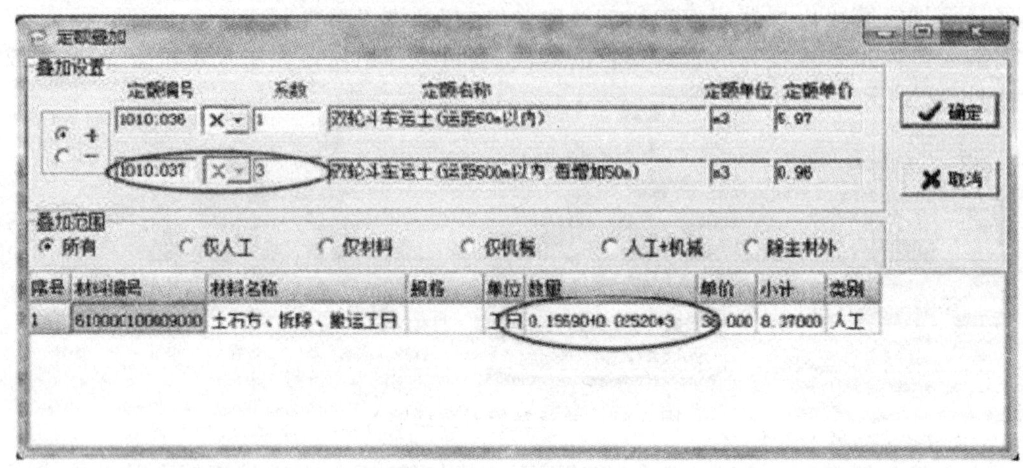

图 6-60　定额叠加换算窗口

在定额叠加换算窗口设置好定额项目和系数后点击【确定】即可完成定额的叠加换算，定额名称需要手动修改。

4)砼/砂浆换算

在工程编辑过程中，会发现很多砼及砂浆定额项目的默认配置不能满足实际需要，这时候通过【砼换】来完成。选择含有砼或砂浆的定额项目，点击工程量中间工具栏中的【砼换】，进入到换算窗口中。

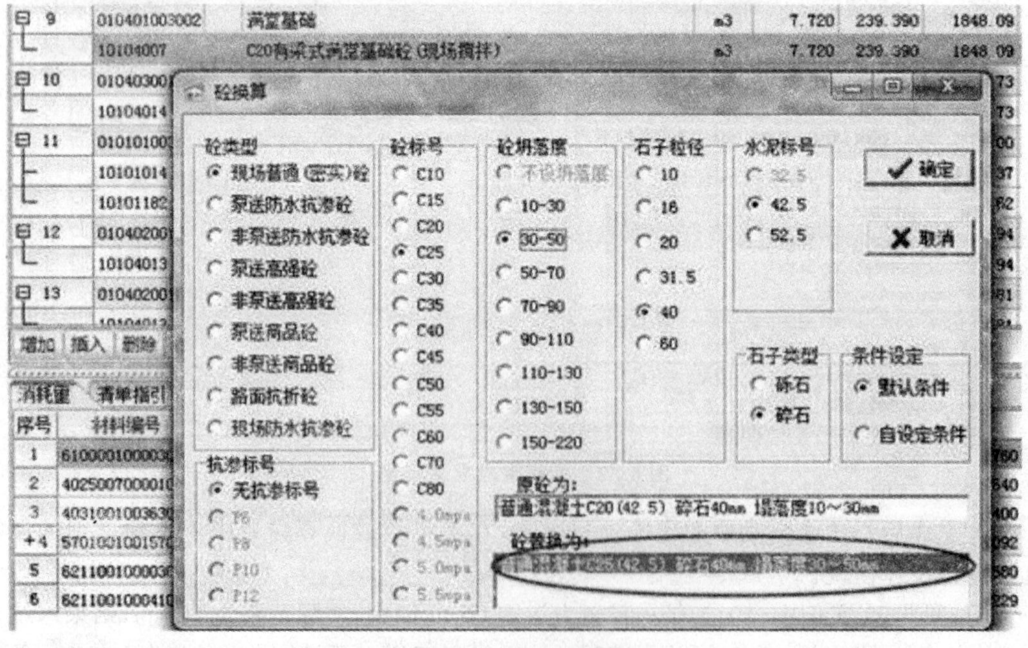

图 6-61　砼换算窗口

在换算窗口中对砼类型、标号、水泥标号等进行修改，系统会根据选择配置匹配出对应的砼项目，点击【确定】即可完成换算。

换算完成后看到，系统自动对定额项目的名称进行了修改，消耗量里的砼项目也被替换成新的砼项目，系统也会自动重新计算工程造价。

图 6-62　换算完成显示示例

换算完成后换算内容会被保存至换算记录中，点击换算查看或恢复。

当所换算定额项目含有多条砼或砂浆项目时，在进入换算窗口前需要先选择需要换算的项目。

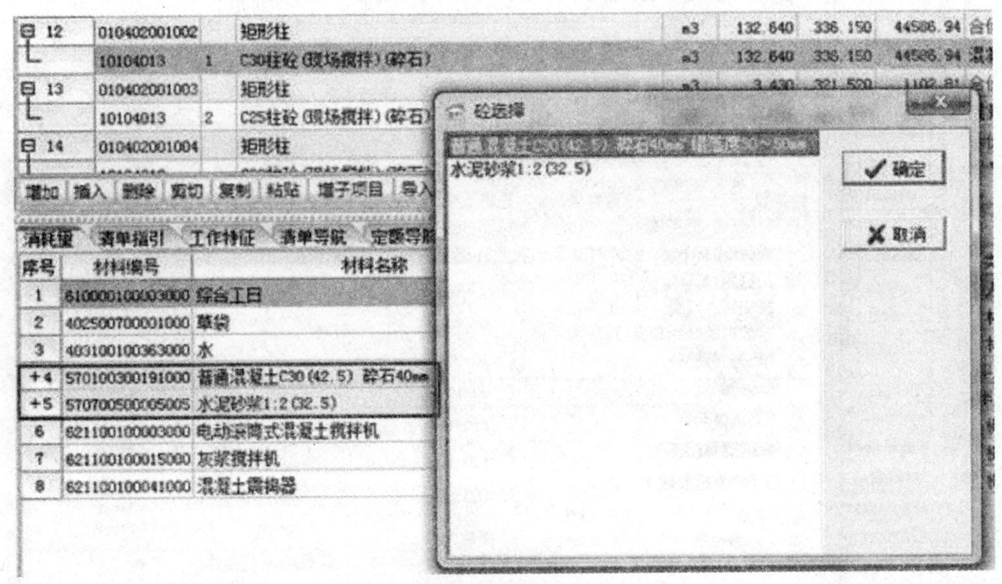

图 6-63　换算项目选择窗口

5)换算恢复

以上几种换算的详细内容和步骤都会记录在换算窗口中，选择定额项目后点击【换算】，进入到换算窗口。

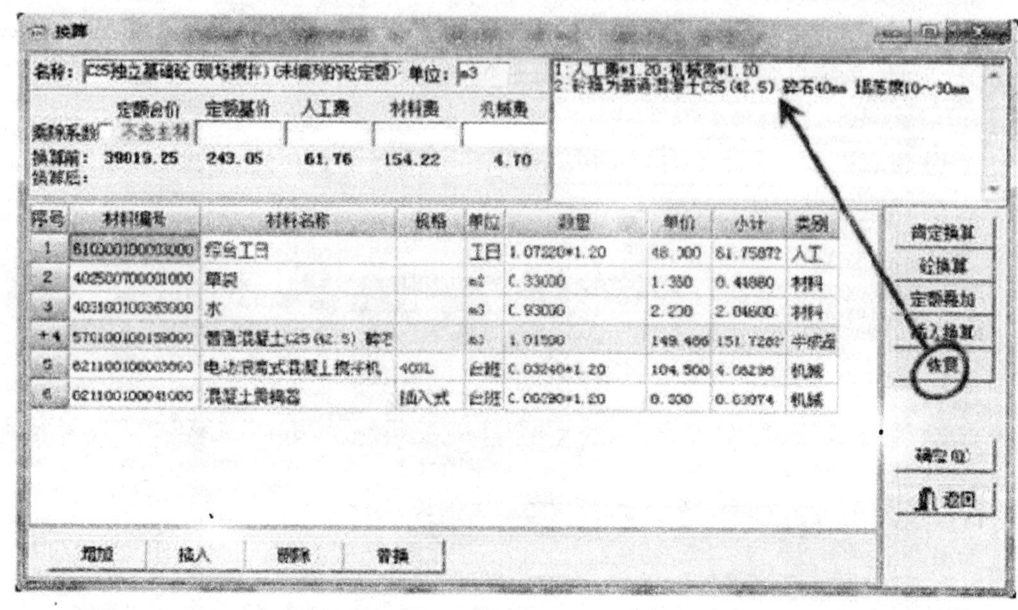

图 6-64　换算窗口

在换算窗口中点击【恢复】按钮完成定额换算的逐步恢复。

如果有多条定额项目需要恢复换算，也可以选择多条定额项目，点击鼠标右键，选择块换算→块恢复，可以逐步完成多条定额项目的换算恢复。

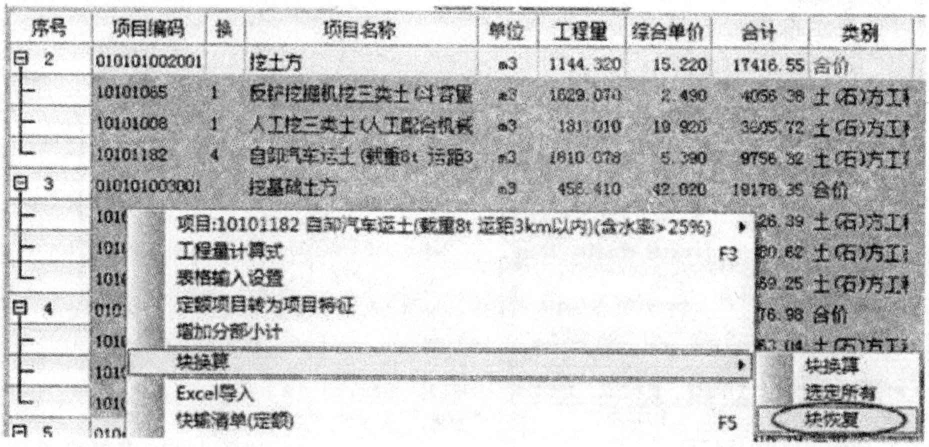

图 6-65　换算恢复

6)增加费换算

a. 高层建筑增加费

点击其中一条需要换算高层建筑增加费的定额项目的“条件”列，进入高层建筑增加费设置窗口。

在窗口左边选择檐高，在右边选择需要换算的项目后，点击【确定】即可完成换算。

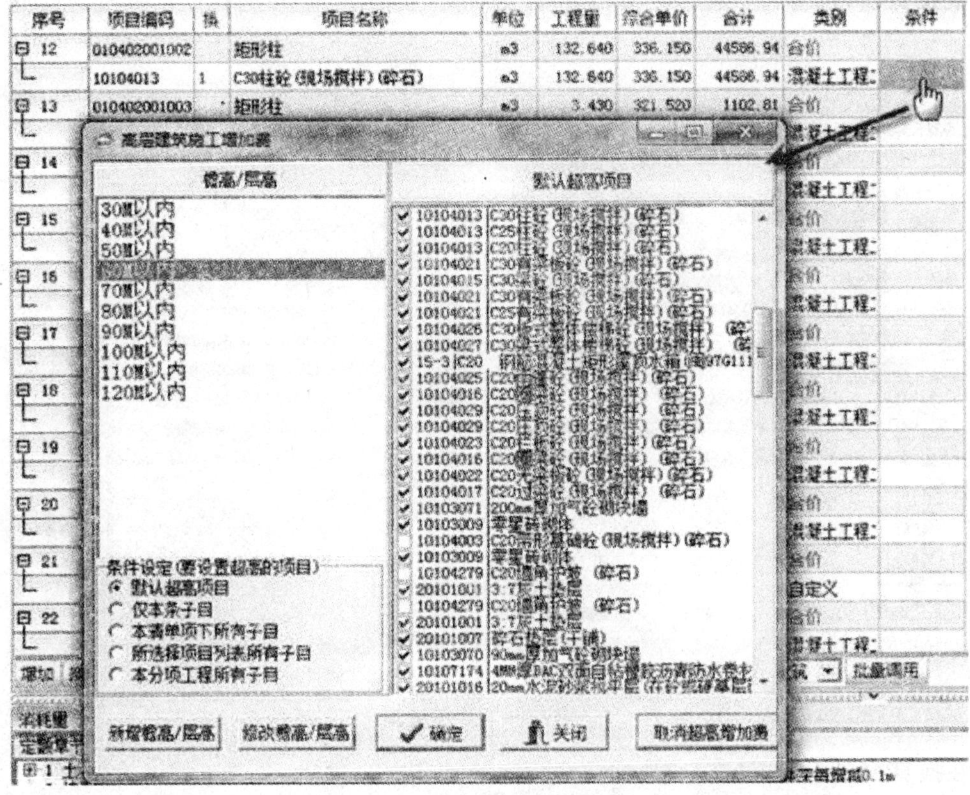

图 6-66　高层建筑增加费窗口

注:系统会根据相关的规定选择需要换算的项目,规定不能换算的项目将不会被打钩。也可以自行在定额编号前选择是否换算。

序号	项目编码	换	项目名称	单位	工程量	综合单价	合计	类别	条件
12	010402001002		矩形柱	m3	132.640	368.210	48839.37	合价	
	10104013	1	C30柱砼(现场搅拌)(碎石)	m3	132.640	368.210	48839.37	混凝土工程	60M以内
13	010402001003		矩形柱	m3	3.430	353.580	1212.78	合价	
	10104013	2	C25柱砼(现场搅拌)(碎石)	m3	3.430	353.580	1212.78	混凝土工程	60M以内
14	010402001004		矩形柱	m3	12.270	348.680	4278.30	合价	
	10104013		C20柱砼(现场搅拌)(碎石)	m3	12.270	348.680	4278.30	混凝土工程	60M以内
15	010405001002		有梁板	m3	640.560	314.910	201716.75	合价	
	10104021	1	C30有梁板砼(现场搅拌)(碎石)	m3	640.560	314.910	201716.75	混凝土工程	60M以内

增加　插入　删除　剪切　复制　粘贴　增子项目　导入　换算　叠加　替换　检查　查找　调用材料　06建筑　批量调用

消耗量　清单指引　工作特征　清单导航　定额导航　补充定额　综合价组成　备注　其它

序号	材料编号	材料名称	规格	品牌	单位	数量	单价	小计
1	610000100003000	综合工日			工日	1.07220*1.053	48.000	54.19344
2	402500700001001	塑料			m2	1.00000	1.240	1.24000
3	403130100363005	水			m3	1.16000	2.006	2.32696
+4	570100300191000	普通混凝土C30(42.5) 碎石40m			m3	1.01500	199.274	202.26311
5	621100100003001	电动滚筒式混凝土搅拌机	400L		台班	0.05190*1.0106	99.275	5.20697
6	621100100039001	混凝土振捣器	平板式		台班	0.05190*1.0106	8.816	0.46240
7	621100100041002	混凝土振捣器	插入式		台班	0.05190*1.0106	7.914	0.41509
8	621500100021000	电动多级离心清水泵	Φ100mm扬程120m以下		台班	1.015*0.12	172.030	20.95325

图 6-67　换算完成显示示例

换算完成后，系统在换算定额的“条件”列加上换算标识，在消耗量里查看到详细的换算过程。

b. 安装增加费

点击安装定额项目的“条件”列，进入到安装增加费换算窗口。

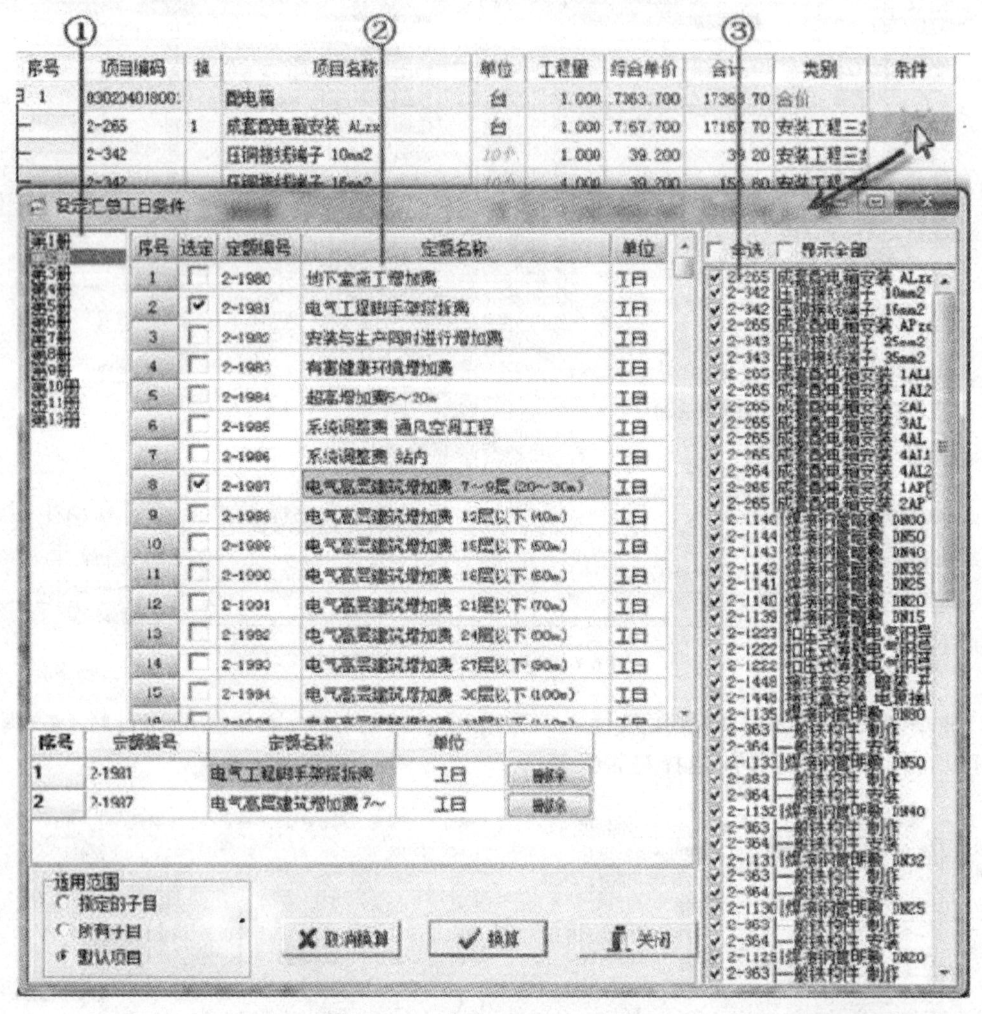

图 6-68　安装增加费换算窗口

图 6-68 中所示：

①册选择

进入换算窗口后，系统自动选择定额项目所在的册，根据需要切换到其他的册去完成换算工作。

②增加费项目

在这里列出当前选项的册所能换算的增加费项目，在需要换算的费用前面打钩，也可以在下方把不需要换算的费用删除。

③换算定额

这里列出了可以计算当前选择增加费的定额项目，根据实际情况进行选择。

设置完成后点击【换算】即可完成增加费换算。

分项　措施　计日工　合价　展开/收缩　仅改编号　不改名称　同时改主材名　其它设置

序号	项目编码	换	项目名称	单位	工程量	综合单价	合计	类别	条件
1	030204018001		配电箱	台	1.000	7386.270	17386.27	合价	
	2-265	1	成套配电箱安装 ALxx	台	1.000	7167.780	17167.70	安装工程三	2-1981 |2-1987
	2-342		压铜接线端子 10mm2	10个	1.000	39.280	39.20	安装工程三	2-1981 |2-1987
	2-342		压铜接线端子 16mm2	10个	4.000	[illegible]	156.80	安装工程三	2-1981 |2-1987
	2-1987		电气高层建筑增加费 7~9层	工日	4.500	0.570	2.57	安装工程	自动汇总
2	030204018002		配电箱	台	1.000	25295.980	25295.98	合价	
	2-265	2	成套配电箱安装 ALxx	台	1.000	25121.780	25121.70	安装工程三	2-1981 |2-1987
	2-343		压铜接线端子 25mm2	10个	0.600	57.280	34.37	安装工程三	2-1981 |2-1987
	2-343		压铜接线端子 35mm2	10个	2.400	57.280	137.47	安装工程三	2-1981 |2-1987
	2-1987		电气高层建筑增加费 7~9层	工日	4.280	0.570	2.44	安装工程	自动汇总

分项　措施　计日工　合价　展开/收缩　仅改编号　不改名称　同时改主材名　其它设置

序号	项目编码	换	项目名称	单位	工程量	综合单价	合计	类别	条件
1	0302		脚手架	项	1.000	1306.930	1306.93	合价	自动汇总
	2-1981		电气工程脚手架搭拆费	工日	947.050	1.380	1306.93	安装工程	脚手架

图 6-69　增加费换算完成显示示例

换算完成定额项目的条件列都会增加上换算标识，在工程量界面看到自动生成的增加费项目。图中所示由于脚手架工程属于措施项目费用，所以被汇总归属到措施里。

换算完成后，如果对定额项目进行调整，相关联的增加费项目会自动实时计算，不需要重新进行换算。

c. 取消增加费

如果有些增加费需要取消，重新进入到增加费换算窗口（点击条件列），点击【取消换算】即可。

(5)其他操作

当标准定额无法满足实际需要时，自行补充定额。

在项目编号输入补充定额的编号（非标准定额），系统自动弹出补充定额窗口。

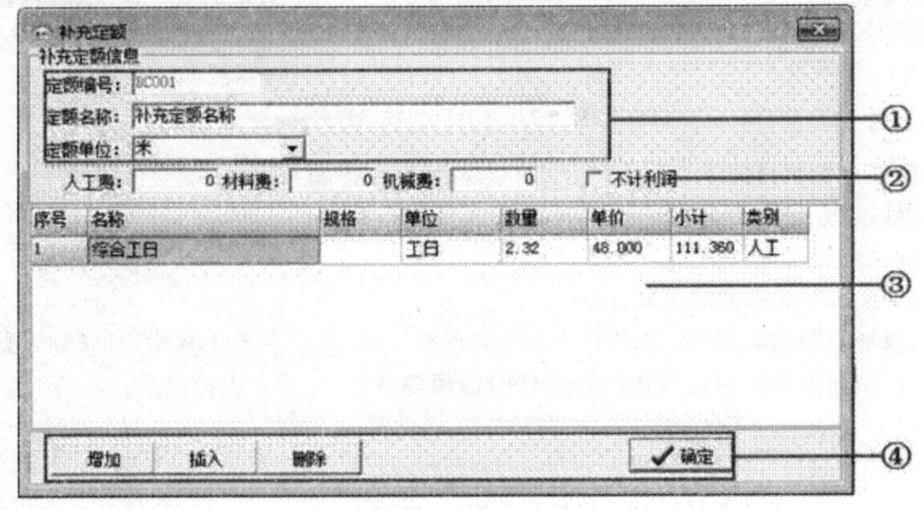

图 6-70　补充定额窗口

1)补充项目

图 6-70 中所示:①完成定额名称、单位等基本信息录入;②直接输入定额的直接费组成;③定额消耗量详细构成;④定额消耗量维护工具栏。

如果想在其他工程中继续调用该项目,可以选择补充定额,单击鼠标右键选择【保存至补充定额】将定额保存到补充定额库中。

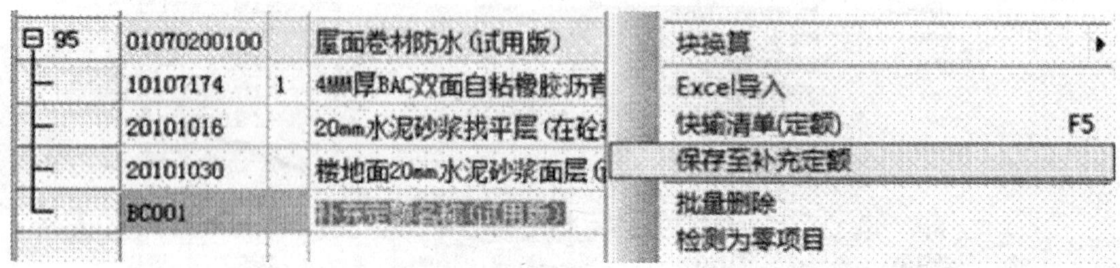

图 6-71　补充定额保存

2)项目复制、导入

a. 复制

在工程量界面选择需要复制的定额,点击复制,到需要的位置点击粘贴即可完成定额项目的复制。

日 95	01070200100		屋面卷材防水(试用版)	m2	396.250	193.780	76785.33
	10107174	1	4MM厚BAC双面自粘橡胶沥青防水	m2	396.250	60.390	23929.54
	20101016		20mm水泥砂浆找平层(在砼或硬	m2	294.140	10.270	3020.82
	20101030		楼地面20mm水泥砂浆面层(试用	m2	396.250	12.180	4826.33
	BC001		补充定额名称(试用版)	米	396.250	113.590	45010.04

增加　插入　删除　剪切　复制　粘贴　增子项目　导入　换算　叠加　砼换　查找　调用材料　05建筑

图 6-72　定额项目的复制

按住鼠标左键拖拽或按住 Ctrl、Shift 点击可以选择多条项目。

可以同时开启多个工程进行复制工作,复制项目后关闭工程,重新打开工程(所有工程)可以继续完成粘贴操作。

b. 导入其他工程数据

通过【导入】功能也可以完成工程之间的数据复制工作,点击工具栏中的【导入】,打开需要复制的工程,选择项目后点击【确定复制】即可完成。

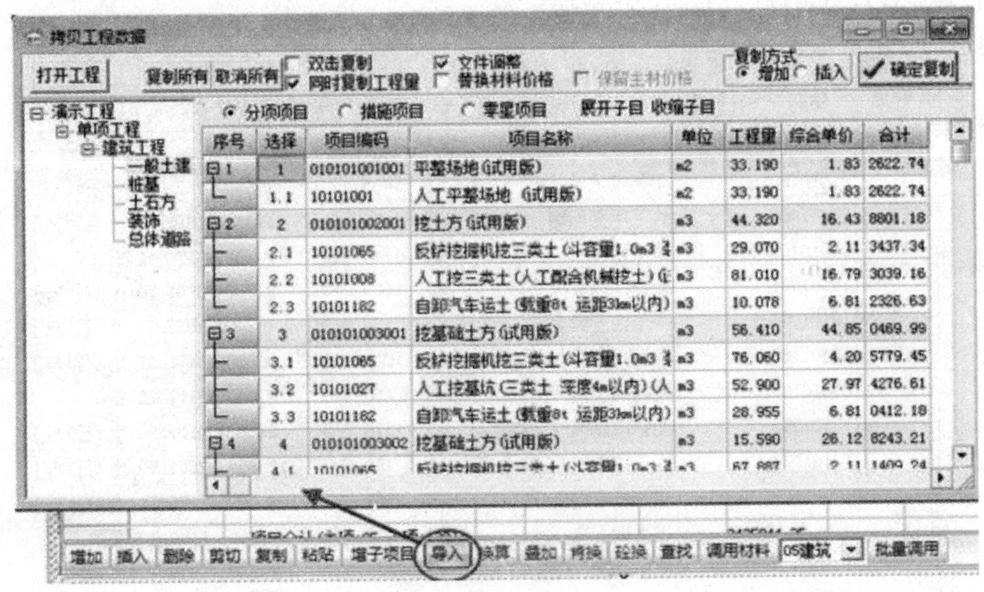

图 6-73　导入数据窗口

c. Excel 导入

可以通过 Excel(计价表)表将清单定额的基本信息导入到工程中来，在工程量界面单击鼠标右键选择【Excel 导入】。

图 6-74 中所示：①选择 Excel 文件；②选择要导入的 Excel 工作表，需要是含有编号的计价表；③选择数据导入类型，将数据导入为控制价和审核；④设置详细导入信息。

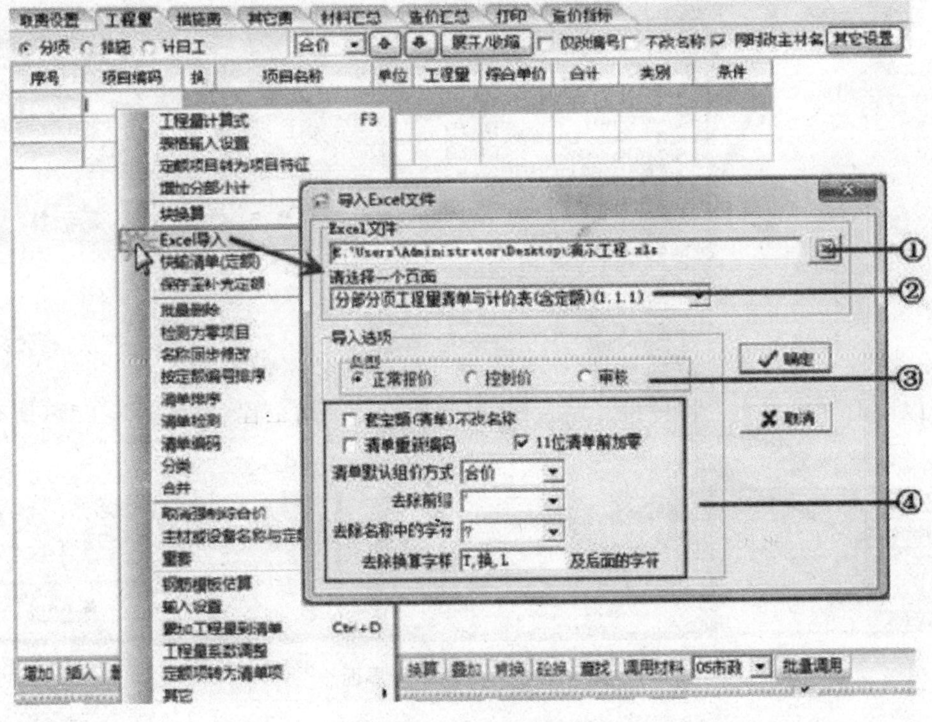

图 6-74　Excel 导入

设置完成后点击【确定】,即可将数据导入。

取费设置 工程量 措施费 其它费 材料汇总 造价汇总 打印 造价指标

分项 措施 计日工　合价　展开/收缩　仅改编号 不改名称

序号	项目编码	换	项目名称	单位	工程量	综合单价	合计	类别
1	010101001001		平整场地	m2	1433.190	1.830	2622.74	合价
	10101001		人工平整场地	m2	1433.190	1.830	2622.74	土(石)方]
2	010101002001		挖土方	m3	1144.320	12.390	14178.12	合价
	10101065		反铲挖掘机挖三类土(公	m3	1629.070	2.260	3681.70	土(石)方]
	10101008		人工挖三类土	m3	181.010	11.200	2027.31	土(石)方]
	10101182		自卸汽车运土(载重8t	m3	1810.078	4.680	8471.17	土(石)方]
3	010101003001		挖基础土方	m3	456.410	28.740	13117.22	合价
	10101065		反铲挖掘机挖三类土(公	m3	1376.060	2.260	3109.90	土(石)方]
	10101027		人工挖基坑(三类土 深	m3	152.900	18.650	2851.59	土(石)方]
	10101182		自卸汽车运土(载重8t	m3	1528.955	4.680	7155.51	土(石)方]
4	010101003002		挖基础土方	m3	315.590	19.550	6169.78	合价
	10101065		反铲挖掘机挖三类土(公	m3	667.887	2.260	1509.42	土(石)方]
	10101026		人工挖基坑(三类土 深	m3	74.210	15.990	1186.62	土(石)方]
	10101182		自卸汽车运土(载重8t	m3	742.097	4.680	3473.01	土(石)方]

图 6-75　数据导入完成

3)计日工调用

点击【调用计日工】,进入人材机调用界面。

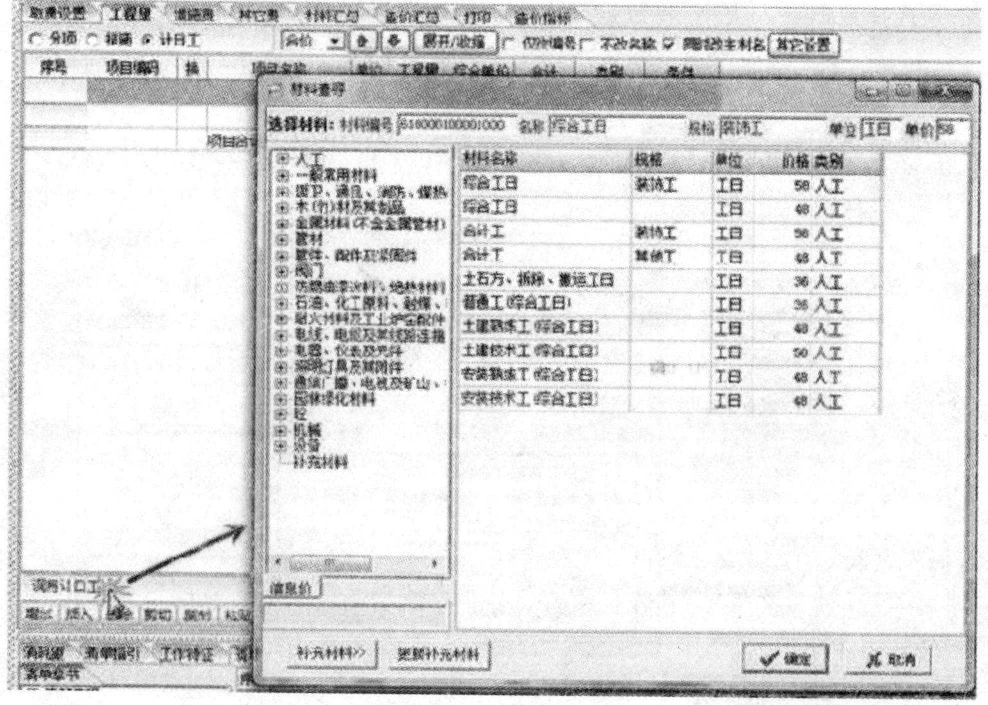

图 6-76　人材机调用界面

根据需要调用人工、材料和机械，并输入数量，软件自动按人工、材料和机械归类，计算工程造价。

取费设置　工程量　措施费　其它费　材料汇总　造价汇总　打印　造价指标

○分项 ○措施 ◉计日工　合价　展开/收缩　□仅改编号 □不改名称 ☑同时改

序号	项目编码	换	项目名称	单位	工程量	综合单价	合计	类别	条件
⊟ 1			人工		1.000	384.000	384.00	合价	
	6100001		综合工日	工日	20.000	49.200	384.00		
⊟ 2			材料		1.000	1913.080	1913.08	合价	
	4001003		水泥	kg	1250.000	0.340	425.00		
	4301003		圆钢筋	kg	356.000	4.180	1488.08		
			项目合计(主项:2,子项:				2897.08		

图 6-77　自动人材机数据归类计算

6. 措施费

(1)费率修改

措施项目的费率根据工程的取费情况自动获取，通过改变取费设置中的费用条件来影响措施项目的费率，也可以直接输入所需要的费率。费率被修改后会以黄底红字加以区别显示。

序号	+/-	名称	计算基数	费率%	合价	计算式
⊞ 1	增	文明施工	3523396.89	1.000	35233.97	FBFXHJ*费率
⊞ 2	增	安全施工	3523396.89	0.800	28187.18	FBFXHJ*费率
⊞ 3	增	临时设施	3523396.89	1.000	35233.97	FBFXHJ*费率
4	增	夜间施工	3523396.89	0.100	3523.40	FBFXHJ*费率
5	增	已完工程及设备保护	3523396.89	0.030	1057.02	FBFXHJ*费率
6	增	缩短工期措施费	3523396.89			FBFXHJ*费率
7	增	风雨季施工增加费	3523396.89	0.150	5285.10	FBFXHJ*费率
8	增	生产工具用具使用费	3523396.89	0.070	2466.38	FBFXHJ*费率
9	增	工程点交、场地清理费	3523396.89	0.100	3523.40	FBFXHJ*费率
10	增	非夜间施工照明增加费				
11	增	优良工程增加费	3523396.89			FBFXHJ*费率

图 6-78　费率修改显示

(2)细项设置

闽建筑[2007]4 号文规定：在投标报价文件中列出安全施工中的密目式安全立网、临边洞口交叉高处作业防护，文明施工中的现场围挡、工地地面硬化处理，临时设施中的工地办公室、现场宿舍、食堂、厕所等主要措施细项的金额，作为工程施工中检查安全文明措施落实情况的依据。

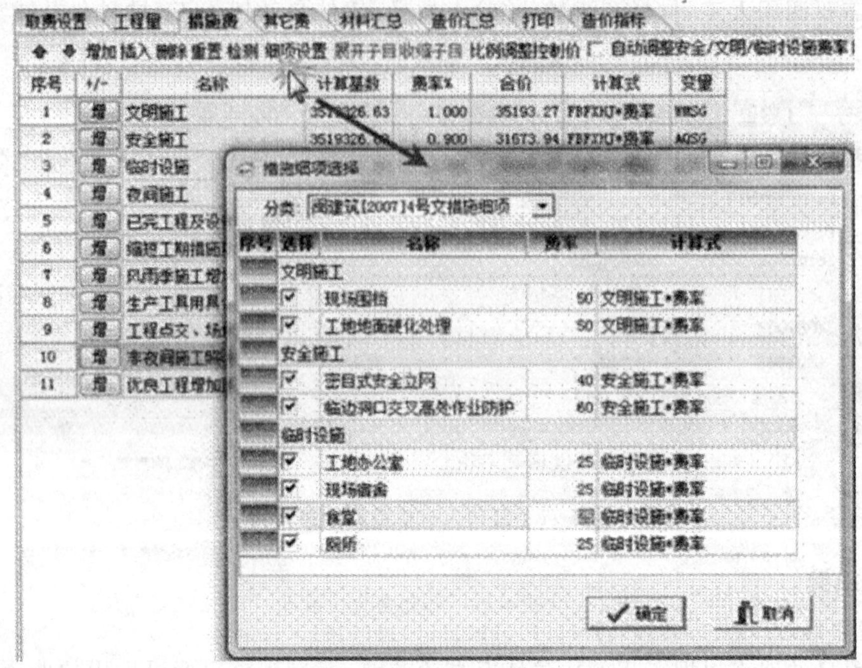

图 6-79 细项修改界面

点击【细项设置】将主要措施的细项调用出来，也同时可以通过细项设置给各个细项分配费率，系统自动根据费率自动计算细项的金额，也可以直接输入固定金额。

序号	+/-	名称	计算基数	费率%	合价	计算式
⊟ 1	增	文明施工	3519326.63	1.000	35193.27	FBFXHJ*费率
├	删	现场围档	35193.27	50.000	17596.64	文明施工*费率
└	删	工地地面硬化处理	35193.27	50.000	17596.64	文明施工*费率
⊟ 2	增	安全施工	3519326.63	0.900	31673.94	FBFXHJ*费率
├	删	密目式安全立网	31673.94	40.000	12669.58	安全施工*费率
└	删	临边洞口交叉高处作业防	31673.94	60.000	19004.36	安全施工*费率
⊟ 3	增	临时设施	3519326.63	1.000	35193.27	FBFXHJ*费率
├	删	工地办公室	35193.27	25.000	8798.32	临时设施*费率
├	删	现场宿舍	35193.27	25.000	8798.32	临时设施*费率
├	删	食堂	35193.27	25.000	8798.32	临时设施*费率
└	删	厕所	35193.27	25.000	8798.32	临时设施*费率

图 6-80 细项设置

(3)控制价设置

闽建筑[2007]4 号文规定：招标工程应当在招标文件或预算造价中公布安全施工、文明施工、临时设施、环境保护的各项计价标准与金额；投标报价中的安全施工、文明施工、临时设施、环境保护的各项金额不得低于相应项目的公布金额。

投标报价过程中，由于需要对报价进行下调，会导致几项主要措施项目的金额低于控制价。

在该系统中，通过简单的设置来保证主要措施项目的投标报价不低于控制价。

增加 插入 删除 重置 检测 细项设置 展开子目 收缩子目 比例调整控制价 □ 自动调整安全/文明/临时设施费率

序号	+/-	名称	计算基数	费率%	控制价	合价	计算式	变量
⊞ 1	增	文明施工	3523396.89	1.000	40000.00	35233.97	FBFXHJ*费率	WMSG
⊞ 2	增	安全施工	3523396.89	0.900	32000.00	31710.57	FBFXHJ*费率	AQSG
⊞ 3	增	临时设施	3523396.89	1.000	40000.00	35233.97	FBFXHJ*费率	LSSS
4	增	夜间施工	3523396.89	0.100		3523.40	FBFXHJ*费率	YJSG

图 6-81　控制价设置

将招标文件中公布的各项主要措施项目的控制价输入到“控制价”中，然后将【自动调整安全/文明/临时设施费率】打钩。系统根据控制价计算出最接近的费率，并重新计算合价。

增加 插入 删除 重置 检测 细项设置 展开子目 收缩子目 比例调整控制价 ☑ 自动调整安全/文明/临时设施费率

序号	+/-	名称	计算基数	费率%	控制价	合价	计算式	变量
⊞ 1	增	文明施工	3523396.89	1.136	40000.00	40025.79	FBFXHJ*费率	WMSG
⊞ 2	增	安全施工	3523396.89	0.909	32000.00	32027.68	FBFXHJ*费率	AQSG
⊞ 3	增	临时设施	3523396.89	1.136	40000.00	40025.79	FBFXHJ*费率	LSSS
4	增	夜间施工	3523396.89	0.100		3523.40	FBFXHJ*费率	YJSG

图 6-82　自动费率计算

从图中看到主要措施项目的合价都不低于控制价，并且合价符合等于分部分项×费率的计算规则。

(4)比例调整控制价

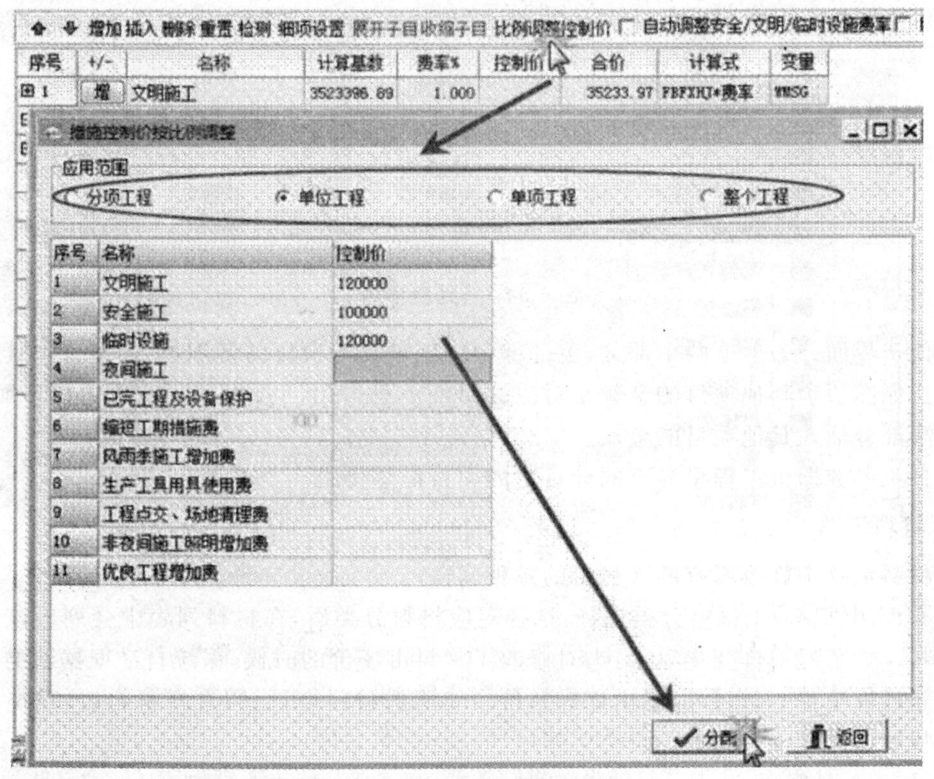

图 6-83　比例调整控制价窗口

也许无法在招标文件中找到各个分项工程的主要措施项目控制价，只有整个单位工程甚至整个工程的控制价。通过【比例调整控制价】可以快速完成将控制价分配到各个分项中。

点击【比例调整控制价】，选择对应的应用范围，输入主要措施项目的控制价，点击分配，系统自动根据分项工程之间造价的比例，将主要措施项目的控制价分配到各个分项中。控制价分配完成后记得将【自动调整安全/文明/临时设施费率】打钩。

7. 其他费

在其他费界面，完成暂列金额和总承包服务费的设置，点击【其他费】选显卡进入到其他费界面。

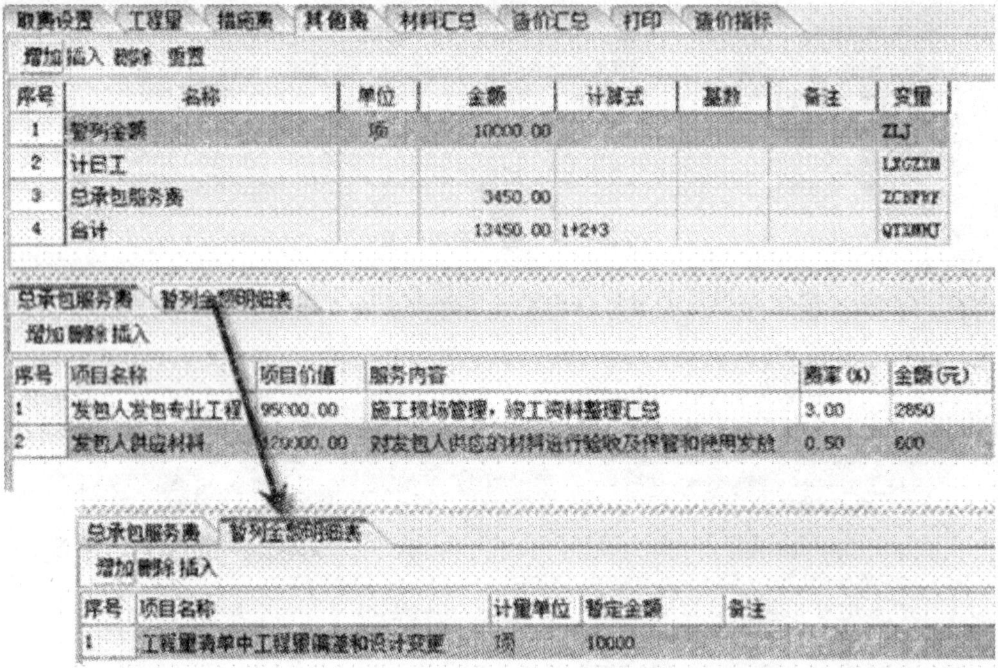

取费设置 工程量 措施费 其他费 材料汇总 造价汇总 打印 造价指标

增加 插入 删除 重置

序号	名称	单位	金额	计算式	基数	备注	变量
1	暂列金额	项	10000.00				ZLJ
2	计日工						LXGZXM
3	总承包服务费		3450.00				ZCBFWF
4	合计		13450.00	1+2+3			QTXMHJ

总承包服务费 暂列金额明细表

增加 删除 插入

序号	项目名称	项目价值	服务内容	费率(%)	金额(元)
1	发包人发包专业工程	95000.00	施工现场管理，竣工资料整理汇总	3.00	2850
2	发包人供应材料	120000.00	对发包人供应的材料进行验收及保管和使用发放	0.50	600

总承包服务费 暂列金额明细表

增加 删除 插入

序号	项目名称	计量单位	暂定金额	备注
1	工程量清单中工程量偏差和设计变更	项	10000	

图 6-84 其他费界面

其他费界面分为上下两个部分，上部部分体现了其他项目的费用，下半部分为其他项目的明细。如图所示其他项目的金额从对应的明细汇总得出。根据实际情况不设置明细，直接在上半部分输入其他项目的金额。

计日工的数据由工程量界面的计日工的项目汇总得出。

8. 材料汇总

在材料汇总中修改所有的人材机的各种属性。

图 6-85 中所示，①材料分类选择：选择对应材料分类后，在材料列表中会列出该分类的所有材料。②工程造价变化显示：当对修改了材料市场价的时候，系统自动根据新的材料市场价重新计算工程造价，并显示出修改差价。③所选材料合计：当选择材料后，系统会将所选择的材料的合计统计出来。

a. 市场价修改

在市场价列直接输入材料市场价格，系统自动重新计算工程造价。材料价格修改后将

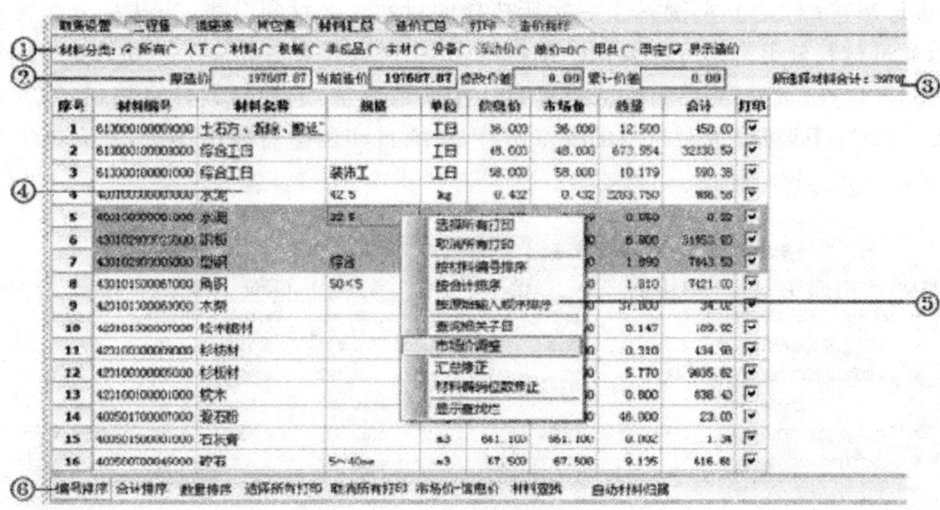

图 6-85　材料汇总界面

以红色字体显示加以区别。

b. 市场价批量调整

如果需要对多条材料市场价进行系数调整，可以通过【市场价调整】来完成。

点击鼠标右键选择【市场价调整】。

图 6-86 所示，①选择模式：当前选定：列出当前选择的材料；分类选择：通过材料分类选

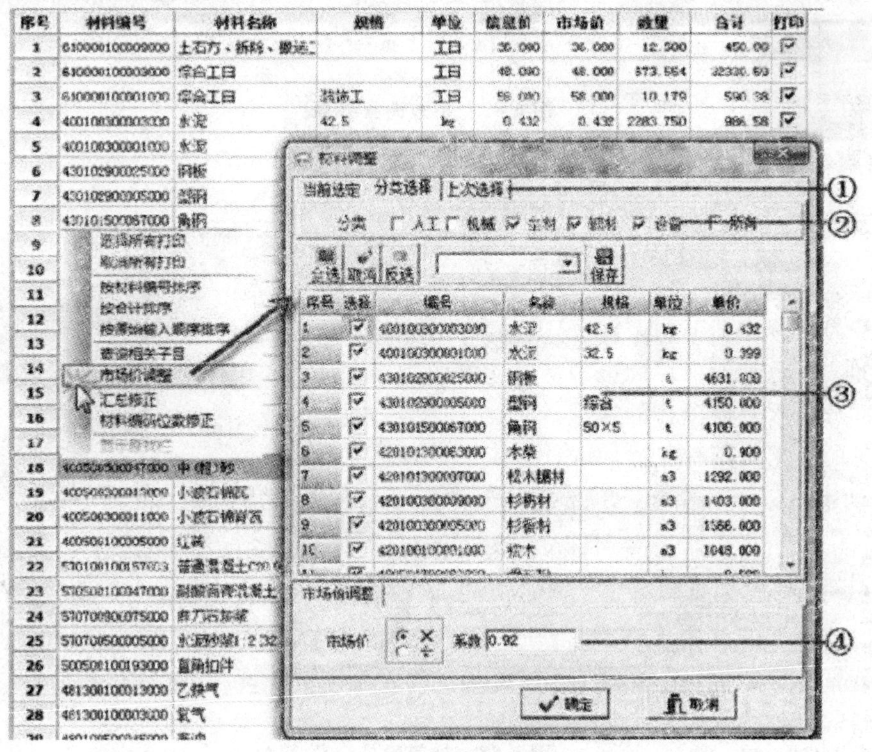

图 6-86　市场价调节窗口

择材料进行调整；上次选择：显示上一次所选择的材料。②材料分类：当选择分类选择模式时，可以通过材料分类来选择需要调整的材料，并在材料列表中③显示。如果有个别材料不参与调整，可以在“选择”列将打钩去掉即可。④系数调整：选择材料计算规则，输入调整系数后，点击【确定】即可完成对材料的批量调整，系统自动调整材料市场价，并完成工程造价的计算。

原造价 169947.41　当前造价 169947.41　修改价差 -7740.46　累计价差 0.00

序号	材料编号	材料名称	规格	单位	信息价	市场价	数量	合计	打印
3	61000010000:000	综合工日	装饰工	工日	58.000	58.000	10.179	590.38	☑
4	400100300003000	水泥	42.5	kg	0.432	0.397	2283.750	907.65	☑
5	40010030000:000	水泥	32.5	kg	0.399	0.367	0.550	0.20	☑
6	430102900025000	钢板		t	4631.000	4260.520	6.900	29397.59	☑
7	430102900005000	型钢	综合	t	4150.000	3818.000	1.890	7216.02	☑
8	43010150006?000	角钢	50×5	t	4100.000	3772.000	1.810	6827.32	☑
9	420101300063000	木柴		kg	0.900	0.828	37.800	31.30	☑
10	42010130000?000	松木锯材		m3	1292.000	1188.640	0.147	174.73	☑
11	420100300009000	杉枋材		m3	1403.000	1290.760	0.310	400.14	☑
12	420100300005000	杉板材		m3	1566.000	1440.720	5.770	8312.95	☑
13	42010010000:000	枕木		m3	1048.000	964.160	0.800	771.33	☑
14	40050170000?000	滑石粉		kg	0.500	0.460	46.000	21.16	☑
15	40050150000:000	石灰膏		m3	661.100	608.212	0.002	1.23	☑
16	400500700045000	碎石	5～40mm	m3	67.500	62.100	9.135	567.28	☑
17	400500500049000	中(细)砂	损耗2%膨胀1.1	m3	66.000	60.720	0.001	0.06	☑
18	40050050004?000	中(粗)砂	损耗2%膨胀1.1	m3	66.000	60.720	4.760	289.05	☑
19	400500300013000	小波石棉瓦	1820×720	块	18.800	17.296	10.300	178.15	☑
20	40050030001:000	小波石棉脊瓦	850×360	块	6.600	6.072	1.500	9.11	☑
21	400500100005000	红砖	240×115×53	块	0.180	0.166	18.000	2.98	☑

图 6-87　系数调整界面

a. 材料价格恢复

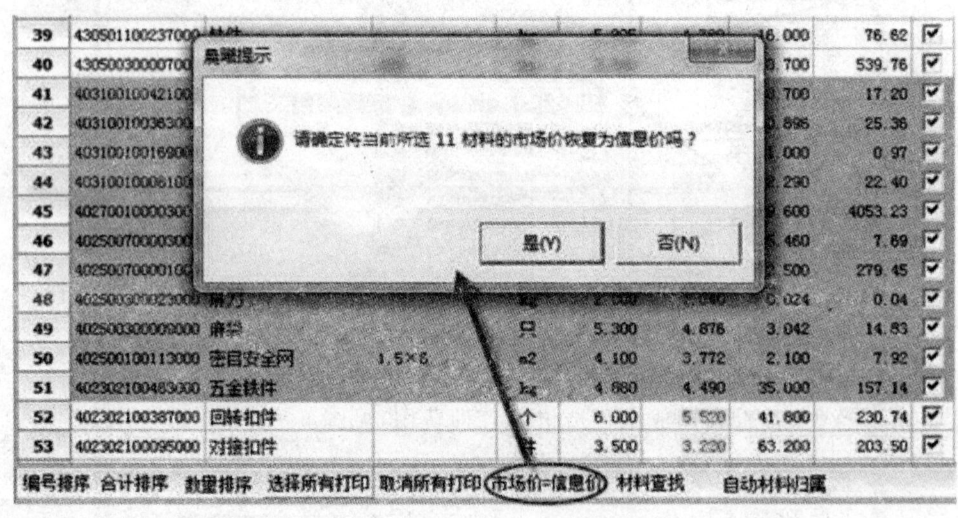

图 6-88　材料价格恢复

如果发现材料价格调整不满意,需要重新调整,可以先将材料价格恢复到原始价格后重新调整,选择需要恢复的材料,点击底部工具栏中的【市场价＝信息价】可以将材料市场价恢复成信息价。在弹出确认框中点击【是】即可完成。

如果需要所有材料都恢复,选择单条材料行进操作即可。

b. 查找相关项目

如果需要了解哪些定额使用到某个材料,可以双击材料(或单击鼠标右键→查询相关子目),在弹出窗口中显示出所有使用到该材料的定额项目,双击定额名称可以返回工程量界面查看定额详细信息。

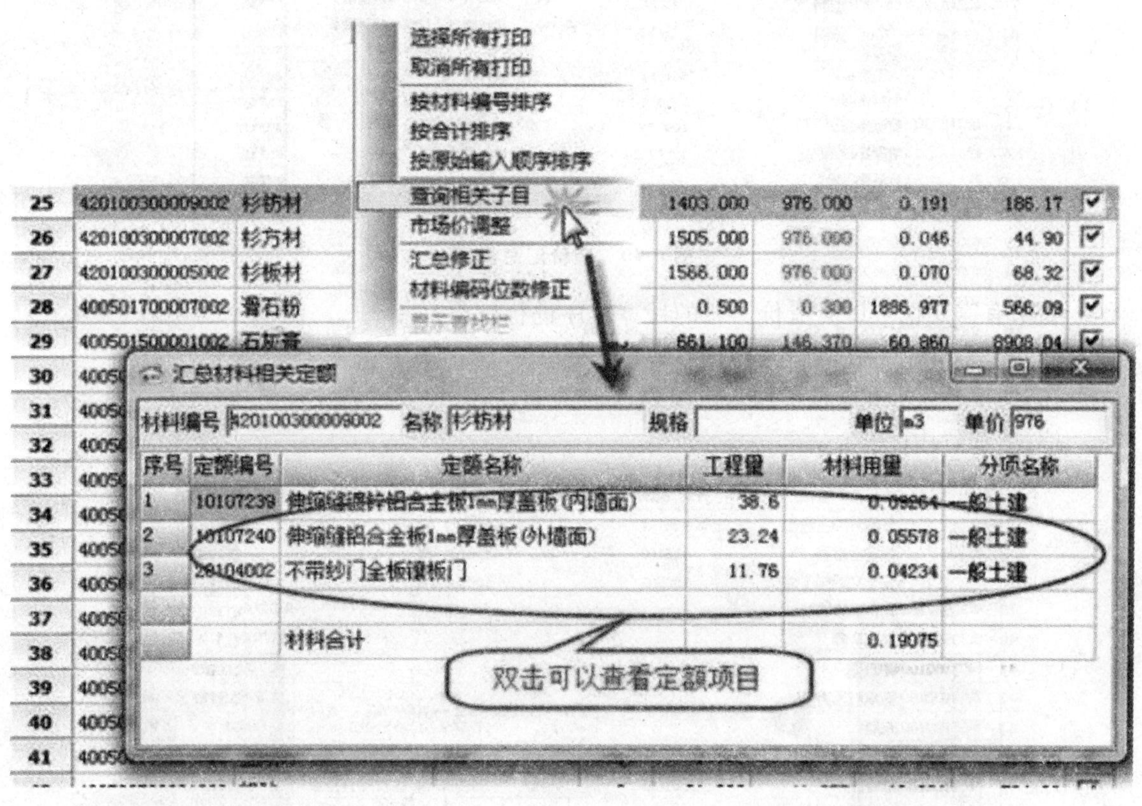

图 6-89　查看相关子目窗口

9. 造价汇总

在造价汇总中,查看到构成工程造价的各种费用,见图 6-90。

取费设置 工程量 措施费 其它费 材料汇总 造价汇总 打印 造价指标

增加 插入 删除 重置 ☑ 修改关联其它分项 统一本单位造价程序 ☑ 显示全部 —①

序号	编号	名称	计算基数	费率%	合价	计算式	变量
1	1	分部分项工程费	3465727		3465727.08		FBFXHJ
2	2	措施项目费	116102		116101.86		CSXMHJ
3	2.1	安全文明施工费	100506		100506.08		AQWMSGF
4	3	其他项目费					QTXMHJ
5	3.1	暂列金额					ZLJ
6	3.2	计日工					LXGZXM
7	3.3	总承包服务费					ZCBFWF
8	4	规费			180882.35	A+B+C+D	GF
9	A	工程排污费					GCPW
10	B	劳保费用	3581829	4.860	174076.89	[1+2+3]*费率	LDBX
11		核定劳保(不计入造价)	3581829	4.860	174076.89	[1+2+3]*费率	HDLB
12	C	农民工工伤保险费	3581829			[1+2+3]*费率	GSBX
13	D	意外伤害保险费用	3581829	0.190	6805.47	[1+2+3]*费率	YWBX
14	5	税金	3762711	3.445	129625.40	[1+2+3+4]*费率	SJ
15	6	总造价			3892336.70	1+2+3+4+5	TOTALZJ
16		人工费合计	861114		861113.56		RGFHJ
17		材料费合计	2275554		2275553.88		CLFHJ
18		机械费合计	109539		109539.44		JXFHJ
19		管理费合计	135707		135707.22		ZHFHJ
20		风险费合计					FXFHJ
21		利润合计	83826		83825.82		LIRUHJ

②

图 6-90 造价汇总界面

如果有需要也可以对造价汇总的计算程序进行修改。

(1)费率修改

在“费率%”列可以直接输入所要修改的费率。

(2)增加费用

序号	编号	名称	计算基数	费率%	合价	计算式	变量
1	1	分部分项工程费	3465727		3465727.08		FBFXHJ
2	2	措施项目费	116102		116101.86		CSXMHJ
3	2.1	安全文明施工费	100506		100506.08		AQWMSGF
4	3	其他项目费					QTXMHJ
5	3.1	暂列金额					ZLJ
6	3.2	计日工					LXGZXM
7	3.3	总承包服务费					ZCBFWF
8	4	规费			175509.61	A+B+C+D	GF
9	A	工程排污费					GCPW
10	B	劳保费用	3581829	4.710	168704.14	[1+2+3]*费率	LDBX
11		核定劳保(不计入造价)	3581829	4.860	174076.89	[1+2+3]*费率	HDLB
12	C	农民工工伤保险费	3581829			[1+2+3]*费率	GSBX
13	D	意外伤害保险费用	3581829	0.190	6805.47	[1+2+3]*费率	YWBX
14	5	税金	3757339	3.445	129440.31	[1+2+3+4]*费率	SJ
15	6	增加费用演示	3757339	3.000	112720.16	[1+2+3+4]*费率	ZJFYYS
16	7	总造价			3999499.02	1+2+3+4+5+6	TOTALZJ
17		人工费合计	861114		861113.56		RGFHJ
18		材料费合计	2275554		2275553.88		CLFHJ
19		机械费合计	109539		109539.44		JXFHJ
20		管理费合计	135707		135707.22		ZHFHJ
21		风险费合计					FXFHJ
22		利润合计	83826		83825.82		LIRUHJ

图 6-91 增加费用演示

点击工具栏①中的增加或插入，可以在计算程序中增加费用项目。

设置好计算式和费率，系统自动根据新的计算程序重新计算。

插入费用时可以下拉选择应用范围。

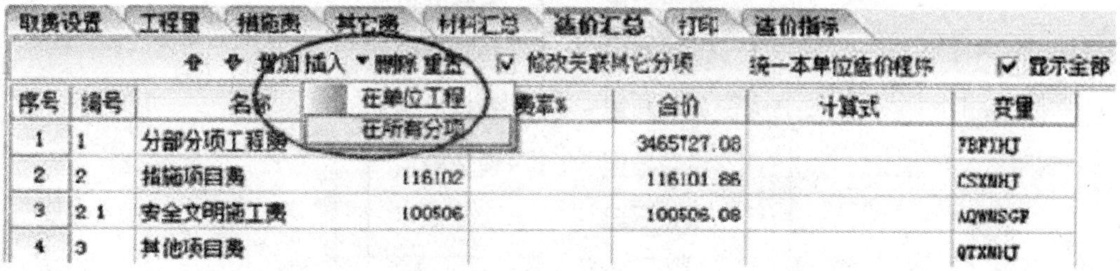

图 6-92　插入费用的应用范围选择

配合【修改关联其他分项】的使用，可以同时对多个分项工程里的费用进行修改。

(3)恢复计算程序

点击【重置】可以将计算程序恢复到系统默认的状态，如果发现计算程序修改有错可以利用该功能来完成计算程序恢复。

10. 打印

工程编辑完成后，点击【打印】进入到报表打印界面完成报表数据打印输出。

根据需要在打印界面左边选择适合的报表方案，系统会自动在右边的报表列表中列出该方案所包含的所有报表。在需要的报表前面打钩，然后点击工具栏中的【预览】、【打印】和【Excel】来完成报表的预览和输出。

为了方便报表管理，建立自己的报表方案，可将常用的报表导入到新的报表方案中来，方便在其他工程中使用。

(1)报表格式设置

当默认的报表格式不能满足需要时，通过报表格式设置来改变报表格式。

报表格式设置分为：格式、空项和小数位三类

1)格式

主要是对报表的体现格式进行设置，主要包含换算符号、是否打印特征序号、特征序号格式及打印顺序等。

2)空项

当工程里一些数据为“0”或空的时候，设置是否将其打印出来。

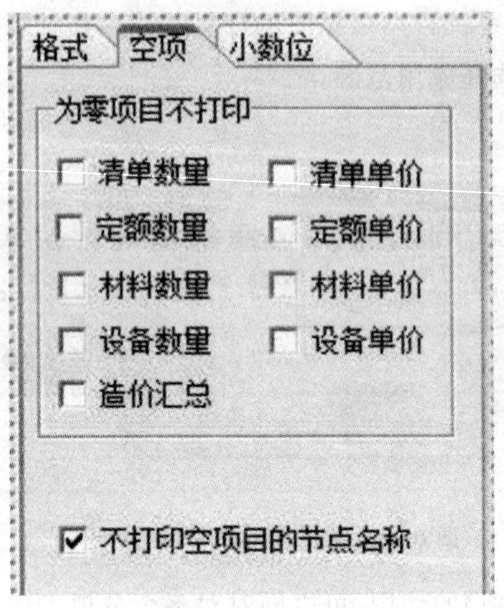

图 6-93　空项窗口

3)小数位

在这里设置所有报表的数据小数位格式，只要在这里设置完成后，所有的报表对应的数据会自动根据所设置的格式显示。

格式　空项　小数位

序号	名称	格式
1	工程量	0.000
2	综合单价	0.00
3	综合合计	0.00
4	计算基数	0.00
5	费率	
6	汇总金额	

0
0.0
0.00
0.000
#.#
#.##
#.###

图 6-94　小数位窗口

(2)报表设计

如果通过报表格式设置不能满足需要时，可通过报表设计对报表格式进行修改。选择需要修改的报表，点击鼠标右键，选择【设计】进入报表设计界面进行调整。

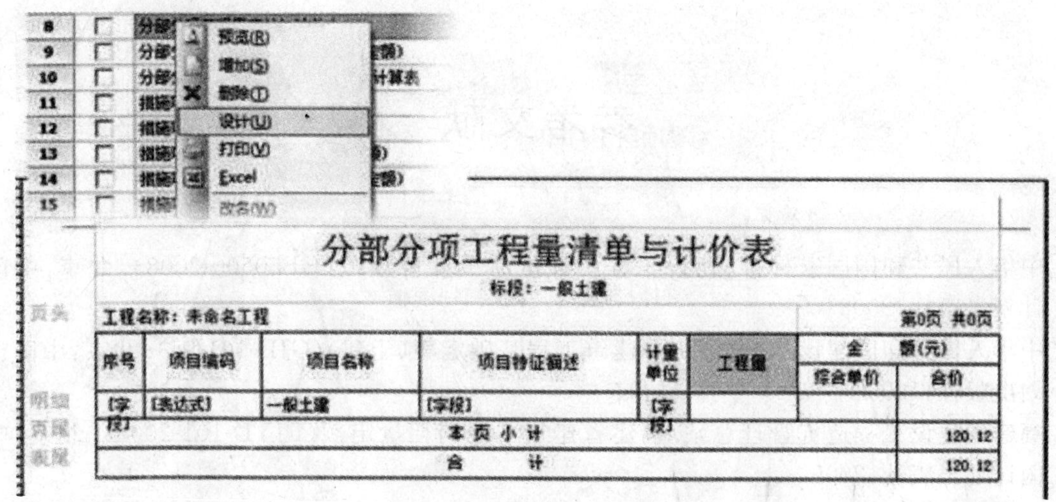

图 6-95　报表设计界面

思考题

6.1　简述国内工程造价软件的发展概况。

6.2　工程造价软件包括哪些？

6.3　晨曦计价系列软件具有哪些优点？

6.4　使用晨曦计价系列软件时，如何进行取费设置、项目输入、价格调整？

6.5　在使用软件过程中，发现砼和砂浆定额项目不能满足实际需要时，应如何对砼和砂浆换算？

6.6　如何进行对措施费费率的修改？

参考文献

[1]中华人民共和国国家标准.建设工程工程量清单计价规范(GB50500-2008).北京:中国计划出版社,2008
[2]中华人民共和国建设部.全国统一建筑工程基础定额(土建)(GJD-101-95).北京:中国计划出版社,1995
[3]福建省建设工程造价管理总站.福建省建筑工程消耗量定额(FJYD-101-2005).北京:中国计划出版社,2005
[4]福建省建设工程造价管理站.福建省建筑装饰装修工程消耗量定额(FJYD-201-2005).北京:中国计划出版社,2005
[5]福建省建设工程造价管理站.福建省建筑安装工程费用定额(2003 版).2003
[6]全国一级建造师执业资格考试用书编写委员会.建筑工程经济.第三版.北京:中国建筑工业出版社,2011
[7]丛培凤等.全国统一建筑工程基础定额应用百例图解.济南:山东科学技术出版社,2002
[8]李伙穆,郑文新.工程计量与计价.上海:上海交通大学出版社,2007
[9]褚振文.建筑工程定额预算与工程量清单计价.第一版.合肥:合肥工业大学出版社,2006
[10]刘伊生.建设工程招标与合同管理.北京:机械工业出版社,2003
[11]刘中莹主编.工程估价.南京:东南大学出版社,2002
[12]成虎.建筑工程合同管理与索赔.南京:东南大学出版社,2008
[13]陈茂明.建筑企业经营管理.北京:中国建筑工业出版社,2003
[14]中国建设监理协会编.建筑工程合同管理.北京:知识产权出版社,2003
[15]杨绍胤主编.智能建筑实用技术.北京:机械工业出版社,2002
[16]王付全主编.建筑设备.北京:科学出版社,2004
[17]徐南主编.土木工程概预算与投资控制.北京:科学出版社,2004
[18]沈祥华.建筑工程概预算.武汉:武汉理工大学出版社,2004
[19]张毅.工程建设前期筹划.上海:同济大学出版社,2001
[20]王文仲.建筑识图与构造.重庆:重庆大学出版社,1996